MATHEMATIQ
&
APPLICATIONS

T0238387

Directeurs de la collection:
J. M. Ghidaglia et X. Guyon

35

Springer

Paris
Berlin
Heidelberg
New York
Barcelone
Hong Kong
Londres
Milan
Singapour
Tokyo

Philippe Robert

Réseaux et files d'attente: méthodes probabilistes

Springer

Philippe Robert
INRIA
Domaine de Voluceau
Rocquencourt BP 105
78153 Le Chesnay, France

Mathematics Subject Classification 2000:

60G55, 60K20, 60K25, 60K30, 90B15, 90B18, 90B22

ISBN 3-540-67872-7 Springer-Verlag Berlin Heidelberg New York

Springer-Verlag Berlin Heidelberg New York
est membre du groupe BertelsmannSpringer Science+Business Media GmbH.
© Springer-Verlag Berlin Heidelberg 2000
Imprimé en Allemagne

SPIN: 10733493   41/3142 - 5 4 3 2 1 0 - Imprimé sur papier non acide

Avant-propos

Ce livre présente une catégorie de modèles probabilistes regroupés sous le nom de réseaux ou systèmes de files d'attente ; en première approximation ces systèmes peuvent être décrits comme des ensembles d'unités de traitement soumis à des flux de requêtes. Ces modèles interviennent dans de nombreuses applications, comme par exemple les réseaux de télécommunication (depuis Erlang, 1917 !) ou encore les réseaux informatiques. Sur le plan théorique, ils sont à la source d'une large classe de problèmes : marches aléatoires et diffusions réfléchies, asymptotiques de processus de Markov, processus ponctuels, etc... Le propos de ce livre est de présenter les techniques probabilistes qui permettent d'étudier le comportement qualitatif de ces modèles : existence de régimes stationnaires, caractérisation du comportement à l'équilibre, étude asymptotique du comportement transitoire (événements rares, théorèmes limites) et des régimes critiques (saturation), etc... Les réseaux de files d'attente sont vus ici comme un champ d'expérimentation riche des méthodes probabilistes classiques : techniques de martingales, de processus de Markov, ou encore de théorie ergodique.

Le livre est organisé de la façon suivante. Le chapitre 1 introduit la notion de processus ponctuel qui permet de décrire les processus d'arrivée de clients. Les très importants processus de Poisson sont présentés en détail et les résultats classiques concernant les processus de renouvellement sont rappelés (le théorème de renouvellement entre autres).

Les chapitres 2 et 3 étudient la file d'attente $GI/GI/1$, le processus d'arrivée des clients est un processus de renouvellement. Le cadre naturel de l'étude est celui des marches aléatoires. La factorisation de Wiener-Hopf est démontrée et utilisée pour déterminer la loi du maximum d'une marche aléatoire. Cela permet d'obtenir la loi à l'équilibre des variables de cette file d'attente : temps d'attente, nombre de clients,... Le chapitre 3 s'intéresse aux résultats limites de la file $GI/GI/1$: asymptotique de la queue de distribution des temps d'attente et étude de la file au voisinage de la saturation. La technique de changement de probabilité est l'ingrédient principal pour la démonstration de ces résultats.

Le chapitre 4 s'intéresse aux réseaux classiques de files d'attente : réseaux de Jackson, réseaux avec perte, réseaux de Gordon-Newel ou encore réseaux de Kelly. Les propriétés de réversibilité des processus de Markov de sauts associés permettent d'exprimer le régime stationnaire de ces réseaux. Ils ont la remarquable particularité d'avoir une probabilité produit à l'équilibre.

Les chapitres 5 et 6 présentent l'étude détaillée de deux files d'attente importantes : les files $M/M/1$ et $M/M/\infty$. La première est l'élément de base des réseaux de Jackson et la seconde celui des réseaux avec perte. À ces deux files d'attente correspondent deux processus stochastiques classiques : la marche aléatoire simple réfléchie en 0 pour la première et le processus d'Ornstein-Ühlenbeck à valeurs discrètes pour la deuxième. Une étude fine de ces deux modèles est conduite. Les questions de conditionnement, de temps d'atteinte, d'événements rares, de grandes déviations (pour la file $M/M/1$) sont traitées. Les problèmes de renormalisation abordés dans un cadre général au chapitre 9 sont introduits avec ces exemples simples.

Le chapitre 7 étudie les files d'attente ayant un flot d'arrivée de Poisson. Ces files ont de nombreuses propriétés remarquables (à l'équilibre les clients voient le régime stationnaire, insensibilité,...).

Le chapitre 8 présente les principaux critères d'ergodicité et de transience utilisés pour déterminer si un système de files d'attente converge ou non vers un équilibre. Les fonctions de Liapunov sont le principal outil dans ce domaine.

Le chapitre 9 introduit une technique de renormalisation qui permet d'étudier des processus markoviens de sauts plus complexes, notamment ceux qui décrivent les réseaux de files d'attente. En faisant un changement de temps et une renormalisation en espace avec un facteur N, le comportement du processus peut se simplifier notablement quand N devient grand, jusqu'à devenir la solution d'une équation différentielle déterministe dans certains cas. Ce procédé permet d'obtenir des résultats qualitatifs sur des modèles de réseaux autres que ceux vus au chapitre 4, comme par exemple les réseaux avec des classes de priorité. Les processus limites interviennent naturellement pour traiter les questions d'ergodicité de ces processus.

Les chapitres 11 et 12 considèrent les files d'attente dans le cadre de la théorie ergodique. Le chapitre 10 présente les résultats de base de ce domaine. Les processus ponctuels stationnaires sur $\mathbb{R}$ sont introduits et construits à partir des interarrivées et leurs principales propriétés sont démontrées. La file d'attente à un serveur avec la discipline FIFO dont le processus d'arrivée est un processus ponctuel stationnaire est ensuite analysée.

L'annexe A sur les approximations poissonniennes n'est pas directement lié à un système de files d'attente particulier. Les problèmes de convergence vers un processus de Poisson interviennent dans plusieurs chapitres. Comme ce sujet ne figure pas forcément dans les cours d'introduction aux processus stochastiques, cette présentation succincte est aussi une invitation à la littérature de ce domaine.

Les résultats utilisés concernant les processus de Markov, les martingales et les questions de convergence en distribution sont rappelés dans les annexes B, C et D.

Plusieurs des domaines présentés sont classiques : la factorisation de Wiener-Hopf des marches aléatoires réfléchies, les réseaux à forme produit ou encore les processus ponctuels stationnaires. D'autres questions sont en revanche plus modernes i.e. encore en évolution : la renormalisation des processus stochastiques associés aux réseaux, l'estimation des queues de distribution des tailles des files d'attente, ou encore les événements rares et les grandes déviations pour les systèmes de files d'attente. La plupart des preuves sont probabilistes, utilisant soit des techniques markoviennes, de martingales ou encore de théorie ergodique. Les résultats présentés dans ce livre ne sont pas forcément démontrés sous les hypothèses les plus générales. Cela permet en général de mieux comprendre les phénomènes décrits ; de plus, des complications techniques, dont le gain est quelquefois marginal sont ainsi évitées. Par exemple, les questions d'ergodicité, de transience des chaînes de Markov ne sont envisagées que pour les espaces d'états dénombrables. Les mêmes résultats sont essentiellement vrais pour les espaces d'états continus et pour les mêmes raisons, mais avec le cadre technique plus compliqué des chaînes de Harris. Pour compléter le sujet traité, en bas de page figure quelquefois la référence à un article de recherche jugé intéressant.

Ce livre doit beaucoup à Jacques Neveu, par son enseignement et ses travaux sur le sujet. L'auteur lui est largement redevable. Ce livre est issu d'une série de cours de troisième cycle au laboratoire de probabilités de l'Université de Paris VI, je remercie Jean Jacod pour son accueil dans le laboratoire. De nombreux auditeurs et lecteurs ont, par leurs remarques, influencé ces cours. Lors de ceux-ci, Philippe Bougerol a plus d'une fois posé des questions embarrassantes. Franck Delcoigne, Vincent Dumas et Fabrice Guillemin ont lu et commenté plusieurs parties. Christine Fricker et Danielle Tibi ont annoté de façon détaillée la plupart des chapitres et si certaines parties sont lisibles, le lecteur devrait leur en être gré ; je les en remercie vivement. Je remercie aussi Thierry Jeulin qui m'a encouragé à écrire ce livre ainsi qu'un rapporteur anonyme pour ses nombreuses remarques. Ce travail a été effectué dans le cadre stimulant et convivial de l'équipe de recherche ALGORITHMES de l'INRIA-Rocquencourt, je remercie en particulier Philippe Flajolet largement responsable de ce climat.

Notations et définitions générales

Une file d'attente est la donnée d'une (ou plusieurs) unité de service où arrivent des clients qui demandent une certaine durée d'utilisation de cette unité (le service demandé par les clients). Quand les clients ne peuvent accéder à cette unité de service, ils patientent dans une file d'attente en attendant d'être servis. La file d'attente peut éventuellement n'accepter qu'un nombre fini de clients, dans ce cas les clients trouvant la file pleine à leur arrivée sont rejetés par le système. Un client peut être servi pendant une certaine période puis abandonné par le serveur. Le service résiduel d'un client est la durée du service qui reste à effectuer, quand celui-ci est nul le client quitte la file d'attente. La charge de la file d'attente est la somme de tous les services résiduels de tous les clients présents. Un réseau de files d'attente est la donnée de plusieurs files d'attente entre lesquelles circulent des flots de clients. Mathématiquement, une file d'attente est définie par

- Un processus d'arrivée de clients, i.e. une suite croissante (t_n), avec t_n l'instant d'arrivée du n-ième client.

- Une suite de réels positifs (σ_n) avec σ_n qui est la durée de service requise par le n-ième client.

- Une discipline de service.

    Exemples :

    1. FIFO (First In First Out), les clients sont servis dans l'ordre des arrivées.

    2. LIFO (Last In First Out), le serveur sert le client arrivé le plus récemment.

    3. Processor Sharing (partage égalitaire). Quand n clients sont présents le service de chacun d'eux diminue au taux $1/n$.

    4. File avec priorité : Si deux classes de clients arrivent à la file d'attente (les clients verts et rouges par exemple), le serveur sert en priorité les clients rouges. Un client vert n'est servi que s'il n'y a aucun client rouge.

    5. File avec priorité non préemptive : Même discipline que précédemment avec la restriction qu'un client en service ne peut être interrompu même par un client plus prioritaire.

La nomenclature de Kendall On représente couramment les modèles stochastiques de files d'attente sous la forme d'un quadruplet $A/S/N_s/N_c$.

- A est relatif à la loi des arrivées de clients, ses principales valeurs sont

    1. G (Général) : interarrivées stationnaires complètement générales.
    2. GI (Général Indépendant) : la suite des interarrivées $(t_{n+1}-t_n)$ est i.i.d. (suite de variables indépendantes identiquement distribuées).
    3. M (Markov) : Les $(t_{n+1} - t_n)$ sont indépendantes distribuées suivant une loi exponentielle de même paramètre. Le processus d'arrivée est alors un processus de Poisson.
    4. D (Déterministe) : $t_{n+1} - t_n = C$ pour tout $n \in \mathbb{N}$, les arrivées périodiques.

- S concerne la distribution de la durée de service requis par un client. Les principales valeurs sont les mêmes que précédemment, il suffit de remplacer les interarrivées $t_{n+1} - t_n$ par σ_n.

- N_s est le nombre de serveurs à l'unité de service et N_c la taille de la file d'attente.

Exemples

- la file $M/M/1/\infty$ (ou $M/M/1$) est la file d'attente avec un processus d'arrivée poissonnien, des services exponentiels, un serveur et une file d'attente de capacité illimitée.

- La file $G/G/1/0$ ne dispose d'aucune place d'attente, un seul client peut être éventuellement présent, celui en service (file avec rejet).

Les processus stochastiques sont généralement notés sous la forme $(X(t))$ ou (X_n) pour désigner respectivement $(X(t);\ t \geq 0)$ et $(X_n;\ n \in \mathbb{N})$.

Table des matières

Relations de dépendance entre les chapitres

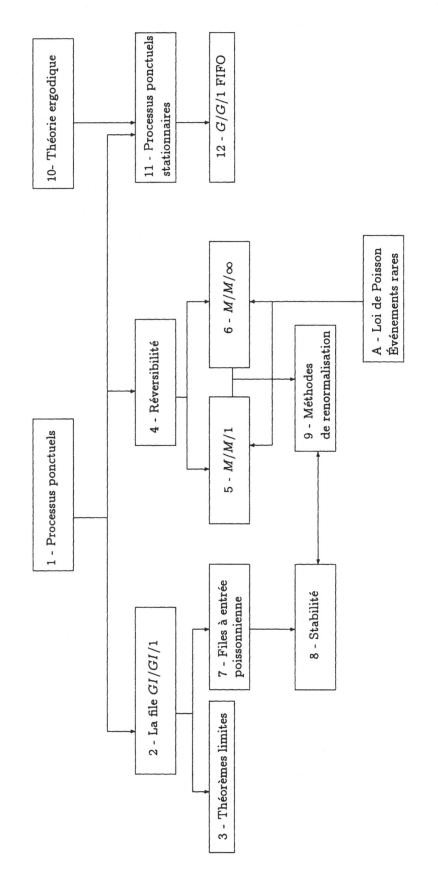

Processus ponctuels

Sommaire

Ce chapitre, essentiellement introductif, présente les définitions relatives aux processus ponctuels et donne les principaux résultats sur une importante sous-classe : les processus de Poisson. Le processus de Poisson est, avec le mouvement brownien, un processus universel. Il intervient dans nombre de théorèmes limites et sa structure simple permet le calcul explicite de la distribution de la plupart de ses fonctionnelles. La dernière partie rappelle les principales propriétés concernant les processus ponctuels de renouvellement.

1. Définitions générales sur les processus ponctuels

L'espace d'états H est un espace métrique localement compact et σ-compact (i.e. H est la réunion d'en ensemble dénombrable de compacts). La plupart des résultats sont aussi valables dans le cadre d'un espace métrique complet. L'espace H est muni de la tribu borélienne. L'espace des mesures de Radon sur H est noté $\mathcal{M}(H)$ et $\mathcal{M}_p(H)$ est l'ensemble des *mesures ponctuelles* sur H, i.e. le sous-ensemble des éléments m de $\mathcal{M}(H)$ de la forme

$$(1.1) \qquad m = \sum_n \delta_{u_n},$$

où δ_a est la masse de Dirac au point a et $u_n, n \in \mathbb{Z}$ une suite d'éléments de H. Si la mesure ponctuelle m ne compte pas de points multiples (i.e. $u_n \neq u_p$ si $n \neq p$) elle peut être représentée sous la forme ensembliste $m = \{u_n\}$. Une mesure de la forme (1.1) est de Radon si et seulement si tout compact contient un nombre fini de points de la mesure ou encore si la suite (u_n) est sans point d'accumulation dans H.

Si f est une fonction sur H, intégrable par rapport à une mesure ponctuelle $m = \{u_n\}$, l'intégrale de f par rapport à m est notée

$$m(f) = \int_H f(x) \, m(dx) = \sum_n f(u_n),$$

et si A est un borélien de H, $m(A)$ est le nombre de points de m dans A,

$$m(A) = m(1_A) = \sum_n 1_{\{u_n \in A\}}.$$

L'espace $\mathcal{M}_p(H)$ est muni de la topologie de la convergence faible des mesures et de la tribu borélienne associée. Ainsi, une suite (m_n) de mesures ponctuelles converge vers $m \in \mathcal{M}_p(H)$ si et seulement si

$$\lim_{n \to +\infty} m_n(f) = m(f),$$

pour toute fonction continue $f : H \to \mathbb{R}_+$ à support compact. Pour tout borélien A de H la fonction $m \longrightarrow m(A)$ est mesurable.

DÉFINITION 1. Un *processus ponctuel* est une variable aléatoire à valeurs dans $\mathcal{M}_p(H)$.

Sauf mention explicite l'espace de probabilité est $(\Omega, \mathcal{F}, P)$. La loi d'un processus ponctuel

$$N : (\Omega, \mathcal{F}, P) \to \mathcal{M}_p(H)$$
$$\omega \to N(\omega, dx)$$

est entièrement déterminée par la loi des $N(\omega, f)$ où f est continue à support compact sur H. Une autre classe de fonctions f détermine aussi la loi de N, il s'agit des fonctions étagées de la forme $f(x) = \sum_{i=1}^n a_i 1_{A_i}(x), x \in H$, avec $n \in \mathbb{N}$ et, pour $1 \leq i \leq n$, $a_i \in \mathbb{R}$ et A_i est un borélien de H. En utilisant que N est à valeurs entières sur les boréliens, il s'en suit que la loi de N est entièrement déterminée par les $\mathbb{P}(N(\omega, A_1) = k_1, \ldots, N(\omega, A_n) = k_n)$, où $n \geq 1$, (A_i) parcourt les n-uplets de boréliens de H et (k_i) les n-uplets d'entiers.

Si N est un processus ponctuel sur H et f une fonction mesurable positive sur H, l'intégrale de f par rapport à N sera notée

$$\int f(x) \, N(\omega, dx) \quad \text{ou encore pour abréger} \int f(x) \, N(dx),$$

de la même façon, si A est un borélien de H, on notera $N(A)$ la variable $N(\omega, A)$.

DÉFINITION 2. Un processus ponctuel N est *simple* si $\mathbb{P}$-presque sûrement $N(\omega, \{a\}) = 0$ ou 1 pour tout $a \in H$. L'*intensité* d'un processus ponctuel est la mesure positive sur H définie par $\mu(A) = \mathbb{E}(N(A))$, pour tout borélien A de H.

Noter que la mesure μ n'est pas forcément de Radon. Si T est une variable entière non intégrable, la variable $N = \delta_1 + \delta_{1/2} + \delta_{1/3} + \cdots + \delta_{1/T}$ est un processus ponctuel sur $\mathbb{R}$ et vérifie la relation $\mathbb{E}(N([0,a])) = +\infty$ pour tout $a > 0$.

Transformée de Laplace d'un processus ponctuel.

DÉFINITION 3. Si $N : \Omega \to \mathcal{M}_p(H)$ est un processus ponctuel et f une fonction borélienne positive sur H, la transformée de Laplace de N en f est définie par

$$\psi_N(f) = \mathbb{E}\left(\exp\left(-\int f(x)\, N(\omega, dx)\right)\right).$$

Si N_1 et N_2 sont deux processus ponctuels indépendants, la transformée de Laplace de la superposition $N_1 + N_2$ de ces deux processus ponctuels en f vaut

$$\psi_{N_1+N_2}(f) = \mathbb{E}\left(\exp\left(-\int f(x)\, N_1(\omega, dx) - \int f(x)\, N_2(\omega, dx)\right)\right)$$

$$= \mathbb{E}\left(\exp\left(-\int f(x)\, N_1(\omega, dx)\right)\right) \mathbb{E}\left(\exp\left(-\int f(x)\, N_2(\omega, dx)\right)\right)$$

$$= \psi_{N_1}(f)\psi_{N_2}(f).$$

PROPOSITION 1.1. *L'application $N \to \psi_N$ est injective, i.e. ψ_N caractérise complètement la loi de N.*

DÉMONSTRATION. Si $A_1, \ldots, A_k$ sont des boréliens de H et

$$\phi(\alpha) = \mathbb{E}\left(\exp\left(-\sum \alpha_i N(A_i)\right)\right) = \psi_N(f),$$

avec $f(x) = \sum \alpha_i 1_{A_i}(x)$, alors ϕ (et donc ψ_N) détermine complètement la loi du vecteur $(N(A_1), \ldots, N(A_k))$, ce qui suffit à déterminer la loi de N. $\square$

Comme dans le cas des variables aléatoires usuelles, la transformée de Laplace est un outil commode pour montrer la convergence en loi d'une suite de processus ponctuels. La proposition suivante donne un critère de convergence en loi des processus ponctuels, voir Neveu [36] pour sa démonstration.

PROPOSITION 1.2. *Si (N_n) est une suite de processus ponctuels telle que la suite des transformées de Laplace $\psi_{N_n}(f)$ converge vers $\psi(f)$ quand n tend vers l'infini et $\psi(\alpha f)$ converge vers 1 quand $\alpha \searrow 0$ pour toute fonction f, positive, continue à support compact sur H, alors (N_n) converge en loi vers un processus ponctuel dont la transformée de Laplace est donnée par ψ.*

Un petit résultat technique conclut cette section. Il concerne les mesures de Radon *diffuses*, i.e. les mesures de Radon ne chargeant pas les points, la boule de centre x et de rayon r est notée $B(x,r)$

LEMME 1.3. *Si μ est une mesure de Radon diffuse sur un espace métrique localement compact H et K un compact de H, alors pour tout $\varepsilon > 0$, il existe $n \geq 1$, $x_1, \ldots, x_n \in H$ et $r_1, \ldots, r_n < \varepsilon$ tels que pour $i = 1, \ldots, n$, $\mu(\bar{B}(x_i, r_i)) < \varepsilon$ et $K \subset \cup_1^n B(x_i, r_i)$.*

DÉMONSTRATION. En effet pour $x \in K$, la compacité locale montre qu'il existe $r_x > 0$ tel que $\bar{B}(x, r)$ soit compact pour tout $r \leq r_x$, en particulier $\mu(\bar{B}(x, r)) < +\infty$. Le théorème de la convergence dominée appliqué à la fonction indicatrice de la boule $\bar{B}(x, r)$ donne l'identité

$$\lim_{r \to 0} \mu\left(\bar{B}(x, r)\right) = \mu(\{x\}) = 0,$$

puisque la mesure est diffuse. En prenant $r_x < \varepsilon$ tel que $\mu(\bar{B}(x, r_x)) < \varepsilon$, comme $\cup_{x \in K} B(x, r_x)$ est un recouvrement de K, la propriété de compacité permet d'en extraire un recouvrement fini. Le lemme est démontré.   □

2. Processus de Poisson

Un résultat élémentaire. Les variables aléatoires de Poisson apparaissent très naturellement dans nombre de résultats asymptotiques. Le résultat classique en la matière est la proposition suivante.

PROPOSITION 1.4. *Si les I_i^n, $i \geq 1$ sont des variables aléatoires indépendantes à valeurs dans $\{0, 1\}$ telles que*

a) $\lim_{n \to +\infty} \sup_i \mathbb{E}(I_i^n) = 0$;

b) $\lim_{n \to +\infty} \sum_i \mathbb{E}(I_i^n) = \lim_{n \to +\infty} \sum_i \mathbb{P}(I_i^n = 1) = \lambda < +\infty$,

la variable $S_n = \sum_i I_i^n$ converge en loi vers une variable aléatoire de Poisson de paramètre λ.

DÉMONSTRATION. Si $|u| < 1$ et $p_i^n = \mathbb{E}(I_i^n)$, la fonction génératrice de S_n en $u \in [0, 1[$ vaut

$$\mathbb{E}\left(u^{S_n}\right) = \prod_i (1 - p_i^n + p_i^n u) = \exp\left(\sum_i \log(1 - p_i^n(1 - u))\right).$$

L'inégalité élémentaire $-x - x^2 \leq \log(1 - x) \leq -x$ pour $0 \leq x \leq 1/2$ et la condition a) donnent pour n assez grand,

$$\left|\sum_i \log(1 - p_i^n(1 - u)) + \sum_i p_i^n(1 - u)\right| \leq \sum_i (p_i^n)^2 \leq \sup_i \mathbb{E}(I_i^n) \sum_i \mathbb{E}(I_i^n);$$

quand n tend vers l'infini le terme de droite de l'inégalité précédente est équivalent à $\lambda \sup_i \mathbb{E}(I_i^n)$, d'où

$$\lim_{n \to +\infty} \sum_i \log(1 - p_i^n(1 - u)) = \lim_{n \to +\infty} - \sum_i p_i^n(1 - u) = -\lambda(1 - u),$$

$$\lim_{n \to +\infty} \mathbb{E}(u^{S_n}) = \exp(-\lambda(1 - u)) = \sum_{k \geq 0} \frac{\lambda^k}{k!} e^{-\lambda} u^k.$$

Par conséquent, la suite (S_n) converge en loi vers une variable aléatoire de Poisson de paramètre λ.   □

L'annexe A montre que l'indépendance peut être remplacée par une hypothèse plus faible de mélange ou encore par une propriété de symétrie pour avoir encore une convergence poissonnienne.

2.1. Définition et propriétés.

DÉFINITION 4. Si μ est une mesure de Radon positive sur H, un processus de Poisson N d'intensité μ sur H est un processus ponctuel sur H vérifiant les propriétés suivantes :

  a) si A est un borélien de H la variable aléatoire $N(\omega, A)$ est distribuée suivant une loi de Poisson de paramètre $\mu(A)$, i.e. pour $k \geq 0$,

$$\mathbb{P}(N(\omega, A) = k) = \frac{\mu(A)^k}{k!} e^{-\mu(A)};$$

  b) si $A_1, \dots, A_n$ sont des boréliens deux à deux disjoints de H, les variables aléatoires $N(A_1), \dots, N(A_n)$ sont indépendantes.

Pour tout compact K de H, $N(K)$ est une variable aléatoire de Poisson de paramètre $\mu(K) < +\infty$, en particulier $\mathbb{P}(N(K) \in \mathbb{N}) = 1$; un processus de Poisson est donc nécessairement un processus ponctuel. L'intensité d'un tel processus ponctuel est bien donnée par la mesure μ puisque $\mathbb{E}(N(A)) = \mu(A)$, la valeur moyenne d'une loi de Poisson de paramètre $\mu(A)$ vaut $\mu(A)$. La proposition suivante montre que a) et b) caractérisent complètement la loi d'un processus de Poisson.

PROPOSITION 1.5. *Si N est un processus de Poisson d'intensité μ sur H, sa transformée de Laplace est donnée par*

$$(1.2) \qquad \psi_N(f) = \exp\left(-\int \left(1 - e^{-f(x)}\right) \mu(dx)\right),$$

pour toute fonction f borélienne positive. De plus, N est un processus ponctuel simple si et seulement si μ est diffuse.

DÉMONSTRATION. Il suffit de considérer les fonctions étagées de la forme

$$f = \sum_1^n \lambda_i 1_{A_i},$$

où les λ_i sont des réels positifs et les A_i des boréliens deux à deux disjoints,

$$\mathbb{E}(\exp(-N(f))) = \mathbb{E}\left(\exp\left(-\sum_1^n \lambda_i N(A_i)\right)\right),$$

en utilisant la condition d'indépendance b), il vient

$$\mathbb{E}(\exp(-N(f))) = \prod_1^n \mathbb{E}(\exp(-\lambda_i N(A_i))),$$

comme les lois des $N(A_i)$ sont de Poisson d'après a),

$$\mathbb{E}(\exp(-N(f))) = \prod_1^n \exp\left(-\mu(A_i)\left(1 - e^{-\lambda_i}\right)\right),$$

finalement

$$\mathbb{E}\left(\exp\left(-N(f)\right)\right) = \exp\left(-\sum_{1}^{n} \mu(A_i)\left(1 - e^{-\lambda_i}\right)\right)$$

$$= \exp\left(-\int \left(1 - e^{-f(x)}\right)\mu(dx)\right).$$

Si la mesure μ charge un point $x \in H$, la masse de N sur x, $N(\{x\})$, est une variable de Poisson de paramètre $\mu(\{x\}) > 0$, en particulier $\mathbb{P}(N(\{x\}) = 2) > 0$, et donc N n'est pas simple.

Réciproquement si μ est diffuse et K est un compact de H, le lemme 1.3 montre l'existence d'une partition finie de boréliens (A_n) recouvrant K telle que $\mu(A_n) \leq \varepsilon$. Si X est une variable aléatoire de Poisson de paramètre λ,

$$(1.3) \qquad \mathbb{P}(X \geq 2) = \sum_{k \geq 2} \frac{\lambda^k}{k!} e^{-\lambda} = \lambda^2 \sum_{k \geq 0} \frac{\lambda^k}{(k+2)!} e^{-\lambda} \leq \lambda^2,$$

on en déduit la majoration

$$\mathbb{P}(N \text{ n'est pas simple sur } K) \leq \sum_{n \geq 1} \mathbb{P}(N(A_n) \geq 2)$$

$$\leq \sum_{n \geq 1} \mu(A_n)^2 \leq \varepsilon \sum_{n \geq 1} \mu(A_n) \leq \varepsilon \mu(K),$$

en faisant tendre ε vers 0 on obtient

$$\mathbb{P}(N \text{ n'est pas simple sur } K) = 0.$$

Le processus ponctuel N est donc $\mathbb{P}$-presque sûrement simple sur K. Si (K_n) est une suite de compacts qui croît vers H, i.e. $\cup_n K_n = H$, comme

$$\mathbb{P}(N \text{ n'est pas simple sur } K_n) = 0,$$

pour tout $n \geq 1$, en utilisant le théorème de convergence dominée on en déduit que N est $\mathbb{P}$-presque sûrement simple. $\qquad\square$

La proposition suivante montre que la propriété b) de la définition 4 est, modulo une hypothèse, caractéristique des processus ponctuels de Poisson.

PROPOSITION 1.6. *Un processus ponctuel N $\mathbb{P}$-presque sûrement simple sur H ayant la propriété d'indépendance suivante :*

- *pour toute famille $A_1, \ldots, A_n$ de boréliens deux à deux disjoints de H, les variables aléatoires $N(A_1), \ldots, N(A_n)$ sont indépendantes,*

est un processus de Poisson d'intensité μ si l'intensité μ de N est une mesure de Radon diffuse sur H.

DÉMONSTRATION. Si K est un compact de H, la mesure μ étant diffuse, pour $n \geq 1$, le lemme 1.3 permet de construire une partition finie (A_i^n) de K de sous-ensembles dont l'adhérence est compacte, telle que pour tout i,

$$A_i^n \subset \bar{B}(x_i^n, r_i^n), \mu(A_i^n) < \frac{1}{n} \text{ et } r_i^n < \frac{1}{n}.$$

En procédant de façon récursive, il est loisible de supposer que tout n, $k \geq 1$, il existe un sous-ensemble I_k^n de $\mathbb{N}$ tel que $(A_i^{n+1}; i \in I_k^n)$ forme une partition de A_k^n. La variable $N(K)$ se décompose de la façon suivante,

$$(1.4) \qquad N(K) = \sum_i N(A_i^n) = \sum_i 1_{\{N(A_i^n)=1\}} + \sum_i N(A_i^n) 1_{\{N(A_i^n)\geq 2\}}.$$

La majoration

$$N(A_i^n) 1_{\{N(A_i^n)\geq 2\}} = 1_{\{N(A_i^n)\geq 2\}} \sum_{j \in I_i^n} N(A_j^{n+1})$$

$$\geq \sum_{j \in I_i^n} N(A_j^{n+1}) 1_{\{N(A_j^{n+1})\geq 2\}}$$

montre que la suite

$$\left(\sum_i N(A_i^n) 1_{\{N(A_i^n)\geq 2\}} \right)$$

est décroissante. Sa limite est presque sûrement nulle à l'infini, sinon avec probabilité positive il existerait une suite (i_n) telle que $A_{i_{n+1}}^{n+1} \subset A_{i_n}^n$ et $N(A_{i_n}^n) \geq 2$ pour tout n. Les $A_{i_n}^n$ étant dans des boules de rayon tendant vers 0, la limite des $A_{i_n}^n$ est donc au plus réduite à un point. Ce point limite éventuel serait de masse au moins 2 pour le processus ponctuel, ce qui contredit la simplicité de N. D'où la convergence presque sûre vers 0. Comme cette suite est majorée par la variable intégrable $N(K)$, elle converge aussi dans L_1 vers 0, d'où l'identité

$$\lim_{n \to +\infty} \mathbb{E}\left(\sum_i 1_{\{N(A_i^n)=1\}} \right) = \mu(K).$$

Comme $\mathbb{E}(1_{\{N(A_i^n)=1\}}) \leq \mathbb{E}(N(A_i^n)) = \mu(A_i^n) < 1/n$, les variables $1_{\{N(A_i^n)=1\}}$ satisfont donc aux hypothèses de la proposition 1.4, on en déduit que

$$\sum_i 1_{\{N(A_i^n)=1\}}$$

converge vers une loi de Poisson de paramètre $\mu(K)$. L'équation (1.4) montre que $N(K)$ est une variable de Poisson de paramètre $\mu(K)$.

Si A est un borélien de mesure finie, il existe une suite de compacts $K_n \subset A$ tel que $\mu(A) = \lim_{n \to +\infty} \mu(K_n)$. La variable $N(K_n)$ suit une loi de Poisson de paramètre $\mu(K_n)$, en utilisant sa fonction génératrice il est facile d'en déduire qu'elle converge en loi vers une loi de Poisson de paramètre $\mu(A)$. Comme la quantité $\mathbb{E}(|N(A) - N(K_n)|) = \mu(A - K_n)$ tend vers 0 quand n tend vers l'infini, la variable $N(A) - N(K_n)$ tend vers 0 dans L_1. La variable $N(A)$ a même distribution que la limite de la suite $(N(K_n))$, une loi de Poisson de paramètre $\mu(A)$. $\qquad \square$

Si μ n'est pas diffuse, la proposition n'est pas vraie, il suffit de considérer le processus ponctuel trivial $N = \delta_0$ sur $\mathbb{R}$ qui satisfait évidemment la condition d'indépendance sans être de Poisson.

De même si μ est diffuse mais N n'est pas simple, la proposition n'est pas vraie non plus : si $\mathbb{P} = \sum_n \delta_{u_n}$ est le processus de Poisson d'intensité $\mu/2$ (pour l'existence voir la section suivante), alors $N = \sum_n 2\delta_{u_n}$ est d'intensité μ, satisfait la propriété d'indépendance (parce que $\mathbb{P}$ la satisfait) mais ce n'est pas un processus de Poisson (tous les boréliens ont un nombre pair de points).

2.2. Construction d'un processus de Poisson.

LEMME 1.7 (Superposition de processus de Poisson). *Si la suite (μ_n) de mesures de Radon positives sur H est telle que la somme $\mu = \sum_n \mu_n$ soit aussi de Radon, si (N_n) une suite de processus de Poisson indépendants d'intensités respectives (μ_n), alors $N = \sum_n N_n$ est un processus de Poisson d'intensité μ.*

DÉMONSTRATION. Pour $n \geq 1$, la transformée de Laplace du processus ponctuel $N_1 + \cdots + N_n$ prise en f vaut

$$\exp\left(-\int_H \left(1 - e^{-f(x)}\right)(\mu_1 + \cdots + \mu_n)(dx) \right)$$

et par conséquent ce processus ponctuel est de Poisson d'intensité $\mu_1 + \cdots + \mu_n$. Il suffit d'utiliser la proposition 1.2 pour conclure. $\square$

La proposition suivante montre que l'on peut toujours construire des processus de Poisson.

PROPOSITION 1.8. *Si μ est une mesure de Radon positive sur H, il existe un processus ponctuel de Poisson d'intensité μ.*

DÉMONSTRATION. Si μ une mesure de Radon et A un borélien de H tel que $0 < \mu(A) < +\infty$, $\mu_A(dx)$ est la mesure de probabilité $1_A(x)\mu(dx)/\mu(A)$ et (X_i) une suite de variables aléatoires indépendantes de loi μ_A. En prenant ν une variable aléatoire de Poisson de paramètre $\mu(A)$ indépendante des (X_i), N_A est le processus ponctuel sur A défini par

$$N_A = \sum_{i=0}^{\nu} \delta_{X_i}.$$

Le processus ponctuel N_A est un processus de Poisson d'intensité $1_A(x)\mu(dx)$. En effet, si f est borélienne positive,

$$\mathbb{E}\left(e^{-N_A(f)}\right) = \sum_{n \geq 0} \frac{\mu(A)^n}{n!} e^{-\mu(A)} \mathbb{E}\left(e^{-\sum_1^n f(X_i)}\right)$$

$$= \sum_{n \geq 0} \frac{\mu(A)^n}{n!} e^{-\mu(A)} \left(\int_A e^{-f(x)} \mu_A(dx)\right)^n$$

$$= \exp\left(-\int_A \left(1 - e^{-f(x)}\right)\mu(dx)\right).$$

La transformée de Laplace de N_A est celle d'un processus de Poisson d'intensité $1_A(x)\mu(dx)$.

L'hypothèse de σ-compacité pour H donne l'existence d'une partition (A_n) de boréliens de H telle que $0 < \mu(A_n) < +\infty$ pour tout $n \geq 1$. Il est donc possible de construire une suite de processus de Poisson indépendants (N_{A_i}) dont les intensités respectives valent $1_{A_i}(x)\mu(dx)$. Le lemme précédent montre que la suite des processus $\sum_1^n N_{A_i}$ converge en loi vers un processus de Poisson d'intensité $\sum_1^{+\infty} 1_{A_i}(x)\mu(dx) = \mu(dx)$.   □

La construction précédent donne la propriété classique de conditionnement des processus de Poisson.

COROLLAIRE 1.9 (Conditionnement sur un ensemble). *Si N est un processus de Poisson d'intensité μ et A un borélien de H tel que $0 < \mu(A) < +\infty$,*

   a) *le processus ponctuel N restreint à A est un processus de Poisson d'intensité $\mu_A = 1_A(x)\mu(dx)$;*

   b) *conditionnellement à $\{N(A) = n\}$, $n \geq 1$, les points du processus ponctuel N dans A ont la même distribution que n variables aléatoires indépendantes de loi $1_A(x)\mu(dx)/\mu(A)$.*

DÉMONSTRATION. Les assertions a) et b) découlent de la preuve précédente : en effet la variable N peut être représentée comme la somme de deux processus de Poisson indépendants à supports disjoints $N_A + N_{H-A}$, N_A est le processus ponctuel N restreint à A. Le processus N_A est un processus de Poisson d'intensité $1_A(x)\mu(dx)$, d'où la propriété a). La variable N_A se représente de plus comme $\sum_1^\nu \delta_{X_i}$, où les (X_i) sont i.i.d. de loi de probabilité $1_A(x)\mu(dx)/\mu(A)$ et indépendants de ν, variable de Poisson de paramètre $\mu(A)$. La loi de N restreint à A conditionnée à l'événement $\{N(A) = n\}$ est donc la loi de $\sum_1^n \delta_{X_i}$, d'où la propriété b).   □

Un processus de Poisson d'intensité λdx sur $\mathbb{R}^p$, $p \geq 1$ peut se construire simplement de la façon suivante : des points $X_1, \ldots, X_{\lfloor \lambda n^p \rfloor}$ sont lancés uniformément sur le pavé $[-n/2, n/2]^p$ (avec $\lfloor a \rfloor$, partie entière de a). Le processus ponctuel N_n ainsi obtenu est asymptotiquement de Poisson d'intensité $\lambda\,dx$ sur $\mathbb{R}^p$. En effet, si f est une fonction positive à support compact sur $\mathbb{R}^p$, la transformée de Laplace en f de ce processus ponctuel vaut

$$\psi_{N_n}(f) = \mathbb{E}\left(\exp\left(-\sum_{i=1}^{\lfloor \lambda n^p \rfloor} f(X_i) \right) \right) = \left(\frac{1}{n^p} \int_{[-n/2, n/2]^p} e^{-f(x)}\,dx \right)^{\lfloor \lambda n^p \rfloor},$$

en supposant que le support de f soit contenu dans le pavé $[-n/2, n/2]^p$

$$\psi_{N_n}(f) = \left(1 - \frac{1}{n^p} \int_{[-n/2, n/2]^p} \left(1 - e^{-f(x)} \right) dx \right)^{\lfloor \lambda n^p \rfloor},$$

quand n tend vers l'infini ce terme converge vers

$$\exp\left(-\lambda \int_{\mathbb{R}^p} \left(1 - e^{-f(x)} \right) dx \right),$$

la transformée de Laplace du processus de Poisson d'intensité $\lambda\,dx$ prise en f. Le processus ponctuel N_n converge en loi vers un processus de Poisson de paramètre

λ. Ce processus de Poisson peut être vu comme un lancer de points au hasard sur l'espace $\mathbb{R}^p$.

2.3. Propriétés générales des processus de Poisson. Cette section donne les propriétés classiques des processus de Poisson généraux.

PROPOSITION 1.10. *Si N est un processus de Poisson d'intensité μ sur H et A un borélien de H tel que $\mu(A) = +\infty$, $\mathbb{P}$-presque sûrement, le nombre de points de N dans A est infini, $N(A) = +\infty$.*

DÉMONSTRATION. Il existe une suite croissante de compacts $K_n \subset A$ tels que $\mu(K_n) \to +\infty$ quand n tend vers l'infini. Pour $n \in \mathbb{N}$, la variable $N(K_n)$ suit une loi de Poisson de paramètre $\mu(K_n)$, si $p \in \mathbb{N}$,

$$\mathbb{P}(N(K_n) = p) = \frac{\mu(K_n)^p}{p!} e^{-\mu(K_n)},$$

et donc $\lim_{n \to +\infty} \mathbb{P}(N(K_n) \leq p) = 0$ pour tout $p \geq 0$. Pour $n \in \mathbb{N}$, K_n est un sous-ensemble de A, la relation $\mathbb{P}(N(A) \leq p) \leq \mathbb{P}(N(K_n) \leq p)$ donne l'égalité $\mathbb{P}(N(A) \leq p) = 0$ pour tout $p \in \mathbb{N}$. La variable $N(A)$ est $\mathbb{P}$-p.s. infinie. $\square$

EXEMPLES.

1. Pour $H = \mathbb{R}$ et $\mu(dx) = \lambda\, dx$, les points de N peuvent être représentés par une suite doublement infinie (t_n) telle que $\lim_{n \to -\infty} t_n = -\infty$ et $\lim_{n \to +\infty} t_n = +\infty$.

2. Si $\mu(dx) = dx/x^2$ sur $H =]0, +\infty[$, le processus de Poisson associé a presque sûrement un nombre fini de points sur l'intervalle $]a, +\infty]$ pour $a > 0$ et une infinité de points s'accumulent en 0.

PROPOSITION 1.11 (Marquage). *Si $N = \sum \delta_{u_n}$ est un processus de Poisson d'intensité μ sur H et (X_n) une suite de variables aléatoires à valeurs dans un espace localement compact σ-compact G, i.i.d. indépendantes de N de loi ν, alors*

$$N_X = \sum \delta_{(u_n, X_n)}$$

est un processus de Poisson sur $H \times G$ d'intensité $\mu \otimes \nu$.

DÉMONSTRATION. Si $f : H \times G \to \mathbb{R}_+$ est continue à support compact, la transformée de Laplace du processus ponctuel N_X en f est donnée par

$$\mathbb{E}\left(\exp\left(-\sum f(u_n, X_n)\right)\right) = \mathbb{E}\left(\mathbb{E}\left(\exp\left(-\sum f(u_n, X_n)\right)\Big| N\right)\right),$$

en notant "$|N$" le conditionnement par rapport à la tribu engendrée par le processus ponctuel. La propriété d'indépendance des suites (u_n) et (X_n) entraîne l'identité

$$(1.5) \quad \mathbb{E}\left(\exp\left(-\sum f(u_n, X_n)\right)\right)$$
$$= \mathbb{E}\left(\mathbb{E}\left(\prod_n \exp\left(-\int f(u_n, y)\, \nu(dy)\right)\Big| N\right)\right).$$

Si pour $x \in H$, $h(x)$ est définie par

$$e^{-h(x)} = \int e^{-f(x,y)} \, \nu(dy),$$

comme $\{u_n\}$ est un processus de Poisson d'intensité μ, l'égalité (1.5) peut se réécrire de la façon suivante

$$\mathbb{E}\left(\exp\left(-\sum h(u_n)\right)\right) = \exp\left(-\int (1 - e^{-h(x)}) \, \mu(dx)\right)$$

$$= \exp\left(-\int (1 - e^{-f(x,y)}) \, \mu(dx) \, \nu(dy)\right),$$

d'où la proposition. □

PROPOSITION 1.12 (Image d'un processus de Poisson). *Si N est un processus de Poisson sur H d'intensité μ, ϕ une application mesurable de H dans un espace métrique localement compact G, et si la mesure μ_ϕ sur G, image de μ par ϕ, est de Radon sur G, le processus ponctuel N_ϕ sur G image de N par ϕ est un processus de Poisson d'intensité μ_ϕ.*

DÉMONSTRATION. En prenant une fonction f continue à support compact sur G, si $N = \sum_{n \in \mathbb{Z}} \delta_{u_n}$, alors $N \circ \phi = \sum_{n \in \mathbb{Z}} \delta_{\phi(u_n)}$, par conséquent,

$$\mathbb{E}\left(\exp\left(-N_\phi(f)\right)\right) = \mathbb{E}\left(\exp\left(-N(f \circ \phi)\right)\right) =$$

$$\exp\left(-\int \left(1 - e^{-f \circ \phi(x)}\right) \mu(dx)\right) = \exp\left(-\int \left(1 - e^{-f(x)}\right) \mu_\phi(dx)\right),$$

la proposition est démontrée. □

PROPOSITION 1.13. *Si $N = \sum_n \delta_{u_n}$ est un processus de Poisson d'intensité μ sur H et (X_n) une suite de variables aléatoires i.i.d. à valeurs dans un espace métrique localement compact σ-compact G, indépendantes de N et de loi ν, les propriétés suivantes sont satisfaites,*

a) *effacement : si A est un borélien de G,*

$$N_A = \sum_n 1_{\{X_n \in A\}} \delta_{u_n}$$

est un processus de Poisson sur H d'intensité $\nu(A)\mu$;

b) *translation (Dobrushin) : Si $H = G = \mathbb{R}^p$, $p \geq 1$ et*

$$T^X(N) = \sum_n \delta_{u_n + X_n},$$

et la convolution $\mu * \nu$ est de Radon sur $\mathbb{R}^p$, le processus ponctuel $T^X(N)$ est un processus de Poisson dont l'intensité vaut $\mu * \nu$.

En particulier si N a pour intensité la mesure de Lebesgue $\lambda \, dx$, le processus $T^X(N)$ est encore un processus de Poisson d'intensité $\lambda \, dx$.

DÉMONSTRATION. La proposition 1.11 montre que le processus ponctuel $M = \{u_n, X_n\}$ est de Poisson d'intensité $\mu \otimes \nu$. En utilisant la définition de la propriété de Poisson, il est facile de montrer que le processus N_A possède la propriété d'indépendance pour le nombre de points dans des ensembles boréliens deux à deux disjoints. Le nombre de points de N_A dans un borélien B de H est le nombre de points de M dans $B \times A$, cette variable suit donc une loi de Poisson de paramètre $\mu(B)\nu(A)$, d'où a).

La proposition 1.12 et la mesurabilité de l'application $(u, x) \to u+x$ donnent aisément la première partie de b). Pour terminer il suffit de remarquer que la mesure de Lebesgue est invariante par convolution avec une mesure de probabilité, en effet pour f continue à support compact, on a l'égalité

$$\int_{\mathbb{R}^p \times \mathbb{R}^p} f(x + y)\, dx\, \nu(dy) = \int_{\mathbb{R}^p \times \mathbb{R}^p} f(x)\, dx\, \nu(dy)$$

$$= \int_{\mathbb{R}^p} f(x)\, dx\, \nu(\mathbb{R}^p) = \int_{\mathbb{R}^p} f(x)\, dx,$$

donc $\lambda\, dx * \nu = \lambda\, dx$, ce qui achève la démonstration de la proposition. $\square$

COROLLAIRE 1.14. *La loi du processus de Poisson sur $\mathbb{R}^p$ d'intensité $\lambda\, dx$ est invariante par la translation, i.e. pour $t \in \mathbb{R}^p$, $\sum_n \delta_{u_n+t}$ est aussi un processus de Poisson d'intensité $\lambda\, dx$.*

2.4. Conditionnement au voisinage de 0. Dans cette partie $M = \{u_n\}$ est un processus de Poisson d'intensité $\lambda\, dx$ sur $\mathbb{R}^p$ et (X_n) une suite de variables i.i.d. de loi ν sur G localement compact σ-compact, indépendante de M. La proposition 1.11 montre que $N = \{(u_n, X_n)\}$ est un processus de Poisson d'intensité $\lambda\, dx \otimes \nu$. En notant $B(0, \varepsilon)$ la boule de centre 0 et de rayon ε,

$$B(0, \varepsilon) = \{x = (x_i) \in \mathbb{R}^p / |x_i| < \varepsilon, i = 1, \ldots, p\},$$

si A est un borélien de $\mathbb{R}^p$ et f une fonction intégrable sur $\mathbb{R}^p$, $N(A)$ désigne par abus de notation $N(A \times G)$ et

$$\int_A f(x)\, N(dx) = \int_{A \times G} f(x)\, N(dx, dy).$$

La proposition suivante concerne le comportement de N conditionné à avoir un point au voisinage de l'origine. Elle montre en particulier que le conditionnement d'un processus de Poisson à avoir un point en 0 ne change pas la loi du processus ponctuel en dehors de 0.

PROPOSITION 1.15. *Si N est un processus ponctuel de Poisson sur $\mathbb{R}^p \times G$ d'intensité $\lambda dx \otimes \nu(dy)$, la loi de N sachant $\{N(B(0, \varepsilon)) \neq 0\}$ converge vers la loi de $\widetilde{N} + \delta_{0, X}$ quand ε tend vers 0 ; $\widetilde{N}$ est un processus de Poisson de même loi que N et X est une variable aléatoire de loi $\nu(dx)$ qui est indépendante de $\widetilde{N}$.*

DÉMONSTRATION. Pour montrer ce résultat le critère de la proposition 1.2 en terme de transformée de Laplace est utilisé. Si f est une fonction positive continue à support compact sur $\mathbb{R} \times G$,

$$\mathbb{E}\left(\exp\left(-\int f(x)\,N(dx) \right) \middle| N(B(0,\varepsilon)) \neq 0 \right) =$$

$$\mathbb{E}\left(\exp\left(-\int_{\mathbb{R}^p - B(0,\varepsilon)} f(x)\,N(dx) - \int_{B(0,\varepsilon)} f(x)\,N(dx) \right) \middle| N(B(0,\varepsilon)) \neq 0 \right),$$

comme le processus de Poisson N restreint $\mathbb{R}^p - B(0,\varepsilon)$ est indépendant de la restriction de N à $B(0,\varepsilon)$, ce terme vaut

$$(1.6) \quad \mathbb{E}\left(\exp\left(-\int f(x)\,N(dx) \right) \middle| N(B(0,\varepsilon)) \neq 0 \right) =$$

$$\mathbb{E}\left(\exp\left(-\int_{\mathbb{R}^p - B(0,\varepsilon)} f(x)\,N(dx) \right) \right)$$

$$\times \mathbb{E}\left(\exp\left(-\int_{B(0,\varepsilon)} f(x)\,N(dx) \right) \middle| N(B(0,\varepsilon)) \neq 0 \right).$$

Si $t_1 = \inf\{x > 0 / N(B(0,x)) \neq 0\}$ et X est la variable telle que (t_1, X) soit un point de N, alors X est une variable de loi ν et indépendante de t_1. L'inégalité (1.3) utilisée une nouvelle fois donne la relation

$$\left| \mathbb{E}\left(\exp\left(-\int_{B(0,\varepsilon)} f(x)\,N(dx) \right) 1_{\{N(B(0,\varepsilon)) \neq 0\}} \right. \right.$$

$$\left. \left. - \exp\left(-f(t_1, X) \right) 1_{\{N(B(0,\varepsilon))=1\}} \right) \right| \leq \mathbb{P}(N(B(0,\varepsilon)) \geq 2) \leq \lambda^2 \varepsilon^{2p}.$$

Comme $\mathbb{P}(N(B(0,\varepsilon)) \neq 0) = 1 - \exp(-\lambda\varepsilon^p) \sim \lambda\varepsilon^p$, l'inégalité précédente montre qu'il suffit d'étudier le comportement asymptotique de

$$\frac{\mathbb{E}\left(\exp\left(-f(t_1, X) \right) 1_{\{N(B(0,\varepsilon))=1\}} \right)}{\mathbb{P}(N(B(0,\varepsilon)) \neq 0)} = \frac{\mathbb{E}\left(\exp\left(-f(t_1, X) \right) 1_{\{t_1 < \varepsilon\}} \right)}{\mathbb{P}(t_1 < \varepsilon)}.$$

Pour $t > 0$, $\mathbb{P}(t_1 > t) = \mathbb{P}(N(B(0,t) = 0) = \exp(-\lambda t^p)$, $\lambda p u^{p-1} e^{-\lambda u^p}$ est la densité de t_1, cette dernière quantité vaut

$$\int_0^\varepsilon \lambda p u^{p-1} e^{-\lambda u^p} \mathbb{E}\left(\exp\left(-f(u, X) \right) \right) du \Big/ (1 - \exp(-\lambda\varepsilon^p))$$

$$= \int_0^{\varepsilon^p} \lambda e^{-\lambda u} \mathbb{E}\left(\exp\left(-f(u^{1/p}, X) \right) \right) du \Big/ (1 - \exp(-\lambda\varepsilon^p))$$

$$= \frac{\lambda\varepsilon^p}{1 - \exp(-\lambda\varepsilon^p)} \frac{1}{\varepsilon^p} \int_0^{\varepsilon^p} e^{-\lambda u} \mathbb{E}\left(\exp\left(-f(u^{1/p}, X) \right) \right) du.$$

En utilisant la continuité de f, quand ε tends vers 0, ce dernier terme converge vers $\exp\left(-f(0, X) \right)$. Du théorème de convergence dominée on déduit donc la convergence

$$\lim_{\varepsilon \to 0} \mathbb{E}\left(\exp\left(-\int_{B(0,\varepsilon)} f(x)\, N(dx) \right) \,\Big|\, N(B(0,\varepsilon)) \neq 0 \right) = \mathbb{E}\left(\exp\left(-f(0, X) \right) \right).$$

En reprenant la relation (1.6), il vient

$$\lim_{\varepsilon \to 0} \mathbb{E}\left(\exp\left(-\int f(x)\, N(dx) \right) \,\Big|\, N(B(0,\varepsilon)) \neq 0 \right)$$
$$= \mathbb{E}\left(\exp\left(-\int f(x)\, N(dx) \right) \right) \mathbb{E}\left(\exp\left(-f(0, X) \right) \right),$$

et ce dernier terme vaut

$$\mathbb{E}\left(\exp\left(-\int f(x) \left(\tilde{N}(dx) + \delta_{(0,X)} \right) \right) \right),$$

d'où la proposition.   □

3. Processus de Poisson sur la droite réelle

3.1. Convergence vers un processus de Poisson. Si (X_n) est une suite de variables aléatoires sur $\mathbb{R}$ et $a > 0$, les instants des records au dessus de a de la suite (X_n) peuvent être représentés comme les points du processus ponctuel $\sum_n 1_{\{X_n > a\}} \delta_n$. Typiquement si la suite (X_n) décrit le nombre de clients d'une file d'attente au cours du temps, ce processus ponctuel représente les instants de débordements du niveau a. Il n'est, en général, pas très commode de caractériser la loi d'un tel processus ponctuel. Dans certains cas, on peut cependant montrer que lorsque a tend vers l'infini, celui-ci est asymptotiquement de Poisson.

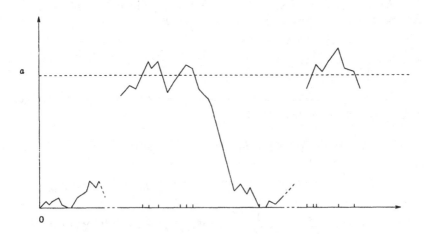

FIG. 1. Le processus de dépassement de la valeur a

Le cas simple où les variables (X_n) sont i.i.d. donne une idée du type de résultat qui peut être obtenu. La proposition suivante est dans une certaine mesure l'analogue de la proposition 1.4 pour les processus ponctuels.

PROPOSITION 1.16. *S'il existe* α *et* $\lambda > 0$ *tels que*

$$\lim_{a \to +\infty} \exp(\alpha a) \mathbb{P}(X_0 > a) = \lambda,$$

quand a *tend vers l'infini le processus ponctuel*

$$N_a = \sum_n 1_{\{X_n > a\}} \delta_{n \exp(-\alpha a)}$$

converge en loi vers un processus ponctuel de Poisson de paramètre λ.

DÉMONSTRATION. Si f est une fonction continue à support compact sur $\mathbb{R}$, la transformée de Laplace en f du processus ponctuel vaut

$$\mathbb{E}\left(\exp\left(-\sum_{n \geq 0} f(ne^{-\alpha a}) 1_{\{X_n \geq a\}} \right) \right)$$
$$= \prod_n \left(1 - \mathbb{P}(X_0 > a) \left(1 - \exp\left(-f(ne^{-\alpha a}) \right) \right) \right),$$

par indépendance et équidistribution des (X_n). En utilisant encore l'identité élémentaire

$$|\log(1 - x) + x| \leq x^2, \quad 0 \leq x \leq 1/2,$$

si a est assez grand, on en déduit l'inégalité

$$\left| \sum_n \log\left(1 - \mathbb{P}(X_0 > a) \left(1 - \exp\left(-f(ne^{-\alpha a}) \right) \right) \right) \right.$$
$$\left. + \sum_n \mathbb{P}(X_0 > a) \left(1 - \exp\left(-f(ne^{-\alpha a}) \right) \right) \right|$$
$$\leq \mathbb{P}(X_0 > a)^2 \sum_n \left(1 - \exp\left(-f(ne^{-\alpha a}) \right) \right)^2;$$

comme $\mathbb{P}(X_0 > a) \sim \lambda \exp(-\alpha a)$, ce dernier terme est équivalent à une somme de Riemann, et par conséquent à

$$\lambda^2 e^{-\alpha a} \int \left(1 - e^{-f(x)} \right)^2 dx,$$

et donc converge vers 0 quand a tend vers l'infini, de même

$$\lim_{a \to +\infty} \sum_n \mathbb{P}(X_0 > a) \left(1 - \exp\left(-f(ne^{-\alpha a}) \right) \right) = \lambda \int \left(1 - e^{-f(x)} \right) dx.$$

La transformée de Laplace en f du processus ponctuel N_n converge vers

$$\exp\left(-\lambda \int (1 - e^{-f(x)}) dx \right),$$

d'où la convergence de la suite (N_n) vers un processus de Poisson d'intensité λ.   □

Dans la proposition précédente la convergence poissonnienne est obtenue essentiellement grâce à l'hypothèse réductrice d'indépendance des variables que l'on somme. En pratique cette hypothèse n'est bien sûr pas vraie, néanmoins la convergence reste plausible; voir le livre d'Aldous [1] consacré à ce sujet. Sous certaines hypothèses techniques de mélange (indépendance asymptotique), il est possible de montrer cette convergence (voir Leadbetter [31]).

Une convergence poissonnienne de ce type est montrée pour les processus décrivant le nombre de clients des files $M/M/1$ et $M/M/\infty$ dans les chapitres 5 et 6 respectivement.

3.2. Processus de Poisson marqué sur $\mathbb{R}$.

DÉFINITION 5. On appelle processus de Poisson marqué sur $\mathbb{R}$, un processus de Poisson dont l'intensité est de la forme $\lambda\,dx \otimes \nu(dy)$ sur $\mathbb{R} \times H$ où ν est une mesure de probabilité sur un espace localement compact σ-compact H.

D'après la proposition 1.11, un processus de Poisson marqué sur $\mathbb{R}$ peut être représenté comme $\{(t_n, X_n)\}$ où $\{t_n\}$ est un processus de Poisson sur $\mathbb{R}$ d'intensité $\lambda\,dx$ et (X_n) une suite i.i.d. de loi ν, indépendante des $t_n, n \in \mathbb{Z}$. Les variables X_n marquent les t_n. Dans toute la suite $N = \{(t_n, X_n)\}$ est un processus de Poisson marqué, avec la convention de numérotation

$$\cdots < t_{-1} < t_0 \leq 0 < t_1 < \cdots.$$

Par abus de notation, si A est borélien de $\mathbb{R}$, $N(A)$ désignera $N(A \times H)$. La première coordonnée (t_n) de ce processus peut être interprétée comme une composante temporelle. Il est naturel de définir la filtration associée $(\mathcal{F}_t)$: pour $t \in \mathbb{R}$ $\mathcal{F}_t$ est la tribu engendrée par les variables aléatoires $N(A \times U)$, où A est un borélien de $]-\infty, t]$ et U est un borélien de H, ou encore

$$\mathcal{F}_t = \sigma\left\langle N(]a,b] \times U)/a,b \leq t,\, U \in \mathcal{B}(H) \right\rangle.$$

PROPOSITION 1.17. *Si N est un processus ponctuel de Poisson marqué sur $\mathbb{R}$ et T un temps d'arrêt presque sûrement fini, le processus ponctuel translaté de T $(N(]T, T+t]))$ est indépendant de $\mathcal{F}_T$ et a même loi que $(N(]0, t]))$.*

Le processus $(N(]0, t]))$ est la mesure de comptage associée à N, les sauts de hauteur 1 de ce processus croissant à valeurs entières ont lieu aux points du processus N. Il est équivalent de se donner la mesure de comptage ou le processus ponctuel.

DÉMONSTRATION. Si $F(\mathbb{R}_+, \mathbb{R})$ désigne l'espace des fonctions mesurables de $\mathbb{R}_+$ dans $\mathbb{R}$ muni de la topologie de la convergence simple et de la tribu borélienne associée. En notant $N(]T, T+\cdot]) = (N(]T, T+t]))$ il suffit de montrer que l'identité

$$\mathbb{E}(f(N(]T, T+\cdot]))\mid \mathcal{F}_T) = \mathbb{E}\left(f(N(]0, 0+\cdot]))\right),$$

est p.s. vraie pour toute fonctionnelle f mesurable bornée sur $F(\mathbb{R}_+, \mathbb{R})$ ne dépendant que d'un nombre fini de coordonnées à valeurs entières. En effet, ceci entraîne d'abord l'indépendance de $(N(]T, T + \cdot]))$ et de $\mathcal{F}_T$, l'espérance conditionnelle étant constante, et ensuite que les lois de $(N(]T, T + \cdot]))$ et $(N(]0, \cdot]))$ sont identiques.

En remarquant que puisque $N(]a, a + x]) \to N(]b, b + x])$ quand $a \searrow b$, si f est une fonction ne dépendant que d'un nombre fini de variables entières, pour $a_k^n = k/2^n$, $k \geq 0, n \geq 1$,

$$\lim_{n \to +\infty} \sum_{k \in \mathbb{Z}} f(N(]a_k^n, a_k^n + \cdot]))1_{\{a_{k-1}^n < T \leq a_k^n\}} = f(N]T, T + \cdot]),$$

et donc

$$(1.7) \quad \lim_{n \to +\infty} \sum_{k \in \mathbb{Z}} \mathbb{E}\left(f(N(]a_k^n, a_k^n + \cdot]))1_{\{a_{k-1}^n < T \leq a_k^n\}} \,\Big|\, \mathcal{F}_T \right)$$

$$= \mathbb{E}(f(N(]T, T + \cdot])) \,|\, \mathcal{F}_T),$$

d'après le théorème de convergence dominée.

La propriété de temps d'arrêt de T montre que l'ensemble $\{T \in]a_{k-1}^n, a_k^n]\}$ est $\mathcal{F}_{a_k^n}$-mesurable pour $k, n \in \mathbb{N}$, d'où l'égalité

$$\mathbb{E}\left(f(N(]a_k^n, a_k^n + \cdot]))1_{\{T \in]a_{k-1}^n, a_k^n]\}} \,\Big|\, \mathcal{F}_T \right)$$

$$= \mathbb{E}\left(\mathbb{E}(f(N(]a_k^n, a_k^n + \cdot])) \,|\, \mathcal{F}_{a_k^n})1_{\{T \in]a_{k-1}^n, a_k^n]\}} \,\Big|\, \mathcal{F}_T \right).$$

La propriété de Poisson d'indépendance entre les événements avant a_k^n et ceux après a_k^n donne l'égalité

$$\mathbb{E}\left(f(N(]a_k^n, a_k^n + \cdot])) \,|\, \mathcal{F}_{a_k^n} \right) = \mathbb{E}\left(f(N(]a_k^n, a_k^n + \cdot])) \right),$$

ce dernier terme vaut $\mathbb{E}(f(N(]0, 0 + \cdot])))$ d'après l'invariance par translation du corollaire 1.14. En remarquant que l'événement $\{T \in]a_{k-1}^n, a_k^n]\}$ est $\mathcal{F}_T$-mesurable, on obtient l'identité

$$\mathbb{E}\left(f(N(]a_k^n, a_k^n + \cdot]))1_{\{T \in]a_{k-1}^n, a_k^n]\}} \,\Big|\, \mathcal{F}_T \right) = \mathbb{E}\left(f(N(]0, 0 + \cdot])) \right) 1_{\{T \in]a_{k-1}^n, a_k^n]\}},$$

en sommant cette dernière identité et en utilisant la relation (1.7), il vient

$$\mathbb{E}\left(f(N(]T, T + \cdot])) \,\Big|\, \mathcal{F}_T \right) = \mathbb{E}\left(f(N(]0, 0 + \cdot])) \right) 1_{\{T < +\infty\}}.$$

Le théorème est démontré. $\qquad\square$

PROPOSITION 1.18. *Pour tout $n \geq 1$, t_n est un temps d'arrêt, les variables $-t_0$, t_1, $t_{n+1} - t_n$, $n \neq 0$ sont indépendantes et équidistribuées de loi exponentielle de paramètre λ.*

DÉMONSTRATION. Comme $\mathbb{P}(t_1 \geq t) = \mathbb{P}(N(]0, t]) = 0) = \exp(-\lambda t)$, la variable t_1 suit donc une loi exponentielle de paramètre λ.

L'égalité $\{t_n \leq t\} = \{N(]0, t]) \geq n\} \in \mathcal{F}_t$ montre la propriété de temps d'arrêt de la variable t_n. Le processus $(N(]t_n, t_n + t]))$ est indépendant de la tribu $\mathcal{F}_{t_n}$ et de même loi que $(N(]0, t]))$ d'après la proposition 1.17; en particulier

$t_{n+1} - t_n$, la coordonnée du premier point positif de $(N(]t_n, t_n + t]))$, suit une loi exponentielle de paramètre λ et est indépendante des $t_k - t_{k-1}, 2 \leq k \leq n$. Les variables $t_{n+1} - t_n$, $n \geq 0$ et t_1 sont donc i.i.d. exponentielles de paramètre λ, et indépendantes des variables $(t_{n+1} - t_n; n < 0)$ et $-t_0$.

Il est facile, via la transformée de Laplace, de montrer que le processus ponctuel $\{-t_n\}$ est aussi un processus de Poisson d'intensité $\lambda \, dx$. Par conséquent les variables $(t_{n+1} - t_n; n < 0)$ et $-t_0$ sont donc aussi i.i.d. de distribution exponentielle de paramètre λ. $\qquad\square$

Pour $n \in \mathbb{N}$, l'identité $\{N([0,t]) = n\} = \{t_n \leq t < t_{n+1}\}$ et l'indépendance de t_n et $t_{n+1} - t_n$ donnent la relation

$$\frac{(\lambda t)^n}{n!} e^{-\lambda t} = \int_0^{+\infty} \mathbb{P}(t_n \leq t < t_n + x) \lambda e^{-\lambda x} \, dx,$$

d'où, en utilisant le théorème de Fubini,

$$\frac{(\lambda t)^n}{n!} = \mathbb{E}\left(e^{\lambda t_n} 1_{\{t_n < t\}}\right) = \int_0^t e^{\lambda x} h_n(x) \, dx,$$

où h_n est la densité sur $\mathbb{R}_+$ de la variable t_n. En dérivant la relation précédente par rapport à t, il vient

$$h_n(x) = \lambda \frac{(\lambda x)^{n-1}}{(n-1)!} e^{-\lambda x}.$$

COROLLAIRE 1.19. *Si T est un temps d'arrêt et $t_1(T)$ est la distance entre T et le premier point de N après T, $t_1(T) = \inf\{t_n - T/t_n > T\}$, alors $t_1(T)$ est indépendant de $\mathcal{F}_T$ et suit une loi exponentielle de paramètre λ.*

La proposition suivante résume les principales propriétés de N en tant que processus stochastique.

PROPOSITION 1.20. *Si F est un borélien de H, le processus*

$$(M(t)) = (N(]0,t] \times F) - \lambda\nu(F)t)$$

est un processus à accroissements indépendants, en particulier c'est une $(\mathcal{F}_t)$-martingale et un processus ayant la propriété de Markov forte. Le processus croissant de cette martingale vaut $(\lambda\nu(F)t)$.

DÉMONSTRATION. Si $s \leq t$,

$$N(]0,t] \times F) = N(]0,s] \times F) + N(]s, s+t] \times F),$$

la propriété de Poisson assure l'indépendance de $N(]s, s+t] \times F)$ et $\mathcal{F}_s$, ainsi

$$\mathbb{E}\left(N(]0,t] \times F) - \lambda\nu(F)t \mid \mathcal{F}_s\right) = N(]0,s] \times F) - \lambda\nu(F)s,$$

d'où la propriété de martingale. Pour le processus croissant, la démonstration est similaire. En utilisant la propriété d'indépendance il est facile d'établir l'égalité

$$\mathbb{E}\left(M(t+s)^2 \mid \mathcal{F}_s\right) = M(s)^2 + \lambda\nu(F)t,$$

pour s, t positifs; Le processus $(M(t)^2 - \lambda\nu(F)t)$ est donc une martingale et par conséquent $(\lambda\nu(F)t)$ est le processus croissant de $(M(t))$. La propriété de Markov forte est une conséquence directe de la proposition 1.17. $\qquad\square$

PROPOSITION 1.21. *Si N est un processus de Poisson marqué sur $\mathbb{R}_+ \times H$ d'intensité $\lambda\, dt \otimes \nu(dy)$ et f une fonction mesurable de H dans $\mathbb{R}_+$ telle que la quantité $\int_H f(y)^2 \nu(dy)$ soit finie, alors le processus*

$$\left(\int_{]0,t] \times H} f(y) \left(N(ds, dy) - \lambda \nu(dy) \right) \right)$$

est une martingale de carré intégrable dont le processus croissant est donné par

$$\left(\lambda t \int_H f(y)^2 \nu(dy) \right)$$

DÉMONSTRATION. La propriété de martingale se montre de la même façon que précédemment, c'est une conséquence de la propriété d'indépendance des processus de Poisson. Il ne reste qu'à calculer la variance.

Si f est la fonction indicatrice d'un ensemble mesurable, le résultat est celui qui vient d'être démontré dans la proposition précédente. Si $f = \alpha\, 1_A + \beta\, 1_B$ où A et B sont deux ensembles mesurables disjoints de H, la propriété d'indépendance des processus de Poisson montre que les variables aléatoires

$$\alpha \int_{]0,t] \times H} 1_A(y) \left(N(ds, dy) - \lambda \nu(dy) \right) \text{ et } \beta \int_{]0,t] \times H} 1_B(y) \left(N(ds, dy) - \lambda \nu(dy) \right)$$

sont indépendantes et de moyenne nulle, par conséquent

$$\mathbb{E} \left(\int_{]0,t] \times H} f(y) \left(N(ds, dy) - \lambda \nu(dy) \right) \right)^2$$

$$= \alpha^2 \mathbb{E} \left(\int_{]0,t] \times H} 1_A(y) \left(N(ds, dy) - \lambda \nu(dy) \right) \right)^2$$

$$+ \beta^2 \mathbb{E} \left(\int_{]0,t] \times H} 1_B(y) \left(N(ds, dy) - \lambda \nu(dy) \right) \right)^2$$

$$= \lambda t \left(\alpha^2 \nu(A) + \beta^2 \nu(B) \right) = \lambda t \int_H f(y)^2 \, \nu(dy).$$

En généralisant, on en déduit que l'identité précédente est vraie pour toutes les fonctions mesurables étagées. Pour conclure il suffit d'approximer une fonction mesurable positive f par de telles fonctions. $\square$

4. Processus ponctuels de renouvellement

Un processus de Poisson sur $\mathbb{R}_+$ d'intensité λ est une suite croissante de points dont les espacements forment une suite i.i.d. de variables aléatoires exponentielles de paramètre λ. Dans cette partie, ce schéma de construction d'un processus ponctuel sur $\mathbb{R}_+$ est étendu au cas où les espacements forment une suite i.i.d. $(\tau_i; i \in \mathbb{Z})$ quelconque, τ_0 est une variable positive telle que $\mathbb{E}(\tau_0) < +\infty$.

Dans toute cette partie la suite (τ_i) est fixée. Le résultat suivant relie la convergence en distribution des processus ponctuels et la convergence en loi des accroissements.

PROPOSITION 1.22. *Si* $(N_n) = (\{t_k^n; k \geq 0\})$ *est une suite de processus ponctuels sur* $\mathbb{R}_+$ *telle que*

- $t_0^n = 0$ *pour tout* $n \in \mathbb{N}$;
- *pour* $n \in \mathbb{N}$, *la suite de variables aléatoires positives* $(t_{k+1}^n - t_k^n)$ *est i.i.d.* ;
- *la variable* $t_1^n - t_0^n = t_1^n$ *converge en loi vers* t_1 *quand* n *tend vers l'infini* ;

si $(t_{k+1} - t_k)$ *est une suite i.i.d. de même loi que* t_1, *le processus ponctuel* N_n *converge en distribution vers* $N = \{t_k\}$ *quand* n *tend vers l'infini*.

DÉMONSTRATION. Le critère de convergence donné par la proposition 1.2 est utilisé. Si f est une fonction continue positive à support dans $[0, K]$ il faut prouver l'égalité

$$\lim_{n \to +\infty} \mathbb{E}(\exp(-N_n(f))) = \lim_{n \to +\infty} \mathbb{E}\left(\exp\left(-\sum f(t_k^n)\right)\right)$$
$$= \mathbb{E}\left(\exp\left(-\sum f(t_n)\right)\right) = \mathbb{E}(\exp(-N(f))).$$

Pour $\varepsilon > 0$, comme la suite (t_k) converge en probabilité vers l'infini, il existe $k_0 > 0$ tel que $\mathbb{P}(t_{k_0} \leq K) \leq \varepsilon$ et il existe A tel que si $n \geq A$,

$$|\mathbb{P}(t_{k_0}^n \leq K) - \mathbb{P}(t_{k_0} \leq K)| \leq \varepsilon.$$

En prenant $n \geq A$,

$$\left| \mathbb{E}\left(\exp\left(-\sum f(t_k^n)\right)\right) - \mathbb{E}\left(\exp\left(-\sum f(t_k)\right)\right) \right|$$
$$\leq \left| \mathbb{E}\left(\exp\left(-\sum f(t_k^n)\right) 1_{\{t_{k_0}^n > K\}}\right) - \mathbb{E}\left(\exp\left(-\sum f(t_k)\right) 1_{\{t_{k_0} > K\}}\right) \right|$$
$$+ \mathbb{P}(t_{k_0} \leq K) + \mathbb{P}(t_{k_0}^n \leq K),$$

le premier terme du membre de droite converge vers 0 quand n tend vers l'infini puisque les distributions finies $(t_k^n; k \leq k_0)$ convergent en distribution et, la fonction f étant nulle en dehors de l'intervalle $[0, K]$, les variables sous le signe espérance ne dépendent que de ces marginales finies. Les deux autres termes du membre droit sont majorés par 3ε. La proposition est démontrée. □

DÉFINITION 6. Si $x \geq 0$, le processus ponctuel $N^x = \{t_n^x\}$ est défini par

- $t_1^x = x$;
- $t_{n+1}^x = t_n^x + \tau_n$, pour $n \geq 0$.

Le processus N^x est le processus de renouvellement associé à la suite (τ_n) dont le premier point est en x. Pour $t \geq 0$, $T^t N^x$ désigne le processus ponctuel N^x translaté de t, i.e. $T^t N^x = \{t_n^x - t\}$ et $N^x(B \cap \cdot)$ la restriction du processus ponctuel N^x à un borélien B.

PROPOSITION 1.23. *Si F est une variable aléatoire indépendante de la suite (τ_i) dont la distribution a pour densité $\mathbb{P}(\tau_0 \geq x)/\mathbb{E}(\tau_0)$ sur $\mathbb{R}_+$ i.e.*

(1.8)
$$\mathbb{P}(F \in A) = \int_A \frac{\mathbb{P}(\tau_0 \geq x)}{\mathbb{E}(\tau_0)}\, dx,$$

pour tout borélien A de $\mathbb{R}_+$, le processus ponctuel $N = N^F$ sur $\mathbb{R}_+$ associé à cette variable F est invariant par les translations positives, i.e. pour tout $t \geq 0$, les processus ponctuels $T^t N = \{t_n^F - t\}$ et $\{t_n^F\} = N$ ont même distribution sur $\mathbb{R}_+$.

DÉMONSTRATION. Pour simplifier les notations, l'exposant F dans $\{t_n^F\}$ est omis dans cette preuve. On pose $\nu_t = N([0,t]) + 1$, si f et g sont des fonctions boréliennes positives sur $\mathbb{R}$ et $\mathbb{R}^{\mathbb{N}}$ respectivement, par définition de la variable ν_t, on a l'égalité

$$\mathbb{E}\left(f(t_{\nu_t} - t)g((t_{\nu_t+k+1} - t_{\nu_t+k}))\right) = \sum_{n \geq 1} \mathbb{E}\left(1_{\{t_{n-1} \leq t < t_n\}} f(t_n - t)g((\tau_{n+k}))\right).$$

Pour $n \in \mathbb{N}$, la variable t_n ne dépendant que des τ_i, $i < n$, on en déduit que la quantité précédenten vaut

$$\mathbb{E}\left(g((\tau_{n+k}))\right) \sum_{n \geq 1} \mathbb{E}\left(1_{\{t_{n-1} \leq t < t_n\}} f(t_n - t)\right) = \mathbb{E}\left(g((\tau_k))\right)\mathbb{E}\left(f(t_{\nu_t} - t)\right).$$

La suite $(t_{\nu_t+k+1} - t_{\nu_t+k}) = (\tau_{\nu_t+k})$ est i.i.d. de même loi que (τ_k) et indépendante de $t_{\nu_t} - t$. Le processus ponctuel N translaté de t restreint à $\mathbb{R}_+$ vaut $\{t_{\nu_t+k} - t; k \geq 0\}$. Pour montrer que ce processus ponctuel a même loi que N, il suffit donc de prouver que la distribution du premier point $t_{\nu_t} - t$ est celle de la variable F ou encore que

(1.9) $$\mathbb{E}\left(\exp\left(-\xi(t_{\nu_t} - t)\right)\right) = \widetilde{F}(\xi) \stackrel{\text{def}}{=} \mathbb{E}\left(\exp\left(-\xi F\right)\right) = \frac{1 - \widetilde{\tau}(\xi)}{\xi \mathbb{E}(\tau_0)},$$

pour tout $\xi \geq 0$, avec $\widetilde{\tau}(\xi) = \mathbb{E}(\exp(-\xi\tau_0))$. Le membre de gauche étant une fonction de t bornée par 1, si on montre que

(1.10) $$\int_0^{+\infty} \mathbb{E}\left(\exp\left(-\xi(t_{\nu_t} - t)\right)\right) \exp\left(-zt\right)\, dt$$

$$= \int_0^{+\infty} \mathbb{E}\left(\exp\left(-\xi F\right)\right) \exp\left(-zt\right)\, dt = \frac{1}{z}\mathbb{E}\left(\exp\left(-\xi F\right)\right),$$

pour tout $z \geq 0$, par unicité de la transformée de Laplace d'une fonction réelle on en déduira la relation voulue.

En découpant la droite réelle suivant les points de $\mathcal{N}$, avec la convention $t_0 = 0$, on obtient les égalités

$$\int_0^{+\infty} \mathbb{E}\Big(\exp\left(-\xi(t_{\nu_t} - t)\right) \Big) \exp\left(-zt\right) dt$$

$$= \mathbb{E}\left(\sum_{n\geq 0} \int_{t_n}^{t_{n+1}} \exp\left(-\xi(t_{n+1} - t)\right) \exp\left(-zt\right) dt \right)$$

$$= \mathbb{E}\left(\sum_{n\geq 0} e^{-zt_n} \frac{\exp\left(-\xi(t_{n+1} - t_n)\right) - \exp\left(-z(t_{n+1} - t_n)\right)}{z - \xi} \right)$$

en séparant le premier terme de la somme et en utilisant les hypothèses d'indépendance, il vient

$$\int_0^{+\infty} \mathbb{E}\Big(\exp\left(-\xi(t_{\nu_t} - t)\right) \Big) \exp\left(-zt\right) dt$$

$$= \frac{\widetilde{F}(\xi) - \widetilde{F}(z)}{z - \xi} + \sum_{n\geq 1} \widetilde{F}(z)\widetilde{\tau}(z)^{n-1} \frac{\widetilde{\tau}(\xi) - \widetilde{\tau}(z)}{z - \xi},$$

et comme $\widetilde{F}(\xi) = (1 - \widetilde{\tau}(\xi))/(\xi\mathbb{E}(\tau_0))$,

$$\int_0^{+\infty} \mathbb{E}\Big(\exp\left(-\xi(t_{\nu_t} - t)\right) \Big) \exp\left(-zt\right) dt$$

$$= \frac{1}{z - \xi} \left(\frac{1 - \widetilde{\tau}(\xi)}{\xi\mathbb{E}(\tau_0)} - \frac{1 - \widetilde{\tau}(z)}{z\mathbb{E}(\tau_0)} \right) + \frac{\widetilde{\tau}(\xi) - \widetilde{\tau}(z)}{(z - \xi)z\mathbb{E}(\tau_0)} = \frac{1 - \widetilde{\tau}(\xi)}{z\xi\mathbb{E}(\tau_0)},$$

d'où la relation (1.10) et par conséquent l'invariance de $\mathcal{N}$ par les translations positives. $\qquad\square$

4.1. Exemples.

Processus de Poisson. Si τ_0 est une variable aléatoire exponentielle de paramètre λ, la variable F définie par (1.8) est aussi une variable exponentielle de paramètre λ. Le processus $\mathcal{N}$ a donc même distribution que N^0, c'est un processus de Poisson d'intensité λ sur $\mathbb{R}_+$. La proposition 1.13 montre aussi l'invariance de ce processus par les translations positives.

Processus déterministe. Si τ_0 est constante égale à D, la distribution de la variable F correspondante est

$$\mathbb{P}(F \in dx) = \frac{1}{D} 1_{\{0 \leq x \leq D\}} dx,$$

i.e. F est uniformément distribuée sur $[0, D]$. Le processus ponctuel $\mathcal{N}$ associé est $\{F + nD\}$.

L'espérance de la variable F est donnée par

$$\mathbb{E}(F) = \int_0^{+\infty} x \frac{\mathbb{P}(\tau_0 \geq x)}{\mathbb{E}(\tau_0)} dx = \frac{1}{\mathbb{E}(\tau_0)} \mathbb{E}\left(\int_0^{\tau_0} x \, dx \right) = \frac{\mathbb{E}(\tau_0^2)}{2\mathbb{E}(\tau_0)},$$

en utilisant le théorème de Fubini pour la première égalité. La variable F a un premier moment si et seulement si τ_0 est de carré intégrable. Le premier point de $\mathcal{N}$ est donc situé très loin si τ_0^2 n'est pas intégrable (voir le chapitre 11, page 283 pour une discussion de ce phénomène).

DÉFINITION 7. Une probabilité μ sur $\mathbb{R}$ n'est pas latticielle s'il n'existe pas de $\delta > 0$ tel que $\mu(\delta\mathbb{Z}) = 1$.

Une probabilité μ sur $\mathbb{R}$ est *étalée* s'il existe $n_0 \in \mathbb{N}$ tel que la mesure μ^{*n_0} a une composante non triviale par rapport à la mesure de Lebesgue, i.e. s'il existe une fonction borélienne positive non triviale h telle que

$$\mu^{*n_0}(f) = \int f(x_1 + \cdots + x_{n_0}) \prod_1^{n_0} \mu(dx_i) \geq \int f(x)h(x)\,dx,$$

pour toute fonction borélienne positive f.

PROPOSITION 1.24. *Si la variable τ_0 a une distribution non latticielle, en notant, pour $x \geq 0$, S_t^x le premier point de N^x après t,*

$$S_t^x = \inf\{u > t / N^x([t,u]) \neq 0\} = \inf\{t_n^x / t_n^x > t\},$$

la variable positive $S_t^x - t$ converge en distribution vers la distribution de densité $x \to \mathbb{P}(\tau_0 \geq x)/\mathbb{E}(\tau_0)$ sur $\mathbb{R}_+$, quand t tend vers l'infini.

DÉMONSTRATION. La preuve classique de ce résultat repose sur le théorème de renouvellement. Voir Durrett [16] par exemple.   □

Les résultats qui suivent concernent principalement la convergence en loi des processus de renouvellement translatés de t quand t tend vers l'infini. Dans ce qui suit $\mathcal{N}$ désigne le processus ponctuel N^F invariant par les translations positives (Proposition 1.23).

4.2. Couplage. Sous les hypothèses de la proposition précédente, la coordonnée du premier point de $T^t N^x$ converge en distribution vers celle du premier point de $\mathcal{N}$. Le théorème ci-dessous donne un résultat plus fort : il est possible de construire un espace de probabilité où les processus ponctuels $T^t N^x(\mathbb{R}_+ \cap \cdot)$ et $T^t \mathcal{N}(\mathbb{R}_+ \cap \cdot)$ sont identiques pour t suffisamment grand (le processus ponctuel $T^t \mathcal{N}(\mathbb{R}_+ \cap \cdot)$ a même loi que $\mathcal{N}$ d'après la proposition 1.23).

THÉORÈME 1.25 (Couplage d'un processus de renouvellement). *Si la loi de la variable τ_0 est étalée, pour $x \geq 0$, il existe un espace de probabilité sur lequel les processus $T^t N^x(\mathbb{R}_+ \cap \cdot)$ et $T^t \mathcal{N}(\mathbb{R}_+ \cap \cdot)$ couplent : il existe une variable H $\mathbb{P}$-presque sûrement finie telle que si $t \geq H$,*

$$T^t N^x(\mathbb{R}_+ \cap \cdot) = T^t \mathcal{N}(\mathbb{R}_+ \cap \cdot).$$

DÉMONSTRATION. Voir Asmussen [2], Théorème 2.3, page 146.   □

Le cas des variables latticielles. Si la variable τ_0 est à valeurs dans $\mathbb{N}^*$ et $x \in \mathbb{N}$, le processus de renouvellement associé N^x ne charge que l'ensemble $\mathbb{N}$. Le processus $\mathcal{N}$ correspondant est défini par $\mathcal{N} = N^F$, avec $\mathbb{P}(F = n) = \mathbb{P}(\tau_0 \geq n)/\mathbb{E}(\tau_0)$, pour $n \geq 1$. Il est facile de vérifier que $\mathcal{N}$ est aussi invariant par les translations entières. La proposition ci-dessous est donc la version latticielle du théorème précédent.

PROPOSITION 1.26. *Si τ_0 est une variable aléatoire non nulle à valeurs entières telle que $\mathbb{P}(\tau_0 \in k\mathbb{N}) < 1$ pour tout $k \in \mathbb{N}$, et si pour $x \in \mathbb{N}$ les processus ponctuels N^x et $\mathcal{N}$ sont des processus de renouvellement indépendants associés à la variable τ_0, la variable $H = \inf\{k/N^x(\{k\}) = \mathcal{N}(\{k\}) = 1\}$ est $\mathbb{P}$-presque sûrement finie.*

DÉMONSTRATION. Voir Lindvall [**32**]. □

4.3. Propriétés de mélange. Les théorèmes précédents permettent de montrer, modulo une hypothèse sur le support de τ_1, que le processus ponctuel N^x vu depuis le point t converge en distribution vers le processus ponctuel $\mathcal{N}$.

PROPOSITION 1.27. *Si la distribution de la variable τ_0 n'est pas latticielle, pour $x \geq 0$ le processus ponctuel $T^t N^x(\mathbb{R}_+ \cap \cdot)$ converge en distribution vers le processus de renouvellement $\mathcal{N}$ quand t tend vers l'infini.*

De plus, si la distribution de τ_0 est étalée, pour $n \in \mathbb{N}$, quand t tend vers l'infini, le vecteur

$$(\tau_0, \dots, \tau_n, T^t N^x(\mathbb{R}_+ \cap \cdot))$$

converge vers $(\tau_0', \dots, \tau_n', \mathcal{N})$ au sens de la convergence en distribution; les variables $(\tau_i', i = 0, \dots n)$ sont i.i.d. de même loi que τ_0 et indépendantes de $\mathcal{N}$.

DÉMONSTRATION. Avec les notations de la preuve de la proposition 1.23 et de la proposition 1.24, si $\nu_t = N^x([0,t]) + 1$ le terme $t^x_{\nu_t}$ vaut S^x_t et la suite $(t^x_{\nu_t+k+1} - t^x_{\nu_t+k})$ a même loi que la suite i.i.d. (τ_i) et est indépendante de $t^x_{\nu_t}$. Par conséquent le théorème 1.24 montre que la suite $(t^x_{\nu_t+n+1} - t^x_{\nu_t+n})$ des espacements du processus ponctuel N^x converge en distribution vers $(t^F_{n+1} - t^F_n)$, la suite des espacements du processus de renouvellement stationnaire. La proposition 1.22 montre donc la convergence des processus ponctuels correspondants, d'où la première partie de la proposition.

La deuxième partie se montre en utilisant la même méthode que précédemment, il suffit d'établir la convergence en distribution de $(\tau_0, \dots, \tau_n, S^x_t - t)$ vers $(\tau_0', \dots, \tau_n', F)$ où F est une variable aléatoire indépendante des variables $\tau_0', \dots, \tau_n'$ dont la loi est donnée par la relation (1.8). Il est facile de vérifier que $Z(t) = (S^x_t - t)$ est un processus de Markov de probabilité invariante F et ayant la propriété de couplage d'après le théorème 1.25. Ce processus de Markov est ergodique (d'après la proposition 3.13 de [**2**]) et mélangeant (Théorème 16.1.5 de [**33**]), i.e. si $K \geq 0$, g est une fonction mesurable bornée sur $\mathbb{R}_+$ et f est une fonctionnelle mesurable bornée sur les fonctions de $\mathbb{R}_+$ dans $\mathbb{R}$ ne dépendant que des coordonnées plus petites que K,

$$\lim_{t \to +\infty} \mathbb{E}(f(Z)g(Z(t))) = \mathbb{E}(f(Z))\mathbb{E}(g(F)).$$

Ceci suffit à établir notre assertion. En effet, si f est une fonction mesurable bornée sur $\mathbb{R}^n$, on déduit de la convergence précédente la relation

$$\lim_{t \to +\infty} \mathbb{E}\big(f(\tau_0, \ldots, \tau_n)1_{\{t_n \leq K\}}g(Z(t))\big) = \mathbb{E}(f(\tau_0, \ldots, \tau_n)1_{\{t_n \leq K\}})\mathbb{E}(g(F)).$$

Pour $\varepsilon > 0$ il existe K tel que $\mathbb{P}(t_n \geq K) \leq \varepsilon$ et n_0 tel que si $n \geq n_0$,

$$\big|\mathbb{E}\big(f(\tau_0, \ldots, \tau_n)1_{\{t_n \leq K\}}g(Z(t))\big) - \mathbb{E}(f(\tau_0, \ldots, \tau_n)1_{\{t_n \leq K\}})\mathbb{E}(g(F))\big| \leq \varepsilon,$$

on en déduit l'inégalité

$$\big|\mathbb{E}(f(\tau_0, \ldots, \tau_n)g(Z(t))) - \mathbb{E}(f(\tau_0, \ldots, \tau_n))\mathbb{E}(g(F))\big| \leq (1 + 2\|f\|_\infty\|g\|_\infty)\varepsilon,$$

ce qui achève la démonstration de la proposition.   □

CHAPITRE 2

La file GI/GI/1 FIFO et le maximum d'une marche aléatoire

Sommaire

Cette file d'attente a un processus d'arrivée qui est de renouvellement, les services des clients sont des variables i.i.d. et le service se fait dans l'ordre des arrivées. On s'intéresse dans ce chapitre aux propriétés asymptotiques de cette file d'attente : lois à l'équilibre du temps d'attente, du nombre de clients ou encore de la charge de la file. Le cadre naturelle de cette étude est celui des marches aléatoires.

1. Résultats généraux sur la file GI/GI/1 FIFO

Les clients arrivent aux instants $t_n, n \in \mathbb{N}$ et le client d'indice n requiert le service σ_n. Les suites des interarrivées $(\tau_n) = (t_{n+1} - t_n)$ des clients à la file d'attente et de leurs services (σ_n) sont supposées être i.i.d. et indépendantes ; τ_n est la durée entre les arrivées des clients d'indice n et $n-1$. Les arrivées multiples sont exclues et donc $\mathbb{P}(\tau_0 > 0) = 1$. Sous cette hypothèse, le processus ponctuel d'arrivée est donc un processus de renouvellement. La charge de la file sera notée

$$\rho = \frac{\mathbb{E}(\sigma)}{\mathbb{E}(\tau)} = \lambda \mathbb{E}(\sigma).$$

Pour $n \geq 0$ W_n est le temps d'attente du n-ième client quand le client d'indice 0 attend la quantité w. À l'instant $t_n + W_n + \sigma_n$ le n-ième client quitte la file d'attente, l'instant de début de service du $n + 1$-ième client, $t_{n+1} + W_{n+1}$ est donc égal à $\max(t_{n+1}, t_n + W_n + \sigma_n)$. La suite (W_n) vérifie donc la relation suivante,

$$(2.1) \qquad W_0 = w, \quad W_n = (W_{n-1} + \sigma_n - \tau_n)^+,$$

quand $n \geq 1$, avec $a^+ = \max(0, a)$ pour $a \in \mathbb{R}$.

En posant $X_n = \sigma_n - \tau_n$, (S_n) désigne la suite des sommes partielles associées, pour $n \geq 1$,

$$S_n = \sum_{k=1}^{n} X_k$$

et $S_0 = 0$. La tribu engendrée par les variables aléatoires $\sigma_1, \ldots, \sigma_n$ et $\tau_1, \ldots, \tau_n$ est notée $\mathcal{F}_n$.

Le calcul explicite de la loi de la suite (W_n) et celle de son éventuelle limite est le principal sujet d'étude de ce chapitre. Le premier résultat concerne l'existence de cette limite. Un résultat similaire est montré dans un cadre plus général (voir la proposition 12.3 dans le chapitre consacré à la file $G/G/1$).

PROPOSITION 2.1.

1. *Si $\rho < 1$, (W_n) est une chaîne de Markov ergodique. Cette suite converge en loi vers une unique variable W telle que*

$$(2.2) \qquad W \overset{loi}{=} (W + X_0)^+,$$

avec W et $X_0 = \sigma_0 - \tau_0$ indépendants. De plus $\mathbb{P}(W = 0) > 0$ et W a même loi que le maximum de la marche aléatoire associée à (X_n),

$$W \overset{loi}{=} \sup_{n \geq 0} S_n.$$

2. *Si $\rho > 1$, la chaîne de Markov est transiente et $\mathbb{P}$-presque sûrement,*

$$\lim_{n \to +\infty} W_n/n = \mathbb{E}(\sigma) - \mathbb{E}(\tau).$$

DÉMONSTRATION. Par récurrence sur la relation (2.1),

$$W_n = (W_{n-1} + X_n)^+,$$

il est clair que (X_n, W_{n-1}) sont des variables indépendantes et donc que (W_n) a la propriété de Markov. En itérant (2.1), l'identité suivante s'obtient facilement par récurrence,

$$(2.3) \qquad W_n = \sup_{2 \leq k \leq n+1} \left(\sum_{i=k}^{n} X_i \right) \vee \left(w + \sum_{i=1}^{n} X_i \right).$$

Si $\mathbb{E}(\sigma - \tau) < 0$, la loi des grands nombres montre que $\sum_{i=1}^{n} X_i/n$ converge p.s. vers la moyenne de X_1, $\mathbb{E}(\sigma - \tau) < 0$. En particulier, $\mathbb{P}$-presque sûrement, la quantité

$$w + S_n = w + \sum_{i=1}^{n} X_i$$

tend vers $-\infty$ et donc ne contribue plus à la borne supérieure (2.3) à partir d'un certain rang ; $\mathbb{P}$-presque sûrement la variable W_n ne dépend plus de w pour n suffisamment grand.

Les hypothèses d'indépendance et d'équidistribution des suites de variables (σ_i) et (τ_i) donnent l'identité

$$(X_1, X_2, \ldots, X_n) \overset{\mathrm{loi}}{=} (X_n, X_{n-1}, \ldots, X_1),$$

la relation (2.3) permet d'obtenir l'égalité

(2.4) $$W_n \overset{\mathrm{loi}}{=} \sup_{0 \le k \le n-1} S_k \vee (w + S_n).$$

La suite (W_n) converge donc en loi vers $\sup\{S_n/n \ge 0\}$ qui est fini $\mathbb{P}$-p.s. puisque la marche aléatoire converge p.s. vers $-\infty$. La chaîne de Markov (W_n) a donc une probabilité invariante et toutes ces trajectoires se rejoignent indépendamment du point initial. La proposition 3.13 de [2] assure que (W_n) est une chaîne de Markov ergodique. L'équation (2.2) est l'équation de mesure invariante de cette chaîne de Markov. Si $\mathbb{P}(W = 0) = 0$, l'équation (2.2) peut s'écrire

$$W \overset{\mathrm{loi}}{=} W + X_0,$$

en prenant la transformée de Fourier, on obtient $\mathbb{E}(\exp(\xi X)) = 1$ pour $\mathrm{Re}(\xi) = 0$, soit $X = 0$, $\mathbb{P}$-p.s. d'après l'unicité de la transformée de Fourier, donc $\mathbb{E}(X) = 0$ ou encore $\rho = 1$, contradiction. La partie a) est montrée.

Si $\rho > 1$, l'identité (2.3) montre que $W_n \ge w + \sum_1^n X_i$, en utilisant encore la loi des grands nombres, $\mathbb{P}$-p.s.

$$\liminf_{n \to +\infty} \frac{W_n}{n} \ge \mathbb{E}(\sigma) - \mathbb{E}(\tau) > 0.$$

En particulier, $\mathbb{P}$-p.s. $W_n > 0$ à partir d'un certain rang (aléatoire) n_0, en sommant la relation (2.1) entre n_0 et n, il vient pour $n \ge n_0$

$$W_n = W_{n_0} + \sum_{n_0+1}^{n} X_i,$$

d'où la dernière assertion de la proposition. $\square$

Si $\rho < 1$ et $G(x) = \mathbb{P}(W \le x)$, l'équation ci-dessous est la version analytique de (2.2)

(2.5) $$\begin{cases} G(x) = 0, & x < 0, \\ G(x) = \int_{-\infty}^{x} G(x - y) X(dy), & x \ge 0, \end{cases}$$

où $X(dy)$ est la distribution de $X_0 = \sigma_0 - \tau_0$. Une technique d'analyse complexe peut être utilisée pour résoudre les équations (2.5), voir par exemple Gakhov [23]. Ce type d'approche présente toutefois l'inconvénient de perdre l'interprétation probabiliste de (2.5). Une technique de marches aléatoires sera introduite pour traiter cette équation.

Le cas critique $\rho = 1$ n'est pas pris en considération dans la proposition précédente. Dans le cas où les services et les interarrivées sont i.i.d. et indépendants, la proposition ci-dessous montre que cette file d'attente est en fait instable, pourvu que les variables σ ou τ ne soient pas constantes. La différence avec le cas $\rho > 1$ réside dans le taux d'explosion de la file : quand $\rho > 1$, le temps d'attente du n-ième client croît linéairement en n ; dans le cas critique, la croissance est seulement de l'ordre de $\sqrt{n}$.

PROPOSITION 2.2 (File *GI/GI*/1 : le cas critique). *Si $\rho = 1$ et si les variables σ_0 et τ_0 sont de carré intégrable et si l'une des deux variables est non dégénérée, la suite $(W_n/\sqrt{n})$ converge en loi vers la valeur absolue d'une variable gaussienne centrée de même variance que $\sigma_0 - \tau_0$.*

DÉMONSTRATION. On suppose $W_0 = 0$, la démonstration dans le cas général est similaire. La relation (2.4) montre que W_{n+1} a même loi que

$$V_n = \sup_{0 \le k \le n} S_k.$$

Si $\eta = \sqrt{\mathbb{E}((\sigma_0 - \tau_0)^2)}$, pour $n \ge 0$ on définit la fonction continue $Y_n(t)$ sur $[0, 1]$ valant $S_k/(\eta\sqrt{n})$ au point k/n pour $k = 0, \ldots, n$ et linéaire entre ces points,

$$Y_n(t) = \frac{1}{\eta\sqrt{n}}(S_{\lfloor nt \rfloor} + (nt - \lfloor nt \rfloor)X_{\lfloor nt \rfloor + 1}), \qquad t \in [0, 1],$$

où $\lfloor t \rfloor$ désigne la partie entière de t. Les maxima de la fonction $t \to Y_n(t)$ sont nécessairement atteints aux points $k/n, k = 0, \ldots, n$, on en déduit l'égalité

$$\frac{V_n}{\eta\sqrt{n}} = \sup_{0 \le s \le 1} Y_n(s).$$

Le théorème de Donsker , voir Billingsley [5] par exemple, établit la convergence en distribution de la suite des processus $((Y_n(t)))$ vers un mouvement brownien $(B(t))$. Si $C[0, 1]$ est l'espace des fonctions continues sur $[0, 1]$ muni de la norme uniforme, la fonctionnelle

$$g \to \sup_{0 \le s \le 1} g(s),$$

est continue sur $C[0, 1]$. Par conséquent, pour toute fonction f continue bornée sur $\mathbb{R}$, la fonctionnelle

$$g \to f\left(\sup_{0 \le s \le 1} g(s)\right),$$

est continue bornée sur $C[0, 1]$, ainsi

$$\lim_{n \to +\infty} \mathbb{E}\left(f\left(\sup_{0 \le s \le 1} Y_n(s)\right)\right) = \mathbb{E}\left(f\left(\sup_{0 \le s \le 1} B(s)\right)\right).$$

La variable $\sup_{0 \le s \le 1} Y_n(s)$ converge en loi vers $\sup_{0 \le s \le 1} B(s)$, qui a même loi que $|B(1)|$, voir Rogers et Williams [44] par exemple. La proposition est démontrée. $\qquad\square$

2. Factorisation de Wiener-Hopf

Cette section est consacrée à un résultat classique de marche aléatoire qui permet d'exprimer la loi stationnaire du temps d'attente. L'approche probabiliste exposée ici est due à Feller, nous suivons principalement la présentation due à Neveu[30]. Comme précédemment, pour $n \geq 0$ S_n désigne la somme partielle $X_1 + \cdots + X_n$ des variables i.i.d. (X_i).

Le petit lemme élémentaire suivant traduit la propriété de Markov forte d'une marche aléatoire.

LEMME 2.3. *Si* $\nu : \Omega \to \mathbb{N} \cup \{+\infty\}$ *est un temps d'arrêt relativement à la filtration* $(\mathcal{F}_n)$ *tel que* $\mathbb{P}(\nu < +\infty) > 0$, *sachant l'événement* $\{\nu < +\infty\}$, *la suite* $(S_{\nu+n} - S_\nu)$ *est indépendante du couple* (S_ν, ν) *et a même loi que la marche aléatoire initiale* (S_n).

DÉMONSTRATION. En effet si $p \in \mathbb{N}$ et f et g sont deux fonctions boréliennes positives définies respectivement sur les ensembles $\mathbb{R}^{\mathbb{N}}$ et $\mathbb{R}$,

$$\mathbb{E}\left(f((S_{\nu+n} - S_\nu))g(S_\nu)1_{\{\nu=p\}}\right) = \mathbb{E}\left(f((S_{p+n} - S_p))g(S_p)1_{\{\nu=p\}}\right).$$

La variable $g(S_p)1_{\{\nu=p\}}$ est $\mathcal{F}_p$-mesurable et $f((S_{p+n} - S_p))$ ne dépend que des variable X_k d'indice $k \geq p+1$; l'indépendance des (X_n) donne l'égalité

$$\mathbb{E}\left(f((S_{\nu+n} - S_\nu))g(S_\nu)1_{\{\nu=p\}}\right) = \mathbb{E}(f((S_n)))\,\mathbb{E}(g(S_\nu)1_{\{\nu=p\}}),$$

et donc le lemme. $\qquad\qquad\qquad\qquad\qquad\qquad\qquad\qquad\qquad\qquad\qquad\qquad\square$

THÉORÈME 2.4 (Factorisation de Wiener-Hopf). *Pour* $u \in \mathbb{C}$ *tel que* $|u| < 1$, *il existe un unique couple de fonctions* $(\phi_+(u, \cdot), \phi_-(u, \cdot))$ *vérifiant les conditions suivantes*

a) *pour* $\xi \in \mathbb{C}$ *tel que* $\mathrm{Re}(\xi) = 0$,

$$(2.6) \qquad\qquad \frac{1}{1 - u\mathbb{E}(e^{-\xi X})} = \phi_+(u, \xi)\phi_-(u, \xi);$$

b) *les fonctions* $\phi_+(u, \cdot)$ *et* $\phi_-(u, \cdot)$ *sont respectivement holomorphes dans le demi-plan droit* $\{\mathrm{Re}(\xi) > 0\}$ *et dans le demi-plan gauche* $\{\mathrm{Re}(\xi) < 0\}$ *et continues bornées ainsi que leur inverse dans la fermeture de ce domaine; de plus,*

$$\lim_{\mathrm{Re}(\xi) \to +\infty} \phi_+(u, \xi) = 1.$$

DÉMONSTRATION. La variable ν_- désigne le temps d'atteinte du demi-axe négatif, $\nu_- = \inf\{k > 0 / S_k \leq 0\}$, avec la convention $\inf \emptyset = +\infty$. Il est clair que ν_- est un temps d'arrêt relativement à la filtration $(\mathcal{F}_n)$.

---

[30] Jacques Neveu, *Files d'attente*, 1983-1984, Cours de troisième cyle, Laboratoire de Probabilités de l'Université de Paris VI.

Pour $\xi \in \mathbb{C}$ tel que $\mathrm{Re}(\xi) = 0$, l'indépendance et l'équidistribution des (X_n) donnent l'identité

$$\mathbb{E}\left(\sum_{n\geq 0} u^n e^{-\xi S_n}\right) = \sum_{n\geq 0} u^n \left(\mathbb{E}(e^{-\xi X})\right)^n = \frac{1}{1 - u\mathbb{E}(e^{-\xi X})},$$

en séparant les ν_- premiers termes de la somme précédente, il vient

$$\mathbb{E}\left(\sum_{n\geq 0} u^n e^{-\xi S_n}\right) = \mathbb{E}\left(\sum_{0\leq n<\nu_-} u^n e^{-\xi S_n}\right)$$

$$+ \mathbb{E}\left(u^{\nu_-} e^{-\xi S_{\nu_-}} \sum_{n\geq 0} u^n e^{-\xi(S_{n+\nu_-}-S_{\nu_-})}\right).$$

Si $\nu_- = +\infty$, la variable $u^{\nu_-} e^{-\xi S_{\nu_-}}$ est bien entendu nulle ($|u| < 1$). Le lemme 2.3 montre que, conditionnellement à l'événement $\{\nu_- < +\infty\}$, les variables (ν_-, S_{ν_-}) et la suite $(S_{n+\nu_-} - S_{\nu_-})$ sont indépendantes et $(S_{n+\nu_-} - S_{\nu_-})$ a même loi que (S_n). Le dernier terme de l'égalité précédente vaut donc

$$\mathbb{E}\left(u^{\nu_-} e^{-\xi S_{\nu_-}}\right) \mathbb{E}\left(\sum_{n\geq 0} u^n e^{-\xi S_n}\right),$$

on obtient ainsi

(2.7) $$\frac{1}{1 - u\mathbb{E}(e^{-\xi X_0})} = \frac{\mathbb{E}\left(\sum_{0\leq n<\nu_-} u^n e^{-\xi S_n}\right)}{1 - \mathbb{E}\left(u^{\nu_-} e^{-\xi S_{\nu_-}}\right)}.$$

En posant

$$\phi_-(u,\xi) = \frac{1}{1 - \mathbb{E}\left(u^{\nu_-} e^{-\xi S_{\nu_-}}\right)},$$

pour $\mathrm{Re}(\xi) \leq 0$, comme $S_{\nu_-} \leq 0$ et $\nu_- \geq 1$, il est clair que

$$0 < 1 - |u| \leq \left|1 - \mathbb{E}\left(u^{\nu_-} e^{-\xi S_{\nu_-}}\right)\right| \leq 1 + |u|;$$

la fonction $\phi_-(u, \cdot)$ et son inverse sont par conséquent continues bornées sur le demi-plan $\{\mathrm{Re}(\xi) \leq 0\}$ et holomorphes sur $\{\mathrm{Re}(\xi) < 0\}$.
L'équation (2.7) suggère de poser

$$\phi_+(u,\xi) = \mathbb{E}\left(\sum_{0\leq n<\nu_-} u^n e^{-\xi S_n}\right),$$

par définition de ν_- cette fonction s'exprime comme

$$\phi_+(u,\xi) = \sum_{n\geq 0} \mathbb{E}\left(u^n e^{-\xi S_n} 1_{\{S_1>0,\dots,S_{n-1}>0,S_n>0\}}\right).$$

Il reste à montrer que ϕ_+ possède les bonnes propriétés sur $\{\operatorname{Re}(\xi) \geq 0\}$. Le vecteur $(X_1, X_2, \ldots, X_n)$ ayant même loi que $(X_n, X_{n-1}, \ldots, X_1)$, on a l'égalité

$$(S_n, 1_{\{S_1 > 0, \ldots, S_{n-1} > 0, S_n > 0\}}) \overset{\text{loi}}{=} (S_n, 1_{\{S_n > S_1, S_n > S_{n-1}, \ldots, S_n > 0\}});$$

la fonction $\phi_+(u, \cdot)$ peut donc s'écrire comme

$$\phi_+(u, \xi) = \sum_{n \geq 0} \mathbb{E}\left(u^n e^{-\xi S_n} 1_{\{S_n > S_{n-1}, \ldots, S_n > S_1, S_n > 0\}}\right).$$

Si ν_+ désigne le premier temps de *record* de la marche aléatoire (S_n),

$$\nu_+ = \inf\{k > 0 / S_k > S_{k-1}, \ldots, S_k > S_1, S_k > S_0 = 0\},$$

la condition initiale $S_0 = 0$ entraîne que ν_+ est aussi le temps d'atteinte du demi-plan strictement positif $\nu_+ = \inf\{k > 0 / S_k > 0\}$. La fonction ϕ_+ peut donc se découper de la façon suivante,

$$(2.8) \quad \phi_+(u, \xi) =$$

$$1 + \mathbb{E}\left(u^{\nu_+} e^{-\xi S_{\nu_+}} \sum_{n \geq \nu_+} u^{n-\nu_+} e^{-\xi(S_n - S_{\nu_+})} 1_{\{S_n > S_{n-1}, \ldots, S_n > S_1, S_n > 0\}}\right).$$

La somme dans l'équation (2.8) porte sur tous les instants où la marche aléatoire atteint un record. Pour $n > \nu_+$, l'inégalité $S_n > S_{\nu_+}$ entraîne $S_n > S_k$ pour tout $k \leq \nu_+$; les instants de records de la marche aléatoire (S_n) après l'instant $n = \nu_+$ sont donc aussi les instants de records associés à la marche aléatoire translatée $(S_{n+\nu_+} - S_{\nu_+})$, d'où

$$\phi_+(u, \xi) = 1 + \mathbb{E}\left(u^{\nu_+} e^{-\xi S_{\nu_+}} \sum_{n \geq \nu_+} u^{n-\nu_+} e^{-\xi(S_n - S_{\nu_+})} \right.$$

$$\left. 1_{\{S_n - S_{\nu_+} > S_{n-1} - S_{\nu_+}, \ldots, S_n - S_{\nu_+} > S_{\nu_+ + 1} - S_{\nu_+}, S_n - S_{\nu_+} > 0\}}\right).$$

En utilisant à nouveau le lemme 2.3, il vient

$$\phi_+(u, \xi) = 1 + \mathbb{E}\left(u^{\nu_+} e^{-\xi S_{\nu_+}}\right) \mathbb{E}\left(\sum_{n \geq 0} u^n e^{-\xi S_n} 1_{\{S_n > S_{n-1}, \ldots, S_n > S_1, S_n > 0\}}\right)$$

$$= 1 + \mathbb{E}\left(u^{\nu_+} e^{-\xi S_{\nu_+}}\right) \phi_+(u, \xi).$$

La représentation de $\phi_+(u, \cdot)$ est donc analogue à celle de $\phi_-(u, \cdot)$,

$$\phi_+(u, \xi) = \frac{1}{1 - \mathbb{E}\left(u^{\nu_+} e^{-\xi S_{\nu_+}}\right)},$$

en particulier cette fonction et son inverse sont holomorphes sur $\{\operatorname{Re}(\xi) > 0\}$ et continues bornées sur $\{\operatorname{Re}(\xi) \geq 0\}$. Comme $S_{\nu_+} > 0$ si $\nu_+ < +\infty$, on en déduit

$$\lim_{\operatorname{Re}(\xi) \to +\infty} \phi_+(u, \xi) = 1.$$

La preuve de l'existence de deux fonctions vérifiant les conditions a) et b) est donc achevée.

Unicité. Si (ψ_+, ψ_-) est un couple de fonctions vérifiant a) et b), la relation (2.6) donne pour $|u| < 1$ et $\mathrm{Re}(\xi) = 0$,

$$\frac{\psi_+(u, \xi)}{\phi_+(u, \xi)} = \frac{\phi_-(u, \xi)}{\psi_-(u, \xi)}.$$

La fonction H définie par

$$H(\xi) = \frac{\psi_+(u, \xi)}{\phi_+(u, \xi)}, \quad \text{si } \mathrm{Re}(\xi) \geq 0 \quad \text{et} \quad H(\xi) = \frac{\phi_-(u, \xi)}{\psi_-(u, \xi)},$$

si $\mathrm{Re}(\xi) \leq 0$, est holomorphe sur $\mathbb{C} - \{\mathrm{Re}(\xi) = 0\}$ et continue sur $\mathbb{C}$, donc holomorphe sur $\mathbb{C}$ tout entier (en utilisant le théorème de Morera par exemple, voir Rudin [45] par exemple). Cette fonction étant bornée, le théorème de Liouville montre que H est une fonction constante, or

$$\lim_{\mathrm{Re}(\xi) \to +\infty} H(\xi) = \lim_{\mathrm{Re}(\xi) \to +\infty} \frac{\psi_+(u, \xi)}{\phi_+(u, \xi)} = 1,$$

ainsi $H \equiv 1$, soit $\psi_+ \equiv \phi_+$ et $\psi_- \equiv \phi_-$. La démonstration du théorème est terminée.　　□

Dans la preuve du théorème précédent la proposition suivante a été montrée au passage.

PROPOSITION 2.5. *Pour $|u| < 1$, les fonctions $\phi_+(u, \cdot)$ et $\phi_-(u, \cdot)$ de la décomposition du théorème précédent s'expriment sous la forme*

$$\phi_+(u, \xi) = \frac{1}{1 - \mathbb{E}(u^{\nu_+} e^{-\xi S_{\nu_+}})} = \mathbb{E}\left(\sum_{0 \leq n < \nu_-} u^n e^{-\xi S_n}\right),$$

pour $\mathrm{Re}(\xi) \geq 0$, et

$$\phi_-(u, \xi) = \frac{1}{1 - \mathbb{E}(u^{\nu_-} e^{-\xi S_{\nu_-}})},$$

pour $\mathrm{Re}(\xi) \leq 0$, avec

$$\nu_+ = \inf\{k > 0 / S_k > 0\} \quad \text{et} \quad \nu_- = \inf\{k > 0 / S_k \leq 0\}.$$

Par conséquent, pour $|u| < 1$ et $\mathrm{Re}(\xi) = 0$,

$$(2.9) \quad \frac{1}{1 - u\mathbb{E}(e^{-\xi X_1})} = \frac{1}{1 - \mathbb{E}(u^{\nu_+} e^{-\xi S_{\nu_+}})} \times \frac{1}{1 - \mathbb{E}(u^{\nu_-} e^{-\xi S_{\nu_-}})}.$$

La décomposition qui a été obtenue en ϕ_+ et ϕ_- ou encore en ν_+ et ν_- n'est pas complètement symétrique. Les instants où la marche atteint 0 ont été associés arbitrairement au "$-$" de la décomposition, ce qui entraîne que $S_{\nu_-} \leq 0$ si ν_- est fini et $S_{\nu_+} > 0$ si ν_+ est fini, d'où la condition

$$\lim_{\mathrm{Re}(\xi) \to +\infty} \phi_+(u, \xi) = 1.$$

Cette différence n'intervient pas si la loi de X ne charge pas les points ; dans ce cas la décomposition est symétrique.

Le lemme de Spitzer. La proposition précédente donne une interprétation probabiliste des deux fonctions ϕ_+ et ϕ_- de la décomposition de Wiener-Hopf. On peut aussi obtenir cette décomposition de la façon suivante : pour $|u| < 1$ et $\xi \in \mathbb{C}$ tel que $\mathrm{Re}(\xi) = 0$,

$$\frac{1}{1 - u\mathbb{E}(e^{-\xi X})} = \exp\left(-\log(1 - u\mathbb{E}(\exp(-\xi X)))\right)$$

$$= \exp\left(\sum_1^{+\infty} \frac{u^n}{n} \mathbb{E}(\exp(-\xi X))^n\right)$$

$$= \exp\left(\sum_1^{+\infty} \frac{u^n}{n} \mathbb{E}(\exp(-\xi S_n))\right),$$

par conséquent

$$\frac{1}{1 - u\mathbb{E}(e^{-\xi X})} = \exp\left(\sum_1^{+\infty} \frac{u^n}{n} \mathbb{E}\left(\exp(-\xi S_n)1_{\{S_n > 0\}}\right)\right)$$

$$\times \exp\left(\sum_1^{+\infty} \frac{u^n}{n} \mathbb{E}\left(\exp(-\xi S_n)1_{\{S_n \leq 0\}}\right)\right).$$

Si on définit respectivement ψ_+ et ψ_- comme les deux fonctions du membre droit de l'identité précédente, elles satisfont clairement les conditions du théorème 2.4. On obtient donc une autre expression probabiliste des fonctions ϕ_+ et ϕ_-. Pour les questions abordées dans ce chapitre, cette représentation sera cependant peu utile : l'expression des $\mathbb{E}(\exp(-\xi S_n)1_{\{S_n > 0\}})$ n'est, en général, pas facile à obtenir ; cela ne permet donc pas d'expliciter la décomposition. Et réciproquement, si la décomposition est connue, cette formulation donne peu d'informations sur la marche aléatoire. La représentation de la proposition 2.5 permet d'obtenir les lois jointes respectives de (ν_+, S_{ν_+}) et (ν_-, S_{ν_-}).

3. Application à la file GI/GI/1

La loi du maximum d'une marche aléatoire est aussi la loi du temps stationnaire de la file $GI/GI/1$ d'après la proposition 2.1. Cette loi s'exprime à l'aide de la décomposition de Wiener-Hopf.

PROPOSITION 2.6. *Si $W_0 = 0$, la loi de la suite (W_n) des temps d'attente des clients d'une file GI/GI/1 vérifie pour $|u| < 1$ et $\mathrm{Re}(\xi) \geq 0$,*

$$(2.10) \qquad (1 - u)\sum_{n \geq 0} u^n \mathbb{E}\left(e^{-\xi W_n}\right) = \frac{\phi_+(u, \xi)}{\phi_+(u, 0)},$$

où $\phi_+(u, \cdot)$ est la fonction définie sur le demi-plan droit de la factorisation de Wiener-Hopf de la variable $X = \sigma_1 - \tau_1$. En particulier, sous la condition $\rho < 1$, la transformée de Laplace de la loi stationnaire du temps d'attente est donnée par

$$\mathbb{E}\left(e^{-\xi W}\right) = \lim_{u \to 1} \frac{\phi_+(u, \xi)}{\phi_+(u, 0)},$$

pour $\text{Re}(\xi) \geq 0$.

DÉMONSTRATION. La suite (W_n) définie par (2.1) est une fonctionnelle de la marche aléatoire (S_n). On décompose de la même façon que dans la preuve précédente,

$$(2.11) \qquad \sum_{n \geq 0} u^n e^{-\xi W_n} = \sum_{0 \leq n < \nu_-} u^n e^{-\xi W_n} + u^{\nu_-} \sum_{n \geq 0} u^n e^{-\xi W_{\nu_- + n}}.$$

Pour $n < \nu_-$, par définition de ν_-, $S_k > 0$ pour tout $k \leq n$, et d'après la relation (2.1)

$$W_0 = 0 = S_0, \quad W_1 = (X_1)^+ = S_1, \quad W_2 = (S_1 + X_2)^+ = S_2, \dots,$$
$$W_n = (S_{n-1} + X_n)^+ = S_n,$$

pour $n < \nu_-$; de plus

$$W_{\nu_-} = (S_{\nu_- - 1} + X_{\nu_-})^+ = (S_{\nu_-})^+ = 0,$$

le client d'indice ν_- est le premier client après 0 à ne pas attendre. Le premier terme du membre de droite de l'égalité (2.11) peut s'écrire

$$\sum_{0 \leq n < \nu_-} u^n e^{-\xi S_n}.$$

La suite $(W_{\nu_- + n})$ vérifie $W_{\nu_-} = 0$ et pour $n \geq 0$,

$$W_{\nu_- + n + 1} = (W_{\nu_- + n} + X_{\nu_- + n + 1})^+,$$

qui n'est autre que la relation (2.1) pour la suite translatée $(X_{\nu_- + n})$. La suite $(W_{\nu_- + n})$ est donc la suite (W_n) associée à $(X_{\nu_- + n})$. Le lemme 2.3 montre que $(W_{\nu_- + n})$ a même loi que (W_n) et est indépendant de ν. En prenant l'espérance de l'identité (2.11), il vient

$$\mathbb{E}\left(\sum_{n \geq 0} u^n e^{-\xi W_n}\right) = \mathbb{E}\left(\sum_{0 \leq n < \nu_-} u^n e^{-\xi S_n}\right) + \mathbb{E}(u^{\nu_-})\mathbb{E}\left(\sum_{n \geq 0} u^n e^{-\xi W_n}\right),$$

par conséquent

$$\mathbb{E}\left(\sum_{n \geq 0} u^n e^{-\xi W_n}\right) = \frac{\mathbb{E}\left(\sum_{0 \leq n < \nu_-} u^n e^{-\xi S_n}\right)}{1 - \mathbb{E}(u^{\nu_-})}.$$

La représentation de ϕ_+ de la proposition 2.5 donne

$$\phi_+(u, 0) = \frac{1 - \mathbb{E}(u^{\nu_-})}{1 - u},$$

et donc l'égalité (2.10).

Sous l'hypothèse $\rho < 1$, d'après la proposition 2.1, la suite (W_n) converge en loi vers W, soit

$$\lim_{n \to +\infty} \mathbb{E}(e^{-\xi W_n}) = \mathbb{E}(e^{-\xi W}),$$

pour tout ξ tel que $\mathrm{Re}(\xi) \geq 0$; il est facile d'en déduire la relation suivante,

$$\lim_{u \to 1}(1 - u)\sum_{n \geq 0} u^n \mathbb{E}(e^{-\xi W_n}) = \mathbb{E}(e^{-\xi W}),$$

la proposition est établie. $\qquad\qquad\qquad\qquad\qquad\qquad\qquad\qquad\qquad$ $\square$

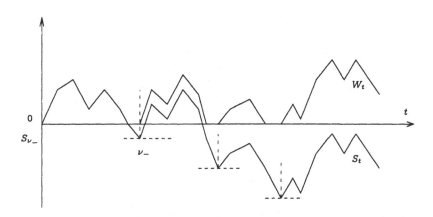

FIG. 1. Les suites (W_n) et (S_n) interpolées

La proposition 2.6 permet donc, moyennant la connaissance de la factorisation de Wiener-Hopf associée à $\sigma - \tau$, de déterminer la loi du temps d'attente stationnaire. D'autres caractéristiques de la file d'attente s'expriment aussi par ce biais.

3.1. Les cycles d'occupation. Au cours de la preuve de la proposition 2.5 il a été montré que si ν_- est fini, ν_- est l'indice du premier client après 0 qui n'attend pas. La variable t_{ν_-} est par conséquent la durée du premier cycle d'occupation de la file d'attente et à $t = t_{\nu_-}$ un nouveau cycle d'occupation commence. La charge totale traitée pendant cette première période vaut $\sum_1^{\nu_-} \sigma_i$ et la quantité $-S_{\nu_-} = t_{\nu_-} - \sum_1^{\nu_-} \sigma_i$ n'est autre que le temps de liberté du serveur pendant le premier cycle d'occupation.

Sous l'hypothèse $\rho < 1$, les périodes d'occupation sont $\mathbb{P}$-presque sûrement finies. Le deuxième cycle d'occupation est une fonction de la suite $(\sigma_{n+\nu_+}, \tau_{n+\nu_+})$ qui est indépendante de la suite finie $(\sigma_{n \wedge \nu_-}, \tau_{n \wedge \nu_-})$ d'après le lemme 2.3. Les cycles d'occupation sont donc indépendants et équidistribués. De la proposition 2.5 on déduit le résultat suivant.

PROPOSITION 2.7. *Sous la condition $\rho < 1$ la transformée de Laplace de la durée I d'une période de vacances est donnée par*

$$\mathbb{E}\left(e^{-\xi I}\right) = \lim_{u \to 1} 1 - \frac{1}{\phi_-(u, -\xi)},$$

pour $\text{Re}(\xi) \geq 0$, *et la fonction génératrice du nombre de clients servis pendant une période d'occupation par*

$$\mathbb{E}(u^{\nu-}) = 1 - \frac{1}{\phi_-(u,0)}.$$

3.2. Le nombre de clients. Si $\rho < 1$ et le temps d'attente W_0 du client 0 suit la loi du temps d'attente stationnaire W, la relation

$$W \overset{\text{loi}}{=} (W + X_0)^+$$

montre que pour tout $n \in \mathbb{N}$, le temps d'attente W_n du n-ième client a même loi que W. La variable Q_n désigne le nombre de clients à l'arrivée du n-ième client. Si le n-ième client trouve au moins k clients dans la file d'attente à son arrivée, comme la discipline de service est FIFO, le client arrivé à t_{n-k} n'est donc pas encore parti, ainsi

$$\mathbb{P}(Q_n \geq k) = \mathbb{P}(t_{n-k} + W_{n-k} + \sigma_{n-k+1} > t_n)$$

$$= \mathbb{P}\left(W_{n-k} + \sigma_{n-k+1} - \tau_{n-k+1} > \sum_{i=n-k+2}^{n} \tau_i\right);$$

les variables W_{n-k}, σ_{n-k+1}, (τ_i), $n-k+1 \leq i \leq n$ étant indépendantes, on en déduit l'égalité

$$\mathbb{P}(Q_n \geq k) = \mathbb{P}\left(W_0 + \sigma_0 - \tau_0 > \sum_{i=1}^{k-1} \tau_i\right).$$

Si $k \geq 2$, la variable $t_{k-1} = \sum_{i=1}^{k-1} \tau_i$ est $\mathbb{P}$-p.s. strictement positive, par conséquent

$$\mathbb{P}(Q_n \geq k) = \mathbb{P}\left((W_0 + X_0)^+ > t_{k-1}\right) = \mathbb{P}(W > t_{k-1}),$$

d'après la relation (2.2). L'égalité précédente montre que la variable Q_n converge en loi quand n tend vers l'infini, d'où l'identité

$$\mathbb{P}(Q \geq k) = \mathbb{P}(W > t_{k-1})$$

où Q est la loi asymptotique des (Q_n); cette relation est aussi vraie pour $k = 1$ puisque $\{Q \geq 1\} = \{W > 0\}$.

PROPOSITION 2.8. *Sous la condition $\rho < 1$, si Q est le nombre de clients à l'arrivée d'un client dans la file d'attente à l'équilibre, pour $k \geq 1$,*

$$(2.12) \qquad\qquad \mathbb{P}(Q \geq k) = \mathbb{P}(W > t_{k-1}),$$

où t_{k-1} est la somme de $k-1$ variables indépendantes de même loi que τ_0 et W est une variable aléatoire indépendante de t_{k-1} ayant la loi du temps d'attente stationnaire.

La distribution de la loi du temps d'attente à l'équilibre donne la distribution du nombre de clients que trouve un client à son arrivée.

3.3. La charge de la file d'attente. La charge $V(t)$ de la file d'attente à l'instant t est la somme des services restant à effectuer par le serveur à cet instant. C'est aussi le temps qu'il faudrait attendre pour que la file se vide s'il n'y avait plus d'arrivées après t (voir la section consacrée à cette variable dans le chapitre 12). La charge juste avant l'arrivée d'un client est par conséquent le temps d'attente de ce client, pour $n \in \mathbb{N}$, $V(t_n^-) = W_n$; W_n est la charge vue par un client qui arrive et $V(t)$ est la charge vue par un observateur extérieur. La proposition 12.7 page 304 du chapitre sur la file $G/G/1$ donne la relation liant les lois du temps d'attente stationnaire d'un client W, de son service σ et de la charge à l'équilibre V, pour $\mathrm{Re}(\xi) \geq 0$,

$$\mathbb{E}\left(e^{-\xi V}\right) = 1 - \lambda \mathbb{E}(\sigma) + \lambda \mathbb{E}\left(e^{-\xi W}\frac{1 - e^{-\xi \sigma}}{\xi}\right).$$

L'indépendance du temps d'attente et de la valeur du service d'un client pour la discipline FIFO permet de réécrire la formule de Takàcs de la façon suivante,

$$(2.13) \qquad \mathbb{E}\left(e^{-\xi V}\right) = 1 - \lambda \mathbb{E}(\sigma) + \lambda \mathbb{E}\left(e^{-\xi W}\right)\frac{1 - \mathbb{E}(e^{-\xi \sigma})}{\xi},$$

pour $\mathrm{Re}(\xi) \geq 0$. La loi du temps d'attente à l'équilibre donne la loi de la charge stationnaire.

3.4. Représentations de la loi de W. La condition $\rho < 1$ est supposée être satisfaite dans cette partie.

1. La représentation de ϕ_+ de la proposition 2.5, pour $|u| < 1$ et $\mathrm{Re}(\xi) \geq 0$,

$$\phi_+(u, \xi) = \mathbb{E}\left(\sum_{0 \leq n < \nu_-} u^n e^{-\xi S_n}\right),$$

et le théorème 2.6 donnent,

$$\mathbb{E}\left(e^{-\xi W}\right) = \lim_{u \nearrow 1} \mathbb{E}\left(\sum_{0 \leq n < \nu_-} u^n e^{-\xi W_n}\right)\frac{1 - u}{1 - \mathbb{E}(u^{\nu_-})};$$

comme $W_n = S_n$ pour $0 \leq n < \nu_-$, il vient

$$\mathbb{E}\left(e^{-\xi W}\right) = \frac{\mathbb{E}\left(\sum_{0 \leq n < \nu_-} e^{-\xi W_n}\right)}{\mathbb{E}(\nu_-)}.$$

La variable ν_- est le temps de retour à 0 de la chaîne de Markov (W_n), l'équation ci-dessus n'est que la représentation habituelle de la mesure invariante d'une chaîne de Markov.

2. Une autre expression de la fonction ϕ_+ est donnée par la proposition 2.5,

$$\phi_+(u, \xi) = \frac{1}{1 - \mathbb{E}(u^{\nu_+} e^{-\xi S_{\nu_+}})},$$

la proposition 2.6 montre que si pour $\mathrm{Re}(\xi) > 0$,

$$\mathbb{E}\left(e^{-\xi W}\right) = \lim_{u \to 1} \frac{1 - \mathbb{E}(u^{\nu_+})}{1 - \mathbb{E}(u^{\nu_+} e^{-\xi S_{\nu_+}})} = \frac{1 - \mathbb{P}(\nu_+ < +\infty)}{1 - \mathbb{E}(e^{-\xi S_{\nu_+}} 1_{\{\nu_+ < +\infty\}})},$$

en particulier, comme $S_{\nu_+} > 0$ si $\nu_+ < +\infty$, en faisant tendre $\mathrm{Re}(\xi)$ vers l'infini il vient

(2.14) $$\mathbb{P}(W = 0) = \mathbb{P}(\nu_+ = +\infty).$$

Si $\alpha = \mathbb{P}(\nu_+ < +\infty)$, on obtient

$$\mathbb{E}\left(e^{-\xi W}\right) = \frac{1 - \alpha}{1 - \alpha \mathbb{E}\left(e^{-\xi S_{\nu_+}} \mid \nu_+ < +\infty\right)}$$

(2.15) $$= \sum_{n=0}^{+\infty} \alpha^n (1 - \alpha) \mathbb{E}\left(e^{-\xi S_{\nu_+}} \mid \nu_+ < +\infty\right)^n,$$

autrement dit, la proposition suivante est vérifiée.

PROPOSITION 2.9. *Si* (Z_i) *une suite i.i.d. de variables aléatoires indépendantes, distribuées comme* S_{ν_+} *sachant l'événement* $\{\nu_+ < +\infty\}$, *le temps d'attente stationnaire* W *a même loi que*

$$\sum_{i=1}^{G} Z_i,$$

où G *est une variable géométrique de paramètre* $\mathbb{P}(\nu_+ < +\infty)$ *indépendante de la suite* (Z_i).

L'identité précédente est facile à obtenir directement. La proposition 2.1 montre que la loi de W est celle du maximum de la marche aléatoire (S_n) associée à $\sigma - \tau$ partant de 0.

Si la marche aléatoire passe au-dessus de 0, i.e. sur l'événement $\{\nu_+ < \infty\}$, partant de $t = \nu_+$ à la position S_{ν_+}, la marche repart comme de $t = 0$ en 0, indépendamment du passé (lemme 2.3). Partant de cette position, si la marche passe encore au-dessus de 0, le maximum sera au moins égal à la somme de deux variables indépendantes distribuées comme S_{ν_+} sachant l'événement $\{\nu_+ < +\infty\}$, et ainsi de suite (voir la figure 2 ci-dessous). Le maximum s'écrit donc comme une somme géométrique de variables indépendantes de même loi que S_{ν_+} sachant $\{\nu_+ < \infty\}$. Le paramètre de la variable géométrique étant $\mathbb{P}(\nu_+ < +\infty)$, d'où la représentation précédente de la loi de W.

4. Les files d'attente GI/M/1 et M/GI/1

Ici $X = \sigma - \tau$ avec une des deux variables τ ou σ distribuée exponentiellement. La factorisation de Wiener-Hopf s'applique aux cas, d'école, de ces files d'attente.

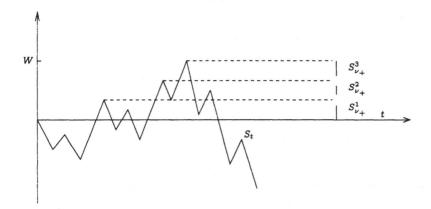

FIG. 2. Décomposition du maximum de la marche aléatoire

Si (ϕ_+, ϕ_-) est le couple de fonctions de la factorisation de Wiener-Hopf pour la variable X, en posant pour $|u| < 1$,

$$(2.16) \qquad \psi_+(u, \xi) = \frac{\phi_-(u, -\xi)}{\phi_-(u, -\infty)}, \quad \text{et} \quad \psi_-(u, \xi) = \phi_+(u, -\xi)\phi_-(u, -\infty),$$

avec

$$\phi_-(u, -\infty) = \lim_{\mathrm{Re}(\xi) \to -\infty} \phi_-(u, \xi) = \frac{1}{1 - \mathbb{E}(u^{\nu_-} 1_{\{S_{\nu_-} = 0\}})},$$

le couple de fonctions (ψ_+, ψ_-) est clairement celui associé à la factorisation de la variable $-X$. La factorisation pour la file $M/GI/1$ se déduit donc de celle de la file $GI/M/1$. La loi du service σ est supposée être une distribution exponentielle de paramètre μ.

PROPOSITION 2.10. *Si $X = \sigma - \tau$ où σ est exponentielle de paramètre μ, la factorisation de Wiener-Hopf de X est donnée par*

$$\phi_+(u, \xi) = \frac{\mu + \xi}{b(u) + \xi}, \quad \text{et} \quad \phi_-(u, \xi) = \frac{b(u) + \xi}{\mu + \xi - u\mu\mathbb{E}(e^{\xi\tau})},$$

pour $|u| < 1$, $b(u)$ est l'unique racine réelle positive de l'équation

$$x - \mu(1 - u\mathbb{E}(e^{-x\tau})) = 0.$$

Au voisinage de $u = 1$, la racine $b(u)$ se comporte de la façon suivante :

a) *Si $\rho < 1$, alors $\lim_{u \nearrow 1} b(u) = \beta$ où β est l'unique racine réelle > 0 de l'équation*

$$x - \mu(1 - \mathbb{E}(e^{-x\tau})) = 0.$$

b) *Si $\rho > 1$, alors $\lim_{u \nearrow 1} b(u) = 0$ et*

$$\lim_{u \nearrow 1} \frac{b(u)}{(1 - u)} = \frac{1}{\mathbb{E}(\sigma) - \mathbb{E}(\tau)}.$$

DÉMONSTRATION. Dans ce cas, la fonction caractéristique $\mathbb{E}(\exp(-\xi X))$ vaut $\mu\mathbb{E}(\exp(\xi\tau))/(\mu+\xi)$ et donc, pour u tel que $|u| < 1$,

$$\frac{1}{1-u\mathbb{E}(e^{-\xi X_1})} = \frac{\mu+\xi}{\mu+\xi-u\mu\mathbb{E}(e^{\xi\tau})}.$$

Si $f_u(\xi) = \mu+\xi-u\mu\mathbb{E}(\exp(\xi\tau))$, sur le cercle $C_\mu = \{\xi/|\xi+\mu| = \mu\}$ contenu dans le demi-plan gauche, on a

$$|u\mu\mathbb{E}(e^{\xi\tau})| \leq |u\mu| < |\mu| = |\xi+\mu|.$$

Le théorème de Rouché (voir Rudin [45] p. 242 par exemple) montre que f_u a une seule racine, de multiplicité 1, à l'intérieur de C_μ. De plus, toute racine ξ de f_u dans le demi-plan gauche vérifie $|x+\mu| = |u\mu\mathbb{E}(\exp(\xi\tau))| < \mu$; cette racine est nécessairement à l'intérieur de C_μ. La fonction f_u a une unique racine $-b(u)$ dans le demi-plan gauche. Celle-ci est réelle, $b(u)$ est la solution de l'équation

$$g_u(x) = \mu(1-u\mathbb{E}(e^{-x\tau}))$$

sur $\mathbb{R}_+$ (voir la figure 3 et la démonstration pour g_1 ci-dessous).

L'identité

$$\frac{1}{1-u\mathbb{E}(e^{-\xi X_1})} = \frac{\mu+\xi}{b(u)+\xi} \times \frac{b(u)+\xi}{\mu+\xi-u\mu\mathbb{E}(e^{\xi\tau})}$$

donne la factorisation de Wiener-Hopf dans ce cas; en effet en posant

$$\phi_+(u,\xi) = \frac{\mu+\xi}{b(u)+\xi} \quad \text{et} \quad \phi_-(u,\xi) = \frac{b(u)+\xi}{\mu+\xi-u\mu\mathbb{E}(e^{\xi\tau})},$$

pour $|u| < 1$ et $\text{Re}(\xi) = 0$, les fonctions ϕ_+ et ϕ_- ainsi définies vérifient les conditions a) et b) du théorème 2.4.

Si $\rho < 1$, comme $g_1(0) = 0$ et $g_1'(0) = \mu\mathbb{E}(\tau) = \mathbb{E}(\tau)/\mathbb{E}(\sigma) > 1$ et que g_1 converge vers μ à l'infini, il existe un autre point fixe β strictement positif. La fonction g_1 étant concave, il ne peut y en avoir d'autre. Pour tout $u \in [0,1[$, la décroissance des fonction $x \to g_u(x)$ et $u \to g_u(x)$, $0 \leq u < 1$, montre la décroissance de $u \to b(u)$ et la relation $b(u) \geq \beta$. La limite $\lim_{u \nearrow 1} b(u)$ est aussi un point fixe non nul de g_1 supérieur à β, elle vaut donc nécessairement β.

La première partie de la proposition est démontrée.

Si $\rho > 1$, la dérivée de g_1 à l'origine est strictement plus petite que 1, la concavité de g_1 montre que 0 est le seul point fixe sur $\mathbb{R}_+$ de g_1 et donc $\lim_{u \nearrow 1} b(u) = 0$. Pour u tel que $|u| < 1$,

$$\mu - b(u) = u\mu\mathbb{E}\left(e^{-b(u)\tau}\right),$$

et en faisant le développement limité

$$\mathbb{E}\left(e^{-b(u)\tau}\right) = 1 - \mathbb{E}(\tau)b(u) + o(b(u)),$$

il vient

$$\lim_{u \nearrow 1} \frac{\mu(1-u)}{b(u)} = 1 - \mu\mathbb{E}(\tau),$$

ce qui achève la démonstration de la proposition.   □

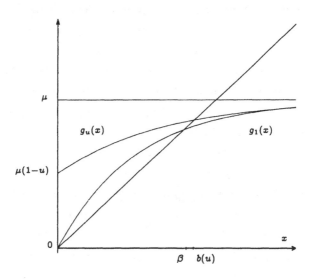

FIG. 3. Les fonctions g_u et g_1, le cas $\rho < 1$.

4.1. La file GI/M/1. Dans cette section la loi des services est une exponentielle de paramètre μ. La proposition suivante exprime que, conditionnellement à ce qu'il soit non nul, le temps d'attente stationnaire d'une file d'attente $GI/M/1$ suit une loi exponentielle.

PROPOSITION 2.11.   a) *Sous la condition* $\rho < 1$, *la loi* $W(dx)$ *du temps d'attente stationnaire de la file d'attente* $GI/M/1$ *est donnée par*

$$(2.17) \qquad W(dx) = \frac{\beta}{\mu}\delta_0 + \left(1 - \frac{\beta}{\mu}\right)\beta e^{-\beta x}\, dx,$$

où β *est l'unique solution dans l'intervalle* $]0, \mu[$ *de l'équation*

$$(2.18) \qquad \mu\left(1 - \mathbb{E}\left(e^{-\beta \tau}\right)\right) = \beta.$$

b) *Si* $\rho > 1$, *la durée d'une période d'occupation est infinie avec probabilité* $1 - 1/\rho$,

DÉMONSTRATION. La transformée de Laplace de W s'obtient à l'aide des propositions 2.6 et 2.10,

$$\mathbb{E}\left(e^{-\xi W}\right) = \lim_{u \nearrow 1} \frac{\phi_+(u, \xi)}{\phi_+(u, 0)} = \lim_{u \nearrow 1} \frac{\mu + \xi}{b(u) + \xi} \times \frac{b(u)}{\mu} = \frac{\mu + \xi}{\beta + \xi} \times \frac{\beta}{\mu}$$

$$= \frac{\beta}{\mu} + \left(1 - \frac{\beta}{\mu}\right)\frac{\beta}{\xi + \beta},$$

d'où l'assertion a). En utilisant les propositions 2.7 et 2.10 ,

$$\mathbb{E}(u^{\nu_-}) = 1 - \frac{\mu(1-u)}{b(u)},$$

d'où $\mathbb{P}(\nu_- < +\infty) = \lim_{u \nearrow 1} \mathbb{E}(u^{\nu_-}) = 1/\rho$, et donc le b) de la proposition. □

Un résultat similaire est aussi vrai pour la charge :

COROLLAIRE 2.12. *Si* $\rho < 1$, *la loi de la charge stationnaire de la file d'attente GI/M/1 est donnée par*

(2.19) $V(dx) = (1-\rho)\delta_0 + \rho\beta e^{-\beta x}\, dx,$

avec β *solution de (2.18).*

DÉMONSTRATION. D'après la formule de Takàcs (2.13),

$$\mathbb{E}\left(e^{-\xi V}\right) = 1 - \rho + \lambda \mathbb{E}\left(e^{-\xi W}\right) \mathbb{E}\left(\frac{1 - e^{-\xi\sigma}}{\xi}\right),$$

il ne reste plus qu'à utiliser la proposition précédente. □

PROPOSITION 2.13. *Si* $\rho < 1$, *la loi stationnaire du nombre Q de clients que trouve un client à son arrivée dans la file est une loi géométrique de paramètre* $1 - \beta/\mu$ *où* β *est l'unique solution dans l'intervalle* $]0, \mu[$ *de*

$$\mu\left(1 - \mathbb{E}\left(e^{-\beta\tau}\right)\right) = \beta.$$

DÉMONSTRATION. D'après la proposition 2.8, pour $n \geq 2$,

$$\mathbb{P}(Q \geq n) = \mathbb{P}(W > t_{n-1}),$$

W sachant $\{W > 0\}$ suivant une loi exponentielle de paramètre β, donc

$$\mathbb{P}(Q \geq n) = \mathbb{P}(W > 0)\mathbb{E}(e^{-\beta t_{n-1}}) = \left(1 - \frac{\beta}{\mu}\right)\mathbb{E}\left(e^{-\beta\tau}\right)^{n-1},$$

d'après la relation (2.18) cette dernière quantité vaut $(1 - \beta/\mu)^n$. La démonstration de la proposition est terminée. □

Remarque sur la loi conditionnelle de W. Le caractère exponentiel de la loi conditionnelle du temps d'attente stationnaire peut se voir de manière probabiliste assez simplement avec la proposition 2.9. Il faut tout d'abord déterminer la loi de la variable S_{ν_+} sachant que ν_+ est fini, position de la marche lors du premier passage au-dessus de 0. Les contributions positives de la marche aléatoire sont uniquement dues à la variable σ qui suit une loi exponentielle. Si la marche passe au-dessus de 0, la propriété d'oubli de la loi exponentielle entraîne que le saut au-dessus de 0, qui vaut S_{ν_+}, suit une loi exponentielle de paramètre μ. Formellement on peut l'établir de la façon suivante,

$$\mathbb{P}(S_{\nu_+} > a, \nu_+ < +\infty) = \sum_{n=1}^{+\infty} \mathbb{P}(S_i \leq 0, i < n, S_n > a)$$

$$= \sum_{n=1}^{+\infty} \mathbb{P}(S_n > a \,|\, S_i \leq 0, i < n, S_n > 0)\mathbb{P}(S_i \leq 0, i < n, S_n > 0),$$

pour $n \geq 1$ et $a > 0$, on a l'égalité

$$\mathbb{P}(S_n > a \,|\, S_i \leq 0, i < n, S_n > 0) =$$
$$\mathbb{P}(\sigma_n > a - S_{n-1} + \tau_n \,|\, S_{n-1} \leq 0, \sigma_n > -S_{n-1} + \tau_n) = e^{-\mu a},$$

d'où

$$\mathbb{P}(S_{\nu_+} > a, \nu_+ < +\infty) = e^{-\mu a}\mathbb{P}(\nu_+ < +\infty) = e^{-\mu a}.$$

La loi de W est donc identique à celle d'une somme de G variables i.i.d. de même loi que S_{ν_+} sachant $\{\nu_+ < +\infty\}$, i.e. exponentielles indépendantes de paramètre μ. La variable G est une variable géométrique de paramètre $\alpha = \mathbb{P}(\nu_+ < +\infty)$ indépendante de ces variables i.i.d. En utilisant l'égalité $\{W > 0\} = \{\nu_+ < +\infty\}$, on obtient la relation suivante : pour ξ de partie réelle positive

$$\mathbb{E}\left(e^{-\xi W} \,|\, W > 0\right) = \mathbb{E}\left(e^{-\xi W} \,|\, \nu_+ < +\infty\right)$$
$$= \sum_{n=1}^{+\infty} \alpha^{n-1}(1-\alpha) \left(\frac{\mu}{\mu + \xi}\right)^n = \frac{(1-\alpha)\mu}{(1-\alpha)\mu + \xi},$$

par conséquent la variable W conditionnée à être non nulle suit une loi exponentielle de paramètre $(1-\alpha)\mu$. Il ne reste plus qu'à calculer $\alpha = \mathbb{P}(W > 0)$. La relation (2.2) donne

$$\mathbb{P}(W = 0) = \mathbb{P}(W + \sigma \leq \tau) = (1-\alpha)\mathbb{P}(\sigma \leq \tau) + \alpha\mathbb{P}(W + \sigma \leq \tau \,|\, W > 0),$$

donc

$$1 - \alpha = (1-\alpha)\mathbb{P}(\sigma \leq \tau) + \alpha\mathbb{P}(W + \sigma \leq \tau \,|\, W > 0),$$

en utilisant que la loi de W sachant $\{W > 0\}$ est une exponentielle de paramètre $(1-\alpha)\mu$,

$$1 - \alpha = 1 - \mathbb{E}\left(e^{-(1-\alpha)\mu\tau}\right).$$

Ainsi $(1-\alpha)\mu$ est solution de (2.18) et vaut par conséquent 0 ou β. Comme $1 - \alpha = \mathbb{P}(W = 0) > 0$, on en déduit $\alpha = 1 - \beta/\mu$.

4.2. La file M/GI/1. La loi de la variable τ est une loi exponentielle de paramètre λ.

PROPOSITION 2.14.

a) Si $\rho < 1$, la transformée de Laplace du temps d'attente stationnaire d'une file d'attente $M/GI/1$ est donnée par la formule de Pollaczek-Khintchine : pour $\mathrm{Re}(\xi) \geq 0$,

(2.20)
$$\mathbb{E}\left(e^{-\xi W}\right) = \frac{1 - \rho}{1 - \lambda\xi^{-1}\left(1 - \mathbb{E}(e^{-\xi\sigma})\right)}.$$

b) Si $\rho > 1$, la durée d'une période d'occupation est infinie avec probabilité β/μ, où β est la solution de (2.18).

DÉMONSTRATION. La factorisation de $\sigma - \tau$ en ψ_+, ψ_- s'obtient en utilisant la relation (2.16) et la proposition 2.10, en remplaçant μ par λ et τ par σ,

$$\frac{\psi_+(u,\xi)}{\psi_+(u,0)} = \frac{\phi_-(u,-\xi)}{\phi_-(u,0)} = \frac{b(u) - \xi}{\lambda - \xi - u\lambda\mathbb{E}(e^{-\xi\sigma})} \times \frac{\lambda(1-u)}{b(u)},$$

pour $|u| < 1$ et $\mathrm{Re}(\xi) \geq 0$. Si $\rho < 1$,

$$\mathbb{E}\left(e^{-\xi W}\right) = \lim_{u \nearrow 1} \frac{\psi_+(u,\xi)}{\psi_+(u,0)} = \frac{(1-\rho)\xi}{\xi - \lambda(1 - \mathbb{E}(e^{-\xi\sigma}))},$$

d'après le comportement de $b(u)$ au voisinage de 1 dans ce cas (Proposition 2.10, en se rappelant que σ et τ sont inversés), d'où l'assertion a) de la proposition. De la même façon que pour la file $GI/M/1$, la décomposition de Wiener-Hopf donne la fonction génératrice de la variable ν_-,

$$\mathbb{E}(u^{\nu_-}) = 1 - \frac{b(u)}{\mu},$$

si $\rho > 1$, alors $b(u) \to \beta$ quand $u \to 1$, soit $\mathbb{P}(\nu_- < +\infty) = 1 - \beta/\mu$. $\square$

Le résultat suivant est une propriété remarquable de la file $M/GI/1$: la loi de la charge stationnaire à un instant arbitraire est la même que la loi de la charge stationnaire juste avant une arrivée de client (autrement dit, le temps d'attente stationnaire). La section 1 du chapitre 7 donne une explication générale de ce phénomène.

COROLLAIRE 2.15. *Si $\rho < 1$ la loi de la charge stationnaire V est la même que la loi du temps d'attente.*

DÉMONSTRATION. En effet, la relation (2.20) peut s'écrire

$$\mathbb{E}\left(e^{-\xi W}\right) = 1 - \rho + \lambda\mathbb{E}\left(e^{-\xi W}\right)\mathbb{E}\left(\frac{1 - e^{-\xi\sigma}}{\xi}\right),$$

et le membre de droite vaut $\mathbb{E}(\exp(-\xi V))$ d'après la formule de Takàcs (2.13).
$\square$

Remarque sur la loi de W. La relation (2.20) n'a pas d'interprétation probabiliste immédiate comme dans le cas de la file $GI/M/1$. Cette loi à l'équilibre peut cependant se décomposer comme suit, pour $\mathrm{Re}(\xi) \geq 0$,

$$(2.21) \quad \mathbb{E}\left(e^{-\xi W}\right) = \sum_{n=0}^{+\infty} \rho^n(1-\rho)\left(\mathbb{E}\left(e^{-\xi R^\sigma}\right)\right)^n$$

$$= \sum_{n=0}^{+\infty} \rho^n(1-\rho)\mathbb{E}\left(e^{-\xi\sum_1^n R_k^\sigma}\right),$$

où R^σ est une variable aléatoire telle que

$$\mathbb{E}\left(e^{-\xi R^\sigma}\right) = \frac{1 - \mathbb{E}(e^{-\xi\sigma}))}{\mathbb{E}(\sigma)\xi},$$

la variable R^σ a même loi que le premier point d'un processus de renouvellement stationnaire associé à σ, voir le chapitre 1 page 29. En particulier sa densité sur $\mathbb{R}_+$ vaut $\mathbb{P}(\sigma \geq x)/\mathbb{E}(\sigma)$. D'après l'identité (2.14), $\mathbb{P}(W = 0) = \mathbb{P}(\nu_+ = +\infty) = 1 - \rho$, la proposition 2.9 et la relation (2.21) suggèrent donc que la loi conditionnelle de S_{ν_+} sachant $\{\nu_+ < +\infty\}$ est la loi de R^σ.

PROPOSITION 2.16. *Si $\rho < 1$, la loi stationnaire du nombre Q de clients que trouve un client à son arrivée est donnée par*

$$
(2.22) \qquad \mathbb{P}(Q = n) = \int_{]0,+\infty]} \frac{(\lambda x)^{n-1}}{(n-1)!} e^{-\lambda x} W(dx), \qquad n \geq 1,
$$

$$
\mathbb{P}(Q = 0) = 1 - \rho,
$$

où $W(dx)$ est la loi du temps d'attente stationnaire.

DÉMONSTRATION. D'après la proposition 2.8, en utilisant que le processus d'arrivée $\mathcal{N}_\lambda$ est un processus de Poisson de paramètre λ, pour $n \geq 1$

$$
\mathbb{P}(Q = n) = \mathbb{P}(t_{n-1} < W \leq t_n)
$$

$$
= \mathbb{P}(\mathcal{N}_\lambda(]0, W[) = n - 1) = \mathbb{E}\left(\frac{(\lambda W)^{n-1}}{(n-1)!} e^{-\lambda W} 1_{\{W>0\}} \right).
$$

Le passage à la limite quand $\mathrm{Re}(\xi)$ vers l'infini dans l'identité (2.20) montre l'égalité $\mathbb{P}(W = 0) = 1 - \rho$ et comme $\mathbb{P}(Q = 0) = \mathbb{P}(W = 0)$, la preuve de la proposition est terminée. $\qquad\square$

5. La file d'attente $H_1/G/1$

Cette section est consacrée à un exemple assez représentatif de l'utilisation en pratique de la décomposition de Wiener-Hopf. La notation H_1 (hyperexponentielle d'ordre 1) désigne les lois dont la transformée de Laplace est donnée par

$$
(2.23) \qquad \mathbb{E}(e^{-\xi\tau}) = \prod_{i=1}^{N} \frac{a_i}{a_i + \xi},
$$

pour $\mathrm{Re}(\xi) \geq 0$, $N \in \mathbb{N}$ et $0 < a_1 < a_2 < \cdots < a_N$. Une telle variable τ est la somme de variables aléatoires exponentielles indépendantes dont les paramètres respectifs valent $a_1, \ldots, a_N$.

Dans cette section la loi des interarrivées est donnée par (2.23). Pour calculer la loi du temps d'attente stationnaire associé à cette file d'attente, la fonction à décomposer vaut

$$
(2.24) \qquad \frac{1}{1 - u\mathbb{E}(e^{-\xi X_0})} = \frac{\prod_{i=1}^{N}(a_i - \xi)}{\prod_{i=1}^{N}(a_i - \xi) - u\mathbb{E}(e^{-\xi\sigma})\prod_{i=1}^{N} a_i},
$$

avec $|u| < 1$ et $\mathrm{Re}(\xi) = 0$.

Si $K \geq a_N$ et $D_K = \{\xi/\, \mathrm{Re}(\xi) \geq 0, |\xi - a_N| \leq K\}$; quand $\xi \in \mathbb{C}$ appartient au bord de D_K, nécessairement $|\xi - a_i| \geq a_i$ pour tout $i \leq N$, d'où l'inégalité

$$
\left| u\mathbb{E}(e^{-\xi\sigma}) \prod_{i=1}^{N} a_i \right| \leq |u| \prod_{i=1}^{N} a_i < \left| \prod_{i=1}^{N}(a_i - \xi) \right|,
$$

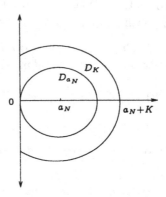

FIG. 4. Le contour de D_K

le théorème de Rouché montre que le dénominateur de (2.24) a exactement N racines $a_i(u), i = 1, \ldots, N$ dans D_K. En faisant tendre $K \to +\infty$, on en déduit que le demi-plan droit ne compte que N racines et elles sont toutes dans D_{a_N}. L'équation (2.24) se réécrit

$$\frac{1}{1 - u\mathbb{E}(e^{-\xi X_0})} = \prod_{i=1}^{N} \frac{a_i - \xi}{a_i(u) - \xi} \frac{\prod_{i=1}^{N}(a_i(u) - \xi)}{\prod_{i=1}^{N}(a_i - \xi) - u\mathbb{E}(e^{-\xi\sigma}) \prod_{i=1}^{N} a_i},$$

pour $|u| < 1$ et $\mathrm{Re}(\xi) = 0$. En posant

$$\phi_+(u, \xi) = \frac{\prod_{i=1}^{N}(a_i(u) - \xi)}{\prod_{i=1}^{N}(a_i - \xi) - u\mathbb{E}(e^{-\xi\sigma}) \prod_{i=1}^{N} a_i} \quad \text{et} \quad \phi_-(u, \xi) = \prod_{i=1}^{N} \frac{a_i - \xi}{a_i(u) - \xi},$$

ces deux fonctions vérifient clairement les assertions a) et b) du théorème 2.4. La transformée de Laplace de W s'exprime donc comme

$$(2.25) \quad \mathbb{E}\left(e^{-\xi W}\right) = \lim_{u \nearrow 1} (1 - u) \prod_{i=1}^{N} \frac{a_i}{a_i(u)} \frac{\prod_{i=1}^{N}(a_i(u) - \xi)}{\prod_{i=1}^{N}(a_i - \xi) - u\mathbb{E}(e^{-\xi\sigma}) \prod_{i=1}^{N} a_i}.$$

Pour u tel que $|u| < 1$, les $a_i(u), i = 1, \ldots, N$ sont les solutions dans le demi-plan droit du dénominateur de (2.24) et vérifient l'équation

$$(2.26) \qquad f_u(\xi) = 1 - u\mathbb{E}\left(e^{-\xi(\sigma - \tau)}\right) = 1 - u\mathbb{E}\left(e^{-\xi\sigma}\right) \prod_{i=1}^{N} \frac{a_i}{a_i - \xi} = 0.$$

La fonction f_u est concave sur l'intervalle $]0, a_1[$, $f_u(0) = 1 - u$ et

$$\lim_{\xi \to a_1} f_u(\xi) = -\infty,$$

elle a donc une unique racine $a_1(u)$ dans cet intervalle. La fonction $u \to f_u(\xi)$ étant décroissante pour $\xi \in]0, a_1[$, il en va de même pour $u \to a_1(u)$. Comme $f_1(0) = 0$ et $f_1'(0) = \mathbb{E}(\sigma) - \mathbb{E}(\tau) < 0$, la concavité de f_1 montre que 0 est la seule racine de f_1 sur l'intervalle $[0, a_1[$. La limite $\lim_{u \nearrow 1} a_1(u)$ étant aussi une racine de f_1 dans cet intervalle; elle ne peut que valoir 0, par conséquent $\lim_{u \nearrow 1} a_1(u) = 0$. Un développement limité au voisinage de 0 de l'équation (2.26) donne facilement que $\lim_{u \to 1} (1 - u)/a_1(u) = \mathbb{E}(\tau) - \mathbb{E}(\sigma)$.

PROPOSITION 2.17. *Si la loi commune des interarrivées est la loi de la somme de N variables aléatoires indépendantes exponentielles dont les paramètres valent respectivement $0 < a_1 < a_2 < \cdots < a_N$, sous la condition $\mathbb{E}(\sigma) < \mathbb{E}(\tau)$ la transformée de Laplace du temps d'attente stationnaire est donnée par*

$$(2.27) \qquad \mathbb{E}(e^{-\xi W}) = a_1(\mathbb{E}(\tau) - \mathbb{E}(\sigma)) \frac{\xi \prod_{i=2}^{N} a_i(1 - \xi/\alpha_i)}{\mathbb{E}(e^{-\xi\sigma}) \prod_{i=1}^{N} a_i - \prod_{i=1}^{N}(a_i - \xi)},$$

où les α_i, $i = 2, \ldots, N$ sont les solutions non nulles dans le demi-plan droit de l'équation

$$\mathbb{E}(e^{-\xi\sigma}) \prod_{i=1}^{N} a_i - \prod_{i=1}^{N}(a_i - \xi) = 0.$$

DÉMONSTRATION. Pour $i \geq 2$, les $(a_i(u); 0 < u < 1)$ étant bornés, on note α_i une des valeurs d'adhérence quand u tend vers 1. En utilisant l'identité (2.25) et le comportement de $a_1(u)$ au voisinage de 1, on obtient la relation (2.27). Comme $\mathbb{E}(\exp(-\xi W))$ est défini pour tout ξ tel que $\text{Re}(\xi) \geq 0$, on en déduit que les $\alpha_i, i \geq 2$, sont non nuls et sont les racines du dénominateur de (2.27) dans le demi-plan droit. La proposition est établie. $\qquad\square$

La condition de stabilité ne concerne que le comportement de la racine $a_1(u)$ au voisinage de $u = 1$.

6. Une preuve probabiliste de la factorisation

Le propos de cette section est de montrer que les calculs menés dans la section 2 ont une version probabiliste. Essentiellement, la démonstration faite auparavant pour obtenir la décomposition de Wiener-Hopf s'appuie sur le découpage, aux temps d'arrêt ν_+ et ν_-, de la série

$$\phi(u, \xi) = \frac{1}{1 - u\mathbb{E}(e^{-\xi X})} = \sum_{n \geq 0} u^n \mathbb{E}\left(e^{-\xi S_n}\right),$$

pour $|u| < 1, \text{Re}(\xi) = 0$. La méthode présentée dans cette section est due, dans un cadre plus vaste, à Greenwood et Pitman[15]. En posant

$$\psi(u, \xi) = \frac{1 - u}{1 - u\mathbb{E}(e^{-\xi X})},$$

pour $u \in]0, 1[$, la fonction ψ peut s'écrire comme

$$\psi(u, \xi) = \sum_{n \geq 0} u^n(1 - u)\mathbb{E}\left(e^{-\xi S_n}\right) = \mathbb{E}\left(e^{-\xi S_G}\right),$$

[15] P. Greenwood and J. Pitman, *Fluctuation identities for Lévy processes and splitting at the maximum*, Advances in Applied Probability 12 (1980), 893–902.

où G est une variable géométrique de paramètre u, indépendante de la marche aléatoire (S_n). La fonction ψ peut se décomposer de la façon suivante.

THÉORÈME 2.18. *Si G est une variable géométrique de paramètre $u \in$ $]0,1[$, indépendante de la marche aléatoire (S_n), alors*

$$(2.28) \qquad \mathbb{E}\left(e^{-\xi S_G}\right) = \frac{1-u}{1-u\mathbb{E}(e^{-\xi X})} = \mathbb{E}\left(e^{-\xi M_G}\right)\mathbb{E}\left(e^{-\xi m_G}\right),$$

si $\mathrm{Re}(\xi) = 0$, *avec pour* $n \in \mathbb{N}$,

$$M_n = \sup_{0 \le k \le n} S_k, \qquad m_n = \inf_{0 \le k \le n} S_k.$$

DÉMONSTRATION. La variable T désigne le premier instant d'atteinte du maximum de (S_n) avant l'instant G,

$$T = \inf\{k \ge 0/S_k = M_G\},$$

en reprenant la variable G géométrique précédente, on va établir dans un premier temps l'égalité

$$(2.29) \qquad \mathbb{E}\left(e^{-\xi S_G}\right) = \mathbb{E}\left(e^{-\xi M_G}\right)\mathbb{E}\left(e^{-\xi(S_G-M_G)}\right),$$

ou encore, de façon équivalente,

$$\mathbb{E}\left(e^{-\xi S_G}\right) = \mathbb{E}\left(e^{-\xi S_T}\right)\mathbb{E}\left(e^{-\xi(S_G-S_T)}\right).$$

Si T était un temps d'arrêt, le lemme 2.3 donnerait l'indépendance entre S_T

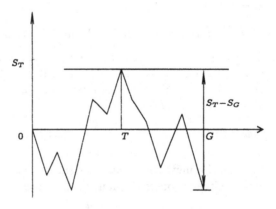

FIG. 5. Décomposition de la marche aléatoire arrêtée à G

et $S_G - S_T$, et la décomposition (2.29) serait démontrée. La variable T n'est cependant pas un temps d'arrêt, il faut aller plus loin que T pour savoir que T est bien un temps d'atteinte du maximum. La propriété d'indépendance est cependant vraie, elle est due à la propriété d'oubli de la loi géométrique de G.

ASSERTION. *les variables S_T et $S_G - S_T$ sont indépendantes.* En notant comme précédemment,

$$\nu_+ = \inf\{k; S_k > 0\},$$

la suite finie $\mathcal{E} = (S_k; 0 < k \le \nu_+)$ est appelée une excursion ; c'est la trajectoire de la marche aléatoire arrêtée au moment où elle devient strictement positive. Le lemme 2.3 montre que la marche aléatoire (S_n) est le recollement d'excursions

$$(\mathcal{E}_i) = \left(\left(\sum_{p=1}^{k} X_p^i; 0 < k \le \nu_+^i \right) \right)$$

indépendantes et distribuées comme $\mathcal{E}$. Il n'est bien sûr pas exclu que la marche aléatoire ne soit le recollement que d'un nombre fini d'excursions, la dernière correspondant à une période d'occupation infinie. Ce sera le cas avec probabilité 1 si $\mathbb{P}(\nu_+ = +\infty) > 0$.

Si $(\widetilde{G}_i)$ est une suite i.i.d. de variables aléatoires géométriques de paramètre u, on procède de la façon suivante : pour chaque $i \in \mathbb{N}$, si $\widetilde{G}_i < \nu_+^i$, l'excursion $\mathcal{E}_i$ est peinte en rouge. Autrement, si $\widetilde{G}_i \ge \nu_+^i$, l'excursion est laissée inchangée. La variable $\widetilde{\tau}$ désigne l'indice de la première excursion marquée en rouge. L'indépendance de $(\widetilde{G}_i)$ et (S_n) montre que, conditionnellement à τ, les excursions $\mathcal{E}_i$, $0 \le i \le \widetilde{\tau} - 1$ sont indépendantes des excursions $\mathcal{E}_i$, $i \ge \widetilde{\tau}$. Une excursion n'est positive qu'au dernier point de sa trajectoire à l'instant ν_+, les maxima successifs de la marche aléatoire ont donc nécessairement lieu aux derniers instants des excursions. En posant

$$\widetilde{G} = \sum_{i=0}^{\widetilde{\tau}-1} \nu_+^i + G_{\widetilde{\tau}},$$

comme $G_{\widetilde{\tau}} < \nu_+^{\widetilde{\tau}}$, le maximum de la marche avant $\widetilde{G}$ est donc atteint avant $\sum_{i=0}^{\widetilde{\tau}-1} \nu_+^i$, par conséquent

$$S_{\sum_{i=0}^{\widetilde{\tau}-1} \nu_+^i} = M_{\sum_{i=0}^{\widetilde{\tau}-1} \nu_+^i} = M_{\widetilde{G}}.$$

En particulier $M_{\widetilde{G}}$ est une fonctionnelle des excursions $\mathcal{E}_i$, $0 \le i \le \widetilde{\tau} - 1$ et

$$S_{\widetilde{G}} - M_{\widetilde{G}} = \sum_{k=1}^{\widetilde{G}_\tau} X_k^\tau,$$

ne dépend que de l'excursion $\mathcal{E}_{\widetilde{\tau}}$. Par conséquent les variables $S_{\widetilde{G}} - M_{\widetilde{G}}$ et $M_{\widetilde{G}}$ sont indépendantes. Pour établir l'assertion il suffit maintenant de prouver que la variable $\widetilde{G}$ a même loi que G et est indépendante de la marche (S_n).

La propriété d'oubli de la loi géométrique,

$$\mathbb{P}(G - \nu_+^1 \ge n / G \ge \nu_+^1) = u^n,$$

montre que, conditionnellement à l'événement $\{G \ge \nu_+^1\}$, la variable G s'exprime comme $\nu_+^1 + G_1$, où G_1 est une variable géométrique indépendante de ν_+^1 et par

conséquent de la marche aléatoire. En recommençant, conditionnellement à l'événement $\{G_1 \geq \nu_+^2\}$, on a l'identité $G_1 = \nu_+^2 + G_2$, avec G_2 indépendante de (S_n),
et ainsi de suite. De cette façon on obtient une suite de variables géométriques
(G_n) indépendantes de (S_n), telles que $G = \sum_1^{\tau-1} \nu_+^i + G_\tau$, où τ est le premier
indice i pour lequel $G_i < \nu_+^i$. La variable G a donc même loi que $\tilde{G}$. La variable
$\tilde{G}$ est donc géométrique de paramètre u et indépendante de la marche aléatoire.
La relation (2.29) est établie.

Il reste à prouver l'identité (2.28), ou encore que $S_G - M_G$ a même loi que
m_G. La relation

$$S_G - M_G = \inf_{0 \leq k \leq G} \sum_{k+1}^{G} X_i,$$

et l'indépendance de G et de la marche aléatoire donnent l'identité en loi

$$(X_G, X_{G-1}, \dots, X_1) \overset{\text{loi}}{=} (X_1, X_2, \dots, X_G),$$

d'où

$$S_G - M_G \overset{\text{loi}}{=} \inf_{0 \leq k \leq G} \sum_1^k X_i = m_G,$$

ce qui achève la démonstration du théorème.   □

En notant $\psi_+(u, \xi) = \mathbb{E}(\exp(-\xi M_G))$ et $\psi_-(u, \xi) = \mathbb{E}(\exp(-\xi m_G))$, comme
$M_G \geq 0$ et $m_G \leq 0$ les deux fonctions ψ_+ et ψ_- ont les propriétés d'holomorphie,
de continuité et de bornitude des fonctions ϕ_+ et ϕ_- de la décomposition de
Wiener-Hopf. Le résultat d'unicité du théorème 2.4 montre que pour $\text{Re}(\xi) \geq 0$,

$$\phi_+(u, \xi) = \frac{\mathbb{E}\left(e^{-\xi M_G}\right)}{\mathbb{P}(M_G = 0)},$$

et pour $\text{Re}(\xi) \leq 0$,

$$\phi_-(u, \xi) = \mathbb{E}\left(e^{-\xi m_G}\right) \frac{1 - \mathbb{E}(u^{\nu_+})}{1 - u}.$$

L'identité $\{M_G = 0\} = \{G < \nu_+\}$ donne l'égalité $\mathbb{P}(M_G = 0) = 1 - \mathbb{E}(u^{\nu_+})$ et
de la relation (2.9) on déduit

$$\frac{1 - \mathbb{E}(u^{\nu_+})}{1 - u} = \frac{1}{1 - \mathbb{E}(u^{\nu_-})}.$$

La proposition suivante est donc démontrée.

PROPOSITION 2.19. *Si G est une variable géométrique de paramètre $u \in$
$]0, 1[$, indépendante de la marche aléatoire, les fonctions ϕ_+, ϕ_- de la décomposition de Wiener-Hopf s'expriment de la façon suivante,*

$$\phi_+(u, \xi) = \frac{\mathbb{E}(e^{-\xi M_G})}{1 - \mathbb{E}(u^{\nu_+})}, \qquad \phi_-(u, \xi) = \frac{\mathbb{E}(e^{-\xi m_G})}{1 - \mathbb{E}(u^{\nu_-})},$$

avec, pour $n \in \mathbb{N}$,

$$M_n = \sup_{0 \leq k \leq n} S_k \quad et \quad m_n = \inf_{0 \leq k \leq n} S_k,$$

CHAPITRE 3

Théorèmes limites

Sommaire

1. Introduction

La factorisation de Wiener-Hopf permet, en théorie, de calculer la transformée de Laplace du temps d'attente de la file d'attente $GI/GI/1$ FIFO à l'équilibre. En pratique cette méthode revient à chercher les pôles et les zéros de fonctions définies dans le plan complexe. Il n'est pas toujours commode d'en calculer le nombre, ni a fortiori de les localiser. La transformée de Laplace s'exprimant avec ces quantités, il peut être assez difficile d'obtenir une description qualitative simple de cette file d'attente.

Dans ce type de situation, il est naturel d'étudier la variable temps d'attente au voisinage des valeurs critiques de certains paramètres. Le comportement du temps d'attente pour des valeurs extrêmes de certains paramètres est étudié dans ce chapitre. Tout d'abord on s'intéressera aux très grandes valeurs du temps d'attente. Sous certaines hypothèses, on le verra, la distribution du temps d'attente a une queue de distribution exponentielle; pour x assez grand

$$\mathbb{P}(W \geq x) \sim Ce^{-\gamma x},$$

où C et γ sont des constantes. La deuxième partie concerne la file d'attente juste en dessous du régime de saturation, il est montré que, convenablement renormalisé, le temps d'attente converge en distribution vers une loi exponentielle.

2. La marche aléatoire biaisée

Comme dans la précédente section, la suite (X_n) de variables i.i.d. est définie sur l'espace de probabilité canonique $(\Omega, \mathcal{F}, P)$ associé à cette suite et on suppose que X_1 est intégrable. On désigne par $(\mathcal{F}_n) = (\sigma(X_1, \ldots, X_n))$ la filtration de la suite (X_n) et la tribu $\mathcal{F}$ n'est autre que $\vee_n \mathcal{F}_n$. La marche aléatoire associée sera notée $(S_n) = (\sum_{i=1}^n X_i)$. Les deux résultats élémentaires suivants seront utiles par la suite.

PROPOSITION 3.1. *Si $\mathbb{E}(X_1) > 0$, alors pour $a > 0$, le temps de dépassement de a,*

$$T_a = \inf\{n/S_n \geq a\},$$

est $\mathbb{P}$-presque sûrement fini et intégrable.

DÉMONSTRATION. L'hypothèse $\mathbb{E}(X_1) > 0$ permet de fixer une constante $K > 0$ telle que $\mathbb{E}(X_1 \wedge K) > 0$. Comme la marche aléatoire $(\sum_1^n X_i \wedge K)$ minore la marche initiale, le temps de dépassement de a pour celle-ci est supérieur à T_a. Il suffit donc de montrer la proposition pour une marche aléatoire dont les sauts sont bornés supérieurement. On suppose que les sauts positifs de la marche sont majorés par K. La suite $(S_n - n\mathbb{E}(X_1))$ est une martingale et pour $N \geq 0$ la variable $T_a \wedge N$ est un temps d'arrêt borné, le théorème d'arrêt pour cette martingale donne la relation

$$\mathbb{E}(S_{T_a \wedge N} - (T_a \wedge N)\mathbb{E}(X_1)) = 0,$$

et par conséquent

$$
\begin{aligned}
\mathbb{E}(T_a \wedge n)\mathbb{E}(X_1) &= \mathbb{E}(S_{T_a \wedge N}) \\
&= \mathbb{E}(S_{T_a \wedge N} - S_{(T_a-1)^+ \wedge N}) + \mathbb{E}(S_{(T_a-1)^+ \wedge N}) \leq a + K.
\end{aligned}
$$

Le théorème de convergence monotone permet de déduire l'inégalité

$$\mathbb{E}(T_a) \leq (a + K)/\mathbb{E}(X_1).$$

$\square$

La proposition suivante concerne la marche aléatoire arrêtée à un temps d'arrêt, elle généralise l'identité $\mathbb{E}(S_n) = n\mathbb{E}(X_1)$.

PROPOSITION 3.2 (Formule de Wald). *Si la variable aléatoire τ est un temps d'arrêt integrable et $\mathbb{E}(|X_1|) < +\infty$, alors $S_\tau = \sum_{i=1}^\tau X_i$ est intégrable et*

$$(3.1) \qquad \mathbb{E}\left(\sum_{i=1}^\tau X_i\right) = \mathbb{E}(X_1)\mathbb{E}(\tau).$$

DÉMONSTRATION. Comme dans la preuve précédente, pour $N \in \mathbb{N}$ le théorème d'arrêt appliqué à la martingale $(\sum_1^n |X_i| - n\mathbb{E}(|X_1|))$ et au temps d'arrêt $\tau \wedge N$ donne la relation

$$\mathbb{E}\left(\sum_1^{\tau \wedge N} |X_i|\right) = \mathbb{E}(\tau \wedge N)\mathbb{E}(|X_1|) \leq \mathbb{E}(\tau)\mathbb{E}(|X_1|) < +\infty.$$

Le théorème de convergence monotone montre ainsi que la variable $\sum_1^\tau |X_i|$ est intégrable.

Le théorème d'arrêt appliqué à la martingale $(S_n - n\mathbb{E}(X_1))$ donne l'identité $\mathbb{E}(S_{\tau \wedge N}) = \mathbb{E}(\tau \wedge N)\mathbb{E}(X_1)$. La majoration $|S_{\tau \wedge N}| \leq \sum_1^\tau |X_i|$ et le théorème de convergence dominée entraînent la convergence de la suite $(\mathbb{E}(S_{\tau \wedge N}))$ vers $\mathbb{E}(S_\tau)$. Comme la suite $(\mathbb{E}(\tau \wedge N))$ converge vers $\mathbb{E}(\tau)$, l'identité (3.1) est établie.   □

LEMME 3.3. *Si* $\mathbb{E}(X_1) < 0$ *et s'il existe* $\theta > 0$ *tel que*

$$1 < \mathbb{E}\left(e^{\theta X_1}\right) < +\infty,$$

il existe un unique $\gamma > 0$ *tel que* $\mathbb{E}(\exp(\gamma X_1)) = 1$.

DÉMONSTRATION. La fonction $y \to f(y) = \mathbb{E}(\exp(yX_1))$ est strictement convexe sur l'intervalle où elle est finie (la dérivée seconde est strictement positive). Elle vérifie $f(0) = 1$, $f'(0) = \mathbb{E}(X_1) < 0$ et $f(\theta) > 1$, il existe donc un unique $\gamma > 0$ tel que $f(\gamma) = 1$.   □

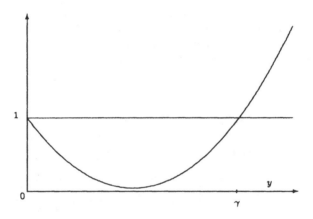

FIG. 1. La fonction $y \to \mathbb{E}(\exp(yX_1))$

Changement de probabilité et martingales positives. Dans la suite les hypothèses du lemme précédent sont supposées être satisfaites, γ désigne la solution positive de l'équation en x, $\mathbb{E}(\exp(xX_1)) = 1$.

PROPOSITION 3.4 (Formule de Girsanov). *Si les hypothèses du lemme 3.3 sont vérifiées, il existe une unique probabilité* $\mathbb{Q}$ *sur* $(\Omega, \mathcal{F})$ *telle que pour tout* $n \geq 0$ *et toute fonction* Y $\mathcal{F}_n$-*mesurable positive,*

$$\mathbb{E}_\mathbb{Q}(Y) = \int_\Omega Y \, d\mathbb{Q} = \int_\Omega Y e^{\gamma S_n} \, d\mathbb{P}.$$

Sous la probabilité $\mathbb{Q}$, *la suite* (S_n) *est aussi une marche aléatoire et la loi de* X_1 *sous* $\mathbb{Q}$ *a pour fonction caractéristique*

$$\mathbb{E}_\mathbb{Q}\left(e^{-\xi X_1}\right) = \mathbb{E}\left(e^{-(\xi - \gamma)X_1}\right),$$

si $\text{Re}(\xi) = 0$. *La variable X_1 est intégrable pour $\mathbb{Q}$ sous la condition*

$$\mathbb{E}(|X_1| \exp(\gamma X_1)) < +\infty,$$

dans ce cas $\mathbb{E}_{\mathbb{Q}}(X_1) > 0$.

Si τ est un temps d'arrêt et Y une variable positive $\mathcal{F}_\tau$-mesurable, l'identité suivante est satisfaite,

$$(3.2) \qquad \int_\Omega Y 1_{\{\tau < +\infty\}}\, d\mathbb{P} = \int_\Omega Y e^{-\gamma S_\tau} 1_{\{\tau < +\infty\}}\, d\mathbb{Q}.$$

DÉMONSTRATION. Il est facile de vérifier que la suite $(Z_n) = (\exp(\gamma S_n))$ est une martingale. En effet, pour $n \geq 1$,

$$\mathbb{E}\left(e^{\gamma S_{n+1}} \,\middle|\, \mathcal{F}_n\right) = e^{\gamma S_n} \mathbb{E}\left(e^{\gamma X_{n+1}}\right) = e^{\gamma S_n}.$$

Pour tout élément $A \in \mathcal{F}_n$, on pose

$$\mathbb{Q}_n(A) = \int_A e^{\gamma S_n}\, d\mathbb{P},$$

$\mathbb{Q}_n$ est une probabilité puisque $\mathbb{Q}_n(\Omega) = \mathbb{E}(\exp(\gamma S_n)) = (\mathbb{E}(\exp(\gamma X_1)))^n = 1$. Les $(\mathbb{Q}_n)$ ainsi définis sont compatibles : si $p \leq n$, alors $\mathbb{Q}_n(A) = \mathbb{Q}_p(A)$ pour tout $A \in \mathcal{F}_p \subset \mathcal{F}_n$. En effet,

$$\mathbb{Q}_n(A) = \mathbb{E}\left(1_A e^{\gamma S_n}\right) = \mathbb{E}\left(1_A \mathbb{E}\left(e^{\gamma S_n} \,\middle|\, \mathcal{F}_p\right)\right)$$

puisque A est $\mathcal{F}_p$-mesurable ; la propriété de martingale de (Z_n) donne l'égalité

$$\mathbb{Q}_n(A) = \mathbb{E}\left(1_A e^{\gamma S_p}\right) = \mathbb{Q}_p(A).$$

La suite de probabilités $(\mathbb{Q}_n)$ est donc compatible. En prenant pour Ω l'espace canonique associé à la suite i.i.d. (X_n), le théorème de Daniell-Kolmogorov (voir Rogers et Williams [44] par exemple) montre l'existence d'une unique probabilité $\mathbb{Q}$ sur $\mathcal{F}$ telle que $\mathbb{Q} = \mathbb{Q}_n$ sur $\mathcal{F}_n$.

La dernière assertion à prouver concerne la loi de (S_n) sous $\mathbb{Q}$. Si $\xi \in \mathbb{C}$ tel que $\text{Re}(\xi) \geq 0$, pour $n \geq 1$ la définition de $\mathbb{Q}$ donne la relation

$$\mathbb{E}_{\mathbb{Q}}\left(e^{-\xi S_n}\right) = \mathbb{E}\left(e^{-(\xi - \gamma) S_n}\right) = \left(\mathbb{E}\left(e^{-(\xi - \gamma) X_1}\right)\right)^n,$$

par conséquent la variable S_n est la somme de n variables i.i.d. et la transformée de Laplace de leur loi commune est donnée par $\mathbb{E}(\exp(-(\xi - \gamma)X_1))$. Sous la probabilité $\mathbb{Q}$ la suite (S_n) est une marche aléatoire.

Si τ est un temps d'arrêt et Y une variable aléatoire $\mathcal{F}_\tau$-mesurable positive,

$$\int_\Omega Y 1_{\{\tau < +\infty\}}\, d\mathbb{P} = \sum_{i=0}^{+\infty} \int_\Omega Y 1_{\{\tau = i\}}\, d\mathbb{P},$$

pour $i \in \mathbb{N}$,

$$\int_\Omega Y 1_{\{\tau = i\}}\, d\mathbb{P} = \int_\Omega Y e^{-\gamma S_i} 1_{\{\tau = i\}} e^{\gamma S_i}\, d\mathbb{P}.$$

La variable Y étant $\mathcal{F}_\tau$-mesurable, $Y e^{-\gamma S_i} 1_{\{\tau=i\}}$ est $\mathcal{F}_i$-mesurable. Par définition de $\mathbb{Q}$,

$$\int_\Omega Y 1_{\{\tau=i\}} \, d\mathbb{P} = \int_\Omega Y e^{-\gamma S_\tau} 1_{\{\tau=i\}} \, d\mathbb{Q},$$

en sommant cette dernière identité on obtient la relation (3.2).

La stricte convexité de la fonction $f : y \to \mathbb{E}(\exp(y X_1))$ vue dans la démonstration du lemme 3.3 montre que la dérivée à gauche de cette fonction en $y = \gamma$ est strictement positive. Si $\mathbb{E}(|X_1| \exp(\gamma X_1)) < +\infty$, alors

$$f'(\gamma) = \mathbb{E}(X_1 \exp(\gamma X_1)) = \mathbb{E}_{\mathbb{Q}}(X_1) > 0.$$

La démonstration de la proposition est achevée. □

S'il existe $\theta > \gamma$ tel que $\mathbb{E}(\exp(\theta X_1)) < +\infty$, la condition

$$\mathbb{E}\left(|X_1| e^{\gamma X_1}\right) < +\infty$$

est nécessairement satisfaite d'après la majoration $x \exp(\gamma x) \le A + \exp(\theta x)$ pour tout $x \ge 0$ si A est suffisamment grand.

Sous la probabilité $\mathbb{P}$ la marche aléatoire (S_n) a une dérive $\mathbb{E}(X_1)$ négative mais sous la probabilité $\mathbb{Q}$, cette dérive est positive (d'où la dénomination marche biaisée). Ce phénomène peut s'expliquer de la façon suivante : la probabilité $\mathbb{Q}$ est absolument continue par rapport à $\mathbb{P}$, $d\mathbb{Q} = \exp(\gamma S_t) \, d\mathbb{P}$ sur la tribu $\mathcal{F}_t$, en raison du coefficient $\exp(\gamma S_t)$ la probabilité $\mathbb{Q}$ privilégie les chemins de la marche aléatoire pour lesquels S_t est très grand, ces chemins sont donc largement au dessus de 0. Cette propriété de dérive positive sera importante par la suite.

Ce procédé de changement de probabilité se généralise à toute une famille de martingales.

Une famille de marches aléatoires biaisées. De la même façon que dans la preuve de la proposition 3.4, si pour $0 \le \theta < \theta_c = \sup\{\theta / \mathbb{E}\left(e^{\theta X_1}\right) < +\infty\}$, la fonction $\phi(\theta)$ est définie par

$$\phi(\theta) = \mathbb{E}\left(e^{\theta X_1}\right),$$

la suite $(\exp(\theta S_n)/\phi(\theta)^n)$ est une martingale. Il est donc possible de définir une probabilité $\mathbb{Q}_\theta$ sur Ω de telle sorte que pour tout $n \ge 0$

$$d\mathbb{Q}_\theta = \frac{e^{\theta S_n}}{\phi(\theta)^n} \, d\mathbb{P} \text{ sur la tribu } \mathcal{F}_n.$$

Sous la probabilité $\mathbb{Q}_\theta$, la suite (S_n) est aussi une marche aléatoire. La transformée de Laplace de la loi des sauts de celle-ci est donnée par

$$\mathbb{E}_{\mathbb{Q}_\theta}\left(e^{-\xi X_1}\right) = \frac{1}{\phi(\theta)} \mathbb{E}\left(e^{-(\xi-\theta)X_1}\right),$$

en particulier, la valeur moyenne d'un saut vaut

$$\mathbb{E}_{\mathbb{Q}_\theta}(X_1) = \frac{\mathbb{E}\left(X_1 e^{\theta X_1}\right)}{\mathbb{E}\left(e^{\theta X_1}\right)}.$$

Et comme précédemment, si τ est un temps d'arrêt et Y une variable aléatoire positive $\mathcal{F}_\tau$ mesurable alors,

$$(3.3) \qquad \int_\Omega Y 1_{\{\tau < +\infty\}} \, d\mathbb{P} = \int_\Omega Y \frac{e^{-\theta S_\tau}}{\phi(\theta)^\tau} 1_{\{\tau < +\infty\}} \, d\mathbb{Q}_\theta.$$

Lorsque θ varie, la marche aléatoire sous $\mathbb{Q}_\theta$ privilégie des chemins différents de la marche aléatoire initiale.

Les probabilités $\mathbb{Q}_\theta$ sont utilisées pour obtenir des résultats de grandes déviations, par exemple pour estimer la probabilité de l'événement $\{S_n \sim \alpha n\}$ avec $\alpha \neq \mathbb{E}(X_1)$. Pour cela on utilise, s'il existe, θ tel que la marche aléatoire sous $\mathbb{Q}_\theta$ croisse à la vitesse α, i,e, $\mathbb{E}_{\mathbb{Q}_\theta}(X_1) = \alpha$. Le théorème 5.20 page 132 sur les grandes déviations de la file $M/M/1$ est montré de cette façon. Remarquer que si X_1 est $\mathbb{P}$-presque sûrement majoré par une constante C, la valeur maximale $\mathbb{E}_{\mathbb{Q}_\theta}(X_1)$ ne peut excéder C. Dans la suite de ce chapitre seul le paramètre γ est utilisé.

Dans le cadre un peu plus délicat des diffusions les relations de changement de probabilité sont connues sous le nom de formule de Cameron-Martin ou de Girsanov. Par exemple si $(B(t))$ est le mouvement brownien standard, pour $\alpha \in \mathbb{R}$ la martingale exponentielle

$$\left(e^{\alpha B(t) - \alpha^2 t/2} \right)$$

permet de la même façon un changement de probabilités. Pour cette probabilité il est facile de vérifier que le processus $(B(t))$ a même loi qu'un mouvement brownien avec dérive $(B(t) - \alpha t)$. Ce procédé a de nombreuses applications, il permet dans certains cas de déduire la loi d'une fonctionnelle du mouvement brownien avec dérive à partir de la loi de cette fonctionnelle pour le mouvement brownien standard (voir Rogers et Williams [43] ou Revuz et Yor [42]).

3. Asymptotique de la queue de distribution de W

Le contexte est celui de la file d'attente $GI/GI/1$. La variable X_n vaut $\sigma_n - \tau_n$ où (τ_n) est la suite des interarrivées et $(\sigma_n))$ celle des services, ces suites sont i.i.d., indépendantes entre elles et vérifient $\mathbb{E}(\sigma_1) < \mathbb{E}(\tau_1)$. Dans le chapitre 2 il a été montré que sous ces conditions, la suite des temps d'attente des clients de la file $GI/GI/1$ était une chaîne de Markov ergodique. De plus, le temps d'attente stationnaire W a même distribution que le maximum M de la marche aléatoire (S_n). Le théorème suivant décrit la queue de distribution de W, les premiers résultats de ce type sont dûs à Kingman[22].

THÉORÈME 3.5. *Si les deux conditions suivantes sont vérifiées :*

a) $\mathbb{E}(X_1) < 0$ *avec* $X_1 = \sigma_1 - \tau_1$;

b) *il existe* $\theta > 0$ *tel que*

$$1 < \mathbb{E}\left(e^{\theta \sigma} \right) < +\infty;$$

[22] J. F. C. Kingman, *Inequalities in the theory of queues*, Journal of the Royal Statistical Society B **32** (1970), 102–110.

l'inégalité suivante est alors satisfaite

$$(3.4) \qquad \mathbb{P}(W \geq a) = \mathbb{P}\left(\max_{n \geq 0} S_n \geq a\right) \leq e^{-\gamma a},$$

pour $a \geq 0$, où γ est l'unique solution strictement positive de l'équation

$$\mathbb{E}(\exp(\gamma X_1)) = 1.$$

Si de plus la variable σ est non latticielle (voir la définition page 29) et

$$\mathbb{E}\left(|X_1|e^{\gamma X_1}\right) < +\infty,$$

la loi de la variable W a alors une queue de distribution à décroissance exponentielle et

$$(3.5) \qquad \lim_{a \to +\infty} e^{\gamma a}\mathbb{P}(W \geq a) = C_1 = \frac{\mathbb{P}(\nu_+ = +\infty)}{\gamma \mathbb{E}(X_1 e^{\gamma X_1})\mathbb{E}\left(\nu_+ e^{\gamma S_{\nu_+}} 1_{\{\nu_+ < +\infty\}}\right)},$$

où $C_1 > 0$ et ν_+ est le temps d'atteinte de l'axe positif par la marche aléatoire,

$$\nu_+ = \inf\{n/S_n > 0\}.$$

Comme on le verra dans la preuve, la constante C_1 de (3.5) est bien définie. Son calcul explicite peut, éventuellement, se faire à l'aide de la loi jointe de (ν_+, S_{ν_+}). De toutes façons le paramètre important pour l'étude qualitative de cette file d'attente est γ qui lui se calcule aisément en pratique.

DÉMONSTRATION. Pour $a > 0$, T_a désigne le temps d'atteinte de $[a, +\infty[$ par la marche aléatoire,

$$T_a = \inf\{n/S_n \geq a\}.$$

Si $M = \sup\{S_n/n \geq 0\}$, l'identité (3.2) donne

$$\mathbb{P}(W \geq a) = \mathbb{P}(M \geq a) = \mathbb{P}(T_a < +\infty) = \int e^{-\gamma S_{T_a}} 1_{\{T_a < +\infty\}} \, d\mathbb{Q}$$

$$(3.6) \qquad \mathbb{P}(W \geq a) = e^{-\gamma a}\mathbb{E}_{\mathbb{Q}}\left(e^{-\gamma(S_{T_a} - a)} 1_{\{T_a < +\infty\}}\right),$$

comme $S_{T_a} \geq a$, on obtient

$$\mathbb{P}(W \geq a) \leq e^{-\gamma a},$$

et donc l'inégalité (3.4).

Si $\mathbb{E}(|X_1|\exp(\gamma X_1)) < +\infty$. La formule (3.2) de la proposition 3.4 donne l'inégalité $\mathbb{E}_{\mathbb{Q}}(X_1) > 0$ et, d'après la loi des grands nombres $\mathbb{Q}$-presque sûrement,

$$\lim_{n \to +\infty} \frac{S_n}{n} = \mathbb{E}_{\mathbb{Q}}(X_1) > 0.$$

Par conséquent, $\mathbb{Q}$-presque sûrement la suite (S_n) converge vers l'infini, en particulier si $a \geq 0$, le temps d'arrêt T_a est $\mathbb{Q}$-presque sûrement fini. L'identité (3.6) se réécrit

$$(3.7) \qquad \mathbb{P}(W \geq a) = e^{-\gamma a}\mathbb{E}_{\mathbb{Q}}\left(e^{-\gamma(S_{T_a} - a)}\right)$$

Pour $n \geq 0$, la suite (ν_+^n) est définie par récurrence par $\nu_+^0 = 0$ et

$$\nu_+^{n+1} = \inf\{n \geq \nu_+^n / S_n - S_{\nu_+^n} > 0\},$$

en supposant comme d'habitude que $\inf \emptyset = +\infty$, en particulier

$$\nu_+^1 = \inf\{n / S_n > 0\} = \nu_+.$$

Comme la marche aléatoire sous $\mathbb{Q}$ converge presque sûrement vers l'infini, les variables ν_+^n sont $\mathbb{Q}$-p.s. finies.

La suite $(S_{\nu_+^n})$ est par définition croissante, le lemme 2.3 page 37 montre que sous la probabilité $\mathbb{Q}$ les accroissements

$$(S_{\nu_+^{n+1}} - S_{\nu_+^n})$$

sont i.i.d. de même loi que S_{ν_+}. La suite $(S_{\nu_+^n})$ est donc un processus de renouvellement de loi S_{ν_+}. On va montrer que les hypothèses du résultat de renouvellement (Proposition 1.27 page 30) sont satisfaites dans ce cas.

 - Intégrabilité. Comme $\mathbb{E}_{\mathbb{Q}}(X_1) > 0$, le lemme 3.1 donne l'intégrabilité de la variable ν_+ pour la probabilité $\mathbb{Q}$, la formule de Wald (3.1) montre par conséquent l'intégrabilité de la variable S_{ν_+} pour la probabilité $\mathbb{Q}$.

 - Sauts non latticiels. Les sauts positifs de la marche aléatoire sont dûs à la variable σ. L'hypothèse sur σ entraîne donc que la variable S_{ν_+} est non latticielle.

La suite $(S_{\nu_+^n})$ est la suite des records successifs de la marche aléatoire. La première fois où la suite (S_n) franchit le niveau a est nécessairement à un de ces instants de records, autrement dit T_a est un ν_+^p pour $p \geq 1$.

Sur l'ensemble $\{T_a < +\infty\}$, la quantité S_{T_a} est le premier point du processus de renouvellement $(S_{\nu_+^n})$ après a. D'après le théorème de renouvellement, quand a tend vers l'infini, la variable $S_{T_a} - a$ converge en distribution, pour la probabilité $\mathbb{Q}$, vers la variable F_{ν_+} distribuée suivant la loi du premier point du renouvellement stationnaire associé à la distribution de S_{ν_+}, pour $x \geq 0$,

$$\mathbb{Q}(F_{\nu_+} \geq x) = \frac{1}{\mathbb{E}_{\mathbb{Q}}(S_{\nu_+})} \int_x^{+\infty} \mathbb{Q}(S_{\nu_+} > y) \, dy.$$

On déduit de l'équation (3.7) la convergence

$$\lim_{a \to +\infty} e^{\gamma a} \mathbb{P}(W \geq a) = \mathbb{E}_{\mathbb{Q}}\left(e^{-\gamma F_{\nu_+}}\right).$$

Il reste à calculer le membre de droite, d'après l'expression de la loi de F_{ν_+}, on a

$$\mathbb{E}_{\mathbb{Q}}\left(e^{-\gamma F_{\nu_+}}\right) = \frac{1 - \mathbb{E}_{\mathbb{Q}}\left(e^{-\gamma S_{\nu_+}}\right)}{\gamma \mathbb{E}_{\mathbb{Q}}(S_{\nu_+})}.$$

L'identité de Wald, $\mathbb{E}_{\mathbb{Q}}(S_{\nu_+}) = \mathbb{E}_{\mathbb{Q}}(\nu_+)\mathbb{E}_{\mathbb{Q}}(X_1)$ et la relation (3.2) donnent

$$\mathbb{E}_{\mathbb{Q}}\left(e^{-\gamma F_{\nu_+}}\right) = \frac{1 - \mathbb{E}\left(e^{-\gamma S_{\nu_+}} e^{\gamma S_{\nu_+}} 1_{\{\nu_+ < +\infty\}}\right)}{\gamma \mathbb{E}(X_1 e^{\gamma X_1}) \mathbb{E}\left(\nu_+ e^{\gamma S_{\nu_+}} 1_{\{\nu_+ < +\infty\}}\right)},$$

d'où

$$\mathbb{E}_Q\left(e^{-\gamma F_{\nu_+}}\right) = \frac{\mathbb{P}(\nu_+ = +\infty)}{\gamma\mathbb{E}\left(X_1 e^{\gamma X_1}\right)\mathbb{E}\left(\nu_+ e^{\gamma S_{\nu_+}}1_{\{\nu_+<+\infty\}}\right)},$$

et l'identité (3.5) est démontrée.   □

Ce résultat est relié au phénomène suivant : en notant T_a le temps de dépassement du niveau a, quand a tend vers l'infini la marche aléatoire conditionnée à dépasser le niveau a se comporte entre 0 et l'instant T_a comme une marche aléatoire associée à la loi de X_1 sous $\mathbb{Q}$. C'est en particulier une marche aléatoire de dérive positive. La section 6 donne la démonstration de cette propriété.

Application aux files M/G/1 et G/M/1. La moyenne des interarrivées [resp. services] vaut $1/\mu$ [resp. $1/\lambda$] dans cette partie.

La file $G/M/1$. L'équation $\mathbb{E}(\exp(\gamma(\sigma - \tau))) = 1$ s'écrit

$$\gamma = \mu\left(1 - \mathbb{E}\left(e^{-\gamma\tau}\right)\right),$$

dans ce cas γ est le β de l'identité (2.18) page 49 de la proposition 2.11. Dans ce cas, le résultat asymptotique sur la queue de distribution est trivial puisque pour $x > 0$, $\mathbb{P}(W \geq x) = (1 - \beta/\mu)\exp(-\beta x)$.

La file $M/G/1$. On suppose que $\mathbb{E}(\exp(\theta\sigma)) < +\infty$ pour un $\theta > 0$. Le taux de décroissance exponentielle γ est donné par la solution strictement positive de l'équation de point fixe

$$\gamma = \lambda\left(\mathbb{E}\left(e^{\gamma\sigma}\right) - 1\right).$$

Ces résultats supposent que σ a un moment exponentiel. La proposition suivante donne l'ordre de grandeur de la queue de distribution de W quand σ a une queue de distribution à décroissance polynomiale.

PROPOSITION 3.6. *S'il existe a, $b > 0$ et $q > 1$ tels que*

$$\frac{a}{x^q} \leq \mathbb{P}(\sigma \geq x) \leq \frac{b}{x^q},$$

pour x suffisamment grand, il existe A, $B > 0$ tels que

$$\frac{A}{x^{q-1}} \leq \mathbb{P}(W \geq x) \leq \frac{B}{x^{q-1}}.$$

DÉMONSTRATION. La proposition 2.9 et la remarque de la page 52 montre que W peut se représenter comme $\sum_{i=1}^{G} Z_i$, où G est une variable géométrique de paramètre ρ, indépendante de la suite i.i.d. (Z_i) dont la loi commune a la densité $\mathbb{P}(\sigma \geq x)/\mathbb{E}(\sigma)$, $x \geq 0$ (c'est la loi de S_{ν_+}). La distribution de Z_1 décroît aussi de façon polynomiale :

$$\mathbb{P}(Z_1 \geq x) = \int_x^{+\infty} \frac{\mathbb{P}(\sigma \geq y)}{\mathbb{E}(\sigma)}\,dy,$$

pour x assez grand,

$$\int_x^{+\infty} \frac{a}{y^q\mathbb{E}(\sigma)}\,dy \leq \mathbb{P}(Z_1 \geq x) \leq \int_x^{+\infty} \frac{b}{y^q\mathbb{E}(\sigma)}\,dy = \frac{b}{(q-1)\mathbb{E}(\sigma)}\frac{1}{x^{q-1}},$$

d'où l'existence de a_1, $b_1 > 0$ tels que pour x assez grand,

$$\frac{a_1}{x^{q-1}} \leq \mathbb{P}(Z_1 \geq x) \leq \frac{b_1}{x^{q-1}}.$$

D'après la représentation de la loi de W, pour $x > 0$,

$$\mathbb{P}(W \geq x) = \sum_{n=1}^{+\infty} \rho^n (1-\rho) \mathbb{P}\left(\sum_{i=1}^{n} Z_i \geq x\right),$$

en particulier

$$\mathbb{P}(W \geq x) \geq \mathbb{P}(G \geq 1, Z_1 \geq x) = \rho \mathbb{P}(Z_1 \geq x) \geq \frac{\rho a_1}{x^{q-1}}.$$

Pour $n \geq 1$, l'inégalité élémentaire

$$\mathbb{P}\left(\sum_{i=1}^{n} Z_i \geq x\right) \leq \sum_{i=1}^{n} \mathbb{P}\left(Z_i \geq \frac{x}{n}\right) = n\mathbb{P}\left(Z_1 \geq \frac{x}{n}\right) \leq \frac{b_1 n^q}{x^{q-1}},$$

donne l'existence d'une constante finie $B > 0$ telle que $\mathbb{P}(W \geq x) \leq B/x^{q-1}$. La proposition est démontrée. $\qquad\square$

4. Le maximum d'une période d'occupation

Le propos de cette section est d'estimer le maximum de la charge de la file d'attente sur une période d'occupation, ou encore la hauteur maximum des très longues périodes d'occupation du serveur.

DÉFINITION 8. La condition (C) est satisfaite si

1. $\mathbb{E}(X_1) < 0$ avec $X_1 = \sigma - \tau$ et la distribution de σ est étalée (voir la définition page 29);

2. il existe $\theta > 0$ tel que $1 < \mathbb{E}(\exp(\theta\sigma)) < +\infty$,

3. $\mathbb{E}(|X_1| \exp(\gamma X_1)) < +\infty$; où γ est l'unique solution strictement positive de l'équation

$$\mathbb{E}\left(e^{\gamma X_1}\right) = 1.$$

Si $\mathbb{E}(X_1) < 0$, le temps d'arrêt $\nu_- = \inf\{n > 0/S_n \leq 0\}$ est fini $\mathbb{P}$-presque sûrement. La marche aléatoire (S_n) fait une excursion positive sur l'intervalle $\{0, \ldots, \nu_- - 1\}$. D'après le chapitre 2, si un client initie un cycle d'occupation à $t = 0$ alors ν_- est l'indice du premier client qui n'attend pas après $t = 0$. Le résultat principal de cette section est le suivant.

THÉORÈME 3.7. *Sous la condition (C) le maximum de la marche aléatoire (S_n) sur une excursion positive vérifie la relation*

$$(3.8) \quad \lim_{a \to +\infty} e^{\gamma a} \mathbb{P}\left(\max_{0 \leq k < \nu_-} S_k \geq a\right)$$

$$= C_2 \stackrel{def}{=} \frac{\mathbb{P}(\nu_+ = +\infty)\left(1 - \mathbb{E}\left(e^{\gamma S_{\nu_-}}\right)\right)}{\gamma \mathbb{E}\left(X_1 e^{\gamma X_1}\right) \mathbb{E}\left(\nu_+ e^{\gamma S_{\nu_+}} 1_{\{\nu_+ < +\infty\}}\right)},$$

avec $C_2 > 0$ et

$$\nu_+ = \inf\{n \geq /S_n > 0\} \quad et \quad \nu_- = \inf\{n > 0/S_n \leq 0\}.$$

DÉMONSTRATION. Si $n \geq 0$, on note $M_n = \max\limits_{0 \leq k \leq n} S_k$. Pour $a > 0$,

$$\mathbb{P}(M_{\nu_-} < a \leq M_\infty) = \mathbb{P}(M_{\nu_-} < a, T_a < +\infty),$$

où T_a est, comme précédemment, le temps de dépassement de a par la marche aléatoire. En remarquant que l'événement

$$\{\nu_- < +\infty, \; M_{\nu_-} < a, \; T_a < +\infty\} = \{M_{\nu_-} < a \leq M_\infty\}$$
$$= \{M_{\nu_-} < a, \; \nu_- < T_a < +\infty\}$$

est $\mathcal{F}_{T_a}$-mesurable, l'identité (3.2) donne

$$\mathbb{P}(M_{\nu_-} < a \leq M_\infty) = \mathbb{E}_\mathbb{Q}\left(e^{-\gamma S_{T_a}} 1_{\{\nu_- < +\infty, \; M_{\nu_-} < a, \; T_a < +\infty\}}\right).$$

Comme $\mathbb{E}_\mathbb{Q}(X_1) > 0$, la variable T_a est donc finie $\mathbb{Q}$-presque sûrement (Proposition 3.1), ainsi

$$\mathbb{P}(M_{\nu_-} < a \leq M_\infty) = e^{-\gamma a} \mathbb{E}_\mathbb{Q}\left(e^{-\gamma(S_{T_a} - a)} 1_{\{\nu_- < +\infty, \; M_{\nu_-} < a\}}\right).$$

Du théorème de Lebesgue on déduit qu'il existe $a_0 > 0$, $k_0 \geq 0$ tels que, si $a \geq a_0$ et $k \geq k_0$, alors

$$^1\mathbb{E}_\mathbb{Q}\left(|1_{\{\nu_- < +\infty, \; M_{\nu_-} < a\}} - 1_{\{\nu_- < +\infty\}}|\right) \leq \varepsilon \quad et \quad \mathbb{E}_\mathbb{Q}(1_{\{k \leq \nu_- < +\infty\}}) \leq \varepsilon,$$

par conséquent, pour $a \geq a_0$ et $k \geq k_0$ l'inégalité suivante est satisfaite,

$$\left|\mathbb{E}_\mathbb{Q}\left(e^{-\gamma(S_{T_a} - a)} 1_{\{\nu_- < +\infty, \; M_{\nu_-} < a\}}\right) - \mathbb{E}_\mathbb{Q}\left(e^{-\gamma(S_{T_a} - a)} 1_{\{\nu_- < k\}}\right)\right| \leq 2\varepsilon.$$

L'événement $\{\nu_- < k\}$, ne dépendant que des variables $X_1, \ldots, X_k$, la proposition 1.27 page 30 montre que la variable $S_{T_a} - a$ converge en loi et est asymptotiquement indépendante des premiers point du processus de renouvellement, et donc des variables $X_1, \ldots, X_k$,

$$\lim_{a \to +\infty} \mathbb{E}_\mathbb{Q}\left(e^{-\gamma(S_{T_a} - a)} 1_{\{\nu_- < k\}}\right) = \mathbb{E}_\mathbb{Q}\left(e^{-\gamma F_{\nu_+}}\right) \mathbb{E}_\mathbb{Q}(1_{\{\nu_- < k\}});$$

F_{ν_+} est la loi du premier point du processus de renouvellement stationnaire associé à S_{ν_+} sous la probabilité $\mathbb{Q}$. Noter qu'il faut aussi vérifier que la variable S_{ν_+} est étalée si σ l'est, en utilisant que la variable ν_+ est non bornée c'est un exercice élémentaire. Finalement on obtient

$$\lim_{a \to +\infty} e^{\gamma a} \mathbb{P}(M_{\nu_-} < a \leq M_\infty) = \mathbb{E}_\mathbb{Q}\left(e^{-\gamma F_{\nu_+}}\right) \mathbb{E}_\mathbb{Q}(1_{\{\nu_- < +\infty\}}),$$

et d'après la démonstration du théorème 3.5,

$$\lim_{a \to +\infty} e^{\gamma a} \mathbb{P}(M_\infty \geq a) = \mathbb{E}_\mathbb{Q}\left(e^{-\gamma F_{\nu_+}}\right),$$

d'où

$$\lim_{a \to +\infty} e^{\gamma a} \mathbb{P}(M_{\nu_-} \geq a) = \mathbb{E}_Q\left(e^{-\gamma F_{\nu_+}}\right)(1 - \mathbb{E}_Q(1_{\{\nu_- < +\infty\}}))$$

$$= \frac{\mathbb{P}(\nu_+ = +\infty)\left(1 - \mathbb{E}\left(e^{\gamma S_{\nu_-}}\right)\right)}{\gamma \mathbb{E}\left(X_1 e^{\gamma X_1}\right) \mathbb{E}\left(\nu_+ e^{\gamma S_{\nu_+}} 1_{\{\nu_+ < +\infty\}}\right)},$$

ce qui achève la démonstration du théorème.   □

La section 6 décrit plus précisément le comportement de la marche aléatoire conditionnée à atteindre un très haut niveau.

5. La file GI/GI/1 au voisinage de la saturation

Ici la file d'attente $GI/GI/1$ est étudiée quand la quantité $\mathbb{E}(X_1) = \mathbb{E}(\sigma_1 - \tau_1)$ tend vers 0 par valeurs inférieures. La proposition 2.2 montre que dans le cas où $\mathbb{E}(\sigma_1) = \mathbb{E}(\tau_1)$, le temps d'attente du n-ième client croît essentiellement en $\sqrt{n}$. Si W_{X_1} désigne le temps d'attente stationnaire associée, intuitivement la variable W_{X_1} tend en distribution vers l'infini quand $\mathbb{E}(X_1)$ tend vers 0. Le principal résultat de cette section est la convergence en loi de W_{X_1} convenablement renormalisé. Les premiers résultats de ce type ont été montrés par Kingman[23].

Dans toute la suite de cette partie, (X_1^n) est une suite de variables aléatoires de carré intégrable non dégénérées telles que

1. pour tout $n \geq 0$, $\mathbb{E}(X_1^n) = -1/K_n < 0$;

2. $\lim_{n \to +\infty} \mathbb{E}(X_1^n) = 0$;

3. en posant $\eta_n = \sqrt{\mathrm{var}(X_1^n)}$, $\lim_{n \to +\infty} \eta_n = \eta > 0$.

Pour $n \geq 0$, la suite (X_i^n) est i.i.d. de même loi que X^n et (W_i^n) est la suite des temps d'attente associés définie par

$$W_0^n = 0, \quad W_i^n = (W_{i-1}^n + X_i^n)^+,$$

pour $i \geq 1$. En posant $M_i^n = -W_i^n \mathbb{E}(X_1^n)/\eta_n$, comme $\mathbb{E}(X_1^n) < 0$, la récurrence précédente peut se réécrire sous la forme

$$(3.9) \qquad M_0^n = 0, \quad M_i^n = \left(M_{i-1}^n - \frac{\mathbb{E}(X_1^n)}{\eta_n} X_i^n\right)^+,$$

pour $i \geq 1$. Après la renormalisation en espace, on renormalise en temps pour définir, si $t \geq 0$,

$$M^n(t) = M_{\lfloor t K_n^2 \rfloor}^n.$$

[23] J.F.C. Kingman, *The heavy traffic approximation in the theory of queues*, Proc. Symp. on Congestion theory (Chapel Hill), Univ. of North Carolina Press, 1965, pp. 137–169.

THÉORÈME 3.8. *Sous les conditions précédentes, pour $T > 0$, quand n tend vers l'infini, le processus $(M^n(t); 0 \le t \le T)$ converge en distribution vers le processus $(R(t); 0 \le t \le T)$ qui est le processus $(B(t) - t/\eta)$ réfléchi en 0,*

$$(3.10) \qquad R(t) = \sup_{0 \le s \le t} (B(t) - t/\eta - (B(s) - s/\eta)),$$

où $(B(t))$ est le mouvement brownien partant de 0.

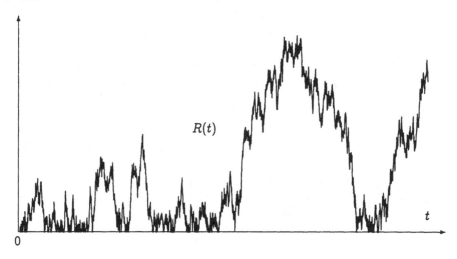

$R(t)$

FIG. 2. Une trajectoire du processus $(R(t))$

DÉMONSTRATION. En itérant l'équation de récurrence définissant la suite des temps d'attente (W_i^n), on déduit l'identité déjà rencontrée (cf. la relation (2.3 page 34)),

$$W_i^n = \sup_{1 \le k \le i} \left(\sum_{j=k}^{i} X_j^n \right) \vee 0,$$

comme $\mathbb{E}(X_1^n) < 0$, on en déduit l'identité

$$M^n(t) = \sup_{1 \le k \le \lfloor tK_n^2 \rfloor} \left(\frac{1}{\eta_n K_n} \sum_{j=k}^{\lfloor tK_n^2 \rfloor} X_j^n \right) \vee 0$$

$$(3.11) \qquad = \sup_{1 \le k \le \lfloor tK_n^2 \rfloor} \frac{1}{\eta_n} \left(\frac{1}{K_n} \sum_{j=k}^{\lfloor tK_n^2 \rfloor} (X_j^n - \mathbb{E}(X_1^n)) - \frac{(\lfloor tK_n^2 \rfloor - k)}{K_n^2} \right) \vee 0,$$

D'après le théorème de Donsker, voir Billingsley [5], pour $T > 0$ quand n tend vers l'infini le processus

$$R^n(t) = \frac{1}{\eta_n} \left(\frac{1}{K_n} \sum_{1}^{\lfloor tK_n^2 \rfloor} (X_i^n - \mathbb{E}(X_1^n)) - \frac{\lfloor tK_n^2 \rfloor}{K_n^2} \right),$$

sur l'intervalle $[0, T]$ converge en distribution vers le mouvement brownien avec dérive $(B(t) - t/\eta\,;\, 0 \leq t \leq T)$, où $(B(t))$ est le mouvement brownien issu de 0. L'identité (3.11) montre que $(M_n(t))$ peut s'exprimer en fonction de $(R^n(t))$ de la façon suivante :

$$M_n(t) = \sup_{0 \leq s \leq t} (R^n(t) - R^n(s)).$$

L'application définie sur l'espace des fonctions càdlàg sur $[0, T]$ muni de la topologie de la convergence uniforme,

$$f \longrightarrow \psi(f), \quad \psi(f)(t) = \sup_{0 \leq s \leq t} (f(t) - f(s)),$$

est continue pour la topologie associée à cet espace (voir l'appendice ou Billingsley [5]). On en déduit la convergence en loi du processus $(M_n(t)\,;\, 0 \leq t \leq T)$ vers $(R(t)\,;\, 0 \leq t \leq T)$ défini par (3.10) quand n tend vers l'infini. $\square$

Pour t fixé

$$R(t) = \sup_{0 \leq s \leq t} (B(t) - B(s) - (t - s)/\eta) = \sup_{0 \leq s \leq t} (B(t) - B(t - s) - s/\eta),$$

et puisque $(B(t) - B(t - s)\,;\, 0 \leq s \leq t)$ a même loi qu'un mouvement brownien sur $[0, t]$. La variable $R(t)$ a donc même loi que $\sup\{B(s) - s/\eta\,;\, 0 \leq s \leq t\}$, elle converge par conséquent en loi vers la distribution de la variable aléatoire

$$R = \sup_{t \geq 0} (B(t) - t/\eta).$$

Un résultat classique sur la renormalisation du mouvement brownien montre que $(tB(1/t))$ est aussi un mouvement brownien issu de 0. En particulier $\mathbb{P}$-presque sûrement $\lim_{t \searrow 0} tB(1/t) = 0$, et donc $\lim_{t \to +\infty} B(t)/t = 0$, d'où $\mathbb{P}$-p.s.

$$\lim_{t \to +\infty} B(t) - t = -\infty.$$

La variables R est donc presque sûrement finie.

La loi de R est donc la mesure invariante du processus $(R(t))$. Il est naturel de supposer que les lois stationnaires des temps d'attente convenablement renormalisés $(W^n \mathbb{E}(X_1^n)/\eta_n)$ vont converger en loi vers cette mesure invariante. Autrement dit le diagramme ci-dessous commute (les flèches indiquent que t ou n tendent vers l'infini),

$$
\begin{array}{ccc}
(M^n(t)) & \longrightarrow & W^n\,\mathbb{E}(X_1^n)/\eta_n \\
\downarrow & & \downarrow \\
(R(t)) & \longrightarrow & R
\end{array}
$$

Le petit lemme suivant donne la loi de R.

LEMME 3.9. *Si $(B(t))$ est un mouvement brownien partant de 0, la variable aléatoire $R = \sup\{B(t) - t/t \geq 0\}$ suit une loi exponentielle de paramètre 2.*

DÉMONSTRATION. Il est facile de vérifier que $(\exp(2(B(t) - t)))$ est une martingale. Pour $a > 0$, la variable $H_a = \inf\{t \geq 0/B(t) - t \geq a\}$ est un temps d'arrêt relativement à la filtration naturelle de $(B(t))$. Le théorème de Doob sur les martingales arrêtées donne, pour $t \geq 0$,

$$\mathbb{E}\left(\exp(2(B(H_a \wedge t) - H_a \wedge t))\right) = 1,$$

comme $\lim_{t \to +\infty} B(t) - t = -\infty$, il vient $\mathbb{P}$-p.s.

$$\lim_{t \to +\infty} \exp(2(B(H_a \wedge t) - H_a \wedge t)) = e^{2a}1_{\{H_a < +\infty\}}.$$

La variable positive $\exp(2(B(H_a \wedge t)) - H_a \wedge t)$ étant majorée par la constante $\exp(2a)$, le théorème de convergence dominée permet de déduire l'égalité

$$\mathbb{E}\left(e^{2a}1_{\{H_a < +\infty\}}\right) = 1,$$

soit $\mathbb{P}(H_a < +\infty) = \mathbb{P}(R \geq a) = \exp(-2a)$, d'où le lemme. $\qquad\square$

PROPOSITION 3.10. *Si W_n a la loi du temps d'attente stationnaire associée à la variable X_1^n, sous les hypothèses 1, 2 et 3 page 70, la variable*

$$\frac{-\mathbb{E}(X_1^n)}{\eta}W^n$$

converge en distribution vers la loi de

$$\sup_{t \geq 0}\left(B(t) - t\right),$$

où $(B(t)$ est le mouvement brownien ; cette variable a une distribution exponentielle de paramètre 2.

Ce résultat indique que si ρ est très proche de 1, alors le temps d'attente stationnaire de la file *GI/GI*/1 est approximativement $\lambda\eta^2 V/(1 - \rho)$ où V est une variable exponentielle de paramètre 2.

DÉMONSTRATION. D'après la relation (3.11), la variable

$$\frac{-\mathbb{E}(X_1^n)}{\sqrt{\text{var}(X_1^n)}}\, W^n$$

a même loi que

$$\sup_{t \geq 0}\frac{1}{\eta_n}\left(\sum_{j=1}^{\lfloor tK_n^2 \rfloor} -X_j^n \mathbb{E}(X_1^n)\right) = \sup_{t \geq 0}\frac{1}{\eta_n}\left(\frac{1}{K_n}\sum_{j=1}^{\lfloor tK_n^2 \rfloor}(X_j^n - \mathbb{E}(X_1^n)) - \frac{\lfloor tK_n^2 \rfloor}{K_n^2}\right).$$

D'après le théorème 3.8, pour T fixé,

$$\sup_{0 \leq t \leq T}\frac{1}{\eta_n}\left(\frac{1}{K_n}\sum_{j=1}^{\lfloor tK_n^2 \rfloor}(X_j^n - \mathbb{E}(X_1^n)) - \frac{\lfloor tK_n^2 \rfloor}{K_n^2}\right) \xrightarrow{\text{loi}} \sup_{0 \leq t \leq T}\left(B(t) - \frac{t}{\eta}\right),$$

quand $n \to +\infty$. Le résultat principal de la proposition est que cette convergence est vraie pour $T = +\infty$. Les termes résiduels

$$\sup_{k \geq \lfloor T K_n^2 \rfloor} \frac{1}{\eta_n} \left(\sum_{j=1}^{k} -X_j^n \mathbb{E}(X_1^n) \right) \text{ et } \sup_{t \geq T} \left(B(t) - \frac{t}{\eta} \right),$$

ne contribuent pas de manière importante dans le supremum sur toute la droite réelle. Ceci est clairement vrai pour le deuxième terme si T est assez grand. Pour le premier terme, ceci sera vérifié si celui-ci est uniformément négatif en n quand T est grand.

Pour ce faire, on utilise une inégalité de martingale. La martingale utilisée permet aussi montrer la loi des grands nombres (voir Durrett [16] pour cette démonstration de la loi des grands nombres et Asmussen [2] pour son utilisation dans ce cadre). Pour n fixé et $k \geq 0$, on note $Y_j^n = -X_j^n \mathbb{E}(X_1^n) + \mathbb{E}(X_1^n)^2$,

$$S_k = \sum_{j=1}^{k} Y_j^n,$$

et $\mathcal{G}_k$ la tribu engendrée par les variables $S_k, Y_{k+1}^n, Y_{k+2}^n, \dots$ La filtration $(\mathcal{G}_k)$ est décroissante et S_k est $\mathcal{G}_k$-mesurable.

ASSERTION. La suite (S_k/k) est une martingale renversée pour $(\mathcal{G}_k)$, i.e. pour $k \geq 1$,

$$\mathbb{E}\left(S_{k-1}/(k-1) \,\middle|\, \mathcal{G}_k \right) = S_k/k.$$

Comme $S_{k-1} = S_k - Y_k^n$, il suffit de calculer $\mathbb{E}(Y_k^n/\mathcal{G}_k)$. Par symétrie, on déduit l'identité $\mathbb{E}(Y_j^n \mid \mathcal{G}_k) = \mathbb{E}(Y_k^n \mid \mathcal{G}_k)$ pour tout $j \leq k$. La somme des Y_j^n pour $j \leq k$ valant S_k, elle est $\mathcal{G}_k$-mesurable, d'où $\mathbb{E}(Y_k^n \mid \mathcal{G}_k) = S_k/k$ et la relation

$$\mathbb{E}\left(S_{k-1}/(k-1) \middle| \mathcal{G}_k \right) = \frac{S_k - S_k/k}{k-1} = \frac{S_k}{k},$$

d'où l'assertion.

La suite $((S_n/n)^2)$ est donc une sous-martingale renversée et l'inégalité de Doob pour celle-ci donne l'inégalité

(3.12) $$\mathbb{P}\left(\sup_{j \geq k} \frac{|S_j|}{j} > a \right) \leq \frac{1}{a^2} \frac{\mathbb{E}(S_k^2)}{k^2}.$$

En revenant aux W^n,

$$\mathbb{P}\left(\sup_{k \geq \lfloor T K_n^2 \rfloor} \sum_{j=1}^{k} -X_j^n \mathbb{E}(X_1^n) \geq 0 \right) = \mathbb{P}\left(\sup_{k \geq \lfloor T K_n^2 \rfloor} \frac{1}{k} \sum_{j=1}^{k} Y_j^n \geq \mathbb{E}(X_1^n)^2 \right),$$

l'équation (3.12) montre

$$
\mathbb{P}\left(\sup_{k \geq \lfloor T K_n^2 \rfloor} \sum_{j=1}^{k} -X_j^n \mathbb{E}(X_1^n) \geq 0 \right)
$$

$$
\leq \frac{1}{\mathbb{E}(X_1^n)^4} \frac{\mathbb{E}(X_1^n)^2 \operatorname{var}(X_1^n)}{\lfloor T K_n^2 \rfloor} = \frac{K_n^2}{\lfloor T K_n^2 \rfloor} \operatorname{var}(X_1^n).
$$

La suite $(\operatorname{var}(X_1^n))$ converge vers η^2 et $(K_n^2 / \lfloor T K_n^2 \rfloor)$ vers $1/T$; pour $\varepsilon > 0$ il existe donc T_0 tel que pour $T \geq T_0$,

$$
\mathbb{P}\left(\sup_{k \geq \lfloor T K_n^2 \rfloor} \sum_{j=1}^{k} -X_j^n \mathbb{E}(X_1^n) \geq 0 \right) \leq \varepsilon, \quad \text{pour tout } n \in \mathbb{N}, \text{ et}
$$

$$
\mathbb{P}\left(\sup_{s \geq T} (B(t) - t/\eta) \right) \leq \varepsilon.
$$

On en déduit, pour $a \geq 0$,

$$
\left| \mathbb{P}\left(-\frac{\mathbb{E}(X_1^n)}{\sqrt{\operatorname{var}(X_1^n)}} W_n \geq a \right) - \mathbb{P}\left(\sup_{0 \leq t} (B(t) - t) \geq a \right) \right|
$$

$$
\leq 2\varepsilon + \left| \mathbb{P}\left(\sup_{0 \leq t \leq T} \sum_{j=1}^{\lfloor t K_n^2 \rfloor} -X_j^n \mathbb{E}(X_1^n) \geq a \right) - \mathbb{P}\left(\sup_{0 \leq t \leq T} (B(t) - t) \geq a \right) \right|,
$$

et ce dernier terme tend vers 0 quand n tend vers l'infini. La converge en loi est donc démontrée.

Il reste à prouver que la variable

$$
X = 1/\eta \sup_{t \geq 0} (B(t) - t/\eta)
$$

suit une loi exponentielle de paramètre 2. La propriété de renormalisation du brownien montre que $(\eta B(t/\eta^2))$ est aussi un mouvement brownien issu de 0. En utilisant celui-ci, on obtient que X a même loi que

$$
\sup_{t \geq 0} \left(B(t/\eta^2) - t/\eta^2 \right) = \sup_{t \geq 0} (B(t) - t).
$$

Le lemme 3.9 permet de conclure.   □

La convergence de la suite (W_n) convenablement renormalisée a été montrée grâce à une technique de martingale. Si ce point technique est important, la partie cruciale de la preuve est la représentation explicite de W_n en fonction de la marche aléatoire associée à X_1^n.

6. La marche aléatoire conditionnée à dépasser a

Les notations et hypothèses de la section 3 sont encore utilisées. La marche aléatoire conditionnée à dépasser un certain niveau est l'objet de cette section. Le comportement de cette marche conditionnée est à la base des résultats de conditionnement obtenus dans les sections 3 et 4.

THÉORÈME 3.11. *Si* $T_a = \inf\{n/S_n \geq a\}$ *et la condition (C) page 68 est vérifiée,*

1. *conditionnellement à l'événement* $\{T_a < +\infty\}$*, les lois marginales de la suite* $(S_{n \wedge T_a})$ *convergent en distribution quand a tend vers l'infini vers celles de la marche aléatoire* $(\widetilde{S}_n)$*, loi de* (S_n) *partant de 0 sous la probabilité* $\mathbb{Q}$*.*

2. *La loi conditionnelle de* (S_{n+T_a}) *sachant l'événement* $\{T_a < +\infty\}$ *est la loi sous la probabilité* $\mathbb{P}$ *de la marche aléatoire* (S_n) *partant de* S_{T_a}*.*

Ce résultat montre que le chemin conditionnel d'une marche aléatoire de dérive négative avec un grand maximum se décompose en deux parties : la première suit le chemin d'une marche dont la dérive, $\mathbb{E}_{\mathbb{Q}}(X_1)$, est positive, la seconde suit le chemin de la marche initiale de dérive négative $\mathbb{E}(X_1)$, et retourne à 0.

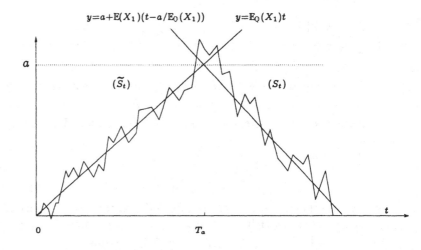

$y = a + \mathbb{E}(X_1)(t - a/\mathbb{E}_{\mathbb{Q}}(X_1))$ $\qquad$ $y = \mathbb{E}_{\mathbb{Q}}(X_1)t$

FIG. 3. La marche aléatoire conditionnée à dépasser a

DÉMONSTRATION. L'assertion 2 du théorème n'est autre que la propriété de Markov forte de notre marche aléatoire (lemme 2.3).

Pour montrer le a) du théorème il suffit de prouver que si $K \in \mathbb{N}$ et $f : \mathbb{R}^{\mathbb{N}} \to \mathbb{R}_+$ est une fonction borélienne bornée ne dépendant que des K premières coordonnées, alors la relation suivante est satisfaite

$$\lim_{a \to +\infty} \mathbb{E}(f((S_{n \wedge T_a})) \mid T_a < +\infty) = \mathbb{E}_{\mathbb{Q}}(f(S_n)).$$

L'identité (3.2) donne, T_a étant $\mathbb{Q}$-p.s. fini,

$$\mathbb{E}\left(f((S_{n \wedge T_a}))1_{\{T_a < +\infty\}}\right) = \mathbb{E}_{\mathbb{Q}}\left(f((S_{n \wedge T_a}))e^{-\gamma S_{T_a}}\right),$$

La proposition 1.27) montre que $(S_{T_a} - a, X_i, 0 \le i \le K)$ converge quand $a \to +\infty$ en distribution pour la probabilité $\mathbb{Q}$ vers la loi du vecteur $(F_{\nu_+}, X_i, 0 \le i \le K)$, où F_{ν_+} et $X_i, 0 \le i \le K$ sont indépendants et F_{ν_+} suit la loi du premier point d'un renouvellement stationnaire associé à la variable S_{ν_+}. En utilisant l'identité précédente, on obtient

$$\mathbb{E}(f((S_{n \wedge T_a})) \mid T_a < +\infty) = \frac{\mathbb{E}_\mathbb{Q}\left(f(S_{n \wedge T_a})e^{-\gamma(S_{T_a}-a)}\right)}{\mathbb{E}_\mathbb{Q}\left(e^{-\gamma(S_{T_a}-a)}\right)},$$

et en faisant tendre a vers l'infini, il vient

$$\lim_{a \to +\infty} \mathbb{E}(f((S_{n \wedge T_a})) \mid T_a < +\infty) = \frac{\mathbb{E}_\mathbb{Q}(f((S_n)))\mathbb{E}_\mathbb{Q}\left(e^{-\gamma F_{\nu_+}}\right)}{\mathbb{E}_\mathbb{Q}\left(e^{-\gamma F_{\nu_+}}\right)} = \mathbb{E}_\mathbb{Q}f((S_n)),$$

ce qui achève la démonstration du théorème. □

Conditionner la marche aléatoire à dépasser un niveau très haut la force à se comporter comme une marche avec une dérive positive. Le résultat suivant montre que la forcer à ne plus revenir à 0 la transforme en une chaîne de Markov.

PROPOSITION 3.12. *Si X_1 est tel que $\mathbb{E}(X_1) > 0$, la marche aléatoire (S_n) conditionnée à ne pas retourner en dessous de 0 est une chaîne de Markov, la probabilité de transition $r(x, dy)$ de cette chaîne est donnée par*

$$r(x, dy) = \frac{\mathbb{P}_y(\nu_- = +\infty)}{\mathbb{P}_x(\nu_- = +\infty)} \mathbb{P}(x + X_1 \in dy),$$

avec $\mathbb{P}_x(\cdot) = \mathbb{P}(\cdot \mid S_0 = x)$ et $\nu_- = \inf\{k \ge 0 / S_k \le 0\}$.

Il y a une légère différence de définition de ν_- par rapport à celle du chapitre 2, le terme $k > 0$ est remplacé ici par $k \ge 0$. L'identité précédente définit bien une probabilité puisque par définition de ν_-, pour $x > 0$,

$$\mathbb{P}_x(\nu_- = +\infty) = \mathbb{E}\left(\mathbb{P}_{x+X_1}(\nu_- = +\infty)\right),$$

donc

$$r(x, \mathbb{R}) = \frac{\mathbb{E}\left(\mathbb{P}_{x+X_1}(\nu_- = +\infty)\right)}{\mathbb{P}_x(\nu_- = +\infty)}.$$

Bien évidemment $r(x,]-\infty, 0]) = 0$ pour $x > 0$.

DÉMONSTRATION. La propriété de Markov est une conséquence de la proposition C.3 page 344 (cette proposition est démontrée dans le cas d'un processus à temps continu mais elle se transpose aisément au cas discret). Si f est une fonction borélienne bornée sur $\mathbb{R}_+$ et $x > 0$,

$$\mathbb{E}\left(f(x + X_1)1_{\{T_0=+\infty\}}\right) = \int_{]0,+\infty[} f(y)\mathbb{P}_y(T_0 = +\infty)\,\mathbb{P}(x + X_1 \in dy),$$

par conséquent

$$\int f(y)\, r(x, dy) = \mathbb{E}(f(x + X_1) \mid T_0 = +\infty)$$

$$= \int_{]0,+\infty[} f(y) \frac{\mathbb{P}_y(T_0 = +\infty)}{\mathbb{P}_x(T_0 = +\infty)} \mathbb{P}(x + X_1 \in dy),$$

d'où l'expression de la probabilité de transition. $\square$

CHAPITRE 4

Réversibilité et équations d'équilibre des réseaux

Sommaire

1. Introduction

Dans ce chapitre l'état d'équilibre de certains réseaux de files d'attente est étudié. L'état de ces réseaux est décrit à l'aide de processus de Markov de sauts $(X(t)) = (X_i(t); 1 \leq i \leq N)$ à valeurs dans $\mathbb{N}^N$, $X_i(t)$ étant le nombre de clients dans le i-ième nœud du réseau. Les résultats utilisés sur les processus de sauts sont rappelés dans le chapitre 1 sur les processus de Poisson et dans l'annexe C.

Le fonctionnement de ces réseaux peut être assez simplement décrit : les clients arrivent à une des files d'attente du réseau, attendent éventuellement, se font servir, puis vont dans une autre file d'attente ou quittent définitivement le réseau, et ainsi de suite. Avec ce type de dynamique pour $t \geq 0$ fixé, les variables $X_i(t)$ sont, à priori, corrélées. Pourtant, si les processus d'arrivée sont de Poisson et les services exponentiels, ces réseaux possèdent la propriété remarquable d'avoir une mesure invariante produit, ce qui traduit à l'équilibre une propriété d'indépendance des variables $X_i(t)$ à t fixé.

Le phénomène de mesure invariante produit est lié à certaines propriétés de réversibilité des processus de Markov. Les résultats principaux dans ce domaine sont rappelés. Au passage, le théorème de Burke sur la propriété de Poisson du processus des départs d'une file $M/M/1$ à l'équilibre est démontré. Ce chapitre suit assez largement l'exposé de Kelly [28] sur le sujet.

2. Réversibilité des processus de Markov

Dans la suite on considérera un processus de Markov (X_t) continu à droite avec une limite à gauche en tout point (càdlàg) à valeurs dans un espace d'états dénombrable S; on notera $X(t-)$ la limite à gauche de X en t. On suppose dans la suite que ce processus est irréductible et homogène dans le temps et sa matrice de sauts est notée $Q = (q_{ij})$. Si elle existe, la probabilité invariante $(\pi(i); i \in S)$ du processus de Markov vérifie les équations d'équilibre

$$(4.1) \qquad \pi(i) \left(\sum_{j \neq i} q_{ij} \right) = \sum_{j \neq i} \pi(j) q_{ji},$$

pour tout $i \in S$.

2.1. La propriété de réversibilité.

PROPOSITION 4.1. *Si $(X(t))$ est un processus de Markov de sauts stationnaire, (i.e. $X(0)$ a pour loi $(\pi(i); i \in S)$, la probabilité invariante de ce processus), pour $T > 0$, le processus renversé*

$$(X^*(t)) = \left(X \left((T-t)- \right) \right)$$

est un processus de Markov sur l'intervalle de temps $[0, T]$ dont la matrice de sauts $Q^* = (q_{ij}^*; i, j \in S)$ est donnée par

$$(4.2) \qquad q_{ij}^* = q_{ji} \frac{\pi(j)}{\pi(i)},$$

pour $i, j \in S$.

En régularisant à gauche avec $-$, le processus $(X^*(t); 0 \leq t \leq T)$ ainsi défini est bien continu à droite. Ce procédé ne change pas la loi du processus puisque pour $t \geq 0$, $P(X(t) = X(t-)) = 1$ (voir l'annexe C page 341 sur les processus de sauts); les variables $X(t)$ et $X(t-)$ ont même loi. Plus généralement si $0 \leq t_1 \leq t_2 \leq \cdots \leq t_n$, le vecteur $(X(t_1), \ldots, X(t_n))$ a même loi que $(X(t_1-), \ldots, X(t_n-))$

DÉMONSTRATION. Il suffit donc de montrer que $(X(T-t); 0 \leq t \leq T)$ est un processus de Markov, la même propriété sera vraie pour la régularisée à gauche de ce processus puisqu'ils ont même loi. Si $0 \leq t_1 \leq t_2 \leq \cdots \leq t_n \leq T$ et $i_1, \ldots, i_n \in S$, on a

$$(4.3) \quad \mathbb{P}(X(T-t_n) = i_n \mid X(T-t_{n-1}) = i_{n-1}, \ldots, X(T-t_1) = i_1)$$
$$= \frac{\mathbb{P}(X(T-t_n) = i_n, \ldots, X(T-t_1) = i_1)}{\mathbb{P}(X(T-t_{n-1}) = i_{n-1}, \ldots, X(T-t_1) = i_1)}.$$

Le numérateur du terme de droite de l'égalité précédente peut s'écrire comme

$$(4.4) \quad \mathbb{P}(X(T-t_1) = i_1 \mid X(T-t_n) = i_n, \ldots, X(T-t_2) = i_2)$$
$$\times \mathbb{P}(X(T-t_n) = i_n, \ldots, X(T-t_2) = i_2),$$

et par la propriété de Markov de $(X(t))$, cette quantité vaut

$$\mathbb{P}(X(T-t_1) = i_1 \mid X(T-t_2) = i_2) \mathbb{P}(X(T-t_n) = i_n, \ldots, X(T-t_2) = i_2).$$

Le terme de droite de l'égalité (4.3) s'écrit donc comme

$$\frac{\mathbb{P}(X(T-t_n)=i_n,\ldots,X(T-t_2)=i_2)}{\mathbb{P}(X(T-t_{n-1})=i_{n-1},\ldots,X(T-t_2)=i_2)}=$$
$$\mathbb{P}(X(T-t_n)=i_n\mid X(T-t_{n-1})=i_{n-1},\ldots,X(T-t_2)=i_2).$$

De proche en proche, on obtient finalement,

$$\mathbb{P}\left(X(T-t_n)=i_n\mid X(T-t_{n-1})=i_{n-1},\ldots,X(T-t_1)=i_1\right)$$
$$=\mathbb{P}(X(T-t_n)=i_n\mid X(T-t_{n-1})=i_{n-1}),$$

et donc la propriété de Markov du processus $(X(T-t);0\le t\le T)$.

La continuité à gauche de $(X(t))$ donne la relation

$$\lim_{s_n\searrow t_n,\ldots,s_1\searrow t_1}\mathbb{P}(X(T-s_n)=i_n,\ldots,X(T-s_1)=i_1)$$
$$=\mathbb{P}(X^*(t_n)=i_n,\ldots,X^*(t_1)=i_1),$$

on en déduit la propriété de Markov de $(X^*(t);0\le t\le T)$ de celle du processus $(X(T-t);0\le t\le T)$.

Les transitions de ce processus de Markov se calculent aisément. En effet, pour $0<t<T$, $0<h\le T-t$ et $i,j\in S$,

$$\mathbb{P}(X^*(t+h)=i\mid X^*(t)=j)=\frac{\mathbb{P}(X((T-t-h)-)=i,X((T-t)-)=j)}{\mathbb{P}(X((T-t)-)=j)},$$
$$=\frac{\lim_{s\nearrow T-t}\mathbb{P}(X(s-h)=i,X(s)=j)}{\lim_{s\nearrow T-t}\mathbb{P}(X(s)=j)},$$

le processus $(X(t))$ étant stationnaire (voir la section 4 du chapitre 10 page 263),

$$\mathbb{P}(X(s-h)=i,X(s)=j)=\mathbb{P}(X(0)=i,X(h)=j),$$

on en déduit l'égalité

$$\mathbb{P}(X^*(t+h)=i\mid X^*(t)=j)=\frac{\mathbb{P}(X(0)=i,X(h)=j)}{\mathbb{P}(X(0)=j)},$$
$$=\mathbb{P}(X(h)=j\mid X(0)=i)\frac{\pi(i)}{\pi(j)},$$

en divisant par h et faisant tendre h vers 0, on obtient que le processus renversé est homogène dans le temps et que sa matrice de transition est bien donnée par la matrice Q^*.   ☐

DÉFINITION 9. Le processus de Markov $(X(t))$ est réversible, si pour tout entier n et toute suite $0\le t_1\le t_2\le\cdots\le t_n\le T$, on a l'égalité en loi

$$(X(t_1),X(t_2),\ldots,X(t_n))\overset{\text{loi}}{=}(X^*(t_1),X^*(t_2),\ldots,X^*(t_n)).$$

La réversibilité est l'identité en loi du processus $(X(t);0\le t\le T)$ et du processus renversé $(X^*(t);0\le t\le T)$ pour tout $T>0$.

PROPOSITION 4.2. *Un processus de Markov $(X(t))$ réversible est stationnaire.*

DÉMONSTRATION. Comme précédemment, par commodité de notation, on retire momentanément le $-$ de $X(t-)$. Si $0 \le t_1 \le t_2 \le \cdots \le t_n$ et $t \in \mathbb{R}$ et $T > t_n$, d'après la propriété de réversibilité

$$(X(T - t_1), X(T - t_2), \ldots, X(T - t_n)) \overset{\text{loi}}{=} (X(t_1), X(t_2), \ldots, X(t_n)),$$

par conséquent pour $t \in \mathbb{R}$,

$$(X(T + t - (t + t_1)), X(T + t - (t + t_2)), \ldots, X(T + t - (t + t_n)))$$
$$\overset{\text{loi}}{=} (X(t + t_1), X(t + t_2), \ldots, X(t + t_n)).$$

On en déduit l'identité

$$(X(t_1), X(t_2), \ldots, X(t_n)) \overset{\text{loi}}{=} (X(t + t_1), X(t + t_2), \ldots, X(t + t_n)),$$

le processus $(X(t))$ est donc stationnaire. $\square$

Si la mesure invariante du processus de Markov est connue, la réversibilité s'exprime très simplement en utilisant la matrice de transition.

THÉORÈME 4.3. *Un processus de Markov est réversible si et seulement si il existe une suite positive* $(\pi(i); i \in S)$ *telle que*

$$(4.5) \qquad\qquad \pi(i)q_{ij} = \pi(j)q_{ji},$$

pour $i, j \in S$ *et* $\sum_{i \in S} \pi(i) = 1$.

DÉMONSTRATION. Si $(X(t))$ est réversible, ce processus est nécessairement stationnaire d'après la proposition précédente, on note $(\pi(i); i \in S)$ sa probabilité invariante. Pour $i, j \in S, i \neq j$,

$$\mathbb{P}(X(0) = i, X(t) = j) = \mathbb{P}(X(0) = j, X(t) = i)$$

par la propriété de réversibilité, ce que l'on peut encore écrire

$$\pi(i)\mathbb{P}(X(t) = j \mid X(0) = i) = \pi(j)\mathbb{P}(X(t) = i \mid X(0) = j).$$

En divisant par t et en faisant tendre $t \to 0$, on en déduit l'équation (4.5).

Réciproquement, si $(X(t))$ est un processus de Markov vérifiant (4.5), en sommant la relation (4.5) sur tous les j de S, on obtient que $(\pi(i))$ est la probabilité invariante du processus de sauts. Si la loi de $X(0)$ est $(\pi(i); i \in S)$, d'après (4.2) et (4.5), le processus $(X(t))$ et le processus renversé sont des processus de Markov càdlàg qui ont même matrice de transition et même loi à $t = 0$ (la loi stationnaire), on en déduit, Proposition C.2 page 343, que ces deux processus sont identiques en loi et donc que $(X(t))$ est réversible. $\square$

Les processus de vie et de mort sur $\mathbb{N}$. Un processus de vie et de mort sur $\mathbb{N}$ est un processus Markov pour lequel q_{ij} est nul sauf si $|i - j| \le 1$ (sauts aux voisins immédiats). La matrice de transition Q admet une mesure invariante si les équations

$$(q_{i,i+1} + q_{i,i-1})\, \pi(i) = q_{i+1,i}\, \pi(i+1) + q_{i-1,i}\, \pi(i-1),$$

$i \in \mathbb{N}$, ont une solution de somme finie. Celles-ci peuvent se réécrire

$$q_{i,i-1}\, \pi(i) - q_{i-1,i}\, \pi(i-1) = q_{i+1,i}\, \pi(i+1) - q_{i,i+1}\, \pi(i),$$

Le terme de gauche étant nul pour $i = 0$, on obtient

$$q_{i+1,i}\,\pi(i+1) = q_{i,i+1}\,\pi(i),$$

qui est le critère de réversibilité vu précédemment. Si un processus de vie et de mort a une probabilité invariante, il est donc nécessairement réversible (voir à ce sujet la remarque page 346).

La file $M/M/K$. Cette file d'attente compte K serveurs, les clients y arrivent suivant un processus de Poisson, K d'entre eux peuvent être servis simultanément et les services ont une distribution exponentielle. Si le taux d'arrivée vaut λ et le taux de service μ, la récurrence précédente donne les relations

$$(i+1)\mu\pi(i+1) = \lambda\pi(i), \qquad 0 \le i < K,$$
$$K\mu\pi(i+1) = \lambda\pi(i), \qquad i \ge K.$$

On en déduit donc que

$$\pi(n) = C\frac{1}{n!}\left(\frac{\lambda}{\mu}\right)^n, \qquad n \le K,$$

$$\pi(n) = C\frac{1}{K!}\left(\frac{\lambda}{\mu}\right)^K\left(\frac{\lambda}{K\mu}\right)^{n-K}, \qquad n \ge K,$$

est la probabilité invariante si $\lambda/K\mu < 1$ et C la constante de normalisation associée. Sous cette condition, le nombre de clients de la file $M/M/K$ à l'équilibre est donc un processus réversible.

En particulier, la probabilité invariante de la file $M/M/1$ est une loi géométrique de paramètre $\rho = \lambda/\mu$ si $\rho < 1$ et celle de la file $M/M/\infty$ est une loi de Poisson de paramètre ρ.

Les files en tandem $M/M/1 \longrightarrow \cdot/M/1$. Le vecteur du nombre de clients dans chacune des files $(L_1(t), L_2(t))$ est un processus de Markov, donc la matrice de sauts est définie par

$$q_{(i,j),(i+1,j)} = \lambda, \qquad\qquad\qquad i,j \in \mathbb{N},$$
$$q_{(i,j),(i-1,j+1)} = \mu_1, \qquad\qquad\quad i \ge 1, j \in \mathbb{N},$$
$$q_{(i,j),(i,j-1)} = \mu_2, \qquad\qquad\quad i \in \mathbb{N}, j \ge 1,$$
$$q_{(i,j),(k,l)} = 0, \qquad\quad \text{sinon, si } (k,l) \ne (i,j).$$

Ce processus ne peut être réversible puisque l'intensité de la transition de $(1,0)$ vers $(0,1)$ vaut μ_1 et l'intensité de la transition inverse est nulle. La relation

$$\pi((1,0))q_{(1,0)(0,1)} = \pi((0,1))q_{(0,1)(1,0)}$$

ne peut donc être vérifiée.

2.2. Application au processus des départs de la file M/M/1.

Le nombre de clients d'une file $M/M/1$ à l'équilibre est, on vient de le voir, un processus de Markov réversible. Le résultat suivant est une simple conséquence de cette propriété.

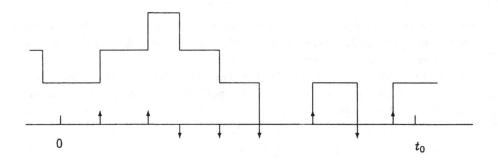

FIG. 1. Processus du nombre de clients d'une file d'attente $M/M/1$

PROPOSITION 4.4 (Burke). *Le processus des départs d'une file $M/M/1$ à l'équilibre est un processus de Poisson et le nombre de clients dans la file d'attente à $t = t_0$ est indépendant du processus des départs avant $t = t_0$.*

DÉMONSTRATION. Notons $(L(t))$ le processus du nombre de clients de cette file d'attente stationnaire. Comme celui-ci est réversible, pour $t_0 > 0$ $(L(t); 0 \leq t \leq t_0)$ a même loi que $(L((t_0 - t)-); 0 \leq t \leq t_0)$. En particulier, les instants de sauts positifs des processus $(L(t); 0 \leq t \leq t_0)$ et $(L((t_0 - t)-); 0 \leq t \leq t_0)$ ont même loi. Les instants de sauts positifs de $(L((t_0 - t)-); 0 \leq t \leq t_0)$ sont précisément les instants de départs de la file d'attente. Par conséquent, le processus ponctuel des arrivées entre 0 et t_0 a même loi que celui des départs entre 0 et t_0. Si la file $M/M/1$ est stationnaire, le processus des départs est donc un processus de Poisson.

La propriété de Poisson pour les arrivées montre que le nombre de clients à $t = 0$, qui ne dépend que des arrivées avant $t = 0$, est indépendant des arrivées entre 0 et t_0. Cela se traduit pour le processus renversé par le fait que le nombre de clients à t_0 est indépendant du processus des départs avant t_0. La proposition est démontrée. $\square$

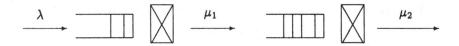

FIG. 2. Files en tandem.

Les files d'attente $M/M/1$ en tandem. En reprenant les notations précédentes pour cet exemple et en notant $\rho_i = \lambda/\mu_i$, pour $i = 1, 2$. À l'équilibre le processus des arrivées dans cette deuxième file, qui est celui des départs de la première file, sera par conséquent un processus de Poisson. À l'équilibre, le nombre de clients dans la deuxième file suivra donc une loi géométrique. Les propriétés de ce petit réseau sont résumées dans la proposition suivante. Cette proposition se généralise, on le verra, à une large classe de réseaux.

PROPOSITION 4.5. *Sous la condition $\lambda < \mu_1 \wedge \mu_2$, les nombres de clients $L_1(t)$, $L_2(t)$ dans les deux files d'un réseau en tandem en régime station-naire sont des variables aléatoires indépendantes, distribuées suivant une loi géométrique, i.e. pour $t \in \mathbb{R}$,*

$$(4.6) \qquad \mathbb{P}\left(L_1(t) = n_1, L_2(t) = n_2\right) = (1 - \rho_1)\rho_1^{n_1}(1 - \rho_2)\rho_2^{n_2}.$$

DÉMONSTRATION. Si la première file est à l'équilibre, le nombre de clients $L_1(t)$ dans celle-ci est, on l'a vu, indépendant du processus des départs avant t de la première file. Le nombre de clients $L_2(t)$ dans la seconde file est précisément une fonctionnelle du processus des départs de la file 1 jusqu'à t. À l'équilibre, les variables $L_1(t)$ et $L_2(t)$ sont donc indépendantes. $\square$

Cette proposition se généralise sans difficulté au cas de N files à service exponentiel en tandem et même à un réseau en arbre, les clients se séparant au hasard parmi les branches du réseau à leur sortie d'une file.

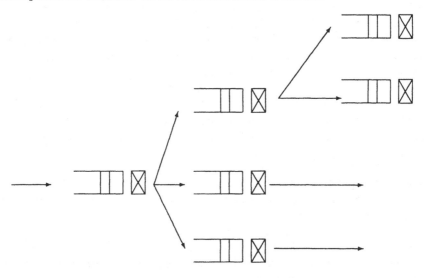

FIG. 3. Réseau en arbre.

2.3. Troncature des processus réversibles. La propriété de réversibi-lité se conserve si les transitions sont modifiées à la sortie d'un sous-ensemble de l'espace d'états.

PROPOSITION 4.6. *Si le processus de Markov associé à la matrice* $Q = (q_{ij})$ *est réversible et si* $\mathcal{A}$ *est un sous-ensemble de* S, $\alpha \geq 0$ *et* $\widetilde{Q} = (\widetilde{q}_{ij})$ *la matrice définie par*

$$
\left\{
\begin{array}{ll}
\widetilde{q}_{ij} = \alpha q_{ij}, & i \in \mathcal{A}, \, j \in S - \mathcal{A}, \\
\widetilde{q}_{ij} = q_{ij}, & \text{sinon pour } i \neq j,
\end{array}
\right.
$$

le processus de sauts associé à $\widetilde{Q}$ *admet la probabilité invariante* $\widetilde{\pi} = (\widetilde{\pi}_i; i \in S)$ *définie par*

$$
\left\{
\begin{array}{ll}
\widetilde{\pi}_i = C\pi(i), & i \in \mathcal{A}, \\
\widetilde{\pi}_i = C\alpha\pi(i), & i \in S - \mathcal{A},
\end{array}
\right.
$$

avec la constante de normalisation

$$
C = \frac{1}{\pi(\mathcal{A}) + \alpha\pi(S - \mathcal{A})}.
$$

Ce processus est aussi réversible à l'équilibre.

DÉMONSTRATION. La vérification est immédiate.   □

Les files d'attente à capacité limitée. Si α vaut 0 dans la proposition précédente, cela revient à interdire des transitions de $\mathcal{A}$ en dehors de $\mathcal{A}$. Dans le cadre des files d'attente en prenant $\mathcal{A} = \{0, 1, \ldots, C\}$, cela suppose que les clients sont rejetés dès que la file contient C clients. Si une file d'attente de capacité illimitée est réversible (i.e. le processus du nombre de clients l'est), alors la même file d'attente mais avec une capacité finie est aussi réversible.

Application aux réseaux de files d'attente avec perte. Ces réseaux sont souvent utilisés pour étudier les réseaux de télécommunication (voir l'article de Kelly[19] par exemple). Nous utiliserons le langage de ce domaine pour les décrire. On suppose que le réseau compte N nœuds, sommets d'un graphe $\mathcal{G}$. Une *route* r reliant un nœud x à un nœud y est une suite finie de nœuds, $r = (x_1, \ldots, x_k)$, tels que $x_1 = x$, $x_k = y$ et, pour $i = 1, \ldots, k - 1$, x_i et x_{i+1} sont voisins dans le graphe (ce que l'on notera $(x_i, x_{i+1}) \in r$). La figure 4 décrit un réseau à 6 nœuds et deux routes, l'une reliant x_1 à x_4 et l'autre x_2 à x_3. L'ensemble des routes du réseau est noté $\mathcal{R}$.

Les appels utilisant la route $r \in \mathcal{R}$ arrivent suivant un processus de Poisson de paramètre λ_r et la distribution de la durée de ces appels est une loi exponentielle de paramètre μ_r. En notant $X_r(t)$ le nombre de communications sur la route r à l'instant t, le vecteur $X(t) = (X_r(t); r \in \mathcal{R})$ est un processus de Markov décrivant notre réseau. Si le nombre de serveurs, i.e. de communications simultanées possibles, est infini, pour $r \in \mathcal{R}$, le processus $(X_r(t))$ est le nombre de clients d'une file $M/M/\infty$, de taux d'arrivée λ_r et de taux de service μ_r. La mesure invariante de ce processus de vie et de mort, on l'a vu, la loi de Poisson de paramètre λ_r/μ_r et à l'équilibre $(X_r(t))$ est réversible. Les processus $(X_r(t)), r \in \mathcal{R}$ sont clairement indépendants; le processus $(X(t))$ est par

---

[19] F.P. Kelly, *Loss networks*, Annals of Applied Probability 1 (1991), no. 3, 319–378.

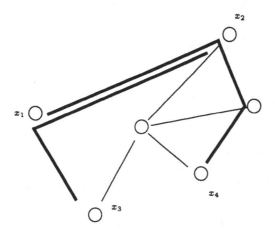

FIG. 4. Routes dans un réseau avec perte.

conséquent réversible, et sa mesure invariante $\tilde{\pi}$ est donnée par

$$\tilde{\pi}(n) = \prod_{r \in \mathcal{R}} \frac{(\lambda_r/\mu_r)^{n_r}}{n_r!} e^{-\lambda_r/\mu_r},$$

pour $n = (n_r) \in \mathbb{N}^{|\mathcal{R}|}$ ($|\mathcal{R}|$ est le cardinal de $\mathcal{R}$).

Naturellement la capacité de ces réseaux est en pratique finie, pour $i, j \leq k$, on note C_{ij} le nombre maximum d'appels simultanés utilisant le lien reliant les nœuds x_i et x_j. L'espace d'états est dans ce cas

$$S = \left\{ n = (n_r) \in \mathbb{N}^{|\mathcal{R}|} \; \middle/ \; \sum_{r \in \mathcal{R}, (x_i, x_j) \in r} n_r \leq C_{ij}, \qquad \forall i, j \leq k \right\}.$$

D'après la proposition précédente, la mesure invariante $\tilde{\pi}_S$ du processus de sauts associés n'est autre que la mesure $\tilde{\pi}$ restreinte à l'ensemble S,

$$\tilde{\pi}_S(n) = C_S \prod_{r \in \mathcal{R}} \frac{(\lambda_r/\mu_r)^{n_r}}{n_r!}, \qquad \text{où} \qquad C_S = \sum_{n \in S} \prod_{r \in \mathcal{R}} \frac{(\lambda_r/\mu_r)^{n_r}}{n_r!}$$

est la constante de normalisation.

2.4. Un autre critère de réversibilité. Nous terminons cette section par un critère de réversibilité, dû à Kolmogorov, qui ne fait pas intervenir explicitement les mesures invariantes des processus considérés.

PROPOSITION 4.7. *Un processus de Markov ayant une probabilité invariante est réversible si et seulement si*

(4.7) $\qquad q_{i_1 i_2} q_{i_2 i_3} \cdots q_{i_{n-1} i_n} q_{i_n i_1} = q_{i_1 i_n} q_{i_n i_{n-1}} \cdots q_{i_3 i_2} q_{i_2 i_1},$

pour tout $n \in \mathbb{N}$ et toute suite $i_1, \ldots, i_n$ de S.

DÉMONSTRATION. Si le processus de Markov est réversible, en appliquant de façon répétée la relation (4.5), on obtient pour $i_1, \ldots, i_n \in S$ et $k \leq n$,

$$\pi(i_1)q_{i_1 i_2}q_{i_2 i_3} \cdots q_{i_{k-1} i_k} = \pi(i_k)q_{i_k i_{k-1}}q_{i_{k-1} i_{k-2}} \cdots q_{i_3 i_2}q_{i_2 i_1},$$

puis en posant $i_{n+1} = i_1$ et en utilisant que $\pi(i_1) > 0$, on en déduit la relation (4.5).

Réciproquement, en fixant $i_0 \in S$, pour $i \in S$, le processus de Markov étant irréductible, il existe une suite $i_1, \ldots, i_n$ telle que $q_{i i_n}q_{i_n i_{n-1}} \cdots q_{i_1 i_0} > 0$, on pose

$$\pi(i) = \frac{q_{i_0 i_1}q_{i_1 i_2} \cdots q_{i_n i}}{q_{i i_n}q_{i_n i_{n-1}} \cdots q_{i_1 i_0}}.$$

Si $j_1, \ldots, j_p$ est une autre suite pour laquelle $q_{i j_p}q_{j_p j_{p-1}} \cdots q_{j_1 i_0} > 0$, l'équation (4.7) montre que

$$\frac{q_{i_0 i_1}q_{i_1 i_2} \cdots q_{i_n i}q_{i j_n}q_{j_n j_{n-1}} \cdots q_{j_1 i_0}}{q_{i_0 j_1}q_{j_1 j_2} \cdots q_{j_n i}q_{i i_n}q_{i_n i_{n-1}} \cdots q_{i_1 i_0}} = 1,$$

ou encore

$$\frac{q_{i_0 i_1}q_{i_1 i_2} \cdots q_{i_n i}}{q_{i i_n}q_{i_n i_{n-1}} \cdots q_{i_1 i_0}} = \frac{q_{i_0 j_1}q_{j_1 j_2} \cdots q_{j_n i}}{q_{i j_n}q_{j_n j_{n-1}} \cdots q_{j_1 i_0}}.$$

La définition de $\pi(i)$ ne dépend pas donc pas la suite (i_k) choisie. Si $i, j \in S$ sont tels que $q_{ji} > 0$, alors

$$\pi(i)q_{ij} = q_{ji}\frac{q_{i_0 i_1}q_{i_1 i_2} \cdots q_{i_n i}q_{ij}}{q_{ji}q_{i i_n}q_{i_n i_{n-1}} \cdots q_{i_1 i_0}} = q_{ji}\pi(j).$$

Donc, si $q_{ji} > 0$ ou $q_{ij} > 0$ l'équation (4.5) est vérifiée pour la suite $(\pi(i))$ ainsi construite. On en déduit que le processus de Markov est réversible. $\qquad\square$

3. Les équations de balance locale

La réversibilité est une propriété forte de symétrie d'un processus de Markov. Pour montrer qu'un processus est réversible, il suffit d'exhiber un candidat pour la mesure invariante et de vérifier les équations de flux (4.5) entre deux points de l'espace d'états.

Les processus de Markov ne sont pas, en général (voir le cas de la file en tandem par exemple), des processus réversibles. Une propriété intermédiaire (appelée quasi-réversibilité) est cependant satisfaite dans un grand nombre de cas. De la même façon que pour la réversibilité, la vérification de cette propriété donnera au passage la mesure invariante du processus de Markov ainsi que la caractérisation de certains processus de sortie des réseaux.

PROPOSITION 4.8. *S'il existe des suites positives $(\pi(i); i \in S)$ et $(\widetilde{q}_{ij}; i, j \in S)$ telles que, pour tout élément i_0 de S, il existe une partition $(\mathcal{A}_j^{i_0}; j \in I)$ de $S - \{i_0\}$ et*

(4.8) $$\pi(i)q_{ij} = \pi(j)\widetilde{q}_{ji}, \qquad i, j \in S,$$

(4.9) $$\sum_{k \in \mathcal{A}_j^{i_0}} \widetilde{q}_{i_0 k} = \sum_{k \in \mathcal{A}_j^{i_0}} q_{i_0 k}, \qquad j \in I,$$

alors $(\pi(i); i \in S)$ est la mesure invariante du processus de Markov associé à la matrice de transition Q et, si la mesure invariante $(\pi(i))$ est de somme finie, la matrice $\widetilde{Q} = (\widetilde{q}_{ij}; i, j \in S)$ est la matrice du processus stationnaire renversé.

DÉMONSTRATION. L'équation (4.8) donne

$$\sum_{j \in S - \{i_0\}} \pi(j) q_{ji_0} = \pi(i_0) \sum_{j \in S - \{i_0\}} \widetilde{q}_{i_0 j},$$

et de l'identité (4.9), on déduit la relation

$$\sum_{j \in S - \{i_0\}} \widetilde{q}_{i_0 j} = \sum_{l \in I} \sum_{j \in A_l^{i_0}} \widetilde{q}_{i_0 j} = \sum_{l \in I} \sum_{j \in A_l^{i_0}} q_{i_0 j} = \sum_{j \in S - \{i_0\}} q_{i_0 j}.$$

En combinant ces deux équations, on obtient l'équation de *balance globale* (4.1) pour $(\pi(i); i \in S)$. L'assertion sur le processus renversé est une conséquence directe de la proposition 4.1. La proposition est démontrée. $\qquad \square$

REMARQUES.

1. Si $\mathcal{A}_j^i = \{j\}$ pour $j \neq i$, le processus de Markov vérifiant la proposition précédente avec cette famille de partitions est réversible.

2. Sous les hypothèses de la proposition précédente, pour $j \in I$, en sommant sur A_j l'équation (4.8), on obtient que la mesure invariante $(\pi(i))$ vérifie les équations de *balance locale*

$$\pi(i) \sum_{k \in \mathcal{A}_j^i} q_{ik} = \sum_{k \in \mathcal{A}_j^i} \pi(k) q_{ki}, \qquad i \in S, j \in I,$$

qui sont des équations plus détaillées que les équations (4.1). À l'équilibre, le flux de probabilité de i vers $\mathcal{A}_j^i$ est égal au flux inverse.

3. D'après la relation (4.8), si $q_{i_0 k} = 0$ et $q_{ki_0} = 0$, la même relation est vraie pour $\widetilde{q}$. En particulier si

$$N_0 = \{k / q_{i_0 k} = 0 \text{ et } q_{ki_0} = 0\},$$

la relation (4.9)

$$\sum_{j \in N_0} \widetilde{q}_{i_0 j} = \sum_{j \in N_0} q_{i_0 j}$$

est donc satisfaite. Par conséquent, il suffit en fait de trouver une partition de $S - N_0 \cup \{i_0\}$ pour montrer que π est la mesure invariante du processus de sauts.

COROLLAIRE 4.9. *La suite* $(\pi(i); i \in S)$ *est une mesure invariante du processus de Markov associé à la matrice* Q *si et seulement si la suite* $(\widetilde{q}_{ij}; i, j \in S)$ *définie par (4.8) vérifie*

$$\sum_k \widetilde{q}_{ik} = \sum_k q_{ik}, \qquad i \in S.$$

DÉMONSTRATION. En prenant la suite $(\mathcal{A}_j^i; j \in I)$ ne comportant que l'élément $S - \{i\}$, les équations (4.8) et (4.9) sont équivalentes à la relation de balance globale (4.1) qui est toujours vérifiée par la mesure invariante.   □

4. Les réseaux de files d'attente à forme produit

4.1. Les réseaux de Jackson. Un réseau de Jackson est un ensemble de N files d'attente FIFO avec le fonctionnement suivant : pour $1 \leq i \leq N$, la i-ième file d'attente (appelée aussi le i-ième nœud du réseau) délivre un service exponentiel de paramètre μ_i et les clients arrivent dans le réseau à la file i suivant un processus de Poisson de paramètre λ_i. Une fois servi par la file i, le client passe à la file j avec probabilité p_{ij} (avec $p_{ii} = 0$) ou quitte définitivement le réseau avec la probabilité résiduelle. La matrice $R = (r_{ij}; i, j = 0, \dots, N)$ est définie par, si $i \neq 0$ et $j \neq 0$,

$$r_{ij} = p_{ij}\,;$$
$$r_{i0} = 1 - \sum_{j=1}^{N} p_{ij}\,;$$
$$r_{00} = 1$$

de telle sorte que R est une matrice markovienne. On suppose que toutes les variables aléatoires utilisées sont indépendantes.

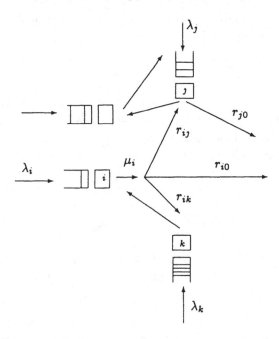

FIG. 5. Un réseau de Jackson

Le processus de Markov associé à ce réseau de files d'attente est à valeurs dans $S = \mathbb{N}^N$. En notant pour $1 \leq i \leq N$, $e_i = (1_{\{j=i\}}; 1 \leq j \leq N)$ le i-ième vecteur unité, la matrice Q de ce processus de Markov est donnée par

$$q_{n,n+e_i-e_j} = \mu_j r_{ji}, \qquad n_j > 0, i, j \leq N,$$
$$q_{n,n-e_j} = \mu_j r_{j0}, \qquad n_j > 0, i, j \leq N,$$
$$q_{n,n+e_i} = \lambda_i, \qquad i \leq N.$$

La matrice markovienne $R = (r_{ij}; i, j = 0, \ldots N)$ est supposée avoir 0 comme unique point absorbant, i.e. si (Y_n) est une chaîne de Markov de matrice de transition R, presque sûrement (Y_n) est constante égale à 0 à partir d'un certain rang.

On fait en outre l'hypothèse que $r_{ii} = 0$ pour tout $1 \leq i \leq N$ (un client ne revient pas en fin de file d'attente après son service). Si cette condition n'est pas remplie, l'expression du générateur montre qu'il suffit de remplacer μ_i par $\mu_i/(1 - r_{ii})$ et les r_{ij} par $r_{ij}/(1 - r_{ii})$ $j \neq i$, pour se ramener à cette situation.

LEMME 4.10. *Il existe une suite positive* $(\bar{\lambda}_i; 1 \leq i \leq N)$ *vérifiant les équations de trafic*

$$(4.10) \qquad \bar{\lambda}_i = \lambda_i + \sum_{j=1}^{N} \bar{\lambda}_j p_{ji}.$$

Pour $1 \leq i \leq N$, *on posera* $\bar{\rho}_i = \bar{\lambda}_i/\mu_i$.

DÉMONSTRATION. On pose $\lambda = \sum_1^N \lambda_i$ et $\alpha = (\lambda_i/\lambda; 1 \leq i \leq N)$. Si α est la distribution initiale de la chaîne de Markov associée à la matrice R, comme cette chaîne est transiente sur $\{1, \ldots, N\}$ et l'état 0 est absorbant, le nombre de visites N_i à l'état $i = 1, \ldots, N$ est intégrable et

$$\mathbb{E}(N_i) = \mathbb{P}(Y_0 = i) + \sum_{j=1}^{N} \sum_{n=0}^{+\infty} \mathbb{P}(Y_n = j, Y_{n+1} = i).$$

La propriété de Markov donne l'identité

$$\lambda \mathbb{E}(N_i) = \lambda_i + \sum_{j=1}^{N} \sum_{n=0}^{+\infty} \lambda \mathbb{P}(Y_n = j) r_{ji} = \lambda_i + \sum_{j=1}^{N} \lambda \mathbb{E}(N_j) r_{ji},$$

le vecteur $(\lambda \mathbb{E}(N_i); 1 \leq i \leq N)$ est donc solution du système (4.10). $\square$

En supposant que le réseau soit à l'équilibre, en notant $\bar{\lambda}_i$ l'intensité totale du flot des clients qui passent par le nœud i, cette quantité est la somme de l'intensité des arrivées extérieures (le terme λ_i) et des intensités des arrivées venant des autres nœuds du réseau, ce qui donne l'équation (4.10). La charge totale moyenne traversant la file i vaut dans ce cas $\bar{\rho}_i$.

On définit le vecteur $(\pi(n); n \in S)$ par

$$\pi(n) = \prod_{1}^{N} \bar{\rho}_i^{n_i} (1 - \bar{\rho}_i),$$

pour $n = (n_i\,;\,1 \leq i \leq N) \in S$. La matrice $\widetilde{Q}$ associée à ce vecteur, définie par la relation (4.8) vaut

$$(4.11) \qquad \widetilde{q}_{n,n+e_i-e_j} = \frac{\bar{\lambda}_i}{\bar{\rho}_j} r_{ij}, \qquad n_j > 0, i,j \leq N,$$

$$\widetilde{q}_{n,n-e_j} = \frac{\lambda_j}{\bar{\rho}_j}, \qquad n_j > 0, i,j \leq N,$$

$$\widetilde{q}_{n,n+e_i} = \bar{\lambda}_i r_{i0}, \qquad i \leq N.$$

Pour $1 \leq j \leq N$, on pose $\mathcal{D}_j = \{e_i - e_j / i \neq j\} \cup \{-e_j\}$ et $\mathcal{A}_0 = \{e_i / 1 \leq i \leq N\}$; partant de $n \in S$, $n + \mathcal{D}_j$ est l'ensemble des états possibles après un départ de la file j (si $n_j > 0$) et $n + \mathcal{A}_0$ est l'état après une arrivée d'un client extérieur. Les équations de trafic (4.10) donnent les relations suivantes

$$(4.12) \qquad \begin{cases} \sum_{m \in \mathcal{D}_j} q_{n,n+m} = \mu_j r_{j0} + \sum_i \mu_j r_{ji} = \mu_j, \\[2mm] \displaystyle\sum_{m \in \mathcal{D}_j} \widetilde{q}_{n,n+m} = \frac{\lambda_j + \sum_i \bar{\lambda}_i p_{ij}}{\rho_j} = \frac{\bar{\lambda}_j}{\bar{\rho}_j} = \mu_j, \end{cases}$$

et

$$\begin{cases} \displaystyle\sum_{m \in \mathcal{A}_0} q_{n,n+m} = \sum_{i=1}^{N} \lambda_i, \\[3mm] \displaystyle\sum_{m \in \mathcal{A}_0} \widetilde{q}_{n,n+m} = \sum_{i=1}^{N} \bar{\lambda}_i r_{i0} = \sum_{i=1}^{N} \bar{\lambda}_i (1 - \sum_{j=1}^{N} p_{ij}) = \sum_{i=1}^{N} \lambda_i. \end{cases}$$

Les seuls états possibles à partir de n étant nécessairement dans un des $n + \mathcal{D}_j$ pour $j = 1 \ldots, N$ ou dans $n + \mathcal{A}_0$, la proposition 4.8 donne donc le théorème suivant.

THÉORÈME 4.11. *Si les solutions* $(\bar{\lambda}_i\,;\,1 \leq i \leq N)$ *du système d'équations*

$$\bar{\lambda}_i = \lambda_i + \sum_{j=1}^{N} \bar{\lambda}_j p_{ji},$$

vérifient $\bar{\rho}_i = \bar{\lambda}_i / \mu_i < 1$ *pour* $i = 1, \ldots, N$, *le processus de Markov associé au réseau de files d'attente a une probabilité invariante donnée par la formule produit*

$$(4.13) \qquad \pi(n) = \prod_1^{N} \bar{\rho}_i^{n_i} (1 - \bar{\rho}_i),$$

pour $n = (n_i\,;\,1 \leq i \leq N) \in S$. *Pour le nombre de clients, le réseau de Jackson se comporte à l'équilibre comme* N *files indépendantes avec les intensités d'arrivée* $(\bar{\lambda}_i\,;\,1 \leq i \leq N)$ *solutions de (4.10) et les services* $(\mu_i\,;\,1 \leq i \leq N)$.

À l'équilibre, l'état du réseau à l'instant t est indépendant du processus des départs avant t. Les processus des départs du réseau à partir de chacune des files sont des processus de Poisson indépendants, de paramètres respectifs $(\bar{\lambda}_i r_{i0}\,;\, 1 \leq i \leq N)$.

Il est important de noter que la propriété de Poisson ne concerne pas tous les départs d'une file donnée, seulement les instants de départ des clients qui quittent ensuite le réseau. En général le processus de tous les départs d'une file n'est pas Poisson (voir Walrand [52]).

DÉMONSTRATION. Il suffit de montrer la dernière partie du théorème. En utilisant que la matrice $\tilde{Q}$ est la matrice du processus de Markov renversé. D'après les équations (4.11), cette matrice de transition $\tilde{Q}$ correspond aussi à un réseau de Jackson de N files d'attente dont les paramètres $(\tilde{\lambda}_i), (\tilde{\mu}_i), (\tilde{p}_{ij})$ sont donnés par

$$\tilde{\lambda}_i = \bar{\lambda}_i r_{i0}, \qquad \tilde{\mu}_i = \mu_i, \qquad \tilde{p}_{ij} = \frac{\bar{\lambda}_j}{\bar{\lambda}_i} r_{ji}, \qquad \tilde{p}_{i0} = \frac{\lambda_i}{\bar{\lambda}_i},$$

pour $i, j = 1, \ldots, N$. La i-ième file de ce réseau a des arrivées extérieures d'intensité $\bar{\lambda}_i r_{i0}$ et délivre des services de loi exponentielle de paramètre μ_i (équation (4.12)). Le processus renversé étant aussi un réseau de Jackson, à partir d'un instant donné, les arrivées extérieures à chacune des files de ce réseau sont donc des processus de Poisson indépendants de l'état du réseau à cet instant. Il ne reste plus qu'à remarquer que les arrivées du processus renversé correspondent aux départs définitifs du processus initial, ce qui achève la démonstration du théorème.   □

Le processus de Markov décrivant l'état du réseau admet une mesure invariante qui est solution des équations de balance globale. Il suffit que cette mesure soit sommable pour qu'il y ait une probabilité invariante. En général on montre l'existence de cette probabilité invariante avec d'autres méthodes, avec les résultats du chapitre 8 par exemple, et ensuite on essaie de caractériser celle-ci. La proposition 9.5 page 224 (voir la remarque après le corollaire 9.8) donne une démonstration "plus naturelle" pour un réseau de Jackson sous la condition $\bar{\rho}_i < 1$ pour tout i.

4.2. Les réseaux de Gordon-Newel. Le réseau de Gordon-Newel est l'analogue fermé du réseau de Jackson. C'est un réseau de N files d'attente dans lequel circulent M clients. Pour $i = 1, \ldots, N$, la i-ième file d'attente délivre un service exponentiel de paramètre μ_i. À la sortie de cette file, un client passe à la file j avec probabilité p_{ij}. La matrice de transition Q du processus de Markov associé à ce réseau est donnée par

$$q_{n, n+e_i-e_j} = \mu_j p_{ji}, \qquad n_j > 0, i, j \leq N.$$

La matrice $P = (p_{ij}\,;\, i, j = 1, \ldots, N)$ est la matrice de transition d'une chaîne de Markov irréductible et, par conséquent, ergodique puisque l'espace d'états est fini. Si $(\nu_i\,;\, \imath = 1, \dots, N)$ est la mesure invariante de cette chaîne,

$$(4.14) \qquad \nu_i = \sum_1^N \nu_j p_{ji}, \qquad i = 1, \dots, N,$$

ces équations sont les analogues des équations du trafic (4.10), de la même manière les charges ρ_i sont définies par

$$(4.15) \qquad \rho_i = \frac{\nu_i}{\mu_i}, \qquad \imath = 1, \dots, N.$$

Le processus de Markov décrivant ce réseau est à valeurs dans

$$S = \left\{ n = (n_i\,;\, 1 \le i \le N) \,\middle/\, \sum_1^N n_i = M \right\}.$$

L'irréductibilité de la matrice de transition P sur $\{1, \dots, N\}$ entraîne celle de ce processus de Markov sur S. De la même façon que précédemment, on définit

$$\pi(n) = \prod_1^N \rho_i^{n_i}, \qquad n = (n_i\,;\, 1 \le i \le N) \in S,$$

et la matrice $\widetilde{Q}$ définie par (4.8) vaut

$$(4.16) \qquad \widetilde{q}_{n,n+e_i-e_j} = \frac{\nu_i}{\rho_j} p_{ij}, \qquad n_j > 0, \qquad i, j \le N$$

de la même façon que dans la preuve précédente, les équations (4.14) donnent pour $n = (n_i\,;\, 1 \le i \le N) \in S$ et $j = 1, \dots, N$ tel que $n_j > 0$,

$$(4.17) \qquad \begin{cases} \displaystyle\sum_{m \in \mathcal{D}_j} q_{n,n+m} = \sum_i \mu_j p_{ji} = \mu_j, \\[2mm] \displaystyle\sum_{m \in \mathcal{D}_j} \widetilde{q}_{n,n+m} = \frac{\sum_i \nu_i p_{ij}}{\rho_j} = \frac{\nu_j}{\rho_j} = \mu_j. \end{cases}$$

Partant de l'état $n \in S$, l'état suivant du processus est nécessairement dans un des $n + \mathcal{D}_j$, $j = 1, \dots, N$. La proposition 4.8 et les équations (4.17) donnent le théorème suivant pour les réseaux fermés.

THÉORÈME 4.12. *Le réseau fermé de files d'attente de matrice de routage* (p_{ij}) *décrit précédemment a pour mesure invariante la probabilité*

$$\pi(n) = \frac{1}{K} \prod_1^N \rho_i^{n_i}, \qquad n = (n_i\,;\, 1 \le i \le N) \in S,$$

où, pour $i = 1, \dots, N$, $\rho_i = \nu_i/\mu_i$ *et* (ν_i) *vérifie le système d'équations*

$$\nu_i = \sum_1^N \nu_j p_{ji},$$

et K *est la constante de normalisation.*

La constante de normalisation K n'est en général pas très simple à exprimer en raison de la taille de l'espace d'états. Des procédures récursives permettent cependant d'exprimer numériquement K assez simplement, voir Walrand [52].

4.3. Réseaux de files d'attente multi-classe. Pour commencer, le réseau est constitué d'une seule file d'attente dans laquelle arrivent J flots de Poisson de paramètres respectifs $\lambda_1, \ldots, \lambda_J$. Pour $j = 1, \ldots, J$, un client du j-ième flot sera dit de classe j. À son arrivée, si n clients sont déjà présents, ce client sera placé en position $l = 1, \ldots, n+1$ avec probabilité $\gamma(l, n)$, où $\sum_{l=1}^{n+1} \gamma(l, n) = 1$. Si n clients sont présents dans la file, le client en position l reçoit un service exponentiel de paramètre $\phi(n)\delta(l, n)$ pour $l = 1, \ldots, n$, avec $\sum_{l=1}^{n} \delta(l, n) = 1$. Globalement le serveur travaillera donc à la vitesse $\phi(n)$. La fonction $n \to \phi(n)$ est supposée strictement positive quand $n > 0$.

Le fonctionnement de cette file d'attente peut être décrit par un processus de Markov à valeurs dans

$$S = \left(\{1, \ldots, J\}\right)^{(\mathbb{N})} = \left\{c = (c_i \,;\, 1 \le i \le n)/n \in \mathbb{N}, c_i \in \{1, \ldots, J\}\right\},$$

le vecteur 0 correspond à la file vide. Si si $c = (c_i \,;\, 1 \le i \le n) \in S$, on note $|c| = n$ la longueur de c et, pour $i = 1, \ldots, n$, c_i indique la classe du i-ième client dans la file. Il reste à définir les transitions du processus de Markov associé sur l'ensemble S. Les opérateurs d'ajout (A_i^j) et de suppression (S_i) sont définis par,

$$A_i^j(c) = (c_1, c_2, \ldots, c_{i-1}, j, c_i, c_{i+1}, \ldots, c_n), \quad i = 1, \ldots, n+1, \quad j = 1, \ldots, J,$$
$$S_i(c) = (c_1, c_2, \ldots, c_{i-1}, c_{i+1}, \ldots, c_n), \quad i = 1, \ldots, n,$$

pour $c = (c_i \,;\, 1 \le i \le n) \in S$. La matrice de transition Q de ce processus de Markov est déterminée de la façon suivante

$$(4.18) \qquad q_{c, A_i^j(c)} = \lambda_j \gamma(i, |c|), \qquad i = 1, \ldots, |c| + 1, \quad j = 1, \ldots, J,$$
$$(4.19) \qquad q_{c, S_i(c)} = \phi(|c|)\delta(i, |c|), \qquad i = 1, \ldots, |c|.$$

Il est important de noter que la classe d'un client n'influe ni sur la place où celui-ci est installé dans la file à son arrivée, ni sur le taux de service que lui délivre le serveur.

La file $M/M/K$ FIFO. Il y a une seule classe de clients pour cette file ; un client qui arrive est placé à la fin de la file et seuls les K premiers clients sont servis, pour $n \in \mathbb{N}$,

$$\phi(n) = n \wedge K,$$
$$\delta(l, n) = \begin{cases} 1/(n \wedge K), & 1 \le l \le n \wedge K, \\ 0, & l > n \wedge K, \end{cases}$$
$$\gamma(l, n) = \begin{cases} 0, & l = 1, \ldots, n, \\ 1, & l = n+1. \end{cases}$$

La file M/M/K LIFO. Les fonctions ϕ et γ ne changent pas et seuls les K derniers clients de la file sont servis,

$$\delta(l, n) = \left\{ \begin{array}{ll} 1/(n \wedge K), & (n - K)^+ < l \le n, \ n \neq 0, \\ 0, & l \le (n - K)^+. \end{array} \right.$$

La file M/M/1 processor sharing. Le service étant égalitaire, la variable δ est changée en

$$\delta(l, n) = \frac{1}{n}, \qquad l = 1, \ldots, n.$$

Sous les conditions d'ergodicité, la mesure invariante de ce processus de Markov est donnée, à une constante de proportionnalité près, par

$$\pi(c) = \prod_{l=1}^{|c|} \frac{\lambda_{c_l}}{\phi(l)}, \qquad c \in S.$$

En effet, toujours en utilisant la définition (4.8), la matrice $\widetilde{Q}$ associée à π ainsi défini est donnée par

$$\widetilde{q}_{c, A_i^j(c)} = \lambda_j \delta(i, |c| + 1), \qquad i = 1, \ldots, |c| + 1,$$

$$\widetilde{q}_{c, S_i(c)} = \phi(|c|)\gamma(i, |c| - 1), \qquad i = 1, \ldots, |c|, \quad j = 1, \ldots, J.$$

Pour $j = 1, \ldots, J$ fixé, les équations suivantes se vérifient aisément,

$$\sum_{i=1}^{|c|+1} \widetilde{q}_{c, A_i^j(c)} = \lambda_j = \sum_{i=1}^{|c|+1} q_{c, A_i^j(c)}, \quad \text{et} \quad \sum_{i=1}^{|c|} \widetilde{q}_{c, S_i(c)} = \phi(|c|) = \sum_{i=1}^{|c|} q_{c, S_i(c)}.$$

Partant de $c \in S$, les seuls états possibles pour Q et $\widetilde{Q}$ sont $A_i^j(c), j = 1, \ldots, J$, $i = 1, \ldots, |c| + 1$ et $S_i(c), i = 1, \ldots, |c|$. Les deux identités précédentes et la proposition 4.8 montrent donc que π est la mesure invariante du processus de Markov.

PROPOSITION 4.13. *La file d'attente à plusieurs classes de clients admet la mesure invariante définie par*

$$(4.20) \qquad \pi(c) = \prod_{l=1}^{|c|} \frac{\lambda_{c_l}}{\phi(l)}, \qquad c \in S,$$

pourvu que $K = \sum_{c \in S} \pi(c)$ soit fini. Pour $j \in \{1, \ldots, J\}$, le processus des départs des clients de classes j est un processus de Poisson de paramètre λ_j.

DÉMONSTRATION. Le processus renversé de matrice de transition $\widetilde{Q}$ est aussi une file d'attente avec plusieurs classes de clients. Les arrivées des clients de classe j forment un processus de Poisson de paramètre λ_j, ce qui entraîne la propriété de Poisson pour les départs de la file d'attente initiale. $\square$

La description détaillée de la file d'attente n'est pas nécessaire si l'on s'intéresse uniquement au nombre de clients dans cette file. En effet, le nombre de clients est un processus de Markov, processus de vie et de mort dont les taux sont donnés par

$$q_{i,\,i+1} = \sum_{i=1}^{J} \lambda_i, \quad i \geq 0, \qquad q_{i,\,i-1} = \Phi(i), \quad i > 0,$$

la mesure invariante s'exprime donc simplement. Cette description détaillée sera par contre nécessaire pour étudier un réseau de telles files d'attente.

À l'équilibre, le processus renversé de matrice de sauts $\widetilde{Q}$ est aussi une file d'attente du type qui vient d'être décrit avec δ et γ intervertis.

À partir de maintenant le réseau est constitué de N nœuds de files d'attente de ce type, J flots de Poisson arrivent dans ce réseau. Pour $1 \leq j \leq J$, le j-ième flot est d'intensité λ_j, il arrive à la file $f_1^j \in \{1, \ldots, N\}$, puis après avoir été servi, il va à la file f_2^j, et ainsi de suite jusqu'à la file $f_{n_j}^j$ où il quitte définitivement le réseau. Le j-ième flot emprunte la route $f_1^j, f_2^j, \ldots, f_n^j$, dans le réseau. Si $1 \leq k \leq N$, les fonctions ϕ, δ, γ associées au nœud k seront notées ϕ_k, δ_k, γ_k. La figure 6 représente un réseau avec deux routes, $(1, 2, 3)$ et $(4, 3, 2, 4)$. Noter la différence avec les réseaux de Jackson et Gordon-Newell où les routes sont aléatoires. L'état de la file d'attente $i \leq N$ de ce réseau se décrit avec un vecteur

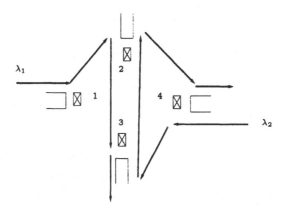

FIG. 6. Réseau de files d'attente avec des routes fixes.

$$c_i = ((c_{i1}, s_{i1}), (c_{i2}, s_{i2}), \ldots, (c_{im_i}, s_{im_i}))$$

dans l'espace d'états

$$S_i = \left(\{(j, s)/f_s^j = i\}\right)^{(N)}$$

où c_{ik} donne la classe du client à la k-ième position de la file d'attente et s_{ik} est le nombre de files d'attente qu'il a déjà visitées. Comme précédemment, $|c_i| = m_i$ désignera le nombre de composantes de c_i.

Pour la description markovienne de ce réseau, les quantités $(s_{ik}\, ; 1 \leq k \leq m_i)$ ne sont nécessaires que si une file d'attente figure plusieurs fois dans le chemin d'un des flots d'arrivée.

Il est facile de voir que $C(t) = (c_i(t)\, ; 1 \leq i \leq N)$ est un processus de Markov irréductible dans l'espace d'états $S = \prod_{i=1}^{N} S_i$. Si l'état du réseau vaut $C = (c_i)$, les transitions à partir de cet état peuvent être décrites comme suit.

- Un client du j-ième flot arrive avec intensité λ_j dans le réseau à la file $f = f_1^j$, le couple $(j, 1)$ est inséré en l-ième position dans cette file avec probabilité $\gamma_f(l, |c_f|)$.

- Un client du j-ième flot à l'étape $s < n_j$ de sa route, à la place l de la file $f = f_s^j$, quitte celle-ci pour la place m de la file $g = f_{s+1}^j$ avec intensité
$$\phi_f(|c_f|)\delta_f(l, |c_f|)\gamma_g(m, |c_g|),$$
le couple $(j, s + 1)$ est alors à la place m de c_g.

- Un client du j-ième flot à l'étape n_j de sa route, à la place l de la file $f = f_{n_j}^j$, quitte le réseau avec intensité
$$\phi_f(|c_f|)\delta_f(l, |c_f|).$$

Pour $i \in \{1, \dots, N\}$, la mesure π est définie par

$$(4.21) \qquad \pi_i(c_i) = \prod_{k=1}^{|c_i|} \frac{\lambda_{c_{ik}}}{\phi_i(k)}, \quad \text{et pour } C = (c_i) \in S, \qquad \pi(C) = \prod_{i=1}^{N} \pi_i(c_i),$$

La mesure π est un candidat naturel pour la mesure invariante du processus de Markov.

La matrice $\widetilde{Q}$ associée à cette mesure π donne clairement la matrice de sauts correspondant à un réseau de files d'attente comportant J classes de clients arrivant suivant des processus de Poisson de paramètre (λ_j). Le j-ième flot suit la route inverse $f_{n_j}^j, f_{n_j-1}^j, \dots, f_1^j$ du j-ième flot dans le réseau initial. Les transitions de la matrice $\widetilde{Q}$ peuvent être décrites de la façon suivante :

- Un client du j-ième flot arrive avec intensité λ_j dans le réseau à la file $f = f_{n_j}^j$, le couple $(j, 1)$ est inséré en l-ième position dans cette file avec probabilité $\delta_f(l, |c_f| + 1)$.

- Un client du j-ième flot à l'étape $s < n_j$ de sa route, à la place l de la file $f = f_{n_j-s}^j$, quitte celle-ci pour la place m de la file $g = f_{n_j-s-1}^j$ avec intensité
$$\phi_f(|c_f|)\gamma_f(l, |c_f| - 1)\delta_g(m, |c_g| + 1),$$
le couple $(j, s + 1)$ est alors à la place m de c_g.

- Un client du j-ième flot à l'étape n_j de sa route, à la place l de la file $f = f_1^j$, quitte le réseau avec intensité
$$\phi_f(|c_f|)\gamma_f(l, |c_f| - 1).$$

THÉORÈME 4.14. *Le réseau de files d'attente multi-classe à routes fixes admet, sous la réserve qu'elle soit sommable, la mesure produit (4.21) comme mesure invariante. Le processus de sortie du réseau de chaque classe de clients est un processus de Poisson.*

DÉMONSTRATION. Si l'état initial est $C \in \mathcal{C}$, l'intensité d'une arrivée extérieure de classe j dans le réseau vaut λ_j pour Q et pour $\widetilde{Q}$. Un départ de la file f a lieu avec intensité $\phi(|c_f|)$ pour Q et $\widetilde{Q}$. On vient donc d'obtenir une partition des états atteignables à partir de C vérifiant les hypothèses de la proposition 4.8. La proposition est démontrée.   □

CHAPITRE 5

La file M/M/1 et la marche aléatoire simple réfléchie

Sommaire

Ce chapitre étudie les distributions explicites et les comportements asymptotiques de la file d'attente $M/M/1$. Jusqu'à présent, seul le comportement à l'équilibre de cette file d'attente a été considéré. Ici les lois transitoires, les temps d'atteinte entre autres, la vitesse de convergence et les événements rares de cette file d'attente sont analysés. Les processus renormalisés associés sont aussi introduits et pour ceux-ci une loi des grands nombres et un théorème de la limite centrale fonctionnels sont démontrés. Cette étude est aussi une introduction au chapitre sur la renormalisation où le cadre plus général, et plus délicat, des réseaux de files d'attente sera envisagé. Enfin, un résultat de grandes déviations du processus renormalisé conclut le chapitre. Il s'agit d'estimer la probabilité que la trajectoire du processus du nombre de clients suive un chemin très peu probable.

Comme il est facile de le voir, la file $M/M/1$ n'est que la version à temps continu de la marche aléatoire réfléchie en 0 qui saute de 1 ou -1. À ce titre cette file d'attente est un processus stochastique classique de la théorie des probabilités. Dans cette étude les martingales exponentielles sont utilisées, elles permettent d'éviter les habituels calculs fastidieux de lois transitoires.

1. Introduction

Dans tout ce qui suit $\mathcal{N}_\xi(dx)$ désigne un processus de Poisson sur $\mathbb{R}$ de paramètre $\xi \in \mathbb{R}_+$. Tous les processus de Poisson utilisés sont définis sur le même espace de probabilité et sont indépendants. Avec la même notation qu'au chapitre 1, si I est un intervalle de $\mathbb{R}_+$, la quantité $\mathcal{N}_\xi(I)$ désigne le nombre de points du processus $\mathcal{N}_\xi$ dans cet intervalle.

L'intensité des arrivées à cette file d'attente vaut λ et celle des services μ et $\mathcal{F} = (\mathcal{F}_t)$ est la filtration associée aux processus $(\mathcal{N}_\lambda(]0,t]))$ et $(\mathcal{N}_\mu(]0,t]))$, i.e.

$$\mathcal{F}_t = \sigma(\mathcal{N}_\lambda(]0,s]), \mathcal{N}_\mu(]0,s]), s \le t),$$

pour $t \ge 0$. Si $L(t)$ est le nombre de clients de cette file à l'instant t, $(L(t))$ est un processus de sauts sur $\mathbb{N}$ dont la matrice de sauts $Q = (q_{ij})$ est définie par

$$q_{i\,i+1} = \lambda, \qquad i \in \mathbb{N};$$
$$q_{i\,i-1} = \mu, \qquad i > 0;$$
$$q_{ij} = 0, \qquad |i - j| > 1.$$

Les propriétés à l'équilibre de cette file vues dans les chapitres sur la file $GI/GI/1$ (Chapitre 2) et sur les réseaux de files d'attente (Chapitre 4) sont rappelées dans la proposition suivante.

PROPOSITION 5.1. *Si $\lambda < \mu$, alors le processus de Markov $(L(t))$ est ergodique, le nombre de clients L à l'équilibre suit une loi géométrique de paramètre $\rho = \lambda/\mu$ et la loi stationnaire du temps d'attente W est déterminée par*

$$\mathbb{P}(W > x) = \rho e^{-(\mu-\lambda)x}, \qquad x \ge 0.$$

À l'équilibre, le processus $(L(t))$ est réversible et le processus des départs de la file d'attente est un processus de Poisson de paramètre λ.

Le processus $(L(t))$ peut aussi être décrit comme la solution de l'équation différentielle stochastique. Voir la proposition B.11 page 338 en annexe pour l'existence et l'unicité des solutions de ces équations différentielles.

PROPOSITION 5.2. *Le processus de Markov de générateur Q partant de $x \in \mathbb{N}$ a même loi que l'unique solution de l'équation différentielle stochastique*

(5.1) $$L(dt) = \mathcal{N}_\lambda(dt) - 1_{\{L(t-)>0\}}\mathcal{N}_\mu(dt),$$

avec $L(0) = x$, ou encore pour $t \ge 0$,

$$L(t) = x + \mathcal{N}_\lambda(]0,t]) - \int_{]0,t]} 1_{\{L(s-)>0\}}\mathcal{N}_\mu(ds),$$

le processus

$$(5.2) \qquad (M(t)) = \left(L(t) - x - \lambda t + \mu \int_0^t 1_{\{L(s)>0\}} \, ds \right)$$

est une martingale.

DÉMONSTRATION. L'équation (5.1) est tout à fait naturelle. Le processus $(L(t))$ saute de $+1$ suivant un processus de Poisson $\mathcal{N}_\lambda$ de paramètre λ. Si $L(t-) > 0$, le service résiduel σ du client à la tête de la file d'attente suit une loi exponentielle de paramètre μ, ce σ est tel que $t + \sigma$ est le premier point après t du processus ponctuel $\mathcal{N}_\mu$.

Formellement, pour établir la correspondance entre la solution de l'équation différentielle (5.1) et le processus de Markov de générateur Q et de point initial x, la proposition C.7 page 348 est utilisée. Il suffit de montrer que si $(L(t))$ est la solution de l'équation différentielle stochastique (5.1), pour toute fonction f le processus

$$\left(f(L(t)) - f(x) - \int_0^t Q(f(L(s))) \, ds \right)$$

est une martingale locale.

L'expression différentielle de $(L(t))$ donne, pour $t \geq 0$,

$$(5.3) \quad df(L(t)) = \Big(f(L(t-) + 1) - f(L(t-)) \Big) \mathcal{N}_\lambda(dt)$$
$$+ 1_{\{L(t-)>0\}} \Big(f(L(t-) - 1) - f(L(t-)) \Big) \mathcal{N}_\mu(dt).$$

En rappelant que pour $x \in \mathbb{N}$,

$$Q(f)(x) = \sum_{i \neq x} q_{xi}(f(i) - f(x)),$$

et donc pour $t \geq 0$,

$$\int_0^t Q(f(L(s))) \, ds = \int_0^t \lambda \Big(f(L(s) + 1) - f(L(s)) \Big) \, ds$$
$$+ \int_0^t 1_{\{L(s)>0\}} \mu \Big(f(L(s) - 1) - f(L(s)) \Big) \, ds,$$

par conséquent en intégrant l'équation différentielle (5.3), il vient

$$f(L(t)) - f(x) - \int_0^t Q(f(L(s))) \, ds$$
$$= \int_0^t \Big(f(L(s-) + 1) - f(L(s-)) \Big) (\mathcal{N}_\lambda(ds) - \lambda ds)$$
$$+ \int_0^t 1_{\{L(s-)>0\}} \Big(f(L(s-) - 1) - f(L(s-)) \Big) (\mathcal{N}_\mu(ds) - \mu ds).$$

La proposition B.9 page 337 montre que le terme de droite de l'expression précédente est une martingale locale. La loi de $(L(t))$ est donc celle du processus de

Markov de générateur Q. La dernière assertion de la proposition s'obtient en prenant $f(y) = y$ pour $y \in \mathbb{N}$.   □

DÉFINITION 10. On appelle processus libre le processus $(Z(t))$ défini par

$$(5.4) \qquad Z(t) = \mathcal{N}_\lambda(]0,t]) - \mathcal{N}_\mu(]0,t]).$$

Si $L(t-) > 0$, au voisinage de t le processus $(L(t))$ se comporte localement comme le processus libre, i.e. $dL(t) = dZ(t)$. L'équation (5.1) s'écrit aussi comme

$$dL(t) = \mathcal{N}_\lambda(dt) - \mathcal{N}_\mu(dt) + 1_{\{L(t-)=0\}}\,\mathcal{N}_\mu(dt)$$
$$= dZ(t) + 1_{\{L(t-)=0\}}\,\mathcal{N}_\mu(dt),$$

le terme $1_{\{L(t-)=0\}}\,\mathcal{N}_\mu(dt)$ compense la partie négative du processus libre $(Z(t))$ (voir la section 6 sur cette question de processus réfléchi).

Plusieurs processus de Markov intervenant dans ce chapitre, les notations $\mathbb{E}_x$, $\mathbb{P}_x$ sont relatives *uniquement* au processus de Markov $(L(t))$ partant de l'état initial $x \in \mathbb{N}$.

2. Les martingales exponentielles de la file $M/M/1$

La proposition suivante est l'analogue de la proposition 3.4 page 61 pour le processus à temps continu $(Z(t))$.

PROPOSITION 5.3. *Si $u \in \mathbb{R}$, le processus*

$$(5.5) \qquad (H(t)) = \left(u^{Z(t)} e^{\lambda t(1-u) + \mu t(1-1/u)} \right),$$

est une martingale. Il existe une unique probabilité $\mathbb{P}^u$ telle que si Y est une fonction $\mathcal{F}_t$-mesurable positive,

$$\mathbb{E}^u(Y) = \int Y \, d\mathbb{P}^u = \int Y \, H(t) \, d\mathbb{P},$$

et réciproquement

$$\mathbb{E}(Y) = \int Y \, H(t)^{-1} \, d\mathbb{P}^u = \int Y \, \frac{\exp(-\lambda t(1-u) - \mu t(1-1/u))}{u^{Z(t)}} \, d\mathbb{P}^u.$$

Sous la probabilité $\mathbb{P}^u$, $\mathcal{N}_\lambda$ et $\mathcal{N}_\mu$ sont deux processus de Poisson indépendants de paramètres respectifs λu et μ/u.

DÉMONSTRATION. Les processus $\mathcal{N}_\lambda$ et $\mathcal{N}_\mu$ étant à accroissements indépendants, il en va de même pour $(Z(t))$. La propriété de martingale en découle : si $s \leq t$,

$$\mathbb{E}(H(t) \mid \mathcal{F}_s) = H(s) e^{(t-s)(\lambda(1-u)+\mu(1-1/u))} \mathbb{E}\left(u^{Z(t)-Z(s)} \mid \mathcal{F}_s \right)$$
$$= H(s) e^{(t-s)(\lambda(1-u)+\mu(1-1/u))} \mathbb{E}\left(u^{Z(t)-Z(s)} \right) = H(s).$$

Pour montrer l'existence et l'unicité de $\mathbb{P}^u$, le théorème de Daniell-Kolmogorov (Rogers et Williams [44]) est une nouvelle fois utilisé. D'après celui-ci il suffit de montrer la propriété de compatibilité : si $s \leq t$ et $A \in \mathcal{F}_s$,

$$\int_A H(t) \, d\mathbb{P} = \int_A H(s) \, d\mathbb{P}.$$

Cette relation est la conséquence directe de la propriété de martingale, en effet

$$\int_A H(t)\,d\mathbb{P} = \int_A \mathbb{E}(H(t) \mid \mathcal{F}_s)\,d\mathbb{P},$$

car $A \in \mathcal{F}_s$, d'où

$$\int_A H(t)\,d\mathbb{P} = \int_A H(s)\,d\mathbb{P}.$$

Il reste à identifier la loi de $(\mathcal{N}_\lambda, \mathcal{N}_\mu)$ pour la probabilité $\mathbb{P}^u$. La transformée de Laplace des processus ponctuels (voir la section 1 du chapitre 1) est commode dans cette situation : si f, g sont deux fonctions mesurables positives sur $\mathbb{R}_+$, à support dans $[0, t]$, $t \geq 0$, les fonctionnelles

$$\int f(s)\,\mathcal{N}_\lambda(ds), \quad \text{et} \quad \int g(s)\,\mathcal{N}_\mu(ds),$$

sont $\mathcal{F}_t$-mesurables. Par définition de la probabilité $\mathbb{P}^u$,

$$\mathbb{E}^u \left(\exp\left(-\int f(s)\,\mathcal{N}_\lambda(ds) \right) \exp\left(-\int g(s)\,\mathcal{N}_\mu(ds) \right) \right)$$

$$= \mathbb{E} \left(u^{\mathcal{N}_\lambda(]0,t])} e^{\lambda t(1-u)} \exp\left(-\int f(s)\,\mathcal{N}_\lambda(ds) \right) \right.$$

$$\left. \times (1/u)^{\mathcal{N}_\mu(]0,t])} e^{\mu t(1-1/u)} \exp\left(-\int g(s)\,\mathcal{N}_\mu(ds) \right) \right)$$

par indépendance de $\mathcal{N}_\lambda$ et $\mathcal{N}_\mu$ pour la probabilité $\mathbb{P}$, ce dernier terme vaut

$$\mathbb{E} \left(u^{\mathcal{N}_\lambda(]0,t])} e^{\lambda t(1-u)} \exp\left(-\int f(s)\,\mathcal{N}_\lambda(ds) \right) \right)$$

$$\times \mathbb{E} \left((1/u)^{\mathcal{N}_\mu(]0,t])} e^{\mu t(1-1/u)} \exp\left(-\int g(s)\,\mathcal{N}_\mu(ds) \right) \right).$$

En particulier, en faisant $g = 0$, on obtient l'égalité

$$\mathbb{E}^u \left(\exp\left(-\int f(s)\,\mathcal{N}_\lambda(ds) \right) \right)$$

$$= \mathbb{E} \left(u^{\mathcal{N}_\lambda(]0,t])} e^{\lambda t(1-u)} \exp\left(-\int f(s)\,\mathcal{N}_\lambda(ds) \right) \right),$$

pour toute fonction f continue à support compact sur $\mathbb{R}_+$. On en déduit la relation suivante valable pour toutes les fonctions f, g mesurables positives à support compact,

$$\mathbb{E}^u \left(\exp\left(-\int f(s)\,\mathcal{N}_\lambda(ds) \right) \exp\left(-\int g(s)\,\mathcal{N}_\mu(ds) \right) \right)$$

$$= \mathbb{E}^u \left(\exp\left(-\int f(s)\,\mathcal{N}_\lambda(ds) \right) \right) \mathbb{E}^u \left(\exp\left(-\int g(s)\,\mathcal{N}_\mu(ds) \right) \right).$$

Les processus ponctuels $\mathcal{N}_\lambda$ et $\mathcal{N}_\mu$ sont indépendants sous $\mathbb{P}^u$. Le calcul précédent montre que si f est mesurable positive à support dans $[0,t]$,

$$\mathbb{E}^u\left(\exp\left(-\int f(s)\,\mathcal{N}_\lambda(ds)\right)\right)$$
$$= \mathbb{E}\left(u^{\mathcal{N}_\lambda(]0,t])}e^{\lambda t(1-u)}\exp\left(-\int f(s)\,\mathcal{N}_\lambda(ds)\right)\right),$$

cette dernière quantité vaut

$$e^{\lambda t(1-u)}\mathbb{E}\left(\exp\left(-\int_0^t (f(s) - \log u)\,\mathcal{N}_\lambda(ds)\right)\right).$$

L'expression de la transformée de Laplace d'un processus de Poisson (Proposition 1.5 page 11) donne les égalités

$$\mathbb{E}^u\left(\exp\left(-\int f(s)\,\mathcal{N}_\lambda(ds)\right)\right)$$
$$= e^{\lambda t(1-u)}\exp\left(-\lambda\int_0^t (1 - \exp(-(f(s) - \log u)))\,ds\right)$$
$$= \exp\left(-\lambda u\int (1 - \exp(-f(s)))\,ds\right).$$

Sous $\mathbb{P}^u$ le processus $\mathcal{N}_\lambda$ est donc un processus ponctuel de Poisson de paramètre λu. En remplaçant u par $1/u$, le résultat correspondant pour $\mathcal{N}_\mu$ est établi. $\square$

REMARQUES.

1. En utilisant le corollaire C.6 page 348, la propriété de martingale de $(H(t))$ peut se montrer analytiquement. Il suffit de remarquer que la fonction

$$(t,y) \to u^y e^{(\lambda(1-u)+\mu(1-1/u))t}$$

est harmonique en espace-temps pour le générateur du processus libre.

2. Si $u = \sqrt{\mu/\lambda}$, sous la probabilité $\mathbb{P}^u$, $(Z(t))$ est un processus symétrique, différence de deux processus de Poisson indépendants de paramètre $\sqrt{\lambda\mu}$. La martingale exponentielle correspondante est

$$\left(\frac{1}{\sqrt{\rho}}^{Z(t)}\exp\left(\left(\sqrt{\lambda} - \sqrt{\mu}\right)^2 t\right)\right).$$

3. Si $u = \mu/\lambda$, sous la probabilité $\mathbb{P}^u$, $\mathcal{N}_\lambda$ et $\mathcal{N}_\mu$ sont des processus de Poisson indépendants de paramètres respectifs μ et λ. Les paramètres des deux processus de Poisson sont échangés. La martingale de ce cas vaut $(1/\rho^{Z(t)})$.

3. Les lois des temps d'atteinte : vers le bas

DÉFINITION 11. Si $b \in \mathbb{N}$, dans toute la suite T_b désigne le temps d'atteinte de b partant de $L(0)$, i.e.

$$(5.6) \qquad\qquad T_b = \inf\{s > 0/L(s) = b\}.$$

Si $L(0) = 1$, T_0 est le temps qu'il faut pour se vider à la file $M/M/1$ avec un client initial ; T_0 est la durée d'une période d'occupation de cette file d'attente.

PROPOSITION 5.4. *Si* $a \geq b$, *la transformée de Laplace du temps d'atteinte de* b *partant de* a *est donnée par*

$$(5.7) \qquad \mathbb{E}_a \left(e^{-xT_b} \right) = \left(\mathbb{E}_1 (e^{-xT_0}) \right)^{a-b},$$

pour $x \geq 0$, *avec*

$$(5.8) \qquad \mathbb{E}_1 \left(e^{-xT_0} \right) = \frac{\lambda + \mu + x - \sqrt{(\lambda + \mu + x)^2 - 4\lambda\mu}}{2\lambda}.$$

Si $\lambda \leq \mu$, *la variable* T_0 *admet un moment exponentiel d'ordre* $(\sqrt{\lambda} - \sqrt{\mu})^2$ *et*

$$(5.9) \qquad \mathbb{E}_1 \left(e^{(\sqrt{\lambda} - \sqrt{\mu})^2 T_0} \right) \leq \sqrt{\frac{\mu}{\lambda}}.$$

Si $\lambda \geq \mu$ *et* $L(0) = 1$, *la variable* T_0 *est finie avec probabilité* μ/λ.

DÉMONSTRATION. Si $a > b$ et $L(0) = a$, le temps d'atteinte de b se décompose comme la somme de deux termes : le temps d'atteinte de $a - 1$ et le temps d'atteinte de b partant de $a - 1$. La propriété de Markov forte montre que ces deux temps d'atteinte sont indépendants. De proche en proche on en déduit que T_b se décompose comme la somme de $b - a$ temps d'atteinte indépendants $(\tau_i ; a \leq i \leq b+1)$, la variable τ_i étant le temps d'atteinte de $i - 1$ partant de i. Comme le processus $(L(t))$ est identique au processus libre $(Z(t))$ tant qu'il ne touche pas 0, ces transitions sont homogènes en espace jusqu'à cet instant. En particulier, pour $a \leq i \leq b+1$ la distribution de la variable τ_i ne dépend pas de i, par conséquent

$$\mathbb{E}_a \left(e^{-xT_b} \right) = \mathbb{E}_1 \left(e^{-xT_0} \right)^{a-b}.$$

Si $L(0) = 1$, comme la condition en 0 de (5.1) ne joue aucun rôle jusqu'au temps d'atteinte de 0, $L(t)$ vaut $1 + Z(t)$ jusqu'à cet instant. Par conséquent T_0 est le temps d'atteinte de -1 du processus libre $(Z(t))$. La variable T_0 étant un temps d'arrêt, la propriété de martingale de $(H(t))$ donne

$$(5.10) \qquad \mathbb{E} \left(u^{Z(t \wedge T_0)} e^{(\lambda(1-u) + \mu(1-1/u))(t \wedge T_0)} \right) = 1.$$

Si $x \in \mathbb{R}$, l'équation

$$(5.11) \qquad \lambda(1 - u) + \mu(1 - 1/u) = -x$$

a pour solutions

$$(5.12) \qquad \frac{\lambda + \mu + x \pm \sqrt{(\lambda + \mu + x)^2 - 4\lambda\mu}}{2\lambda},$$

si $(\lambda + \mu + x)^2 - 4\lambda\mu \geq 0$, ce qui est vérifié si $x \geq -(\sqrt{\lambda} - \sqrt{\mu})^2$. Il est facile de montrer que pour $x \geq 0$ la quantité

$$u_x = \frac{\lambda + \mu + x - \sqrt{(\lambda + \mu + x)^2 - 4\lambda\mu}}{2\lambda},$$

est positive et majorée par 1. En prenant $u = u_x$ dans la relation (5.10), le théorème de convergence dominée montre que

$$1 = \lim_{t \to +\infty} \mathbb{E}\left(u_x^{Z(t \wedge T_0)} e^{-x\, t \wedge T_0}\right) = \mathbb{E}\left(u_x^{Z(T_0)} e^{-xT_0}\right) = \mathbb{E}\left(u_x^{-1} e^{-xT_0}\right),$$

d'où la relation (5.8).

Si $\lambda < \mu$, la quantité $x = -(\sqrt{\lambda} - \sqrt{\mu})^2$ vérifie les relations $(\lambda + \mu + x)^2 - 4\lambda\mu = 0$ et $u_x = \sqrt{\mu/\lambda} > 1$; en prenant $u = u_x$ dans l'équation (5.10), il vient

$$\mathbb{E}_1\left(u_x^{-1} e^{(\sqrt{\lambda} - \sqrt{\mu})^2 t \wedge T_0}\right) \leq \mathbb{E}_1\left(u_x^{Z(t \wedge T_0)} e^{(\sqrt{\lambda} - \sqrt{\mu})^2 t \wedge T_0}\right) = 1,$$

et en faisant tendre t vers $+\infty$, le théorème de convergence monotone donne l'inégalité voulue pour le moment exponentiel d'ordre $(\sqrt{\lambda} - \sqrt{\mu})^2$.

Si $\lambda \geq \mu$, pour $x > 0$,

$$\mathbb{E}_1\left(e^{-xT_0}\right) = \mathbb{E}_1\left(e^{-xT_0} 1_{\{T_0 < +\infty\}}\right),$$

on en déduit l'égalité

$$\mathbb{P}_1(T_0 < +\infty) = \lim_{x \to 0, x > 0} \mathbb{E}_1\left(e^{-xT_0}\right) = \frac{\mu}{\lambda},$$

d'après l'identité (5.8). La proposition est démontrée. $\square$

La dernière assertion de cette proposition a déjà été démontrée dans le cadre de la file $GI/M/1$ (voir le b) de la proposition 2.11 page 49).

La relation (5.9) peut aussi être obtenue de façon analytique. Le membre de droite de l'identité (5.8) est une fonction continue dans le demi-plan $\{\mathrm{Re}(x) \geq -(\sqrt{\lambda} - \sqrt{\mu})^2\}$ (et analytique à l'intérieur). Le théorème de convergence monotone montre que

$$\sqrt{\frac{\mu}{\lambda}} = \lim_{x \searrow -(\sqrt{\lambda} - \sqrt{\mu})^2} \mathbb{E}_0\left(e^{-xT_0}\right) = \mathbb{E}_0\left(e^{(\sqrt{\lambda} - \sqrt{\mu})^2 T_0}\right).$$

L'inégalité (5.9) est en fait une égalité.

Si $\lambda < \mu$, en prenant les dérivées d'ordre 1 et 2 de (5.8) en $x = 0$, on obtient l'espérance et la variance de T_0,

$$\mathbb{E}_1(T_0) = \frac{1}{\mu - \lambda}, \quad \text{et} \quad \mathrm{var}_1(T_0) = \frac{\mu + \lambda}{(\mu - \lambda)^3}.$$

Dans la preuve précédente, il a été montré que si $L(0) = n$, T_0 s'écrit comme la somme de n variables aléatoires indépendantes de même loi que T_0 partant de 1. Par conséquent le théorème de la limite centrale donne le résultat asymptotique suivant.

PROPOSITION 5.5. *Si* $\lambda < \mu$, *le temps d'atteinte* T_0 *de* 0 *de la solution* $(L(t))$ *de l'équation (5.1) telle* $L(0) = n$, *alors*

$$\lim_{n \to +\infty} \frac{T_0}{n} = \frac{1}{\mu - \lambda},$$

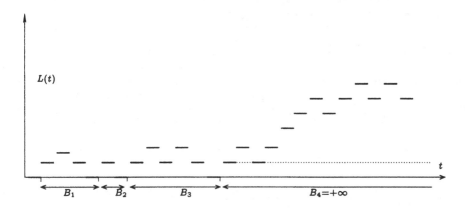

FIG. 1. Une trajectoire du processus $(L(t))$ dans le cas $\lambda > \mu$

au sens de la convergence en loi; de plus la variable

$$\frac{T_0 - n/(\mu - \lambda)}{\sqrt{n(\mu + \lambda)/(\mu - \lambda)^3}}$$

converge en loi vers une loi gaussienne centrée réduite quand n tend vers l'infini. Le temps de retour de la file $M/M/1$ partant de n est asymptotiquement linéaire en n.

Le comportement du cas transient. Cette section décrit la trajectoire de la file d'attente $M/M/1$ lorsque celle-ci est instable. Si $\rho = \lambda/\mu > 1$, d'après la proposition 5.4, une période d'occupation est infinie avec probabilité $1 - 1/\rho < 1$. Dans ce cas, la trajectoire de $(L(t))$ se décrit simplement : c'est le recollement de G périodes d'occupation finies, où G est une variable aléatoire de loi géométrique de paramètre $\mu/\lambda = \mathbb{P}(T_0 < +\infty)$, et de la dernière période d'occupation qui est infinie. Dans le cas de la figure 1, les B_i représentent les durées des périodes d'occupation, la quatrième est infinie.

La loi d'une période d'occupation de longueur finie se décrit simplement.

PROPOSITION 5.6. *Si $\lambda > \mu$, la loi conditionnelle du processus $(L(t \wedge T_0))$ sachant $\{T_0 < +\infty\}$ a même loi que le processus $(L(t \wedge T_0))$ pour lequel λ et μ sont inversés, i.e. avec le taux d'arrivée μ et le taux de service λ.*

DÉMONSTRATION. Si f est une fonctionnelle mesurable bornée sur l'ensemble $F(\mathbb{R}_+, \mathbb{N})$ des fonctions à valeurs entières sur $\mathbb{R}_+$ muni de la topologie de la convergence simple, pour $a \geq 0$ et $x \in \mathbb{N}$ l'identité

$$\mathbb{E}_x \left(\rho^{-Z(T_0 \wedge a)} f(L(T_0 \wedge \cdot \,))1_{\{T_0 < a\}} \right) = \mathbb{E}_x^{\rho^{-1}} \left(f(L(T_0 \wedge \cdot \,))1_{\{T_0 < a\}} \right),$$

s'obtient avec la formule de changement de probabilités en prenant $u = 1/\rho$ (en notant $L(T_0 \wedge \cdot \,)$ le processus $(L(T_0 \wedge t))$). Comme $L(t) = Z(t) + x$ si $t \leq T_0$ pour la probabilité $\mathbb{P}_x$, on en déduit l'égalité

$$\mathbb{E}_x\left(\rho^{x-L(T_0 \wedge a)}f(L(T_0 \wedge \cdot \,))1_{\{T_0 < a\}}\right) = \mathbb{E}_x^{\rho^{-1}}\left(f(L(T_0 \wedge \cdot \,))1_{\{T_0 < a\}}\right).$$

Pour la probabilité $\mathbb{P}_x^{\rho^{-1}}$, λ et μ sont inversés et par conséquent T_0 est $\mathbb{P}_x^{\rho^{-1}}$-presque sûrement fini. De plus, ρ étant supérieur à 1, en faisant tendre a vers l'infini et en utilisant le théorème de convergence dominée, l'identité précédente devient

$$\mathbb{E}_x\left(\rho^x f(L(T_0 \wedge \cdot \,))1_{\{T_0 < +\infty\}}\right) = \mathbb{E}_x^{\rho^{-1}}\left(f(L(T_0 \wedge \cdot \,))\right),$$

en prenant $f \equiv 1$, ceci donne l'égalité $\mathbb{P}_x(T_0 < +\infty) = \rho^{-x}$. Par conséquent

$$\mathbb{E}_x\left(f(L(T_0 \wedge \cdot \,)) \mid T_0 < +\infty\right) = \mathbb{E}_x^{\rho^{-1}}\left(f(L(T_0 \wedge \cdot \,))\right),$$

ce qui achève la preuve de la proposition.   □

La proposition suivante donne la loi de $(L(t))$ sur la dernière période d'occupation qui est infinie. De cette façon la trajectoire du cas transient sera complètement décrite.

PROPOSITION 5.7. *Sous la condition $\rho = \lambda/\mu > 1$, le processus $(L(t))$ sachant l'événement $\{T_0 = +\infty\}$ est un processus de Markov, de vie et de mort dont les intensités de sauts $R = (r_{ij})$ sont données par*

$$r_{ii+1} = \mu \frac{\rho^{i+1} - 1}{\rho^i - 1}, \quad et \quad r_{ii-1} = \lambda \frac{\rho^{i-1} - 1}{\rho^i - 1},$$

pour $i \geq 1$.

DÉMONSTRATION. La proposition C.3 page 344 de l'annexe sur les processus de sauts montre la propriété de Markov du processus conditionné, sa matrice de sauts $R = (r_{ij})$ s'exprime en fonction de la matrice $Q = (q_{ij})$ de $(L(t))$ de la façon suivante,

$$r_{ij} = \frac{\mathbb{P}_j\left(T_0 = +\infty\right)}{\mathbb{P}_i\left(T_0 = +\infty\right)} q_{ij},$$

pour $i \neq j$. D'après la proposition 5.8, $\mathbb{P}_1\left(T_0 < +\infty\right) = \mu/\lambda$, la propriété de Markov forte et l'homogénéité spatiale donnent

$$(5.13) \qquad \mathbb{P}_n\left(T_0 < +\infty\right) = \prod_{i=1}^{n} \mathbb{P}_i\left(T_{i-1} < +\infty\right) = \left(\frac{\mu}{\lambda}\right)^n.$$

Noter que cette égalité peut être aussi obtenue en utilisant le fait que $\left(1/\rho^{Z(t)}\right)$ est une martingale bornée. La proposition est démontrée.   □

4. Vitesse de convergence à l'équilibre

Le moment exponentiel de la distribution d'une période d'occupation obtenu dans la proposition 5.4 permet d'estimer la vitesse à laquelle cette file d'attente atteint l'équilibre. La notation $\| \cdot \|_{vt}$ désigne la norme de la variation totale sur les mesures (voir l'annexe D).

PROPOSITION 5.8. *Si G_ρ est la distribution géométrique de paramètre $\rho = \lambda/\mu < 1$, alors, pour $x \in \mathbb{N}$ et $t \geq 0$, la distance à l'équilibre de la distribution de $L(t)$ satisfait la relation*

$$\|\mathbb{P}_x(L(t) \in \cdot \,) - G_\rho\|_{vt} \leq \left(\sqrt{\frac{\mu}{\lambda}}^{\,x} + 2\right) e^{-(\sqrt{\lambda} - \sqrt{\mu})^2 t},$$

où $\mathbb{P}_x(L(t) \in \cdot \,)$ désigne la loi de la probabilité de la variable aléatoire $L(t)$ pour $\mathbb{P}_x$. La constante $(\sqrt{\lambda} - \sqrt{\mu})^2$ est le taux exact de décroissance exponentielle vers l'équilibre au sens où

$$(5.14) \qquad \lim_{t \to +\infty} \frac{1}{t} \log \|\mathbb{P}_0(L(t) \in \cdot \,) - G_\rho\|_{vt} = -(\sqrt{\lambda} - \sqrt{\mu})^2.$$

DÉMONSTRATION. Un couplage est utilisé pour montrer la première inégalité. En notant $(\widetilde{L}(t))$, le processus à l'équilibre, i.e. c'est un processus de Markov de matrice de sauts Q et tel que pour $y \in \mathbb{N}$, $\mathbb{P}(\widetilde{L}(0) = y) = \rho^y(1 - \rho)$. Le processus $(L(t))$ qui part de $x \in \mathbb{N}$ évolue indépendamment du processus $(\widetilde{L}(t))$ tant qu'il ne l'a pas rencontré. Après leur rencontre (éventuelle) les deux processus suivent la même trajectoire. Si on oublie le processus à l'équilibre, le processus $(L(t))$ ainsi construit a bien même loi que le processus de Markov associé à une file $M/M/1$ avec x clients à l'origine. Si H désigne le temps de rencontre des deux processus, alors

$$\|\mathbb{P}_x(L(t) \in \cdot \,) - G_\rho\|_{vt} = \sup_{A \subset \mathbb{N}} |\mathbb{P}_x(L(t) \in A) - \mathbb{P}(\widetilde{L}(t) \in A)|$$

$$= \sup_{A \subset \mathbb{N}} |\mathbb{E}_x(1_{\{L(t) \in A\}} - 1_{\{\widetilde{L}(t) \in A\}})|$$

$$\leq \sup_{A \subset \mathbb{N}} \mathbb{E}_x\left(\left|1_{\{L(t) \in A\}} - 1_{\{\widetilde{L}(t) \in A\}}\right|\right) \leq \mathbb{P}_x(H > t),$$

car

$$\left|1_{\{L(t) \in A\}} - 1_{\{\widetilde{L}(t) \in A\}}\right| \leq 1_{\{L(t) \neq \widetilde{L}(t)\}} = 1_{\{H > t\}}.$$

Si $L(0) = x > \widetilde{L}(0)$, les sauts de chaque processus valant 1 ou -1, quand $(L(t))$ touche 0, $(L(t))$ a nécessairement croisé la trajectoire du processus stationnaire. Le temps de couplage de ces deux processus est donc inférieur au temps de retour à 0 de $(L(t))$ dans ce cas. Inversement si $L(0) < \widetilde{L}(0)$, le temps de retour à 0 du processus stationnaire est supérieur au temps de couplage.

En utilisant la relation (5.9), il vient

$$\mathbb{E}_x\left(e^{(\sqrt{\lambda}-\sqrt{\mu})^2 H}\right) \le \mathbb{E}_x\left(e^{(\sqrt{\lambda}-\sqrt{\mu})^2 T_0}\right)\mathbb{P}(\widetilde{L}(0) \le x)$$
$$+ \mathbb{E}\left(\mathbb{E}_{\widetilde{L}(0)}\left(e^{(\sqrt{\lambda}-\sqrt{\mu})^2 T_0}\right)1_{\{\widetilde{L}(0)>x\}}\right),$$

par conséquent,

$$\mathbb{E}_x\left(e^{(\sqrt{\lambda}-\sqrt{\mu})^2 H}\right) \le \sqrt{\frac{\mu}{\lambda}}^x \mathbb{P}(\widetilde{L}(0) \le x) + \sum_{y=x+1}^{+\infty} \sqrt{\frac{\mu}{\lambda}}^y \mathbb{P}(\widetilde{L}(0) = y)$$

$$= \sqrt{\frac{\mu}{\lambda}}^x (1 - \rho^{x+1}) + \sum_{y=x+1}^{+\infty} \sqrt{\frac{\mu}{\lambda}}^y \rho^y(1 - \rho)$$

$$\le \sqrt{\frac{\mu}{\lambda}}^x + 2\sqrt{\frac{\lambda}{\mu}}^{x+1},$$

et en utilisant l'inégalité de Tchebichev,

$$\|\mathbb{P}_x(L(t) \in \cdot) - G_\rho\|_{vt} \le \mathbb{E}_x\left(e^{(\sqrt{\lambda}-\sqrt{\mu})^2 H}\right)e^{-(\sqrt{\lambda}-\sqrt{\mu})^2 t},$$

d'où

$$\|\mathbb{P}_x(L(t) \in \cdot) - G_\rho\|_{vt} \le \left(\sqrt{\frac{\mu}{\lambda}}^x + 2\right)e^{-(\sqrt{\lambda}-\sqrt{\mu})^2 t}.$$

La première inégalité de la proposition est démontrée. On déduit de celle-ci la relation

$$\limsup_{t\to+\infty} \frac{1}{t}\log\|\mathbb{P}_0(L(t) \in \cdot) - G_\rho\|_{vt} \le -(\sqrt{\lambda} - \sqrt{\mu})^2,$$

et comme

$$\|\mathbb{P}_0(L(t) \in \cdot) - G_\rho\|_{vt} \ge |\mathbb{P}_0(L(t) = 0) - (1 - \rho)|,$$

pour établir la dernière assertion, il suffit de montrer que

$$\liminf_{t\to+\infty} \frac{1}{t}\log|\mathbb{P}_0(L(t) = 0) - (1 - \rho)| \ge -(\sqrt{\lambda} - \sqrt{\mu})^2.$$

Ici un autre couplage est utilisé, $(\widetilde{L}(t))$ est, comme ci-dessus, le processus stationnaire et $(L(t))$ le processus qui part de 0. À la différence du couplage précédent les deux processus utilisent toujours les mêmes processus de Poisson $\mathcal{N}_\lambda$ et $\mathcal{N}_\mu$. Par conséquent la condition initiale $L(0) = 0$ montre que le processus stationnaire est au-dessus de l'autre processus, i.e. $L(t) \le \widetilde{L}(t)$ pour tout t. De plus, sur les intervalles où $L(t) > 0$, la différence $\widetilde{L}(t) - L(t)$ reste constante.

L'instant $\widetilde{T}_0$, le temps d'atteinte de 0 par $(\widetilde{L}(t))$, est le temps de rencontre des deux processus. En effet à $\widetilde{T}_0$ les deux processus sont tous les deux en 0. De plus la différence $\widetilde{L}(t) - L(t)$ ne peut décroître que lorsque $L(t) = 0$, ce qui entraîne que celle-ci ne peut être nulle pour la première fois que lorsque $\tilde{L}(t) = 0$ et donc à $\tilde{T}_0$. L'inégalité suivante est par conséquent vraie,

$$1_{\{L(t)=0\}} - 1_{\{\tilde{L}(t)=0\}} \geq 1_{\{\tilde{T}_0 > t, \tilde{L}(t)=1\}}.$$

En effet, le terme de gauche est positif. Et si le membre de droite vaut 1, $\tilde{T}_0 > t$ ce qui revient à dire que les deux processus ne se sont pas encore rencontrés avant l'instant t donc $L(t) < \tilde{L}(t)$ et, comme $\tilde{L}(t) = 1$, nécessairement $L(t)$ est nul. Le membre de gauche vaut donc aussi 1 dans ce cas, ce qui établit l'inégalité. On en déduit la relation

$$|\mathbb{P}_0(L(t) = 0) - (1 - \rho)| = \mathbb{P}_0(L(t) = 0) - \mathbb{P}_0(\tilde{L}(t) = 0)$$
$$\geq \mathbb{P}(\tilde{L}(t) = 1, \tilde{T}_0 > t).$$

Le processus $(\tilde{L}(t))$ étant réversible (Proposition 5.1), cette dernière quantité vaut

$$\mathbb{P}(\tilde{L}(0) = 1, \tilde{T}_0 > t) = \rho(1 - \rho)\mathbb{P}_1(T_0 > t),$$

l'inégalité précédente devient

$$|\mathbb{P}_0(L(t) = 0) - (1 - \rho)| \geq \rho(1 - \rho)\mathbb{P}_1(T_0 > t).$$

Il suffit donc d'étudier la queue de distribution de T_0. Le lemme suivant termine la démonstration de la proposition.   □

LEMME 5.9. *Sous la condition $\rho < 1$,*

$$(5.15) \qquad \lim_{t \to +\infty} \frac{1}{t} \log \mathbb{P}_1(T_0 > t) = -(\sqrt{\lambda} - \sqrt{\mu})^2.$$

DÉMONSTRATION. Comme précédemment, T_0 sera vu comme le temps d'atteinte de -1 par $(Z(t))$. Si $v > 1/\sqrt{\rho}$, alors $\lambda v - \mu/v > 0$, sous la probabilité $\mathbb{P}^v$, $(Z(t))$ a donc une dérive strictement positive, d'après la proposition 5.4, $\mathbb{P}^v(T_0 = +\infty) > 0$. En utilisant la formule de changement de probabilités,

$$\mathbb{P}(T_0 > t) = e^{-(\lambda(1-v)+\mu(1-1/v))t} \, \mathbb{E}^v\left(v^{-Z(t)} 1_{\{T_0 > t\}}\right),$$
$$(5.16) \qquad \geq e^{-(\lambda(1-v)+\mu(1-1/v))t} \, \mathbb{E}^v\left(v^{-Z(t)} 1_{\{T_0 = +\infty\}}\right),$$

puis l'inégalité de Jensen pour la probabilité $\mathbb{P}^v$ sachant $\{T_0 = +\infty\}$, il vient

$$(5.17) \qquad \mathbb{E}^v\left(v^{-Z(t)} 1_{\{T_0 = +\infty\}}\right) = \mathbb{E}^v\left(v^{-Z(t)} \mid T_0 = +\infty\right) \mathbb{P}^v(T_0 = +\infty)$$
$$\geq v^{-\mathbb{E}^v(Z(t) \mid T_0 = +\infty)} \mathbb{P}^v(T_0 = +\infty).$$

Le terme en exposant s'écrit

$$\mathbb{E}^v\left(Z(t) \mid T_0 = +\infty\right) = \frac{1}{\mathbb{P}^v(T_0 = +\infty)} \mathbb{E}^v\left(Z(t) 1_{\{T_0 = +\infty\}}\right).$$

Quand t tend vers l'infini la variable $Z(t)/t$ converge vers $\lambda v - \mu/v$ dans $L_2(\mathbb{P}^v)$ (Corollaire 10.10 page 255). On en déduit la relation

$$\lim_{t\to+\infty} \mathbb{E}^v \left(\frac{Z(t)}{t} \ \bigg| \ T_0 = +\infty \right) = \lambda v - \frac{\mu}{v}.$$

Comme

$$\lim_{t\to+\infty} \frac{1}{t} \log \mathbb{P}^v(T_0 = +\infty) = 0,$$

en utilisant l'égalité (5.17) on obtient la borne inférieure

$$\liminf_{t\to+\infty} \frac{1}{t} \log \mathbb{E}^v \left(v^{-Z(t)} 1_{\{T_0=+\infty\}} \right) \geq - \left(\lambda v - \frac{\mu}{v} \right) \log v,$$

l'identité (5.16) donne la relation

$$\liminf_{t\to+\infty} \frac{1}{t} \log \mathbb{P}(T_0 > t) \geq - \left(\lambda(1-v) + \mu \left(1 - \frac{1}{v} \right) \right) - \left(\lambda v - \frac{\mu}{v} \right) \log v.$$

En faisant tendre v vers $1/\sqrt{\rho}$ on obtient finalement

$$\liminf_{t\to+\infty} \frac{1}{t} \log \mathbb{P}(T_0 > t) \geq -(\sqrt{\lambda} - \sqrt{\mu})^2.$$

L'identité suivante est une conséquence de la majoration (5.9) et de l'inégalité de Tchebichev,

$$\limsup_{t\to+\infty} \frac{1}{t} \log \mathbb{P}(T_0 > t) \leq -(\sqrt{\lambda} - \sqrt{\mu})^2,$$

la relation (5.15) est donc établie.   □

La quantité $(\sqrt{\lambda} - \sqrt{\mu})^2$ est le taux de convergence à l'équilibre, c'est aussi le taux de décroissance exponentielle de la distribution de T_0. Ce résultat est tout à fait naturel si on considère T_0 comme le temps de retour dans un ensemble significatif pour la mesure invariante : le voisinage de 0.

La variable T_0 n'a donc pas de moment exponentiel d'ordre strictement plus grand que $(\sqrt{\lambda} - \sqrt{\mu})^2$. Cela peut aussi se montrer de façon analytique en utilisant l'égalité (5.8). D'après cette identité, la fonction $z \to \mathbb{E}(\exp(-zT_0))$ est holomorphe sur le demi-plan $\text{Re}(z) > -(\sqrt{\lambda} - \sqrt{\mu})^2$ et $-(\sqrt{\lambda} - \sqrt{\mu})^2$ est un point singulier.

5. Les lois des temps d'atteinte : vers le haut

Pour $a \leq b$, la loi du temps d'atteinte T_b de b partant de a est étudiée. Ces temps d'atteinte s'interprètent comme les temps de débordement de files d'attente à capacité limitée. Si $C \in \mathbb{N}^*$, le nombre de clients $L_C(t)$ de la file $M/M/1/C$ vérifie la même équation différentielle que celle de la file $M/M/1$, avec une condition de bord supplémentaire,

$$dL_C(t) = 1_{\{L_C(t-)\leq C\}} \mathcal{N}_\lambda(dt) - 1_{\{L_C(t-)>0\}} \mathcal{N}_\mu(dt).$$

Si les deux files d'attente partent toutes les deux avec a clients, $a < C$, juste avant l'instant T_{C+1}, les quantités $L(t)$ et $L_C(t)$ coïncident. Le temps T_{C+1} est le premier instant de débordement de la file $M/M/1/C$.

Ici, à la différence du temps d'atteinte d'une valeur inférieure, la condition de réflexion en 0 joue un rôle et donc le processus libre $(Z(t))$ ne peut être directement utilisé comme auparavant. Pour construire une martingale intéressante pour calculer la loi de T_b, une combinaison linéaire de deux martingales associées au processus libre est utilisée. Les coefficients de cette combinaison sont choisis de telle sorte que la propriété de martingale reste vraie après un passage en 0. La proposition 5.3 suggère naturellement deux telles martingales. En prenant, pour $x \geq 0$,

$$(5.18) \qquad \phi_1(x) = \frac{\lambda + \mu + x - \sqrt{(\lambda + \mu + x)^2 - 4\lambda\mu}}{2\lambda},$$

$$(5.19) \qquad \phi_2(x) = \frac{\lambda + \mu + x + \sqrt{(\lambda + \mu + x)^2 - 4\lambda\mu}}{2\lambda},$$

alors pour $i = 1, 2$, $(\phi_i(x)^{Z(t)} \exp(-xt))$ est une martingale. La construction suivante est due, dans un cadre plus général, à Kennedy[20].

PROPOSITION 5.10. *Pour $x \geq 0$, si $\phi_1(x)$ et $\phi_2(x)$ sont les deux solutions en u de l'équation*

$$\lambda(1 - u) + \mu\left(1 - \frac{1}{u}\right) = -x,$$

le processus

$$(M(t)) = \left(\left((1 - \phi_1(x))\phi_2(x)^{L(t)+1} + (\phi_2(x) - 1)\phi_1(x)^{L(t)+1}\right) e^{-xt}\right),$$

est une martingale.

DÉMONSTRATION. En posant

$$(5.20) \qquad h(t, y) = \left((1 - \phi_1(x))\phi_2(x)^{y+1} + (\phi_2(x) - 1)\phi_1(x)^{y+1}\right) e^{-xt},$$

pour $t \geq 0$ $M(t) = h(t, L(t))$, d'après le corollaire C.6 page 348 il suffit de montrer que h est harmonique en espace-temps pour le générateur Q, soit pour tout $t \geq 0$ et $y \in \mathbb{N}$,

$$\frac{\partial h}{\partial t}(t, y) + Q(h)(t, y) = 0.$$

La propriété est clairement vraie pour $y > 0$ puisque pour $i = 1, 2$,

$$(t, y) \to \phi_i(x)^y e^{-xt}$$

est harmonique en espace-temps pour le générateur du processus libre (voir la remarque 1 page 106), qui coïncide avec Q pour $y > 0$. Il reste donc à vérifier

[20] D.P. Kennedy, *Some martingales related to cumulative sum tests and single-server queues*, Stochastic Processes and their Applications 4 (1976), 261–269.

l'identité précédente pour $y = 0$, dans ce cas

$$e^{xt}\frac{\partial h}{\partial t}(t,0) = -x(\phi_2(x) - \phi_1(x)),$$

$$e^{xt}Q(h)(t,0) = \lambda\left(1 - \phi_1(x)\right)\left(\phi_2(x) - 1\right)\left(\phi_2(x) - \phi_1(x)\right),$$

le résultat découle de l'identité $\lambda\left(1 - \phi_1(x)\right)\left(\phi_2(x) - 1\right) = x$ pour $x \geq 0$, qui se vérifie en remarquant que $\phi_1(x) + \phi_2(x) = (\lambda + \mu + x)/\lambda$ et $\phi_1(x)\phi_2(x) = \mu/\lambda$. $\square$

Le principal résultat de cette section est contenu dans la proposition suivante.

PROPOSITION 5.11. *Si* $a \leq b$, *pour* $x \geq 0$,

$$(5.21) \qquad \mathbb{E}_a\left(e^{-xT_b}\right) = (\rho\phi_1(x))^{b-a}\frac{1 - \phi_1(x) + (1 - \rho\phi_1(x))\rho^a\phi_1(x)^{2a+1}}{1 - \phi_1(x) + (1 - \rho\phi_1(x))\rho^b\phi_1(x)^{2b+1}},$$

avec

$$\phi_1(x) = \frac{\lambda + \mu + x - \sqrt{(\lambda + \mu + x)^2 - 4\lambda\mu}}{2\lambda}.$$

De plus si $\lambda < \mu$, *la variable* $(\lambda/\mu)^n T_n$ *tend en loi vers une distribution exponentielle de paramètre* $(\mu - \lambda)^2/\mu$ *quand* n *tend vers* $+\infty$.

DÉMONSTRATION. L'irréductibilité de $(L(t))$ montre que T_b est fini $\mathbb{P}_a$-presque sûrement. La martingale $(M(t))$ de la proposition 5.10 arrêtée au temps d'arrêt T_b est bornée donc converge dans L_1 quand t tend vers l'infini, d'où l'égalité $\mathbb{E}(M(T_b)) = \mathbb{E}(M(0))$, et donc

$$\mathbb{E}_a\left(e^{-xT_b}\right) = \frac{(1 - \phi_1(x))\phi_2(x)^{a+1} + (\phi_2(x) - 1)\phi_1(x)^{a+1}}{(1 - \phi_1(x))\phi_2(x)^{b+1} + (\phi_2(x) - 1)\phi_1(x)^{b+1}},$$

d'où l'identité (5.21) puisque $\phi_1(x)\phi_2(x) = \mu/\lambda$.

Pour montrer la seconde partie de la proposition, on suppose a nul, le cas général est similaire. La transformée de Laplace de T_n est donnée par,

$$(5.22) \qquad \mathbb{E}_0\left(e^{-xT_n}\right) = (\rho\phi_1(x))^n\frac{1 - \phi_1(x) + (1 - \rho\phi_1(x))\phi_1(x)}{1 - \phi_1(x) + (1 - \rho\phi_1(x))\rho^n\phi_1(x)^{2n+1}},$$

pour $x \geq 0$. La dérivée de ϕ_1 en 0 valant $-1/(\mu - \lambda)$, la condition $\lambda < \mu$ donne pour n au voisinage de l'infini,

$$\phi_1\left(x\rho^n\right) = 1 - \frac{x}{\mu - \lambda}\rho^n + o(\rho^n),$$

soit $\phi_1\left(x\rho^n\right)^n \sim 1$. En injectant cette relation dans l'équation (5.22) il vient

$$\mathbb{E}_0\left(e^{-x\rho^nT_n}\right) = \rho^n\frac{1 - \rho + o(\rho^n)}{x\rho^n/(\mu - \lambda) + (1 - \rho)\rho^n + o(\rho^n)}$$

$$= \frac{1 - \rho}{x/(\mu - \lambda) + 1 - \rho} + o(1),$$

par conséquent

$$\lim_{n \to +\infty}\mathbb{E}_0\left(e^{-x\rho^nT_n}\right) = \frac{(\mu - \lambda)^2/\mu}{(\mu - \lambda)^2/\mu + x},$$

ce qui achève la preuve de la proposition. $\square$

Si $\lambda < \mu$, le processus $(L(t))$ redescend très vite de n, en un temps linéaire en n (Proposition 5.5). Par contre, le temps pour atteindre n partant de 0 est exponentiel en n, de l'ordre de $(\mu/\lambda)^n$.

Dans les deux sections sur les temps d'atteinte, les transformées de Laplace des temps d'arrêt considérés ont été obtenues. L'inversion de ces transformées n'est pas une opération simple et, quand c'est possible, les expressions obtenues ne sont pas commodes à utiliser (voir l'appendice de ce chapitre). En revanche, les résultats obtenus au passage ont permis de donner une description qualitative du comportement de cette file d'attente. Par exemple, le moment exponentiel de T_0 a permis d'estimer la vitesse de convergence à l'équilibre. La convergence en loi de la proposition 5.11 permet de décrire certains événements rares.

6. Événements rares

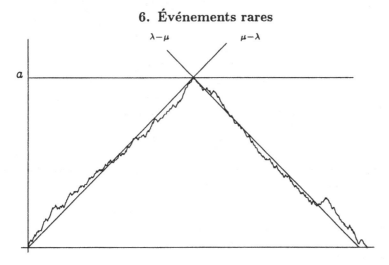

FIG. 2. Simulation d'une période d'occupation haute

6.1. Les grandes périodes d'occupation. Si $\rho = \lambda/\mu < 1$, la trajectoire de la file $M/M/1$ atteint de grandes valeurs sur une échelle de temps exponentielle, de l'ordre de $(\mu/\lambda)^a$ pour dépasser la valeur a. Dans toute cette section $\rho < 1$, le processus $(L(t))$ est étudié quand il atteint des grandes valeurs. Formellement, il s'agit de donner la loi limite d'une période d'occupation qui atteint la valeur a. La section 6 du chapitre 3 comporte une étude similaire pour le cas des marches aléatoires. Le cadre plus restreint permet de donner ici une description explicite de l'occurrence de ces événements rares.

PROPOSITION 5.12. *Si* $\lambda < \mu$, *la loi de* $(L(t \wedge T_a))$ *sachant* $\{T_a < T_0\}$ *converge, quand* a *tend vers l'infini, vers la loi d'un processus de vie et de mort dont les intensités sont données par*

$$(5.23) \qquad r_{xx+1} = \mu\frac{1-\rho^{x+1}}{1-\rho^x}, \qquad r_{xx-1} = \lambda\frac{1-\rho^{x-1}}{1-\rho^x}.$$

DÉMONSTRATION. On suppose que $L(0) = 1$, le cas général étant identique. Pour $a \in \mathbb{R}_+$ la variable τ désigne le temps d'arrêt $T_a \wedge T_0$. Sur l'intervalle de temps $[0, \tau]$, le processus $(L(t))$ est identique au processus $(1 + Z(t))$. Prenons

$$f : D(\mathbb{R}_+, \mathbb{N}) \to \mathbb{R}_+$$
$$y \to f(y),$$

une fonctionnelle mesurable bornée continue sur l'ensemble des fonctions sur $\mathbb{R}_+$ à valeurs dans $\mathbb{N}$ càdlàg muni de la topologie de Skorokhod (voir l'appendice à ce sujet ou Billingsley [5]). Comme $(1/\rho^{Z(t)})$ est la martingale exponentielle correspondant à $u = 1/\rho$, on en déduit

$$\mathbb{E}_1\left(f(L(\tau \wedge t \wedge \cdot))\right) = \mathbb{E}_1\left(\rho^{Z(\tau \wedge t)} f(L(\tau \wedge t \wedge \cdot))\frac{1}{\rho^{Z(\tau \wedge t)}}\right)$$
$$= \mathbb{E}_1^{\rho^{-1}}\left(\rho^{Z(\tau \wedge t)} f(L(\tau \wedge t \wedge \cdot))\right)$$
$$= \mathbb{E}_1^{\rho^{-1}}\left(\rho^{L(\tau \wedge t)-1} f(L(\tau \wedge t \wedge \cdot))\right),$$

avec les notations de la section 2. La variable τ étant $\mathbb{P}_1^{\rho^{-1}}$-p.s. finie et comme $\rho < 1$, le théorème de convergence dominée montre l'égalité

$$\mathbb{E}_1\left(f(L(\tau \wedge \cdot))\right) = \mathbb{E}_1^{\rho^{-1}}\left(\rho^{L(\tau)-1} f(L(\tau \wedge \cdot))\right).$$

En notant $T_a(y)$ le temps d'atteinte de a par la fonction y), l'identité précédente appliquée à la fonctionnelle

$$D(\mathbb{R}_+, \mathbb{N}) \to \mathbb{R}_+$$
$$y \to f(y)1_{\{T_a(y) < T_0(y)\}},$$

donne la relation

$$\mathbb{E}_1\left(f(L(\tau \wedge \cdot))1_{\{T_a < T_0\}}\right) = \mathbb{E}_1^{\rho^{-1}}\left(\rho^{L(\tau)-1} f(L(\tau \wedge \cdot))1_{\{T_a < T_0\}}\right)$$
$$= \mathbb{E}_1^{\rho^{-1}}\left(\rho^{L(T_a)-1} f(L(T_a \wedge \cdot))1_{\{T_a < T_0\}}\right),$$

soit,

$$(5.24) \qquad \mathbb{E}_1\left(f(L(T_a \wedge \cdot))1_{\{T_a < T_0\}}\right) = \mathbb{E}_1^{\rho^{-1}}\left(\rho^{a-1} f(L(T_a \wedge \cdot))1_{\{T_a < T_0\}}\right).$$

D'après la remarque 3 page 106, les intensités des deux processus $\mathcal{N}_\lambda$ et $\mathcal{N}_\mu$ sont inversées pour la probabilité $\mathbb{P}_1^{u_0}$ avec $u_0 = \rho^{-1}$. Le processus $(L(t))$ est transient pour la probabilité $\mathbb{P}_1^{u_0}$ si $\rho < 1$, par conséquent $\mathbb{P}_1^{\rho^{-1}}(T_0 = +\infty) > 0$. En faisant tendre a vers l'infini dans (5.24), on déduit par le théorème de convergence dominée

$$\lim_{a \to +\infty} \rho^{1-a} \mathbb{E}_1\left(f(L(T_a \wedge \cdot))1_{\{T_a < T_0\}}\right) = \mathbb{E}_1^{\rho^{-1}}\left(f(L(\cdot))1_{\{T_0 = +\infty\}}\right),$$

par conséquent

$$(5.25) \qquad \lim_{a \to +\infty} \mathbb{E}_1\left(f(L(T_a \wedge \cdot)) \,\middle|\, T_a < T_0\right) = \mathbb{E}_1^{\rho^{-1}}\left(f(L(\cdot)) \,\middle|\, T_0 = +\infty\right)$$

Le terme de droite fait intervenir la loi conditionnelle de $(L(t))$ sachant que le temps d'atteinte de 0 est infini. La proposition 5.7 permet de conclure.   □

En utilisant le théorème d'arrêt pour la martingale $(\mu/\lambda)^{1+Z(t)}$ au temps d'arrêt $T_a \wedge T_0$, on obtient

(5.26) $$\mathbb{P}_1(T_a < T_0) = \frac{1/\rho - 1}{1/\rho^a - 1} = \rho^{a-1}\frac{1-\rho}{1-\rho^a},$$

qui peut aussi être vu dans le cadre discret comme la formule de la probabilité de ruine des joueurs; en particulier $\lim_{a\to+\infty}\rho^{-a}\mathbb{P}_1(T_a < T_0) = (1-\rho)/\rho$.

L'identité (5.25) montre que la trajectoire d'une période d'occupation dépassant le niveau a est celle d'une file $M/M/1$ dont le processus d'arrivées est d'intensité μ et les services de loi exponentielle de paramètre λ. Cette dernière file d'attente est bien évidemment instable et atteint donc le niveau a rapidement, en un temps linéaire en a (en appliquant la proposition 5.4 pour le temps d'atteinte de 0 du processus $(a - L(t))$).

La partie descendante de la période d'occupation après T_a est, d'après la propriété de Markov forte, identique au processus libre qui part de a. En particulier la pente vaut $\lambda - \mu$. D'après les équations (5.23), le taux de croissance de la partie montante vaut pour x grand, $\mu - \lambda$. Il n'y a toutefois pas symétrie pour les distributions puisque la partie montante est une chaîne de Markov non homogène en espace.

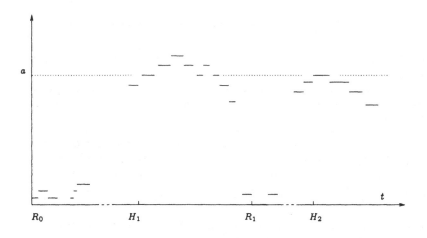

FIG. 3. La suite des excursions de $(L(t))$ au voisinage de a

6.2. Le processus des excursions au voisinage de a. Pour décrire le processus de débordement du niveau a par la file d'attente, les suites de temps d'arrêt (R_n) et (H_n) sont définies récursivement de la façon suivante,

$$H_n = \inf\{t > R_{n-1}/L(t) = a\},$$
$$R_n = \inf\{t > H_n/L(t) = 0\}$$
$$= \inf\{t > R_{n-1}/L(t) = 0, L(s) \geq a \text{ pour un } s \in [R_{n-1}, t]\},$$

avec $R_0 = 0$. Le processus ponctuel N_a associé à la suite croissante (H_n) est celui des premiers temps d'atteinte de a après un passage en 0. La propriété de Markov forte de $(L(t))$ montre que les suites $(H_n - R_{n-1})$ et $(R_n - H_n)$, sont i.i.d. et indépendantes.

Pour $n \in \mathbb{N}$, la variable $H_n - R_{n-1}$ a même loi que le temps d'atteinte de a partant de 0 ; d'après la proposition 5.11, $\rho^a(H_n - R_{n-1})$ converge en distribution vers une loi exponentielle de paramètre $(\mu - \lambda)^2/\mu$ quand a tend vers l'infini. D'après la proposition 5.5, la descente vers 0 est très rapide : $\mathbb{P}$-presque sûrement,

$$\lim_{a \to +\infty} \rho^a(R_n - H_n) = 0,$$

puisque d'après la proposition 5.5, $(R_n - H_n)/a$ converge vers $\mathbb{P}$-p.s. vers une constante. Les accroissements du processus ponctuel

$$N_a = \sum_{n \geq 1} \delta_{\rho^a H_n},$$

convergent par conséquent vers des variables exponentielles i.i.d. La proposition suivante vient donc naturellement.

PROPOSITION 5.13. *Si $\rho < 1$, le processus ponctuel*

$$N_a = \sum_n \delta_{\rho^a H_n}$$

converge en loi vers un processus de Poisson de paramètre $(\mu - \lambda)^2/\mu$.

DÉMONSTRATION. Comme la suite $(\rho^a H_n - \rho^a H_{n-1})$ converge en distribution vers une une suite i.i.d. dont la loi commune est exponentielle de paramètre ξ, la proposition 1.22 page 26 montre que le processus ponctuel $\sum_{n \geq 1} \delta_{\rho^a H_n}$ converge en loi vers un processus de Poisson de paramètre ξ. $\qquad\square$

Le processus N_a ne décrit cependant pas complètement le processus des temps d'atteinte par $(L(t))$ de a, i.e. celui des instants s tels que $L(s) = a$ et $L(s-) \neq a$. Il n'est cependant pas plausible que ce processus soit un processus de Poisson : en effet, si $L(t_0)$ vaut a, avec probabilité positive, $(L(t))$ visitera a plusieurs fois après cet instant avant de partir vers 0 ; voir la figure 3 au voisinage de H_a^1.

Une description informelle. Pour a grand et $n \in \mathbb{N}$, au voisinage de H_n le processus $(L(t))$ se comporte comme le processus $(a + Z_n(t - H_n))$, où $(Z_n(t))$ est un processus de même loi que le processus libre $(Z(t))$. Juste après H_n, les visites de $(L(t))$ à a, correspondent donc aux visites de $(Z_n(t))$ à 0. Comme $(Z_n(t))$ converge $\mathbb{P}$-p.s. vers $-\infty$ quand t tend vers l'infini, il n'y a qu'un nombre fini de telles visites après H_n. Après celles-ci, le processus $(L(t))$ revient en 0 (à $t = R_n$) et ne revient en a que très longtemps après, à l'instant $t = H_{n+1}$.

Les visites de $(L(t))$ à a peuvent donc être décrites comme un processus de Poisson de paramètre $\rho^a(\mu - \lambda)^2/\mu$ (les H_n), et à chaque point de ce processus sont attachées les visites à 0 de $(Z_n(t))$, où (Z_n) est une suite i.i.d. de processus libres.

Une propriété de la loi du temps que passe le processus libre en 0 termine cette section.

PROPOSITION 5.14. *Si $\rho < 1$, la variable*

$$S_0 = \int_0^{+\infty} 1_{\{Z(s)=0\}} \, ds$$

suit une loi exponentielle de paramètre $\mu - \lambda$.

DÉMONSTRATION. Le processus libre reste en 0 un temps $E_{\lambda+\mu}$ de distribution exponentielle de paramètre $\lambda + \mu$ avant de sauter en 1 [resp. -1] avec probabilité $\lambda/(\lambda + \mu)$ [resp. $\mu/(\lambda + \mu)$]. Si le saut est 1, alors $(L(t))$ visitera 0 à nouveau, dans ce cas $S_0 = E_{\lambda+\mu} + S_0'$, où S_0' est indépendante de $E_{\lambda+\mu}$ et de même loi que S_0. Si le saut est de -1, alors avec probabilité λ/μ, le processus revient en 0 (Proposition 5.4). On en conclut que S_0 est la somme de G variables i.i.d. exponentielles de paramètre $\lambda + \mu$, et G est une variable géométrique indépendante de paramètre $2\lambda/(\lambda + \mu)$. On en déduit, en prenant la transformée de Laplace par exemple, que S_0 suit une loi exponentielle de paramètre $\mu - \lambda$. $\qquad\qquad\square$

7. Renormalisation de la file M/M/1

La renormalisation considérée ici consiste, pour un processus stochastique, à accélérer l'échelle de temps du processus et à augmenter parallèlement la taille de son état initial. Ce procédé présente l'avantage de supprimer les fluctuations aléatoires pour ne conserver que la tendance principale du processus. Dans le cas de la file $M/M/1$ ce procédé est particulièrement simple, cet exemple sert d'introduction à cette problématique.

Initialement la file d'attente compte x_N clients et la suite (x_N) satisfait

$$\lim_{N \to +\infty} \frac{x_N}{N} = x \in \mathbb{R}_+.$$

On pose

$$\bar{L}_N(t) = \frac{L(Nt)}{N},$$

où L est le processus du nombre de clients de cette file d'attente, solution de l'équation différentielle (5.1) avec la condition initiale x_N. Noter que $\bar{L}_N$ vit sur une échelle de temps très rapide $t \to Nt$ et les arrivées et les services des clients sont accélérés du facteur N. La renormalisation en espace, le facteur $1/N$, compense, on le verra, cette accélération du temps.

PROPOSITION 5.15. *Le processus renormalisé $(\bar{L}_N(t))$ converge vers une fonction déterministe, linéaire par morceaux, plus précisément pour $t \in \mathbb{R}_+$, $\mathbb{P}$-p.s.*

$$\lim_{N \to +\infty} \bar{L}_N(t) = \bar{L}(t) = \left(x + (\lambda - \mu) \, t\right)^+.$$

De plus, si la suite $\left(\sqrt{N}(x_N/N - x)\right)$ *tend vers 0 et* $(B(t))$ *est le mouvement brownien standard, on a la convergence des processus*

(5.27) $$\sqrt{N}\left(\frac{\bar{L}_N(t) - \bar{L}(t)}{\sqrt{\lambda + \mu}}\right) \xrightarrow{loi} (B(t)),$$

sur l'intervalle de temps $[0, x/(\mu - \lambda)^+[$ *quand N tend vers l'infini.*

DÉMONSTRATION. Si $\lambda < \mu$, $\tau_N = T_0/N$ est le premier temps d'atteinte de 0 par $(\bar{L}_N(t))$. La proposition 5.5 montre que

$$\lim_{N \to +\infty} \tau_N = \frac{x}{\mu - \lambda},$$

$\mathbb{P}$-presque sûrement. D'après l'identité (5.1), jusqu'au temps d'atteinte de 0, le processus $(L(t) - x_N)$ est la différence de deux processus de Poisson, autrement dit,

(5.28) $$\bar{L}_N(t \wedge \tau_N) = \frac{x_N}{N} + \frac{\mathcal{N}_\lambda(]0, N(t \wedge \tau_N)]) - \mathcal{N}_\mu(]0, N(t \wedge \tau_N)])}{N}.$$

Pour $t < x/(\mu - \lambda)$, $\mathbb{P}$-presque sûrement $t < \tau_N$ à partir d'un certain rang, et par conséquent la loi des grands nombres pour les processus de Poisson donne, presque sûrement,

$$\lim_{N \to +\infty} \bar{L}_N(t) = x + (\lambda - \mu)t.$$

Il reste à montrer que pour $t \geq x/(\mu - \lambda)$, $\mathbb{P}$-p.s.

(5.29) $$\lim_{N \to +\infty} \bar{L}_N(t) = 0.$$

Si $(\bar{L}_N^y(t))$ est le processus renormalisé pour la condition initiale $L(0) = \lfloor yN \rfloor$ avec les mêmes processus de Poisson, d'après ce qui précède, si $y + (\lambda - \mu)t > 0$, alors $\mathbb{P}$-presque sûrement

$$\lim_{N \to +\infty} \bar{L}_N^y(t) = y + (\lambda - \mu)t.$$

L'application $y \to \bar{L}_N^y(t)$ est clairement croissante.

Si $\varepsilon > 0$ est fixé, en posant $y = \varepsilon + (\mu - \lambda)t$, alors $y > x$. Il existe donc N_0 tel que, si $N \geq N_0$, alors $x_N \leq \lfloor yN \rfloor$. La monotonie donne, pour $N \geq N_0$,

(5.30) $$\bar{L}_N(t) \leq \bar{L}_N^y(t),$$

d'où l'inégalité

$$\limsup_{N \to +\infty} \bar{L}_N(t) \leq \limsup_{N \to +\infty} \bar{L}_N^y(t) = y + (\lambda - \mu)t = \varepsilon$$

$\mathbb{P}$-p.s. Cette majoration montre que pour $\varepsilon > 0$ $\mathbb{P}$-p.s. $\limsup_{N \to +\infty} \bar{L}_N(t) \leq \varepsilon$ et donc $\lim_{N \to +\infty} \bar{L}_N(t) = 0$.

Le cas $\lambda > \mu$. Dans ce cas, la loi des grands nombres montre que la quantité

$$\inf_{s \geq 0} \left(\mathcal{N}_\lambda(]0,s]) - \mathcal{N}_\mu(]0,s]) \right),$$

est finie $\mathbb{P}$-presque sûrement puisque le terme générique tend vers $+\infty$. Comme x_N tend vers l'infini, le membre de droite de l'égalité (5.28) est donc $\mathbb{P}$-p.s. strictement positif pour N suffisamment grand. Autrement dit, $\mathbb{P}$-p.s. $\tau_N = +\infty$, pour N assez grand, $(\bar{L}_N(t))$ s'exprime donc comme la différence de deux processus de Poisson et la démonstration se termine comme dans le cas précédent.

Pour $\xi \in \mathbb{R}_+$, le théorème de Donsker pour les processus de Poisson montre la convergence

$$\left(\frac{\mathcal{N}_\xi(]0,Nt]) - \xi Nt}{\sqrt{\xi N}} \right) \xrightarrow{\text{loi}} (B(t)),$$

quand N tend vers l'infini. Par indépendance de $\mathcal{N}_\lambda$ et $\mathcal{N}_\mu$, on en déduit la convergence suivante

$$\left(\frac{\mathcal{N}_\lambda(]0,Nt]) - \mathcal{N}_\mu(]0,Nt] - (\lambda - \mu)Nt}{\sqrt{(\lambda + \mu)N}} \right) \xrightarrow{\text{loi}} (B(t)).$$

La convergence (5.27) s'obtient avec la représentation (5.28) de $(\bar{L}_N(t))$ pour $t \leq \tau_N$ et la convergence presque sûre de τ_N vers $x/(\mu - \lambda)$. $\square$

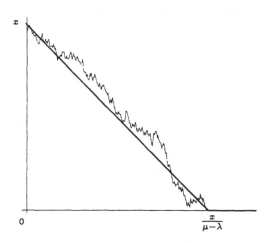

FIG. 4. Le processus renormalisé $(\bar{L}(t))$ et les fluctuations de $(\bar{L}_N(t))$

La renormalisation ne conserve que la dérive déterministe $(\lambda - \mu)t$. La partie fluctuation aléatoire, représentée asymptotiquement par un brownien, est gommée par ce procédé.

Si $\lambda < \mu$, une fois que le processus renormalisé touche 0, il y reste. Cette propriété est caractéristique des systèmes stables (cf. la proposition 9.9 page 229).

Elle a été montrée avec un argument de monotonie, intuitivement elle peut s'expliquer de la façon suivante : une fois que le processus $(L(t))$ a touché 0, avec l'argument de couplage de la preuve de la proposition 5.8, il est quasiment à l'équilibre et donc évolue essentiellement dans un voisinage borné. L'accélération du temps, linéairement en N, ne fait pas visiter des valeurs très grandes au processus puisqu'il faut, d'après la proposition 5.11, une échelle de temps exponentielle, de l'ordre de $(\mu/\lambda)^{Ny}$, pour dépasser la valeur Ny. La renormalisation en espace en $1/N$ écrase donc les fluctuations, ce qui explique que le processus renormalisé reste collé en 0. Cet argument sera utilisé dans la preuve de la proposition 5.17.

Cette section se termine par une estimation qui sera utile pour traiter les problèmes de grandes déviations. Le lemme suivant donne une estimation uniforme de la loi des grands nombres pour les processus de Poisson.

LEMME 5.16. *Pour* ξ, $t \in \mathbb{R}_+$, ε, $\delta > 0$, *il existe* N_0 *tel que si* $N \geq N_0$,

$$(5.31) \qquad \mathbb{P}\left(\sup_{0 \leq s \leq t}\left|\frac{\mathcal{N}_\xi(]0, sN])}{N} - \xi s\right| < \delta\right) \geq 1 - \varepsilon.$$

DÉMONSTRATION. La proposition 1.20 page ?? montre que le processus

$$\left(\frac{\mathcal{N}_\xi(]0, Nt])}{N} - \xi t\right)$$

est une martingale relativement à sa filtration naturelle. Comme celle-ci est de carré intégrable, l'inégalité de Doob donne la relation

$$\mathbb{P}\left(\sup_{0 \leq s \leq t}\left|\frac{\mathcal{N}_\xi(]0, Ns])}{N} - \xi s\right| \geq \delta\right) \leq \frac{\mathbb{E}\left(\mathcal{N}_\xi(]0, Nt])/N - \xi t\right)^2}{\delta^2} = \frac{\xi t}{N\delta^2},$$

et donc le lemme.   □

PROPOSITION 5.17. *Pour* ε, $\delta > 0$, *il existe* $N_0 \in \mathbb{N}$ *tel que si* $N \geq N_0$,

$$(5.32) \qquad \inf_{|z/N - x| < \delta/2} \mathbb{P}_z\left(\sup_{0 \leq s \leq t}\left|\bar{L}_N(s) - (x + (\lambda - \mu)s)^+\right| < \delta\right) \geq 1 - \varepsilon.$$

DÉMONSTRATION. Pour $z \in \mathbb{N}$, $\delta > 0$, en notant

$$\Delta_N(s) = \bar{L}_N(s) - (x + (\lambda - \mu)s)^+,$$

comme dans la preuve précédente, τ_N désigne le premier temps d'atteinte de 0 par le processus renormalisé $(\bar{L}_N(t))$,

$$(5.33) \quad \mathbb{P}_z\left(\sup_{0 \leq s \leq t}|\Delta_N(s)| \geq \delta\right)$$

$$\leq \mathbb{P}_z\left(\sup_{0 \leq s \leq t \wedge \tau_N}|\Delta_N(s)| \geq \delta\right) + \mathbb{P}_z\left(\sup_{\tau_N \wedge t < s \leq t}|\Delta_N(s)| \geq \delta\right).$$

D'après la représentation (5.28) de $\bar{L}_N(\cdot \wedge \tau_N)$, si $|z/N - x| < \delta/2$,

$$\mathbb{P}_z\left(\sup_{0 \le s \le t \wedge \tau_N} |\Delta_N(s)| \ge \delta\right) =$$

$$\mathbb{P}_z\left(\sup_{0 \le s \le t \wedge \tau_N} \left|z/N - x + \frac{\mathcal{N}_\lambda(]0, Ns])}{N} - \lambda s - \left(\frac{\mathcal{N}_\mu(]0, Ns])}{N} - \mu s\right)\right| \ge \delta\right),$$

et ce dernier terme est majoré par

$$\mathbb{P}\left(\sup_{0 \le s \le t} \left|\frac{\mathcal{N}_\lambda(]0, Ns])}{N} - \lambda s\right| \ge \frac{\delta}{4}\right) + \mathbb{P}\left(\sup_{0 \le s \le t} \left|\frac{\mathcal{N}_\mu(]0, Ns])}{N} - \mu s\right| \ge \frac{\delta}{4}\right).$$

Le lemme 5.16 assure donc de l'existence de N_1 tel que si $N \ge N_1$, alors

$$(5.34) \qquad \sup_{|z/N - x| < \delta/2} \mathbb{P}_z\left(\sup_{0 \le s \le t \wedge \tau_N} |\Delta_N(s)| \ge \delta\right) \le \frac{\varepsilon}{2}.$$

Il reste à majorer le dernier terme de l'inégalité (5.33). La convergence presque sûre de τ_N vers $x/(\mu - \lambda)$ donne l'existence de N_2, tel que si $N \ge N_2$,

$$\mathbb{P}\left(\tau_N \le \frac{x - \delta/2}{\mu - \lambda}\right) \le \frac{\varepsilon}{4}.$$

En décomposant suivant que τ_N est plus grand que $(x - \delta/2)/(\mu - \lambda)$ ou non, on obtient les inégalités suivantes,

$$\mathbb{P}_z\left(\sup_{\tau_N \wedge t < s \le t} |\Delta_N(s)| \ge \delta\right) \le \mathbb{P}_z\left(\sup_{\tau_N < s \le t + \tau_N} |\Delta_N(s)| \ge \delta\right)$$

$$\le \mathbb{P}_z\left(\sup_{\tau_N < s \le t + \tau_N} |\bar{L}_N(s)| \ge \delta/2, \ \tau_N \ge \frac{x - \delta/2}{\mu - \lambda}\right) + \mathbb{P}_z\left(\tau_N < \frac{x - \delta/2}{\mu - \lambda}\right);$$

la propriété de Markov forte de $(L(t))$ donne l'inégalité

$$\mathbb{P}_z\left(\sup_{\tau_N \wedge t < s \le t} |\Delta_N(s)| \ge \delta\right) \le \mathbb{P}_0\left(\sup_{0 \le s \le t} |\bar{L}_N(s)| \ge \delta/2\right) + \frac{\varepsilon}{4}$$

$$\le \mathbb{P}_0(T_{\lfloor N\delta/2 \rfloor} \le Nt) + \frac{\varepsilon}{4}.$$

La proposition 5.11 montre que $\left(\rho^{\lfloor N\delta \rfloor} T_{\lfloor N\delta \rfloor}\right)$ converge en distribution vers une loi exponentielle quand N tend vers l'infini. En particulier $\mathbb{P}_0(T_{\lfloor N\delta/2 \rfloor} \le Nt)$ tend vers 0 quand N tend vers l'infini, il existe donc N_3 tel que si $N \ge N_3$,

$$\mathbb{P}_z\left(\sup_{\tau_N \wedge t < s \le t} |\Delta_N(s)| \ge \delta\right) \le \frac{\varepsilon}{2},$$

et en prenant $N_0 = N_1 \vee N_3$, si $N \ge N_0$, l'inégalité (5.32) est vérifiée. $\qquad \square$

8. Grandes déviations

Les notations de la section précédente sont conservées. Si $L_N(0) = z \in \mathbb{N}$, pour $\delta > 0$ et $z \in \mathbb{N}$, la proposition 5.17 montre que l'événement

$$(5.35) \qquad \mathcal{R}_{N,\delta}^t(\phi) = \left\{ \sup_{0 \leq s \leq t} |\bar{L}_N(s) - \phi(s)| < \delta \right\},$$

est asymptotiquement de probabilité 1 quand la fonction ϕ vaut

$$\phi(s) = (x + (\lambda - \mu)s)^+$$

et avec la condition $|z/N - x| \leq \delta/2$. Sinon, pour $\phi(s) = x + \alpha s$, avec $x > 0$ et $\alpha \neq \lambda - \mu$, cet événement est asymptotiquement négligeable.

Cette section étudie à quel taux cet événement devient négligeable quand ϕ est une fonction arbitraire. Cela revient à évaluer la probabilité que la trajectoire de $(L(t))$ reste dans un tube de diamètre δ autour du chemin aberrant $s \to \phi(s)$. Le résultat principal est le théorème 5.20, page 132.

Dans cette étude, les cas suivants seront successivement envisagés : ϕ est tout d'abord une fonction linéaire, puis linéaire par morceaux et enfin une fonction de classe C^1. Le traitement du cas transient ne différant pas notablement du cas ergodique, pour simplifier la présentation, la file sera supposée stable dans toute cette section, i.e. $\rho < 1$. Dans la suite, la notation N_1 est utilisée pour des entiers a priori différents ; c'est un abus de notation pour désigner un entier plus grand que le N_1 précédent et qui en plus vérifie une autre propriété.

8.1. Le cas linéaire. La fonction ϕ vaut

$$\phi(s) = (x + \alpha s)^+,$$

avec $x \geq 0$ et $\alpha \in \mathbb{R}$. La réflexion de $(L(t))$ en 0 amène à étudier trois cas de figures :

1. la fonction ϕ est > 0 sur l'intervalle $[0, t]$;
2. pour $s \leq t$, $\phi(s) = \alpha s$ avec $\alpha > 0$, en particulier $\phi(0) = 0$;
3. pour tout $s \leq t$, $\phi(s) = 0$.

8.1.1. Les trajectoires dans $\mathbb{R}_+ - \{0\}$. Dans ce cas, $x > 0$ et $x + \alpha t > 0$. La formule de changement de probabilité donne, pour $u \in \mathbb{R}_+$,

$$(5.36) \quad \mathbb{P}_z \left(\sup_{0 \leq s \leq t} |\bar{L}_N(s) - (x + \alpha s)| < \delta \right)$$

$$= \mathbb{E}_z^u \left(u^{-Z(Nt)} e^{-(\lambda N(1-u) + \mu N(1-1/u))t} \, 1_{\mathcal{R}_{N,\delta}^t(\phi)} \right).$$

En notant

$$u(\alpha) = \frac{\alpha + \sqrt{\alpha^2 + 4\lambda\mu}}{2\lambda},$$

la solution positive de l'équation $\lambda u - \mu/u = \alpha$, quand N tend vers $+\infty$ l'événement $\mathcal{R}_{N,\delta}^t(\phi)$ est asymptotiquement de probabilité 1 pour la probabilité $\mathbb{P}_z^{u(\alpha)}$ si z est tel que $|z/N - x| \leq \delta/2$ (Proposition 5.17).

Comme $x > 0$, si δ est assez petit, le processus $(L(Ns))$ est strictement positif sur l'intervalle $[0, t]$ sur l'événement $\mathcal{R}_{N,\delta}^t(\phi)$, et donc identique au processus libre translaté de z, $(Z(Ns) + z)$, en particulier

$$(5.37) \qquad Z(Nt) \in [\alpha Nt + xN - z - \delta N, \alpha Nt + xN - z + \delta N].$$

L'identité (5.36) pour $u = u(\alpha)$ devient

$$\mathbb{P}_z(\mathcal{R}_{N,\delta}^t(\phi)) = \mathbb{E}_z^{u(\alpha)} \left(e^{-Z(Nt)\log u(\alpha) - Nt(\lambda(1 - u(\alpha)) + \mu(1 - 1/u(\alpha)))} 1_{\mathcal{R}_{N,\delta}^t(\phi)} \right).$$

En définissant

$$H(x, \alpha) = \alpha \log u(\alpha) + \lambda(1 - u(\alpha)) + \mu \left(1 - \frac{1}{u(\alpha)} \right),$$

$$(5.38) \qquad H(x, \alpha) = \alpha \log \frac{\alpha + \sqrt{\alpha^2 + 4\lambda\mu}}{2\lambda} + \lambda + \mu - \sqrt{\alpha^2 + 4\lambda\mu},$$

(noter que H ne dépend pas de x), la relation (5.37) montre que la probabilité de l'événement $\mathcal{R}_{N,\delta}^t(\phi)$ vérifie les inégalités

$$\mathbb{P}_z(\mathcal{R}_{N,\delta}^t(\phi)) \, e^{H(x,\alpha)Nt} \geq \mathbb{P}_z^{u(\alpha)}(\mathcal{R}_{N,\delta}^t(\phi)) \, e^{-(\delta N + |xN - z|)|\log u(\alpha)|},$$

$$\mathbb{P}_z(\mathcal{R}_{N,\delta}^t(\phi)) \, e^{H(x,\alpha)Nt} \leq \mathbb{P}_z^{u(\alpha)}(\mathcal{R}_{N,\delta}^t(\phi)) \, e^{(\delta N + |xN - z|)|\log u(\alpha)|},$$

par conséquent

$$(5.39) \qquad \frac{1}{N} \log \mathbb{P}_z(\mathcal{R}_{N,\delta}^t(\phi)) + H(x, \alpha)t$$

$$\geq \frac{1}{N} \log \left(\mathbb{P}_z^{u(\alpha)}(\mathcal{R}_{N,\delta}^t(\phi)) \right) - (\delta + |x - z/N|) |\log u(\alpha)|$$

et

$$(5.40) \qquad \frac{1}{N} \log \mathbb{P}_z(\mathcal{R}_{N,\delta}^t(\phi)) + H(x, \alpha)t \leq \left(\delta + \left| x - \frac{z}{N} \right| \right) |\log u(\alpha)|.$$

Si $\varepsilon > 0$, pour δ_0 assez petit de telle sorte que

$$2\delta_0 |\log u(\alpha)| \leq \frac{\varepsilon}{2}$$

et $\delta \leq \delta_0$ il existe, d'après la minoration (5.32), $N_1 \in \mathbb{N}$ tel que pour $N \geq N_1$,

$$\inf_{|z/N - x| \leq \delta/2} \frac{1}{N} \log \mathbb{P}_z^{u(\alpha)}(\mathcal{R}_{N,\delta}^t(\phi)) \geq -\frac{\varepsilon}{2}.$$

Finalement pour $N \geq N_1$ et $\delta \leq \delta_0$, les relations (5.39) et (5.40) donnent les inégalités

$$(5.41) \qquad \begin{cases} \sup_{|z/N - x| < \delta} \frac{1}{N} \log \mathbb{P}_z \left(\mathcal{R}_{N,\delta}^t(\phi) \right) + H(x, \alpha)t & \leq \varepsilon, \\ \inf_{|z/N - x| < \delta/2} \frac{1}{N} \log \mathbb{P}_z \left(\mathcal{R}_{N,\delta}^t(\phi) \right) + H(x, \alpha)t & \geq -\varepsilon, \end{cases}$$

ce qui achève l'estimation de la probabilité de $\mathcal{R}_{N,\delta}^t(\phi)$ dans ce cas. Les autres cas sont plus délicats en raison de la réflexion en 0.

8.1.2. *Le problème de la frontière* $x = 0$. Ici $\phi(s) = \alpha s$, pour $s \leq t$ et $\alpha > 0$. Dans ce cas, en raison de la réflexion en 0, le processus libre n'est pas directement utilisable. La fonction H est prolongée en $x = 0$ en définissant aussi $H(0, \alpha)$ par la relation (5.38), en particulier $H(x, \alpha) = H(0, \alpha)$ pour tout $x \in \mathbb{R}_+$ si $\alpha > 0$.

Si $\eta_0 = 2\delta/\alpha$ (avec δ assez petit pour que $\eta_0 \leq t$), alors

$$\mathcal{R}_{N,\delta}^t(\phi) = \left\{ \mathcal{R}_{N,\delta}^{\eta_0}(\phi), \sup_{\eta_0 \leq s \leq t} |\bar{L}_N(s) - \alpha s| < \delta \right\},$$

et la propriété de Markov de $(L(t))$ montre, en posant $\phi_1(s) = \alpha(\eta_0 + s)$

$$(5.42) \qquad \mathbb{P}_z\left(\mathcal{R}_{N,\delta}^t(\phi)\right) = \mathbb{E}_z\left(1_{\mathcal{R}_{N,\delta}^{\eta_0}(\phi)} \mathbb{P}_{L(N\eta_0)}(\mathcal{R}_{N,\delta}^{t-\eta_0}(\phi_1))\right),$$

d'où l'inégalité

$$\mathbb{P}_z\left(\mathcal{R}_{N,\delta}^t(\phi)\right) \leq \mathbb{E}_z\left(1_{\{|\bar{L}_N(\eta_0) - \alpha\eta_0| < \delta\}} \mathbb{P}_{L(N\eta_0)}(\mathcal{R}_{N,\delta}^{t-\eta_0}(\phi_1))\right).$$

D'après les inégalités (5.41), pour δ assez petit, il existe N_1 tel que si $N \geq N_1$,

$$\frac{1}{N} \log \mathbb{P}_{\bar{L}_N(\eta_0)}\left(\mathcal{R}_{N,\delta}^{t-\eta_0}(\phi_1)\right) + H(0, \alpha)(t - \eta_0) \leq \frac{\varepsilon}{2},$$

sur l'événement $\{|\bar{L}_N(\eta_0) - \alpha\eta_0| < \delta\}$; par conséquent la relation (5.42) montre que pour δ suffisamment petit, inférieur à $\alpha\varepsilon/(4H(0, \alpha))$, il existe N_1 tel que si $N \geq N_1$,

$$(5.43) \qquad \sup_{z/N \leq \delta} \frac{1}{N} \log \mathbb{P}_z\left(\mathcal{R}_{N,\delta}^t(\phi)\right) + H(0, \alpha)t \leq \varepsilon,$$

ce qui donne la borne supérieure.

Pour minorer ces probabilités, comme

$$\mathbb{P}_z(\mathcal{R}_{N,\delta}^t(\phi)) \geq \mathbb{P}_z\left(\mathcal{R}_{N,\delta}^t(\phi), \{Z(s) \geq 0, \forall s \geq 0\}\right),$$

avec la formule de changement de probabilités, ce dernier terme vaut

$$\mathbb{E}_z^{u(\alpha)}\left(e^{-Z(Nt)\log u(\alpha) - Nt(\lambda(1-u(\alpha)) + \mu(1-1/u(\alpha)))} 1_{\{\mathcal{R}_{N,\delta}^t(\phi), Z(s) \geq 0, \forall s \geq 0\}}\right).$$

Comme Z et L sont identiques tant que Z est positif,

$$(5.44) \quad e^{(\delta N + z)|\log u(\alpha)| + NH(0,\alpha)t} \mathbb{P}_z\left(\mathcal{R}_{N,\delta}^t(\phi)\right) \geq$$
$$\mathbb{P}_z^{u(\alpha)}\left(\mathcal{R}_{N,\delta}^t(\phi), Z(s) \geq 0, \forall s \geq 0\right).$$

En utilisant l'inégalité (5.32), il est facile de montrer que l'expression

$$\inf_{z/N \leq \delta/2} \mathbb{P}_z^{u(\alpha)}\left(\mathcal{R}_{N,\delta}^t(\phi), Z(s) \geq 0, \forall s \geq 0\right)$$

converge vers

$$\mathbb{P}^{u(\alpha)}\left(Z(s) \geq 0, \forall s \geq 0\right) = \mathbb{P}^{u(\alpha)}(T_0 = +\infty) = 1 - \frac{\mu}{\lambda u^2(\alpha)} = \frac{\alpha}{\lambda u(\alpha)} > 0$$

quand N tend vers l'infini. Avec l'inégalité (5.43), on en déduit que pour δ assez petit, il existe N_1 tel que si $N \geq N_1$,

$$(5.45) \quad \begin{cases} \sup_{z/N \leq \delta} \frac{1}{N} \log \mathbb{P}_z \left(\mathcal{R}^t_{N,\delta}(\phi) \right) + H(0,\alpha)t & \leq \varepsilon, \\ \inf_{z/N \leq \delta/2} \frac{1}{N} \log \mathbb{P}_z \left(\mathcal{R}^t_{N,\delta}(\phi) \right) + H(0,\alpha)t & \geq -\varepsilon. \end{cases}$$

8.1.3. *La trajectoire plate* $x = 0$ *et* $\alpha = 0$. Ici ϕ est identiquement nulle sur $[0,t]$, l'événement $\mathcal{R}^t_{N,\delta}(\phi)$ est donc asymptotiquement probable. En posant,

$$(5.46) \qquad\qquad H(0,0) = 0,$$

les inégalités (5.45) sont aussi vérifiées d'après la proposition 5.17.

Les résultats précédents se montrent de la même façon en remplaçant l'événement $\mathcal{R}^t_{N,\delta}(\phi)$ par l'événement

$$\{|\bar{L}_N(t) - \phi(t)| \leq \delta\} = \{|\bar{L}_N(t) - (x + \alpha t)^+| \leq \delta\}.$$

Les inégalités (5.41), (5.45) et (5.46) établissent donc la proposition suivante.

PROPOSITION 5.18. *Si* $\rho < 1$, $\alpha \in \mathbb{R}$, x, $t \in \mathbb{R}_+$ *et* $\phi(s) = (x + \alpha s)^+$, *pour* $\varepsilon > 0$ *et* δ *suffisamment petit, il existe* N_0 *tel que si* $N \geq N_0$, *alors*

$$\inf_{|z/N - x| < \delta/2} \frac{1}{N} \log \mathbb{P}_z \left(\sup_{0 \leq s \leq t} |\bar{L}_N(s) - \phi(s)| < \delta \right) + H(x,\alpha)t \geq -\varepsilon,$$

$$\sup_{|z/N - x| < \delta} \frac{1}{N} \log \mathbb{P}_z \left(\sup_{0 \leq s \leq t} |\bar{L}_N(s) - \phi(s)| < \delta \right) + H(x,\alpha)t \leq \varepsilon$$

et

$$\inf_{|z/N - x| < \delta/2} \frac{1}{N} \log \mathbb{P}_z \left(|\bar{L}_N(t) - \phi(t)| < \delta \right) + H(x,\alpha)t \geq -\varepsilon,$$

$$\sup_{|z/N - x| < \delta} \frac{1}{N} \log \mathbb{P}_z \left(|\bar{L}_N(t) - \phi(t)| < \delta \right) + H(x,\alpha)t \leq \varepsilon,$$

où $H(x,\alpha)$ *est défini par*

$$H(x,\alpha) = \alpha \log \frac{\alpha + \sqrt{\alpha^2 + 4\lambda\mu}}{2\lambda} + \lambda + \mu - \sqrt{\alpha^2 + 4\lambda\mu},$$

si $(x,\alpha) \neq (0,0)$ *et* $H(0,0) = 0$.

L'expression $H(x,\alpha)t$ donne le taux de décroissance exponentielle en N de la probabilité de $\mathcal{R}^t_{N,\delta}(\phi)$. Il est remarquable que ce taux de décroissance soit le même si l'on force toute la trajectoire à être autour de ϕ ou seulement le dernier point du processus. L'explication est bien sûre contenue dans la formule de changement de probabilité. Si le processus est forcé à l'origine et en t à être autour deux points spécifiés, la trajectoire du processus est celle d'une marche aléatoire; elle sera donc autour d'une ligne droite entre ces deux points, et par conséquent dans un tube autour de ϕ.

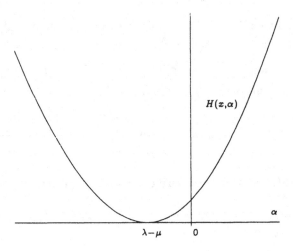

FIG. 5. La fonction $\alpha \to H(x,\alpha)$, pour $x > 0$

8.2. Le cas linéaire par morceaux. Le résultat précédent est étendu en étudiant la probabilité que la trajectoire renormalisée soit dans un tube de diamètre δ autour d'une fonction ϕ, linéaire par morceaux avec

$$\phi(s) = \begin{cases} \phi_1(s) = x + \alpha_1 s, & \text{pour } s \leq v, \\ \phi_2(s - v), & \text{pour } v < s \leq t, \end{cases}$$

où $\phi_2(s) = y + \alpha_2 s$ avec $y = \phi_1(v) = x + \alpha_1 v$. Les constantes des fonctions $\phi_i, i = 1, 2$ sont telles que ϕ est positive sur l'intervalle $[0, t]$.

La propriété de Markov de $(L(t))$ donne, en utilisant la définition (5.35),

$$\mathbb{P}_z(\mathcal{R}_{N,\delta}^t(\phi)) = \mathbb{P}_z \left(\sup_{0 \leq s \leq v} |\bar{L}_N(s) - \phi_1(s)| < \delta, \ \sup_{v \leq s \leq t} |\bar{L}_N(s) - \phi_2(s - v)| < \delta \right)$$

$$= \mathbb{E}_z \left(1_{\mathcal{R}_{N,\delta}^v(\phi_1)} \mathbb{P}_{L(Nv)} \left(\mathcal{R}_{N,\delta}^{t-v}(\phi_2) \right) \right).$$

La proposition 5.18 montre que pour $\varepsilon > 0$ et δ assez petit, il existe $N_1 \in \mathbb{N}$ tel que si $N \geq N_1$,

$$\mathbb{P}_{L(Nv)} \left(\mathcal{R}_{N,\delta}^{t-v}(\phi_2) \right) \leq \exp N(\varepsilon/2 - H(y, \alpha_2)(t - v)),$$

sur l'événement $\{|L(Nv)/N - y| \leq \delta\}$, et

$$\sup_{|z/N - x| \leq \delta} \mathbb{P}_z \left(\mathcal{R}_{N,\delta}^v(\phi_1) \right) \leq \exp N(\varepsilon/2 - H(x, \alpha_1)v).$$

Comme $\mathcal{R}_{N,\delta}^v(\phi_1)$ est un sous-ensemble de $\{|L(Nv)/N - y| \leq \delta\}$, pour $N \geq N_1$, la relation suivante est établie,

$$\sup_{|z/N - x| \leq \delta} \frac{1}{N} \log \mathbb{P}_z(\mathcal{R}_{N,\delta}^t(\phi)) + H(x, \alpha_1)v + H(y, \alpha_2)(t - v)) \leq \varepsilon.$$

Par définition de H,

$$H(x, \alpha_1)v + H(y, \alpha_2)(t - v) = \int_0^t H(\phi(s), \phi'(s))\, ds,$$

donc l'inégalité précédente peut se réécrire comme

$$\sup_{|z/N - x| \leq \delta} \frac{1}{N} \log \mathbb{P}_z(\mathcal{R}_{N,\delta}^t(\phi)) + \int_0^t H(\phi(s), \phi'(s))\, ds \leq \varepsilon.$$

L'inégalité ci-dessous avec la borne inférieure,

$$\inf_{|z/N - x| \leq \delta/4} \frac{1}{N} \log \mathbb{P}_z(\mathcal{R}_{N,\delta}^t(\phi)) + \int_0^t H(\phi(s), \phi'(s))\, ds \geq -\varepsilon,$$

s'obtient de la même façon en utilisant la relation

$$\mathbb{P}_z(\mathcal{R}_{N,\delta}^t(\phi)) \geq \mathbb{E}_z \left(1_{\mathcal{R}_{N,\delta/2}^v(\phi_1)} \mathbb{P}_{L(Nv)} \left(\mathcal{R}_{N,\delta}^{t-v}(\phi_2) \right) \right)$$

et la proposition 5.18.

Comme précédemment, les résultats obtenus sont inchangés en remplaçant $\mathcal{R}_{N,\delta}^t(\phi)$ par l'événement

$$\left\{ |\bar{L}_N(v) - \phi(v)| < \delta, |\bar{L}_N(t) - \phi(t)| < \delta \right\}.$$

La proposition suivante s'obtient par récurrence sur le nombre de segments de la fonction linéaire par morceaux.

PROPOSITION 5.19. *Sous la condition* $\rho < 1$, *pour* x *et* $t \in \mathbb{R}_+$, *si* ϕ *est une fonction positive, continue et linéaire sur les intervalles* $[v_i, v_{i+1}[$, $i = 0, \ldots, n-1$ *où* $0 = v_0 \leq v_1 \leq \cdots \leq v_n = t$ *avec* $\phi(0) = x$, *alors pour* $\varepsilon > 0$ *et* $\delta > 0$ *suffisamment petits, il existe* $N_1 \in \mathbb{N}$ *et* $\delta_1 > 0$ *tels que si* $N \geq N_0$,

$$\sup_{|z/N - x| < \delta_1} \left| \frac{1}{N} \log \mathbb{P}_z \left(\sup_{0 \leq s \leq t} |\bar{L}_N(s) - \phi(s)| < \delta \right) + \int_0^t H(\phi(s), \phi'(s))\, ds \right| \leq \varepsilon,$$

et

$$(5.47) \quad \sup_{|z/N - x| < \delta_1} \left| \frac{1}{N} \log \mathbb{P}_z \left(\sup_{0 \leq i \leq n} |\bar{L}_N(v_i) - \phi(v_i)| < \delta \right) + \right.$$
$$\left. \int_0^t H(\phi(s), \phi'(s))\, ds \right| \leq \varepsilon,$$

et la fonction $H(\cdot, \cdot)$ *est définie par*

$$H(y, \alpha) = \alpha \log \frac{\alpha + \sqrt{\alpha^2 + 4\lambda\mu}}{2\lambda} + \lambda + \mu - \sqrt{\alpha^2 + 4\lambda\mu},$$

si $(y, \alpha) \neq (0, 0)$ *et* $H(0, 0) = 0$.

8.3. Généralisation. La fonction ϕ est de classe C^1 à valeurs positives. Le résultat de grandes déviations du processus du nombre de clients se formule de la façon suivante.

THÉORÈME 5.20. *Si $\rho < 1$ et x, $t \in \mathbb{R}_+$, $\phi : \mathbb{R}_+ \to \mathbb{R}_+$ est une fonction de classe C^1, vérifiant $\phi(0) = x$, alors pour tout $\varepsilon > 0$ et pour $\delta > 0$ suffisamment petit, il existe $N_0 \in \mathbb{N}$ et δ_1 tels que si $N \geq N_0$,*

$$\sup_{|z/N - x| < \delta_1} \left| \frac{1}{N} \log \mathbb{P}_z \left(\sup_{0 \leq s \leq t} |\bar{L}_N(s) - \phi(s)| < \delta \right) + \int_0^t H(\phi(s), \phi'(s)) \, ds \right| \leq \varepsilon,$$

où H est définie par

$$(5.48) \qquad H(x, \alpha) = \alpha \log \frac{\alpha + \sqrt{\alpha^2 + 4\lambda\mu}}{2\lambda} + \lambda + \mu - \sqrt{\alpha^2 + 4\lambda\mu},$$

si $(x, \alpha) \neq (0, 0)$ et $H(0, 0) = 0$.

DÉMONSTRATION. D'après ce qui précède, le théorème est vrai pour les fonctions linéaires par morceaux. Il reste à approximer la fonction ϕ par des fonctions linéaires par morceaux (ϕ_n). La fonction définie par (5.48) présente toutefois une difficulté, elle est continue en tout point de $\mathbb{R}_+ \times \mathbb{R}$, sauf au point $(0, 0)$,

$$\lim_{\alpha \to 0, \alpha > 0} H(0, \alpha) \neq H(0, 0).$$

L'approximation de

$$\int_0^t H(\phi(s), \phi'(s)) \, ds \quad \text{par} \quad \int_0^t H(\phi_n(s), \phi'_n(s)) \, ds,$$

n'est donc pas à priori valide. La fonction H est en revanche continue par valeurs inférieures, au sens où,

$$\lim_{\substack{x \to x_0, x \leq x_0, \\ \alpha \to \alpha_0, \alpha \leq \alpha_0}} H(x, \alpha) = H(x_0, \alpha_0),$$

de plus

$$(5.49) \qquad \liminf_{x \to x_0, \alpha \to \alpha_0} H(x, \alpha) = H(x_0, \alpha_0).$$

Ces propriétés suffisent, on va le voir, pour montrer le résultat de grandes déviations annoncé dans le théorème.

Borne inférieure. La fonction ϕ étant de classe C^1, pour tout $\eta > 0$, il est possible de trouver une fonction ϕ_η, linéaire par morceaux sur $[0, t]$, telle que

$$\phi_\eta(s) \leq \phi(s), \qquad \phi'_\eta(s) \leq \phi'(s), \qquad 0 \leq s \leq t,$$

et

$$\sup_{0 \leq s \leq t} |\phi_\eta(s) - \phi(s)| < \eta, \qquad \sup_{0 \leq s \leq t} |\phi'_\eta(s) - \phi'(s)| < \eta.$$

La propriété de continuité de H par valeurs inférieures donne

$$\lim_{\eta \to 0} H(\phi_\eta(s), \phi'_\eta(s)) = H(\phi(s), \phi'(s)), \quad s \in [0, t],$$

et le théorème de convergence dominée

$$\lim_{\eta \to 0} \int_0^t H(\phi_\eta(s), \phi_\eta'(s))\, ds = \int_0^t H(\phi(s), \phi'(s))\, ds.$$

Pour $\varepsilon > 0$, il existe η_0 tel que si $\eta \le \eta_0$,

$$\left| \int_0^t H(\phi_\eta(s), \phi_\eta'(s))\, ds - \int_0^t H(\phi(s), \phi'(s))\, ds \right| \le \frac{\varepsilon}{2}.$$

Pour $\delta > 0$,

$$\mathbb{P}_z \left(\sup_{0 \le s \le t} |\bar{L}_N(s) - \phi(s)| < \delta + \eta \right) \ge \mathbb{P}_z \left(\sup_{0 \le s \le t} |\bar{L}_N(s) - \phi_\eta(s)| < \delta \right),$$

Si $\eta \le \eta_0$ est fixé et $\delta > 0$ assez petit, il existe (Proposition 5.19) $N_0 \in \mathbb{N}$ et δ_1 tels que pour $N \ge N_0$,

$$\inf_{|z/N - x| < \delta_1} \frac{1}{N} \log \mathbb{P}_z \left(\sup_{0 \le s \le t} |\bar{L}_N(s) - \phi_\eta(s)| < \delta \right)$$

$$\ge -\frac{\varepsilon}{2} - \int_0^t H(\phi_\eta(s), \phi_\eta'(s))\, ds,$$

d'où

$$(5.50) \quad \inf_{|z/N - x| < \delta_1} \frac{1}{N} \log \mathbb{P}_z \left(\sup_{0 \le s \le t} |\bar{L}_N(s) - \phi(s)| < \delta + \eta \right)$$

$$\ge -\varepsilon - \int_0^t H(\phi(s), \phi'(s))\, ds.$$

Borne supérieure. Pour $n \ge 1$, on note ϕ_n est la fonction continue linéaire par morceaux

$$\phi_n(s) = \phi\left(\frac{k}{n}\right) + (ns - k)\left(\phi\left(\frac{k+1}{n}\right) - \phi\left(\frac{k}{n}\right)\right),$$

si $\lfloor sn \rfloor = k$. La fonction ϕ_n coïncide avec ϕ aux points k/n, $k \le \lfloor tn \rfloor$. La continuité uniforme de ϕ et ϕ' montre qu'elle converge uniformément vers ϕ de même que sa dérivée à droite vers ϕ'.

La fonction H étant positive, le lemme de Fatou et la propriété (5.49) donnent

$$\int_0^t \liminf_{n \to +\infty} H(\phi_n(s), \phi_n'(s))\, ds \le \liminf_{n \to +\infty} \int_0^t H(\phi_n(s), \phi_n'(s))\, ds,$$

$$\int_0^t H(\phi(s), \phi'(s))\, ds \le \liminf_{n \to +\infty} \int_0^t H(\phi_n(s), \phi_n'(s))\, ds.$$

Il existe donc n_0 tel que pour $n \ge n_0$,

$$\int_0^t H(\phi(s), \phi'(s))\, ds - \frac{\varepsilon}{2} \le \int_0^t H(\phi_n(s), \phi_n'(s))\, ds.$$

La majoration

$$\mathbb{P}_z \left(\sup_{0 \leq s \leq t} |\bar{L}_N(s) - \phi(s)| < \delta \right) \leq \mathbb{P}_z \left(\sup_{0 \leq k \leq \lfloor n_0 t \rfloor} |\bar{L}_N(k/n_0) - \phi(k/n_0)| < \delta \right)$$

$$= \mathbb{P}_z \left(\sup_{0 \leq k \leq \lfloor n_0 t \rfloor} |\bar{L}_N(k/n_0) - \phi_{n_0}(k/n_0)| < \delta \right),$$

et l'identité (5.47) de la proposition 5.19 appliquée à la fonction ϕ_{n_0} montrent que pour $\varepsilon > 0$ et δ assez petit, il existe $N_0 \in \mathbb{N}$ et $\delta_1 > 0$ tels que si $N \geq N_0$,

$$\sup_{|z/N - x| < \delta_1} \frac{1}{N} \log \mathbb{P}_z \left(\sup_{0 \leq k \leq \lfloor n_0 t \rfloor} |\bar{L}_N(k/n_0) - \phi(k/n_0)| < \delta \right)$$

$$\leq \frac{\varepsilon}{2} - \int_0^t H(\phi_{n_0}(s), \phi'_{n_0}(s))\, ds.$$

Par conséquent l'inégalité suivante est vérifiée

$$(5.51) \quad \sup_{|z/N - x| < \delta_1} \frac{1}{N} \log \mathbb{P}_z \left(\sup_{0 \leq k \leq \lfloor n_0 t \rfloor} |\bar{L}_N(k/n_0) - \phi(k/n_0)| < \delta \right)$$

$$\leq \varepsilon - \int_0^t H(\phi(s), \phi'(s))\, ds;$$

finalement

$$\sup_{|z/N - x| < \delta_1} \frac{1}{N} \log \mathbb{P}_z \left(\sup_{0 \leq s \leq t} |\bar{L}_N(s) - \phi(s)| < \delta \right) \leq \varepsilon - \int_0^t H(\phi(s), \phi'(s))\, ds.$$

Cette dernière inégalité et la relation (5.50) achèvent la preuve du théorème. $\square$

Si la preuve du théorème précédent comporte nombre de points techniques, les idées utilisées sont assez simples. Le changement de probabilité est, bien entendu, l'ingrédient principal. Regarder les trajectoires du processus $(L(t))$ qui suivent $t \to x + \alpha t$ revient à considérer le changement de probabilité qui donne la pente α à $(L(t))$. Le second point important concerne la discontinuité en 0, la fonction $(x, \alpha) \to H(x, \alpha)$ qui en résulte n'est plus continue mais conserve une propriété cruciale : la semi-continuité inférieure (5.49). Cette propriété permet l'approximation par des fonctions linéaires par morceaux.

Le théorème précédent peut être étendu au cas où la fonction ϕ est absolument continue par rapport à la mesure de Lebesgue. Dans ce cas, la dérivée existe presque partout. Modulo cette généralisation, le théorème précédent est un résultat de grandes déviations faible pour le processus $(L(t))$.

9. Appendice

La densité de la durée d'une période d'occupation. La densité de la durée de la période d'occupation est explicitée en inversant la transformée de Laplace (5.8). Ces inversions présentent assez souvent un caractère de curiosité dans le domaine des files d'attente. Les expressions des densités de probabilité, quand elles sont connues, s'expriment avec des fonctions spéciales (les fonctions de Bessel ici) plus ou moins faciles à manipuler. En général, les résultats asymptotiques peuvent être obtenus plus simplement de manière probabiliste.

PROPOSITION 5.21. *Si* $\lambda \leq \mu$ *et* $L(0) = 1$, *la densité de* T_0 *vaut*

$$\sqrt{\frac{\mu}{\lambda}} \, \frac{I_1(2\sqrt{\lambda\mu}t)}{t} e^{-(\lambda+\mu)t}, \qquad t > 0,$$

où I_1 *est la fonction de Bessel modifiée d'ordre 1,*

$$I_1(t) = \sum_{k=0}^{+\infty} \frac{(t/2)^{2k+1}}{k!(k+1)!}, \qquad t \in \mathbb{R}.$$

DÉMONSTRATION. En utilisant la décomposition en série entière des puissances de $(1+x)$, pour $|x| < 1$,

$$\sqrt{1+x} = \sum_{k=0}^{+\infty} C_{1/2}^k x^k,$$

avec

$$C_{1/2}^k = \frac{1/2(1/2-1)(1/2-2)\ldots(1/2-k+1)}{k!},$$

en posant $C_{1/2}^0 = 1$, d'où

$$\frac{1 - \sqrt{1-x^2}}{x} = \sum_{k\geq 0} \frac{2k!}{k!(k+1)!}(x/2)^{2k+1},$$

par conséquent

$$\mathbb{E}_1\left(e^{-xT_0}\right) = \sqrt{\frac{\mu}{\lambda}} \, \frac{1 - \sqrt{1 - 4\lambda\mu/(\lambda+\mu+x)^2}}{2\sqrt{\lambda\mu}/(\lambda+\mu+x)}$$

$$(5.52) \qquad = \sum_{k\geq 0} \frac{2k!}{k!(k+1)!} \left(\frac{\lambda}{\lambda+\mu}\right)^k \left(\frac{\mu}{\lambda+\mu}\right)^{k+1} \left(\frac{\lambda+\mu}{\lambda+\mu+x}\right)^{2k+1}.$$

Si $k \in \mathbb{N}$ et $x \in \mathbb{R}$,

$$\left(\frac{\lambda+\mu}{\lambda+\mu+x}\right)^{2k+1}$$

est la transformée de Laplace en x de la somme de $2k+1$ variables aléatoires indépendantes de loi exponentielle de paramètre $\lambda+\mu$, c'est donc la transformée de Laplace en x de la loi de densité

$$(\lambda+\mu)^{2k+1} \frac{t^{2k}}{(2k)!} e^{-(\lambda+\mu)t},$$

sur $\mathbb{R}_+$. On en déduit que T_0 a pour densité sur $\mathbb{R}_+$,

$$\sum_{k \geq 0} \frac{1}{k!(k+1)!} \mu(\lambda\mu)^k t^{2k} e^{-(\lambda+\mu)t} = \sqrt{\frac{\mu}{\lambda}} \sum_{k \geq 0} \frac{1}{k!(k+1)!} (\sqrt{\lambda\mu})^{2k+1} t^{2k} e^{-(\lambda+\mu)t}$$

$$= \sqrt{\frac{\mu}{\lambda}} \frac{I_1(2\sqrt{\lambda\mu t})}{t} e^{-(\lambda+\mu)t},$$

ce qui achève la démonstration de la proposition.   □

La relation (5.52) a une interprétation très simple. Si $p \in [0,1]$ et $q = 1 - p$, le terme

$$\frac{2k!}{k!(k+1)!} p^k q^{k+1}$$

est la probabilité qu'une marche aléatoire simple dont les sauts valent 1 [resp -1] avec probabilité p [resp q], arrive en 0 pour la première fois à $t = 2k + 1$ en partant de 1 à $t = 0$ (voir Feller [19] par exemple). Les sauts du processus de Markov $(L(t))$ entre 0 et T_0 sont espacés suivant un processus de Poisson de paramètre $\lambda + \mu$. Un saut de ce processus vaut $+1$ avec probabilité $\lambda/(\lambda + \mu)$ et -1 sinon. Le terme général de la série (5.52) est donc la transformée de Laplace d'une période d'occupation de la file M/M/1 où k clients sont servis.

CHAPITRE 6

La file d'attente M/M/∞

Sommaire

1. Introduction

La file d'attente à une infinité de serveurs est, avec la file d'attente $M/M/1$, un modèle de base. Elle joue un rôle crucial dans la plupart des études probabilistes de réseaux de télécommunication. Comme la file $M/M/1$, son intérêt dépasse largement le cadre des files d'attente puisque ce modèle se rencontre dans d'autres domaines, comme par exemple la physique statistique ou l'informatique théorique.

Les propriétés à l'équilibre de ce modèle sont étudiées dans les chapitres 4 et 7. Les résultats abordés ici concernent les propriétés transitoires de la file $M/M/\infty$. Si la trame de l'étude est similaire à celle utilisée pour la file $M/M/1$, les propriétés de cette file présentent de notables différences avec celles d'une file $M/M/1$.

1. La capacité de service étant potentiellement infinie, la file $M/M/\infty$ est toujours stable. La queue de distribution, $\pi([n, +\infty[)$, du nombre de clients à l'équilibre est, si $\rho = \lambda/\mu$ est la charge,

$$\sum_{k \geq n} \frac{\rho^k}{k!} e^{-\rho} \leq \frac{\rho^n}{n!} \sim \frac{1}{\sqrt{2\pi}} n^{-n-\frac{1}{2}} e^{n(\log \rho + 1)},$$

alors que la décroissance de la queue de distribution de la file $M/M/1$ à l'équilibre est seulement géométrique. Cette file d'attente est très stable. Les lois asymptotiques des temps d'atteinte reflètent aussi cette propriété, voir les propositions 6.8 et 6.10.

2. Le processus du nombre de clients n'est plus, en dehors de 0, une marche aléatoire. Par conséquent, et cela complique sensiblement l'étude, les martingales positives associées (Proposition 6.4) ne sont pas des martingales exponentielles simples comme celles utilisées pour la file $M/M/1$.

3. Le procédé de renormalisation étudié pour ce modèle consiste à accélérer les arrivées des clients tout en renormalisant en espace par le même facteur. Le processus limite est aussi un processus déterministe. Celui-ci n'est cependant pas un chemin linéaire par morceaux, mais une courbe qui converge exponentiellement vite vers l'asymptote ρ (Théorème 6.13). En particulier, ρ remplace 0 pour la valeur de la trajectoire absorbante du processus renormalisé.

4. La perturbation autour de la trajectoire déterministe est une diffusion qui n'est pas un mouvement brownien mais une diffusion ergodique liée au processus d'Ornstein-Ühlenbeck (Théorème 6.14).

Comme dans le chapitre 5 sur la file d'attente $M/M/1$, le processus $\mathcal{N}_\xi(dx)$ désigne un processus de Poisson sur $\mathbb{R}$, de paramètre $\xi \in \mathbb{R}_+$. Avec la même notation qu'au chapitre 1, si I est un intervalle de $\mathbb{R}_+$, la quantité $\mathcal{N}_\xi(I)$ désigne le nombre de points du processus $\mathcal{N}_\xi$ dans cet intervalle. Un indice en haut $\mathcal{N}_\xi^i, i \in \mathbb{N}$ est ajouté s'il y a besoin d'une suite i.i.d. de processus de Poisson de paramètre ξ.

Le processus des arrivées est un processus de Poisson d'intensité λ, les services sont distribués exponentiellement, de paramètre μ et $\rho = \lambda/\mu$ est la charge de la file d'attente. La filtration $\mathcal{F} = (\mathcal{F}_t)$ est définie par

$$\mathcal{F}_t = \sigma\left(\mathcal{N}_\lambda(]0,s]), \mathcal{N}_\mu^i(]0,s]), i \in \mathbb{N}, s \leq t\right),$$

pour $t \geq 0$. Le processus du nombre des clients $(L(t))$ est un processus de Markov de sauts dont la matrice de sauts $Q = (q_{ij})$ est donnée par

$$q_{i\,i+1} = \lambda, \qquad i \in \mathbb{N},$$
$$q_{i\,i-1} = i\mu, \qquad i \in \mathbb{N},$$
$$q_{ij} = 0, \qquad |i-j| > 1.$$

Les intensités de saut de ce processus ne sont, à la différence de la file $M/M/1$, pas bornées. En revanche l'intensité des sauts vers le haut est bornée, il n'y a donc pas de problème d'explosion en temps fini pour ce processus de Markov (voir l'appendice C). De façon plus synthétique, si f est une fonction réelle sur $\mathbb{N}$, le générateur s'exprime comme,

(6.1) $\qquad Q(f)(n) = \lambda(f(n+1) - f(n)) + n\mu(f(n-1) - f(n)),$

pour $n \in \mathbb{N}$. La proposition 7.3 et le résultat de réversibilité des processus de vie et de mort vu au chapitre 4 sont résumés dans la proposition suivante.

PROPOSITION 6.1. *La loi stationnaire du nombre de clients est une loi de Poisson de paramètre $\rho = \lambda/\mu$. À l'équilibre le processus $(L(t))$ du nombre de clients dans la file d'attente est réversible et le processus de départ est un processus de Poisson de paramètre λ. De plus, pour $t \in \mathbb{R}_+$, la distance à l'équilibre à l'instant t pour la distance en variation totale vérifie l'inégalité*

$$\|\mathbb{P}_0(L(t) \in \cdot) - Q^\rho\|_{vt} \leq 1 - e^{-\rho \exp(-\mu t)},$$

en notant Q^ρ la loi de Poisson de paramètre ρ.

Le processus $(L(t))$ peut aussi être vu comme la solution d'une équation différentielle stochastique. Cette formulation sera utile pour étudier les propriétés du processus renormalisé.

PROPOSITION 6.2. *Le processus de Markov de générateur Q partant de $x \in \mathbb{N}$ a même loi que l'unique solution $(L(t))$ de l'équation différentielle stochastique*

$$(6.2) \qquad L(dt) = \mathcal{N}_\lambda(dt) - \sum_{i=1}^{L(t-)} \mathcal{N}_\mu^i(dt),$$

avec $L(0) = x$, ou encore

$$(6.3) \qquad L(t) = x + \mathcal{N}_\lambda(]0,t]) - \sum_{i=1}^{+\infty} \int_{]0,t]} 1_{\{L(s-)\geq i\}} \mathcal{N}_\mu^i(ds).$$

Le processus

$$(6.4) \qquad (M(t)) = \left(L(t) - L(0) - \lambda t + \mu \int_0^s L(s)\, ds \right)$$

est une martingale de carré intégrable dont le processus croissant vaut

$$\langle M \rangle (t) = \lambda t + \mu \int_0^t L(s)\, ds.$$

Le processus $\mathcal{N}_\lambda$ est celui des arrivées de clients. Pour $i \geq 1$ le processus $\mathcal{N}_\mu^i$ s'interprète de la façon suivante : s'il y a au moins i clients dans la file à l'instant t, la distance au premier point de $\mathcal{N}_\mu^i$ après t est le service résiduel du i-ième client.

DÉMONSTRATION. La proposition B.11 page 338 en annexe montre l'existence et l'unicité de la solution $(L(t))$ de l'équation différentielle (6.2). Pour établir la correspondance entre la solution de l'équation différentielle et le processus de Markov $(L(t))$, la proposition C.7 page 348 montre qu'il suffit d'établir que, si f est une fonction réelle sur $\mathbb{N}$, le processus

$$\left(f(L(t)) - f(L(0)) - \int_0^t Q(f)(L(s))\, ds \right)$$

est une martingale locale. Comme le processus $(L(t))$ ne fait que des sauts de hauteur 1, il est facile de vérifier la relation suivante

$$df(L(t)) = \lim_{s \nearrow t} f(L(t)) - f(L(s))$$

$$= \Big(f(L(t-) + 1) - f(L(t-)) \Big) \, \mathcal{N}_\lambda(dt)$$

$$+ \Big((f(L(t-) - 1) - f(L(t-))) \Big) \sum_{i=1}^{L(t-)} \mathcal{N}_\mu^i(dt).$$

L'expression différentielle obtenue précédemment montre que $f(L(t))$ peut se représenter sous la forme

$$f(L(t)) = f(L(0)) + R(t) + \lambda \int_0^t \Big(f(L(s-) + 1) - f(L(s-)) \Big) \, ds$$

$$+ \mu \int_0^t \Big(f(L(s-) - 1) - f(L(s-)) \Big) L(s-) \, ds$$

$$= f(L(0)) + R(t) + \int_0^t Q(f)(L(s-)) \, ds,$$

$$f(L(t)) = f(L(0)) + R(t) + \int_0^t Q(f)(L(s)) \, ds,$$

où le processus $(R(t))$ est la martingale locale définie par,

$$(6.5) \quad R(t) = \int_{]0,t]} \Big(f(L(s-) + 1) - f(L(s-)) \Big) \, (\mathcal{N}_\lambda(ds) - \lambda \, ds)$$

$$+ \sum_{i=1}^{+\infty} \int_{]0,t]} 1_{\{L(s-) \geq i\}} \Big((f(L(s-) - 1) - f(L(s-))) \Big) \, (\mathcal{N}_\mu^i(ds) - \mu \, ds).$$

La représentation précédente montre que le processus $(L(t))$ est solution du problème de martingale associé au générateur Q, i.e. le processus

$$\left(f(L(t)) - f(L(0)) - \int_0^t Q(f)(L(s)) \, ds \right),$$

est une martingale locale pour toute fonction réelle f sur $\mathbb{N}$. Par conséquent $(L(t))$ a même distribution que le processus de Markov associé à Q de point initial x.

En prenant $f(x) = x$, on en déduit que

$$\left(f(L(t)) - f(L(0)) - \int_0^t Q(f)(L(s)) \, ds \right)$$

$$= \left(L(t) - L(0) - \lambda t - \mu \int_0^t L(s) \, ds \right) = (M(t)),$$

est une martingale locale. Pour $s \leq t \in \mathbb{R}$, la variable $L(s)$ est majorée par $N_\lambda(]0,t]) + L(0)$, par conséquent la variable $\sup\{M(s); s \leq t\}$ est intégrable. Le processus $(M(t))$ est donc une martingale d'après la proposition B.7. L'expression (6.5) de cette martingale montre que celle-ci s'écrit comme une intégrale stochastique par rapport aux martingales des processus de Poisson,

$$M(t) = \mathcal{N}_\lambda(]0,t]) - \lambda t - \sum_{i=1}^{+\infty} \int_{]0,t]} 1_{\{L(s-)\geq i\}} \left(\mathcal{N}_\mu^i(ds) - \mu\, ds\right).$$

La variable $M(t)^2$ est la somme de

$$(6.6) \qquad (\mathcal{N}_\lambda(]0,t]) - \lambda t)^2 + \sum_{i=1}^{+\infty} \left(\int_{]0,t]} 1_{\{L(s-)\geq i\}} \left(\mathcal{N}_\mu^i(ds) - \mu\, ds\right) \right)^2,$$

et des produits

$$2 \int_{]0,t]} 1_{\{L(s-)\geq i\}} \left(\mathcal{N}_\mu^i(ds) - \mu\, ds\right) \int_{]0,t]} 1_{\{L(s-)\geq j\}} \left(\mathcal{N}_\mu^j(ds) - \mu\, ds\right),$$

pour $i \neq j \in \mathbb{N}$, et

$$- 2 \left(\mathcal{N}_\lambda(]0,t]) - \lambda t \right) \int_{]0,t]} 1_{\{L(s-)\geq i\}} \left(\mathcal{N}_\mu^i(ds) - \mu\, ds\right), \quad i \in \mathbb{N}.$$

En majorant les diverses fonctions indicatrices par 1 il est facile de montrer l'intégrabilité de toutes ces variables aléatoires. Les processus associés à ces produits sont, d'après la proposition B.10 page 338, des martingales. Le processus croissant de $(M(t))$ est donc le terme qui compense l'expression (6.6) de telle sorte que celle-ci soit une martingale.

Pour $\xi \in \mathbb{R}_+$ et h est une fonction sur $\mathbb{N}$, le processus croissant de la martingale

$$\left(\int_{]0,t]} h(L(s-)) \left(\mathcal{N}_\xi(\omega, ds) - \xi\, ds\right) \right)$$

vaut, d'après la proposition B.9 page 337,

$$\left(\xi \int_0^t h^2(L(s-))\, ds \right),$$

et par conséquent le processus

$$\left(M(t)^2 - \lambda t - \mu \int_0^t L(s)\, ds \right),$$

est une martingale. La démonstration de la proposition est achevée. $\qquad \Box$

2. Une famille de martingales remarquables

La famille de martingales ci-dessous est l'analogue, pour la file $M/M/\infty$, des martingales exponentielles de la file d'attente $M/M/1$. Ces martingales jouent un rôle central. Elles permettent de construire les martingales utilisées pour calculer les lois des temps d'atteinte.

LEMME 6.3. *Pour $c \in \mathbb{R}$, la fonction*

(6.7) $h_c : (t, x) \to (1 + ce^{\mu t})^x e^{-\rho c \exp(\mu t)}$,

est harmonique en espace-temps pour le générateur Q de $(L(t))$, autrement dit,

$$\frac{\partial h_c}{\partial t}(t, x) + Q(h_c)(t, x) = 0,$$

pour $t \in \mathbb{R}_+$ et $x \in \mathbb{N}$, avec la convention $Q(h_c)(t, x) = Q(h_c(t, \cdot))(x)$.

DÉMONSTRATION. En effet, pour $t \in \mathbb{R}_+$ et $x \in \mathbb{N}$,

$$\frac{\partial h_c}{\partial t}(t, x) = e^{-\rho c \exp(\mu t)} \left(\mu x c e^{\mu t} \left(1 + ce^{\mu t}\right)^{x-1} - \lambda c e^{\mu t} \left(1 + e^{\mu t}\right)^x \right)$$

$$= \mu x \left(\left(1 + ce^{\mu t}\right)^x - \left(1 + ce^{\mu t}\right)^{x-1} \right) e^{-\rho c \exp(\mu t)}$$

$$- \lambda c \left(\left(1 + e^{\mu t}\right)^{x+1} - \left(1 + e^{\mu t}\right)^x \right) e^{-\rho c \exp(\mu t)}$$

$$= - Q(h_c)(t, x),$$

la fonction h_c est donc harmonique en espace-temps pour le générateur Q. $\square$

Le corollaire C.6 page 348 donne la traduction probabiliste du lemme précédent.

PROPOSITION 6.4. *Si $c \in \mathbb{R}$ et $L(0) = x \in \mathbb{N}$, le processus*

(6.8) $(\mathcal{E}_c(t)) \stackrel{def}{=} \left(\left(1 + ce^{\mu t}\right)^{L(t)} e^{-\rho c \exp(\mu t)} \right)$

est une martingale.

C'est une martingale exponentielle de Doléans-Dade introduite dans Fricker *et al.*[13]. Le cadre général des martingales positives associées à un processus est présenté dans Rogers et Williams [43] (dans la section sur les martingales exponentielles).

DÉMONSTRATION. La fonction $t \to \partial h_c/\partial t$ étant continue, le corollaire C.6 montre que le processus $(h_c(t, L(t)) = (\mathcal{E}_c(t))$ est une martingale locale. Comme $L(s) \le x + \mathcal{N}_\lambda(]0, t])$ pour $s \le t \in \mathbb{R}_+$, la variable $\sup\{\mathcal{E}_c(s), s \le t\}$ est intégrable. On en déduit que $(\mathcal{E}_c(t))$ est une martingale (Proposition B.7 page 336). $\square$

La propriété de martingale donne l'égalité $\mathbb{E}_x(\mathcal{E}_c(t)) = \mathbb{E}_x(\mathcal{E}_c(0))$, pour $t, c \in \mathbb{R}_+$ et $x \in \mathbb{N}$, soit

$$\mathbb{E}_x \left(\left(1 + ce^{\mu t}\right)^{L(t)} e^{-\rho c \exp(\mu t)} \right) = (1 + c)^x e^{-\rho c},$$

d'où, en faisant un changement de variable, pour $u \in [0, 1]$,

(6.9) $\mathbb{E}_x \left(u^{L(t)} \right) = e^{\rho(1 - \exp(-\mu t))(u-1)} \left(1 + (u - 1)e^{-\mu t} \right)^x.$

La variable $L(t)$ a même loi que la somme de deux variables aléatoires indépendantes, respectivement de loi de Poisson de paramètre $\rho(1 - \exp(-\mu t))$ et

[13] C. Fricker, Ph. Robert, and D. Tibi, *On the rates of convergence of Erlang's model.*, Journal of Applied Probability **36** (1999), no. 4, 1167–1184.

de loi binomiale de paramètres x et $\exp(-\mu t)$. L'interprétation est assez simple, la loi de Poisson est la loi du nombre des clients arrivés après $t = 0$ et encore dans la file. La binomiale correspond au nombre restant des x clients initiaux qui n'ont pas encore fini leur service. Ce résultat est montré différemment dans la section 3 du chapitre 7.

La variable c étant libre, les dérivées successives de $\mathcal{E}(t)$ par rapport à c donnent toute une famille de martingales. Un résultat classique (voir Chihara [9] par exemple) montre que, pour $w \geq 0$ et $x \in \mathbb{N}$,

$$C(w, x) = (1 + w)^x e^{-\rho w} = \sum_{n=0}^{+\infty} p_n^\rho(x) \frac{w^n}{n!},$$

où $p_n^\rho(x)$ est un polynôme de degré n en x. Les p_n^ρ sont les polynômes de Poisson-Charlier. Il s'agit d'une famille classique de polynômes orthogonaux. Le processus $(C(c \exp(\mu t), L(t)))$ étant une martingale,

$$\mathbb{E}(C(ce^{\mu t}, L(t)) \mid \mathcal{F}_s) = C(ce^{\mu s}, L(s)), \qquad s \leq t,$$

en identifiant les coefficients de la décomposition analytique en c de cette identité, on en déduit le corollaire suivant.

COROLLAIRE 6.5. *Pour* $n \geq 0$, *si* $p_n^\rho(x)$ *est le polynôme de Poisson-Charlier de degré* n, *le processus*

$$\left(e^{n\mu t} p_n^\rho(L(t))\right),$$

est une martingale. En particulier, en prenant $n = 1$ *et* $n = 2$, *les processus*

(6.10) $\left(e^{\mu t}(L(t) - \rho)\right)$ *et* $\left(e^{2\mu t}\left((L(t) - \rho)^2 - L(t)\right)\right)$

sont des martingales.

Le mouvement brownien standard $(B(t))$ présente une situation similaire. Pour $c \in \mathbb{R}$, le processus $\left(\exp\left(cB(t) - c^2 t/2\right)\right)$ est une martingale, la martingale exponentielle du mouvement brownien. La décomposition

$$H(c, x) = e^{cx - c^2/2} = \sum_{n=0}^{+\infty} \frac{c^n}{n!} h_n(x),$$

où les $h_n(x)$ sont les polynômes orthogonaux d'Hermite, montre de la même façon que pour $n \geq 0$, le processus

$$\left(t^{n/2} h_n\left(B(t)/\sqrt{t}\right)\right)$$

est une martingale. Les cas $n = 1$ et $n = 2$ correspondent aux martingales classiques $(B(t))$ et $(B(t)^2 - t)$.

À la différence de la file $M/M/1$ la martingale exponentielle $(\mathcal{E}_c(t))$ ne donne pas directement des résultats sur les lois de temps d'atteinte. Le terme temps $c \exp(\mu t)$ n'est pas séparé du terme spatial $L(t)$ dans cette martingale. Pour remédier à ce problème, il est naturel d'intégrer la martingale par rapport à son paramètre libre c suivant une mesure $f(c)\,dc$. Un changement de variable fait sortir $\exp(\mu t)$, les variables t et $L(t)$ sont alors séparées. C'est la méthode utilisée pour obtenir les martingales de la proposition suivante.

PROPOSITION 6.6. *Pour* $\alpha > 0$, $t \in \mathbb{R}_+$ *et* $L(0) = x \in \mathbb{N}$, *si*

$$(6.11) \qquad I_\alpha(t) = e^{-\alpha\mu t} \int_0^{+\infty} (1+y)^{L(t)} y^{\alpha-1} e^{-\rho y} \, dy,$$

$$(6.12) \qquad J_\alpha(t) = e^{-\alpha\mu t} \int_0^1 (1-y)^{L(t)} y^{\alpha-1} e^{\rho y} \, dy,$$

et $T_0 = \inf\{t > 0 / L(t) = 0\}$, *les processus* $(I_\alpha(t))$ *et* $(J_\alpha(t \wedge T_0))$ *sont des martingales.*

La variable temps t est séparée de la variable espace $(L(t))$ pour ces deux martingales, de plus la martingale associée à $(J_\alpha(t))$ est bornée comme fonction de $L(t)$. Ces propriétés permettront, on le verra, d'exprimer les lois des temps d'atteinte de cette file d'attente.

DÉMONSTRATION. Pour $s \leq t$, l'expression (6.9) de la loi de la variable $L(s)$ montre que celle-ci est majorée par $x + Y$, Y est une variable ayant une loi de Poisson de paramètre $\rho(1 - \exp(-\mu s))$. Il est donc facile de vérifier que la variable

$$\int_0^{+\infty} (1+y)^{L(s)} y^{\alpha-1} e^{-\rho y} \, dy$$

a une espérance finie sous la condition $\alpha > 0$; elle est par conséquent $\mathbb{P}$-p.s. finie pour tout $s \leq t$. Le processus défini par (6.11) est donc $\mathbb{P}$-presque sûrement fini et intégrable. Le processus $(J_\alpha(t))$ est lui clairement bien défini puisque

$$J_\alpha(t) \leq e^{-\alpha\mu t} \int_0^1 y^{\alpha-1} e^{\rho y} \, dy < +\infty.$$

Pour $0 \leq s \leq t$ et Y une variable aléatoire $\mathcal{F}_s$-mesurable positive, d'après la propriété de martingale de $(\mathcal{E}_c(t))$,

$$\mathbb{E}(Y\mathcal{E}_c(t)) = \mathbb{E}\left(Y\mathbb{E}(\mathcal{E}_c(t)\mathcal{F}_s)\right) = \mathbb{E}(Y\mathcal{E}_c(s)).$$

En intégrant cette identité sur $\mathbb{R}_+$ par rapport à la mesure $c^{\alpha-1} \, dc$ sur $\mathbb{R}_+$, on obtient l'identité

$$\int_0^{+\infty} \mathbb{E}\left(Y(1+ce^{\mu t})^{L(t)} e^{-\rho c \exp(\mu t)}\right) c^{\alpha-1} \, dc$$
$$= \int_0^{+\infty} \mathbb{E}\left(Y(1+ce^{\mu s})^{L(s)} e^{-\rho c \exp(\mu s)}\right) c^{\alpha-1} \, dc.$$

La formule de Fubini et un changement de variable donnent l'égalité

$$\mathbb{E}\left(Ye^{-\alpha\mu t} \int_0^{+\infty} (1+y)^{L(t)} e^{-\rho y} y^{\alpha-1} \, dy\right)$$
$$= \mathbb{E}\left(Ye^{-\alpha\mu s} \int_0^{+\infty} (1+y)^{L(s)} e^{-\rho y} y^{\alpha-1} \, dy\right)$$

pour toute fonction Y $\mathcal{F}_s$-mesurable. On en déduit l'égalité presque sûre

$$\mathbb{E}(I_\alpha(t) \mid \mathcal{F}_s) = I_\alpha(s),$$

le processus $(I_\alpha(t))$ est donc une martingale. La première partie de la proposition est démontrée.

Pour $c \in [0, 1]$ et $\alpha > 0$, en utilisant la définition (6.7) de h_c, le processus

$$(h_{-c}(t, L(t))) = \left((1 - ce^{\mu t})^{L(t)} e^{\rho c \exp(\mu t)}\right)$$

est une martingale. Comme dans le cas précédent, ce processus est intégré par rapport à $c^{\alpha-1} dc$, non sur $\mathbb{R}_+$, mais sur l'intervalle $[0, \exp(-\mu t)]$. En posant

$$(6.13) \quad g(t, x) \stackrel{\text{def}}{=} \int_0^{\exp(-\mu t)} h_{-c}(t, x) c^{\alpha-1} dc$$

$$= \int_0^{\exp(-\mu t)} (1 - ce^{\mu t})^x e^{\rho c \exp(\mu t)} c^{\alpha-1} dc,$$

on obtient de cette façon un processus $(g(t, L(t)))$. Bien entendu, comme la borne d'intégration dépend du temps, la démonstration précédente de la propriété de martingale ne peut pas être utilisée. Il est cependant remarquable que ce processus reste une martingale s'il est arrêté au temps T_0.

Le processus

$$\left(g(t, L(t)) - \int_0^t \left(\frac{\partial g}{\partial t} + Q(g)\right)(s, L(s)) ds\right)$$

étant une martingale (Proposition C.5 page 348), le théorème d'arrêt de Doob montre que

$$(6.14) \quad \left(g(t \wedge T_0, L(t \wedge T_0)) - \int_0^{t \wedge T_0} \left(\frac{\partial g}{\partial t} + Q(g)\right)(s, L(s)) ds\right)$$

est aussi une martingale.

Si $s < T_0$, la dérivée partielle de g par rapport à t s'écrit

$$\frac{\partial g}{\partial t}(s, L(s)) = -\mu e^{-\mu s} h_{-\exp(-\mu s)}(s, L(s)) e^{-(\alpha-1)\mu s}$$

$$+ \int_0^{\exp(-\mu s)} \frac{\partial h_{-c}}{\partial t}(s, L(s)) c^{\alpha-1} dc$$

$$= \int_0^{\exp(-\mu s)} \frac{\partial h_{-c}}{\partial t}(s, L(s)) c^{\alpha-1} dc,$$

puisque $s < T_0$ entraîne $L(s) > 0$ et donc $h_{-\exp(-\mu s)}(s, L(s)) = 0$. D'autre part, il est facile de vérifier l'identité

$$Q(g)(s, L(s)) = \int_0^{\exp(-\mu s)} Q(h_{-c})(s, L(s)) c^{\alpha-1} dc.$$

Finalement, pour $s < T_0$,

$$\left(\frac{\partial g}{\partial t} + Q(g)\right)(s, L(s)) = \int_0^{\exp(-\mu s)} \left(\frac{\partial h_{-c}}{\partial t} + Q(h_{-c})\right)(s, L(s)) c^{\alpha-1} dc = 0,$$

car la fonction h_{-c} est harmonique en espace-temps pour Q d'après le lemme 6.3. Le processus défini par (6.14) étant une martingale, il en va de même pour

$(g\,(t \wedge T_0, L(t \wedge T_0)))$ qui vaut $(J_\alpha(t \wedge T_0))$ par changement de variable est aussi une martingale. La proposition est démontrée.   □

3. Les lois des temps d'atteinte : vers le bas

La notation pour les temps d'atteinte est la même que celle utilisée pour la file d'attente $M/M/1$.

DÉFINITION 12. Pour $a \in \mathbb{N}$, la variable T_a désigne le temps d'atteinte de a par le processus de Markov $(L(t))$, i.e.

$$T_a = \inf\{t > 0/L(t) = a\}.$$

Le processus $(L(t))$ étant ergodique, la variable T_a est $\mathbb{P}$-presque sûrement finie pour tout $a \in \mathbb{N}$. Comme dans le cas de la file $M/M/1$, l'étude se fait en deux parties, suivant que le point à atteindre est au-dessus ou en dessous du point initial.

PROPOSITION 6.7. *Pour $\alpha > 0$ et $a \geq b \geq 0$,*

$$(6.15) \qquad\qquad \mathbb{E}_a\left(e^{-\alpha T_b}\right) = \frac{B_a(\alpha)}{B_b(\alpha)},$$

avec, pour $y \geq 0$,

$$B_y(\alpha) = \int_0^1 (1 - c)^y\, c^{\alpha/\mu - 1} e^{\rho c}\, dc.$$

Le résultat est dû à Takàcs[33] pour l'expression de la transformée de Laplace d'une période d'occupation (temps d'atteinte de 0 partant de 1). Le résultat ci-dessus a été obtenu par Guillemin et Simonian[16].

DÉMONSTRATION. La martingale $(J_\alpha(t \wedge T_0))$ de la proposition 6.6 est bornée donc uniformément intégrable. Par conséquent,

$$\mathbb{E}_a\left(J_\alpha(0)\right) = \mathbb{E}_a\left(J_\alpha(T_b \wedge T_0)\right) = \mathbb{E}_a\left(J_\alpha(T_b)\right)$$

et l'identité (6.15) s'en déduit.   □

Pour $y \in \mathbb{N}$, la fonction $\alpha \to B_y(\alpha)$ est divergente en 0. Le terme de gauche de (6.15) est clairement continu en $\alpha = 0$ et sa limite vaut 1. Il est facile de vérifier analytiquement la continuité en $\alpha = 0$ du terme de droite de (6.15).

PROPOSITION 6.8. *Si $L(0) = n \in \mathbb{N}$, le temps d'atteinte de 0 est de l'ordre de $\log n$. Plus précisément la variable aléatoire $T_0/\log n$ converge en probabilité vers la constante $1/\mu$ quand n tend vers l'infini.*

---

[33] L. Takàcs, *On a probability problem arising in the theory of counters*, Proceedings of the Cambridge Philosophical Society **52** (1956), 488–498.

[16] Fabrice Guillemin and Alain Simonian, *Transient characteristics of an $M/M/\infty$ system*, Advances in Applied Probability **27** (1995), no. 3, 862–888.

DÉMONSTRATION. La proposition précédente montre que pour $\alpha > 0$,

$$\phi_n(\alpha) = \mathbb{E}_n\left(e^{-\alpha\mu T_0}\right) = \int_0^1 (1-c)^n\, c^{\alpha-1} e^{\rho c}\, dc \Big/ \int_0^1 c^{\alpha-1} e^{\rho c}\, dc.$$

En posant $\alpha_n = \alpha/\log n$, la transformée de Laplace de $\mu T_0/\log n$ en α est donnée par

$$(6.16) \qquad \phi_n(\alpha_n) = \alpha_n \int_0^1 (1-c)^n\, c^{\alpha_n-1} e^{\rho c}\, dc \Big/ \alpha_n \int_0^1 c^{\alpha_n-1} e^{\rho c}\, dc.$$

En utilisant la série de la fonction exponentielle, le terme du dénominateur de l'identité précédente se développe comme

$$\alpha_n \int_0^1 c^{\alpha_n-1} e^{\rho c}\, dc = 1 + \alpha_n \sum_{k=1}^{+\infty} \frac{\rho^k}{(k+\alpha_n)k!},$$

par conséquent

$$\lim_{n\to+\infty} \alpha_n \int_0^1 c^{\alpha_n-1} e^{\rho c}\, dc = 1.$$

Il reste donc à étudier la convergence de

$$\alpha_n \int_0^1 (1-c)^n\, c^{\alpha_n-1} e^{\rho c}\, dc$$

$$= \alpha_n \int_0^1 (1-c)^n\, c^{\alpha_n-1}\, dc + \alpha_n \sum_{k=1}^{+\infty} \frac{\rho^k}{k!} \int_0^1 (1-c)^n\, c^{\alpha_n+k-1}\, dc.$$

La série étant majorée par $\exp(\rho) - 1$, le dernier terme du membre droit de cette égalité converge clairement vers 0 quand n tend vers l'infini. On déduit de ce qui précède que la quantité $\phi_n(\alpha_n)$ est équivalente à

$$\alpha_n \int_0^1 (1-c)^n\, c^{\alpha_n-1}\, dc.$$

L'intégrale précédente vaut $B(n+1, \alpha_n)$ où B désigne la fonction Beta, cette fonction s'exprimant à l'aide de la fonction Gamma via la relation

$$B(x,y) \stackrel{\text{def}}{=} \int_0^1 c^{x-1}(1-c)^{y-1}\, dc = \frac{\Gamma(x)\Gamma(y)}{\Gamma(x+y)}, \qquad x, y > 0,$$

avec

$$\Gamma(x) = \int_0^{+\infty} c^{x-1} e^{-c}\, dc.$$

La fonction Γ vérifie

$$\lim_{x\to 0} x\Gamma(x) = 1 \quad \text{et} \quad \Gamma(x) \sim x^{x-1}\sqrt{2\pi x}\, e^{-x},$$

quand x tend vers $+\infty$ d'après la formule de Stirling. Voir Whittaker et Watson [53] pour un exposé des principales propriétés de ces fonctions.

La représentation avec la fonction Γ donne un équivalent de $\phi_n(\alpha_n)$ quand n tend vers l'infini

$$\phi_{n-1}\left(\alpha_{n-1}\right) \sim \alpha_{n-1}\frac{\Gamma(\alpha_{n-1})\Gamma(n)}{\Gamma(\alpha_{n-1}+n)}.$$

On en déduit les équivalences

$$\phi_{n-1}\left(\alpha_{n-1}\right) \sim \frac{n^{n-1}e^{-n}\sqrt{2\pi n}}{(\alpha_{n-1}+n)^{\alpha_{n-1}+n-1}\exp(-(\alpha_{n-1}+n))\sqrt{2\pi(n+\alpha_{n-1})}}$$

$$\sim \left(1-\frac{\alpha_{n-1}}{\alpha_{n-1}+n}\right)^{n-1}(\alpha_{n-1}+n)^{-\alpha_{n-1}}$$

$$\sim \exp\left(-(n-1)\frac{\alpha_{n-1}}{\alpha_{n-1}+n}-\frac{\alpha}{\log(n-1)}\log(\alpha_{n-1}+n)\right).$$

Ce dernier terme converge vers $\exp(-\alpha)$ quand n tend vers $+\infty$, d'où

$$\lim_{n\to+\infty}\mathbb{E}_n\left(\exp\left(-\alpha\mu T_0/\log n\right)\right)=e^{-\alpha},$$

ce qui achève la démonstration de la proposition. $\square$

Le temps de retour à 0 partant de n est très petit, de l'ordre de $(\log n)/\mu$ quand n est très grand (comparer avec l'ordre de grandeur linéaire en n dans le cas de la file $M/M/1$). Il est facile d'expliquer l'ordre de grandeur en $\log n$: quand le processus est en n, au bout d'un temps exponentiel de moyenne $1/(n\mu+\lambda)$, il monte en $n+1$ avec probabilité $\lambda/(n\mu+\lambda)$, sinon il descend en $n-1$. Si n est assez grand, le prochain saut est en $n-1$ avec une très forte probabilité. Avec cette approximation, le temps moyen de retour à 0 est de l'ordre de

$$\sum_{i=1}^{n}\frac{1}{i\mu+\lambda}\sim\frac{\log n}{\mu}.$$

4. Les lois des temps d'atteinte : vers le haut

PROPOSITION 6.9. *Pour $\alpha>0$ et $0\le a\le b$,*

(6.17) $$\mathbb{E}_a\left(e^{-\alpha T_b}\right)=\frac{\Gamma_a(\alpha)}{\Gamma_b(\alpha)},$$

avec, pour $y\ge 0$,

$$\Gamma_y(\alpha)=\int_0^{+\infty}(1+c/\rho)^y\,c^{\alpha/\mu-1}e^{-c}\,dc.$$

La fonction $\alpha\to\Gamma_0(\alpha\mu)$ est la fonction Gamma usuelle. La transformée de Laplace (6.17) de T_b partant de a est la représentation intégrale d'un résultat de Takàcs [51] dans le cas $M/G/\infty$.

DÉMONSTRATION. La martingale

$$\left(I_\alpha(t)\right)=\left(e^{-\alpha\mu t}\int_0^{+\infty}(1+x)^{L(t)}x^{\alpha-1}e^{-\rho x}\,dx\right)$$

de la proposition 6.6 arrêtée au temps d'arrêt T_b est bornée, donc uniformément intégrable, d'où

$$\mathbb{E}_a\left(I_\alpha(T_b)\right) = I_\alpha(a).$$

Comme $L(T_b) = b$, il vient

$$\mathbb{E}_a\left(e^{-\alpha\mu T_b}\right)\int_0^{+\infty}(1+c)^b c^{\alpha-1}e^{-\rho c}\,dc = \int_0^{+\infty}(1+c)^a c^{\alpha-1}e^{-\rho c}\,dc,$$

la formule (6.17) est établie.   □

PROPOSITION 6.10. *Si $L(0) = x$, la variable aléatoire*

$$\frac{\rho^n T_n}{(n-1)!}$$

converge en loi vers une loi exponentielle de paramètre $\mu\exp(-\rho)$ quand n tend vers l'infini.

DÉMONSTRATION. L'identité (6.17) montre qu'il suffit d'établir la convergence pour $x = 0$. D'après l'identité (6.17) de la proposition 6.9, pour $\alpha > 0$, la transformée de Laplace de T_n au point $\alpha\mu$ vaut

$$\mathbb{E}_0\left(e^{-\alpha\mu T_n}\right) = \int_0^{+\infty} c^{\alpha-1}e^{-c}\,dc \Big/ \int_0^{+\infty}(1+c/\rho)^n\,c^{\alpha-1}e^{-c}\,dc.$$

En développant $(1+c/\rho)^n$, le dénominateur de cette expression est égal à

$$\sum_{k=0}^n \binom{n}{k}\frac{1}{\rho^k}\Gamma(\alpha+k),$$

et en posant $\phi_n(\alpha) = 1/\mathbb{E}_0(e^{-\alpha\mu T_n})$ on obtient

$$\phi_n(\alpha) = \sum_{k=0}^n \binom{n}{k}\frac{1}{\rho^k}\frac{\Gamma(\alpha+k)}{\Gamma(\alpha)}.$$

La fonction Gamma vérifie la relation classique $\Gamma(x+1) = x\Gamma(x)$ pour $x > 0$ (celle-ci s'obtient facilement en intégrant par parties), d'où

(6.18) $$\phi_n(\alpha) = 1 + \alpha\sum_{k=1}^n \binom{n}{k}\frac{1}{\rho^k}\prod_{i=1}^{k-1}(\alpha+i).$$

Si $\alpha_n = \alpha\rho^n/(n-1)!$ l'égalité précédente donne la relation

$$\phi_n(\alpha_n) = 1 + \alpha\sum_{k=1}^n \frac{n}{k}\frac{\rho^{n-k}}{(n-k)!}\frac{\prod_{i=1}^{k-1}(\alpha_n+i)}{(k-1)!},$$

(6.19) $$\phi_n(\alpha_n) = 1 + \alpha\sum_{k=0}^{n-1}(k+1)\frac{\rho^k}{k!}\frac{n}{(k+1)(n-k)}\prod_{i=1}^{n-k-1}(1+\alpha_n/i).$$

Pour tout $0 \le k \le n - 1$ l'inégalité

$$1 \le \prod_{i=1}^{n-k-1} (1 + \alpha_n/i) \le (1 + \alpha_n)^n,$$

est clairement satisfaite et le membre de droite de celle-ci converge vers 1 quand n tend vers l'infini. Par conséquent le k-ième terme de la série (6.19) converge vers $\rho^k/k!$ quand n tend vers l'infini. De plus, pour $0 \le k \le n - 1$, la quantité $n/(k + 1)(n - k)$ étant majorée par 1, il vient

$$\frac{n}{(k + 1)(n - k)} \prod_{i=1}^{n-k-1} (1 + \alpha_n) \le (1 + \alpha_n)^n;$$

cette dernière expression étant bornée en n, le théorème de la convergence dominée appliqué à la série de l'identité (6.19) (vue comme une intégrale sur $\mathbb{N}$ par rapport à la mesure finie de densité $((k + 1)\rho^k/k!)$) montre que

$$\lim_{n \to +\infty} \phi_n(\alpha_n) = 1 + \alpha e^\rho.$$

La transformée de Laplace de T_n vérifie donc

$$\lim_{n \to +\infty} \mathbb{E}_0 \left(\exp\left(-\alpha\mu\rho^n T_n/(n - 1)! \right) \right) = 1/(1 + \alpha e^\rho) = e^{-\rho}/(e^{-\rho} + \alpha),$$

d'où la convergence en loi annoncée. $\qquad\qquad\qquad\qquad\qquad\qquad\qquad\square$

Partant de n grand le processus $(L(t))$ redescend très vite vers 0 en un temps de l'ordre de $\log n$ (Proposition 6.8) et partant de 0 ce processus atteint le niveau n très lentement, au bout d'un temps de l'ordre de $(n - 1)!/\rho^n$.

Le résultat précédent est l'analogue pour la file $M/M/\infty$ de la proposition 5.11 pour la file $M/M/1$. Dans les deux cas la loi du temps d'atteinte T_A d'un événement rare A renormalisé avec le facteur $\mathbb{P}(A)$ est très proche d'une loi exponentielle. Ce résultat de convergence est montré pour tous les processus réversibles par Keilson [27] (les processus du nombre de clients pour les files $M/M/1$ et $M/M/\infty$ rentrent dans ce cadre). Le livre d'Aldous [1] montre cependant que ces approximations exponentielles sont valables dans un cadre bien plus large : la réversibilité n'est pas une condition cruciale pour obtenir ce type de propriété.

Événements rares. Le temps d'atteinte de n grand est donc de l'ordre de $(n - 1)!/\rho^n$ et celui de $n + 1$ est plus grand d'un facteur n/ρ. Cette remarque suggère le phénomène suivant : le processus atteint n puis redescend aussitôt vers 0 et donc ne passe pas avant en $n + 1$ avec une très forte probabilité. Noter ici la différence avec la file $M/M/1$, quand le nombre de clients atteint la valeur n pour cette file, celui-ci reste un moment dans le voisinage de n. En particulier la valeur $n + 1$ peut être atteinte avant de redescendre en 0.

Ce phénomène peut se voir aussi de la façon suivante, si $\alpha_n = \rho^n/(n - 1)!$ et $\xi > 0$, la propriété de Markov forte de $(L(t))$ donne

(6.20) $\mathbb{E}_0 \left(\exp(-\xi\alpha_{n+1} T_{n+1}) \right)$

$$= \mathbb{E}_0 \left(\exp(-\xi\rho\alpha_n T_n/n) \right) \mathbb{E}_n \left(\exp(-\xi\alpha_{n+1} T_{n+1}) \right).$$

Il est facile de montrer que $\mathbb{E}_0(\exp(-\xi\rho\alpha_n T_n/n))$ tend vers 1 quand n tend vers l'infini : pour $n_0 \in \mathbb{N}$ et $n \geq n_0$

$$\mathbb{E}_0(\exp(-\xi\rho\alpha_n T_n/n)) \geq \mathbb{E}_0(\exp(-\xi\rho\alpha_n T_n/n_0)),$$

en faisant tendre n vers l'infini on en déduit

$$\liminf_{n\to+\infty} \mathbb{E}_0(\exp(-\xi\rho\alpha_n T_n/n)) \geq \liminf_{n\to+\infty} \mathbb{E}_0(\exp(-\xi\rho\alpha_n T_n/n_0))$$
$$= \mu e^{-\rho}/(\mu e^{-\rho} + \xi\rho/n_0),$$

il suffit de faire tendre n_0 vers $+\infty$ pour obtenir le résultat. Autrement dit la relation (6.20) montre que la variable $\alpha_{n+1}T_{n+1}$ partant de $L(0) = n$ converge aussi en loi vers une loi exponentielle de paramètre $\mu\exp(-\rho)$. Ce que l'on peut résumer de la façon suivante : dans le trajet de 0 vers $n + 1$, c'est la dernière étape de n à $n + 1$ qui est la plus significative.

Le temps de retour à 0 étant très petit, les temps d'atteinte successifs de n sont donc essentiellement séparés par des variables aléatoires de distribution exponentielle de paramètre $\mu\exp(-\rho)\rho^n/(n - 1)!$; autrement dit le processus des temps d'atteinte de n est asymptotiquement un processus de Poisson. Un résultat analogue est vrai pour la file $M/M/1$ (Proposition 5.13 page 120), mais en ne prenant qu'un sous-ensemble des temps d'atteinte de n par le processus du nombre de clients.

PROPOSITION 6.11. *Si* $(\tau_{i,n})$ *est la suite ordonnée des instants d'atteinte de la valeur* $n \geq 0$ *par* $(L(t))$,

$$\{\tau_{i,n}, i \in \mathbb{N}\} = \{t \in \mathbb{R}_+ / L(t) = n, L(t-) \neq n\},$$

le processus ponctuel

$$\sum_{i=1}^{+\infty} \delta_{t_{i,n}} = \sum_{i=1}^{+\infty} \delta_{\rho^n \tau_{i,n}/(n-1)!},$$

converge vers un processus de Poisson de paramètre $\mu\exp(-\rho)$ *quand* n *tend vers l'infini.*

DÉMONSTRATION. Les arguments mentionnés ci-dessus donnent quasiment la preuve. La propriété de Markov forte de $(L(t))$ montre que la suite des accroissements $(t_{i+1,n} - t_{i,n})$ est i.i.d. Si $\alpha_n = \rho^n/(n - 1)!$ et $L(0) = n$, en posant

$$U_n = \inf\{t > 0/L(t) = n, L(t-) \neq n\},$$

la variable $\alpha_n U_n$ a même loi que les $t_{i+1,n} - t_{i,n}$. La proposition 1.22 page 26 montre qu'il suffit de montrer que la variable $\alpha_n U_n$ partant de $L(0) = n$ converge en loi vers une loi exponentielle de paramètre $\mu\exp(-\rho)$.

Sur l'événement $\{T_0 < U_n, L(0) = n\}$ la variable $\alpha_n U_n$ se décompose comme la somme de deux variables indépendantes, respectivement de même loi que $\alpha_n T_0$ avec $L(0) = n$ et $\alpha_n T_n$ avec $L(0) = 0$. La première variable converge en loi vers 0 (Proposition 6.8) et la loi de la deuxième variable converge vers une loi exponentielle de paramètre $\mu\exp(-\rho)$ (Proposition 6.10). Il suffit donc de montrer que la probabilité de l'ensemble $\{T_0 < U_n\}$ tend vers 1 quand n tend vers l'infini.

Partant de n pour que l'instant U_n intervienne avant le temps de retour à 0, soit le processus atteint $n+1$ avant 0, soit il atteint n après être passé en $n-1$, d'où

$$(6.21) \qquad \mathbb{P}_n(T_0 \geq U_n) \leq \mathbb{P}_n(T_{n+1} \leq T_0) + \mathbb{P}_{n-1}(T_n \leq T_0).$$

Pour $\varepsilon > 0$, la suite $(\mathbb{P}_n(T_{n+1} \leq T_0))$ vérifie les inégalités suivantes

$$\begin{aligned}
\mathbb{P}_n(T_{n+1} \leq T_0) &= \mathbb{P}_n(\alpha_{n+1} T_{n+1} \leq \alpha_n T_0) \\
&\leq \mathbb{P}_n(\alpha_{n+1} T_0 > \varepsilon) + \mathbb{P}_n(\alpha_{n+1} T_{n+1} \leq \varepsilon) \\
&= \mathbb{P}_n\left(T_0/\log n > \varepsilon/(\alpha_{n+1}\log n)\right) + \mathbb{P}_n(\alpha_{n+1} T_{n+1} \leq \varepsilon).
\end{aligned}$$

La variable aléatoire $T_0/\log n$ convergeant en loi vers une constante et la suite $(\varepsilon/\alpha_{n+1}\log n)$ tendant vers l'infini, le premier terme du membre de droite de l'inégalité précédente converge vers 0 quand n tend l'infini. La convergence en loi de $\alpha_{n+1} T_{n+1}$ partant de $L(0) = n$ vers une distribution exponentielle de paramètre $\mu\exp(-\rho)$ donne

$$\limsup_{n\to+\infty} \mathbb{P}_n(T_{n+1} \leq T_0) \leq (1 - e^{-\varepsilon\mu\exp(-\rho)})/\mu e^{-\rho}.$$

En faisant tendre ε vers 0, on en déduit que la suite $(\mathbb{P}_n(T_{n+1} \leq T_0))$ tend vers 0 quand n tend vers l'infini. L'inégalité (6.21) permet de conclure. $\qquad\square$

5. Le processus renormalisé

La renormalisation de $(L(t))$ considérée ici consiste à accélérer le processus d'arrivée d'un facteur $N \in \mathbb{N}$ et de renormaliser $(L(t))$ par N. Ce changement d'échelle a été introduit par Kelly[18] pour étudier la convergence des mesures invariantes des réseaux avec perte (voir aussi l'article[19] pour un tour d'horizon de ce sujet).

Le processus de Poisson des arrivées $(\mathcal{N}_\lambda(]0,t]))$ est remplacé par le processus de Poisson $(\mathcal{N}_\lambda(]0,tN]))$ de paramètre λN. Le processus du nombre de clients associé est noté $(L_N(t))$ et

$$\bar{L}_N(t) = \frac{L_N(t)}{N}$$

est le processus renormalisé. La valeur à l'origine $L_N(0)$ est un entier vérifiant

$$\lim_{N\to+\infty} \frac{L_N(0)}{N} = x \in \mathbb{R}_+.$$

L'équation intégrale (6.3) devient

$$(6.22) \qquad L_N(t) = L_N(0) + \mathcal{N}_\lambda(]0,Nt]) - \sum_{i=1}^{+\infty} \int_0^t 1_{\{L_N(s-)\geq i\}} \mathcal{N}_\mu^i(ds).$$

[18] F.P. Kelly, *Blocking probabilities in large circuit-switched networks*, Advances in Applied Probability 18 (1986), 473–505.

[19] F.P. Kelly, *Loss networks*, Annals of Applied Probability 1 (1991), no. 3, 319–378.

LEMME 6.12. *Pour $N \in \mathbb{N}$, le processus*

$$(M_N(t)) = \left(\bar{L}_N(t) - \bar{L}_N(0) - \lambda t + \mu \int_0^t \bar{L}_N(s)\, ds \right)$$

est une martingale telle que

$$\mathbb{E}(M_N^2(t)) \leq \frac{1}{N} \left(\mu \bar{L}_N(0) + \lambda \left(1 + \frac{\mu}{2} t \right) \right) t,$$

pour $t \in \mathbb{R}_+$ et $N \in \mathbb{N}$.

DÉMONSTRATION. La proposition 6.2 montre que

$$\left(L_N(t) - L_N(0) - \lambda N t + \mu \int_0^t L_N(s)\, ds \right)$$

est une martingale de processus croissant

$$\left(\lambda N t + \mu \int_0^t L_N(s)\, ds \right),$$

par conséquent

$$\mathbb{E}(M_N^2(t)) = \frac{1}{N} \left(\lambda t + \mu \int_0^t \mathbb{E}(\bar{L}_N(s))\, ds \right) \leq \frac{1}{N} \left(\mu \bar{L}_N(0)t + \lambda \left(1 + \frac{\mu}{2} t \right) t \right),$$

puisque pour tout $s \in \mathbb{R}_+$, $L_N(s) \leq L_N(0) + \mathcal{N}_\lambda(]0, Ns])$. $\square$

Le lemme précédent montre que $(\bar{L}_N(t))$ vérifie

$$\bar{L}_N(t) = \bar{L}_N(0) + M_N(t) + \lambda t - \mu \int_0^t \bar{L}_N(s)\, ds,$$

avec le terme martingale $M_N(t)$ qui devient négligeable, en $1/\sqrt{N}$, quand N tend vers l'infini. Si la suite de processus $(\bar{L}_N(t))$ a une valeur d'adhérence $(y(t))$ pour la topologie de la convergence uniforme sur les compacts (en particulier $y(0) = x$), en supposant que $M_N(t)$ disparaît effectivement, la fonction $(y(t))$ vérifie donc l'équation

$$y(t) = x + \lambda t - \mu \int_0^t y(s)\, ds,$$

ou encore $y'(t) = \lambda - \mu y(t)$, avec $y(0) = x$, soit $y(t) = \rho + (x - \rho)\exp(-\mu t)$. La valeur d'adhérence est donc unique. Le théorème suivant établit la convergence vers cette fonction de façon rigoureuse. Noter au passage que le phénomène observé pour la file $M/M/1$ est ici encore valable : la renormalisation écrase le perturbation stochastique autour d'une trajectoire déterministe.

THÉORÈME 6.13 (Loi des grands nombres). *Si pour $t \in \mathbb{R}_+$,*

(6.23) $$x(t) = \rho + (x - \rho)e^{-\mu t},$$

la variable aléatoire

$$\sup_{0 \leq s \leq t} \left| \frac{L_N(s)}{N} - x(s) \right|$$

converge vers 0 dans L_1 quand N tend vers $+\infty$. En particulier, pour tout $\varepsilon > 0$ et pour tout $t \geq 0$,

$$(6.24) \qquad \lim_{N \to +\infty} \mathbb{P}\left(\sup_{0 \leq s \leq t} \left| \frac{L_N(s)}{N} - x(s) \right| > \varepsilon \right) = 0.$$

DÉMONSTRATION. La fonction $t \to x(t)$ vérifie l'équation

$$x(t) = x + \lambda t - \mu \int_0^t x(s) \, ds;$$

en posant $Z_N(t) = \bar{L}_N(t) - x(t)$, il vient

$$Z_N(t) = (\bar{L}_N(0) - x) + M_N(t) - \mu \int_0^t Z_N(s) \, ds,$$

en particulier

$$(6.25) \quad \sup_{0 \leq s \leq t} |Z_N(s)| \leq |\bar{L}_N(0) - x| + \sup_{0 \leq s \leq t} |M_N(s)| + \mu \int_0^t \sup_{0 \leq u \leq s} |Z_N(u)| \, ds.$$

Les inégalités de Cauchy-Schwartz et de Doob et le lemme précédent appliqués successivement donnent les inégalités

$$\left(\mathbb{E}\left(\sup_{0 \leq s \leq t} |M_N(s)| \right) \right)^2 \leq \mathbb{E}\left(\sup_{0 \leq s \leq t} |M_N(s)|^2 \right)$$

$$\leq 4\mathbb{E}(M_N^2(t)) \leq \frac{4}{N}\left(\mu \bar{L}_N(0) + \lambda \left(1 + \frac{\mu}{2} t \right) \right) t \leq \frac{C}{N},$$

où C est une constante indépendante de N. Par conséquent si la fonction f_N est définie par

$$f_N(t) = \mathbb{E}\left(\sup_{0 \leq s \leq t} |Z_N(s)| \right),$$

l'inégalité (6.25) montre que f_N vérifie pour $u \leq t$,

$$f_N(u) \leq |\bar{L}_N(0) - x| + \sqrt{C/N} + \mu \int_0^u f_N(s) \, ds.$$

En appliquant l'inégalité de Gronwall (Lemme 6.24, page 169), on déduit la relation

$$f_N(t) \leq \left(|\bar{L}_N(0) - x| + \sqrt{C/N} \right) e^{\mu t};$$

$f_N(t)$ tend par conséquent vers 0 quand $N \to +\infty$. La convergence L_1 annoncée dans le théorème est établie. $\qquad \square$

6. Un théorème de la limite centrale

Les notations de la section précédente sont conservées. Cette partie étudie les fluctuations de $(\bar{L}_N(t))$ autour de la limite déterministe $(x(t))$

$$(6.26) \qquad \left(\sqrt{N}(\bar{L}_N(t) - x(t))\right) = \left(\frac{L_N(t) - Nx(t)}{\sqrt{N}}\right),$$

en supposant que la valeur à l'origine vérifie de plus

$$\lim_{N \to +\infty} \frac{L_N(0) - Nx}{\sqrt{N}} = v,$$

où v est un réel. Le processus défini par (6.26) possède la propriété de Markov sur $\mathbb{R}_+$. Le théorème suivant est dû, dans un cadre un peu plus général, à Borovkov[4]. Il décrit la nature des fluctuations autour de la trajectoire limite du processus renormalisé.

THÉORÈME 6.14. *Le processus*

$$\left(\frac{L_N(t) - Nx(t)}{\sqrt{N}}\right)$$

converge en distribution, quand N tend vers $+\infty$, vers le processus à accroissements indépendants (non homogènes) $(X(t))$ défini par

$$(6.27) \qquad X(t) = ve^{-\mu t} + \int_0^t e^{-\mu(t-s)} \sqrt{h(s)} \, dB(s), \quad t \in \mathbb{R}_+,$$

$(B(t))$ est le mouvement brownien et la fonction h est définie par

$$h(t) = 2\lambda + \mu(x - \rho)e^{-\mu t}.$$

Si $x = \rho$, alors $x(s) = \rho$ pour tout $s \in \mathbb{R}$ et la limite $(X(t))$ est un processus d'Ornstein-Ühlenbeck

$$X(t) = ve^{-\mu t} + \sqrt{2\lambda} \int_0^t e^{-\mu(t-s)} \, dB(s),$$

de façon équivalente, $(X(t))$ satisfait l'équation différentielle stochastique

$$X(0) = v, \qquad dX(t) = -\mu X(t) \, dt + \sqrt{2\lambda} \, dB(t).$$

La partie 8.1, page 168 rappelle la définition du processus d'Ornstein-Ühlenbeck.

DÉMONSTRATION. En posant

$$G_N(t) = \frac{L_N(t) - Nx(t)}{\sqrt{N}},$$

le lemme 6.12 montre que le processus

$$(6.28) \qquad (Y_N(t)) \stackrel{\text{def}}{=} \left(G_N(t) - G_N(0) + \mu \int_0^t G_N(s) \, ds\right)$$

[4] A. A. Borovkov, *Limit laws for queueing processes in multichannel systems*, Sibirsk. Mat. Ž. 8 (1967), 983–1004.

est une martingale de carré intégrable dont le processus croissant vaut

$$<Y_N>(t) = \lambda t + \mu \int_0^t \bar{L}_N(s)\, ds.$$

D'après le théorème 6.13 le processus croissant $(<Y_N>(t))$ converge en probabilité vers $\gamma(t)$ défini par

$$\gamma(t) = \lambda t + \mu \int_0^t x(s)\, ds = 2\lambda t + (x - \rho)(1 - e^{-\mu t}).$$

On en déduit, Théorème D.10 page 355, que le processus $(Y_N(t))$ converge en loi vers $(B(\gamma(t))$, où $(B(t))$ est le mouvement brownien standard.

Avec ce résultat nous sommes en mesure de prouver que $(G_N(t))$ est une suite tendue de processus. Il restera ensuite à identifier la limite. Le module de continuité w_N de $(G_N(t))$ défini par

$$w_N(\delta) = \sup_{u,v \le t, |u-v| \le \delta} |G_N(u) - G_N(v)|$$

vérifie l'inégalité

$$(6.29) \qquad w_N(\delta) \le \sup_{u,v \le t, |u-v| \le \delta} \left(|Y_N(u) - Y_N(v)| + \mu \int_u^v |G_N(s)|\, ds \right)$$

$$(6.30) \qquad \qquad \le \mu\delta \sup_{u \le t} |G_N(u)| + \sup_{u,v \le t, |u-v| \le \delta} |Y_N(u) - Y_N(v)|.$$

Pour $s, t \in \mathbb{R}_+$ tels que $s \le t$, la définition de $(Y_N(t))$ donne

$$|G_N(s)| \le |Y_N(s)| + |G_N(0)| + \mu \int_0^s |G_N(u)|\, du,$$

$$\sup_{0 \le u \le s} |G_N(u)| \le \sup_{0 \le u \le s} |Y_N(u)| + |G_N(0)| + \mu \int_0^s \sup_{0 \le v \le u} |G_N(v)|\, du.$$

En utilisant le lemme de Gronwall, on obtient donc l'inégalité

$$(6.31) \qquad \sup_{0 \le u \le s} |G_N(u)| \le \left(\sup_{0 \le u \le s} |Y_N(u)| + |G_N(0)| \right) e^{\mu s},$$

pour $s \le t$. La suite de processus $(Y_N(t))$ étant convergente, avec l'argument de continuité vu dans la preuve de la proposition 2.2 page 2.2, les variables aléatoires

$$\left(\sup_{0 \le u \le t} |Y_N(u)| \right)$$

convergent aussi en distribution. Comme de plus $G_N(0)$ converge vers v quand N tend vers $+\infty$, pour $\eta > 0$, il existe $K > 0$ et N_0 tels que si $N \ge N_0$,

$$\mathbb{P}\left(\left(\sup_{0 \le u \le t} |Y_N(u)| + |G_N(0)| \right) e^{\mu t} \ge K \right) \le \frac{\eta}{2},$$

la relation (6.31) donne donc la majoration

$$(6.32) \qquad \mathbb{P}\left(\sup_{0 \leq u \leq t} |G_N(u)| \geq K\right) \leq \frac{\eta}{2}.$$

La suite $(Y_N(t))$ de processus est tendue; pour η, $\varepsilon > 0$, il existe donc δ_0 et N_1 tels que le module de continuité de $(Y_N(t))$ vérifie l'inégalité

$$(6.33) \qquad \mathbb{P}\left(\sup_{u,v \leq t, |u-v| \leq \delta_0} |Y_N(u) - Y_N(v)| \geq \frac{\varepsilon}{2}\right) \leq \frac{\eta}{2},$$

si $N \geq N_1$. En choisissant $\delta \leq \delta_0 \wedge \varepsilon/(2\mu K)$ et $N \geq N_0 \vee N_1$, la relation (6.30) montre l'inégalité

$$\mathbb{P}(w_N(\delta) \geq \varepsilon) \leq \mathbb{P}\left(\sup_{u,v \leq t, |u-v| \leq \delta} |Y_N(u) - Y_N(v)| \geq \frac{\varepsilon}{2}\right)$$
$$+ \mathbb{P}\left(\delta\mu \sup_{0 \leq u \leq t} |G_N(u)| \geq \frac{\varepsilon}{2}\right),$$

et d'après (6.33) et (6.32) chacun des deux termes du membre de droite de l'inégalité précédente est majoré par $\eta/2$. Pour $\varepsilon, \eta > 0$, il existe δ et N_2 tels que l'inégalité $\mathbb{P}(w_N(\delta) \geq \varepsilon) \leq \eta$ soit satisfaite si $N \geq N_2$.

Le théorème D.9 page 354 montre que la suite $(G_N(t))$ est tendue dans l'espace des fonctions càdlàg sur $[0, t]$ et que toute valeur d'adhérence a pour support l'ensemble des fonctions continues. Si $(X(s))$ est une valeur d'adhérence de cette suite, de l'identité (6.28), on déduit que $\mathbb{P}$-p.s. pour tout $s \leq t$,

$$(6.34) \qquad B(\gamma(s)) = X(s) - v + \mu \int_0^s X(u) \, du.$$

Le processus $(B(\gamma(t)))$ est identique en loi au processus

$$\left(\int_0^t \sqrt{\gamma'(s)} \, dB_1(s)\right),$$

où $(B_1(t))$ est un mouvement brownien standard (c'est une martingale continue avec le même processus croissant). L'équation (6.34) peut donc se réécrire sous la forme différentielle

$$(6.35) \qquad dX(s) = \sqrt{\gamma'(s)} \, dB_1(s) - \mu X(s) \, ds$$

et il est bien connu que cette équation différentielle stochastique a une seule solution (voir Rogers et Williams [43] par exemple). La suite $(G_N(t))$ n'a donc qu'une seule valeur d'adhérence, elle converge donc en loi.

La limite est simple à expliciter, comme

$$X(t) = v + \int_0^t \sqrt{\gamma'(s)} \, dB(s) - \mu \int_0^t X(s) \, ds,$$

il est facile de vérifier que

$$X(t) = ve^{-\mu t} + \int_0^t e^{-\mu(t-s)} \sqrt{\gamma'(s)} \, dB(s)$$

est la solution de cette équation.

Dans le cas où $x = \rho$, $\gamma(t) = 2\lambda t$, la relation (6.35) montre que $(X(t))$ est bien la solution de l'équation différentielle $dX(t) = \sqrt{2\lambda}dB(t) - \mu X(t) \, dt$, ce qui achève la démonstration du théorème. $\qquad\square$

Un modèle connexe. Le parking de super-marché : les hypothèses probabilistes sont les mêmes. La file d'attente a des places numérotées et un client à son arrivée prend la place avec le plus petit numéro. Le nombre total de clients est toujours celui d'une file d'attente $M/M/\infty$. Ce modèle a toutefois une composante spatiale : l'ensemble des places occupées. Plusieurs caractéristiques sont intéressantes dans ce contexte : le numéro de la place du client le plus éloigné, ou encore le nombre de places vides jusqu'au dernier client, etc. Ce modèle est étudié par Aldous[1].

7. La file d'attente à capacité limitée M/M/N/N

Cette file d'attente est la version tronquée de la file $M/M/\infty$, si λ est le taux d'arrivée, μ le taux de service et $\rho = \lambda/\mu$, le processus du nombre de clients est à l'équilibre un processus réversible, sa mesure invariante π_N est donnée par

$$(6.36) \qquad \pi_N(k) = C^{-1} \frac{\rho^k}{k!}, \qquad 0 \leq k \leq N,$$

où C est la constante de normalisation,

$$C = \sum_{i=0}^N \frac{\rho^i}{i!}.$$

C'est le modèle de base d'un lien téléphonique entre deux nœuds : N communications peuvent être acheminées simultanément et quand la file est pleine les nouvelles requêtes sont rejetées. Quand plusieurs files d'attente de ce type sont reliées entre elles en réseau le modèle obtenu est celui de la section 2.3 page 86. Dans ce contexte il est intéressant d'estimer la probabilité qu'un client soit rejeté, le temps qu'il faut pour que la file déborde, le temps entre deux débordements, etc . . .

Cette file d'attente simple est étudiée quand le taux d'arrivée λN est proportionnel à la capacité. Le processus du nombre de clients noté $(L_N^*(t))$ vérifie l'équation différentielle

$$(6.37) \qquad dL_N^*(t) = 1_{\{L_N^*(t-)<N\}} \mathcal{N}_{\lambda N}(dt) - \sum_{i=1}^{L_N^*(t-)} \mathcal{N}_\mu^i(dt).$$

[1]   David Aldous, *Some interesting processes arising as heavy traffic limits in an $M/M/\infty$ storage process*, Stochastic Processes and their Applications **22** (1986), 291–313.

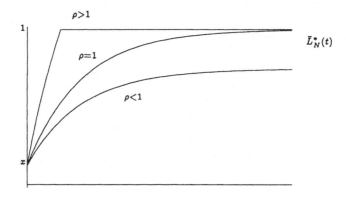

FIG. 1. Les trois régimes de la file $M/M/N/N$

De la même façon le temps d'atteinte de $a \in \{0, \dots, N\}$ est noté T_a^*,

$$T_a^* = \inf\{t > 0 / L_N^*(t) = a\}.$$

Le processus renormalisé $(\bar{L}_N^*(t))$ naturellement défini par

$$\bar{L}_N^*(t) = \frac{L_N^*(t)}{N}, \qquad t \in \mathbb{R}_+,$$

est à valeurs dans $[0, 1]$; à $t = 0$, la condition suivante est vérifiée,

(6.38) $$\lim_{N \to +\infty} \bar{L}_N^*(0) = x \in [0, 1].$$

Tant que $(L_N^*(t))$ n'a pas atteint la valeur N, le processus se comporte comme le processus libre $(L_N(t))$. D'àprès le théorème 6.13, quand t est assez grand $L_N(t)/N$ vaut approximativement ρ. Cette file d'attente a, suivant les valeurs de ρ, trois types de fonctionnement possibles. Une description informelle de ceux-ci est présentée ci-dessous; elle est guidée par la loi des grands nombres et le théorème de la limite centrale démontrés précédemment.

1. Si $\rho > 1$, ce cas sera appelé par la suite sur-critique (forte charge). La loi des grands nombres montre que $L_N(t)$ devrait atteindre N en temps fini. La file d'attente va donc être remplie rapidement.

2. Le cas $\rho < 1$, sous-critique (faible charge), comme $(L_N(t) - \rho N)/\sqrt{N}$ est une diffusion, en première approximation le processus $(L_N^*(t))$ va vivre dans une région du type $[\rho N - A\sqrt{N}, \rho N + A\sqrt{N}] \subset [0, N]$. Les phénomènes de débordement sont donc rares.

3. Si $\rho = 1$, cas critique, la limite du processus renormalisé $x(t)$ tend vers 1 quand $t \to +\infty$, donc la file d'attente se remplit asymptotiquement. Cette description est bien sûr peu informative sur le processus réel de débordement.

Dans la suite, chacun de ces cas est étudié séparément. À chaque fois, le comportement asymptotique du temps de premier débordement T_N^* est étudié et une loi des grands nombres est démontrée.

7.1. Le cas sur-critique $\rho > 1$. Quand $\rho > 1$, la file d'attente est très rapidement saturée. On peut le voir de façon heuristique : si $L_N^*(0)$ est de l'ordre de Nx avec $x \leq 1$, tant que le nombre de clients reste de l'ordre de Nx, le processus $(L_N^*(t))$ est un processus de vie et de mort transient, sautant de $+1$ avec une intensité λN strictement plus grande que l'intensité des sauts de -1 qui est de l'ordre de $\mu x N \leq \mu N < \lambda N$. Par conséquent, le processus va être poussé vers la frontière N. Le processus limite $(\rho + (x - \rho)\exp(-\mu t))$ est en 1 à l'instant

$$\frac{1}{\mu} \log\left(\frac{\rho - x}{\rho - 1}\right).$$

La proposition suivante établit la convergence en probabilité du temps de débordement vers cette quantité.

Au passage, nous avons vu que, si $L_N^*(t) \equiv Nx$, le processus se comporte localement comme celui du nombre de clients d'une file $M/M/1$ instable avec une intensité d'arrivée λN et de service $\mu x N$.

PROPOSITION 6.15. *Si $\rho > 1$, le temps de débordement T_N^* de la file d'attente converge en probabilité vers*

$$\frac{1}{\mu} \log\left(\frac{\rho - x}{\rho - 1}\right),$$

si la condition initiale vérifie $\lim_{N \to +\infty} L_N^*(0)/N = x$.

DÉMONSTRATION. Le processus $(\exp(\mu(t \wedge T_N))(\rho N - L_N(t \wedge T_N)))$ est une martingale d'après le corollaire 6.5 et le théorème d'arrêt des martingales. Avant l'instant T_N^*, les processus $(L_N(t))$ et $(L_N^*(t))$ coïncident, et par conséquent $T_N = T_N^*$. La propriété de martingale montre donc l'égalité

$$\mathbb{E}\left(\exp(\mu(t \wedge T_N^*))(\rho N - L_N^*(t \wedge T_N^*))\right) = \rho N - L_N^*(0),$$

et comme $L_N^*(t \wedge T_N^*) \leq N$, on en déduit l'inégalité

$$(\rho N - N)\mathbb{E}(\exp(\mu t \wedge T_N^*)) \leq \rho N - L_N^*(0).$$

En faisant tendre t vers l'infini, le théorème de convergence monotone montre que

$$\mathbb{E}(\exp(\mu T_N^*)) \leq (\rho - \bar{L}_N^*(0))/(\rho - 1).$$

La variable $\exp(\mu T_N^*)$ est intégrable et comme elle est positive

$$0 \leq \exp(\mu t \wedge T_N^*)(\rho N - L_N(t \wedge T_N^*)) \leq \rho N \exp(\mu T_N^*).$$

La martingale $\exp(\mu(t \wedge T_N^*))(\rho N - L_N^*(t \wedge T_N^*))$ est donc uniformément intégrable, on obtient ainsi l'identité

(6.39) $$\mathbb{E}(\exp(\mu T_N^*)) = \frac{\rho - \bar{L}_N^*(0)}{\rho - 1}.$$

La fonction $x \to (x - N\rho)^2 - x$ étant comprise entre $N^2(\rho - 1)^2 - N$ et $(N\rho)^2$ pour x variant entre 0 et N, le même type d'argument appliqué à la deuxième martingale de la relation (6.10) arrêtée en T_N^*

$$\left(\exp(2\mu(t \wedge T_N^*)) \left((L_N^*(t \wedge T_N^*) - N\rho)^2 - L_N^*(t \wedge T_N^*)\right)\right),$$

donne l'égalité

$$\mathbb{E}\left(\exp\left(2\mu T_N^*\right)\right) = \frac{(\rho - \bar{L}_N^*(0))^2 - \bar{L}_N^*(0)/N}{(\rho - 1)^2 - 1/N}.$$

L'équation (6.39) et l'identité précédente montrent donc

$$\text{var}\left(\exp(\mu T_N^*)\right) = O\left(1/N\right),$$

en utilisant l'inégalité de Tchebichev, pour $\varepsilon > 0$,

$$\mathbb{P}\left(\left|\exp(\mu T_N^*) - \mathbb{E}(\exp(\mu T_N^*))\right| > \varepsilon\right) \leq \text{var}\left(\exp(\mu T_N^*)\right)/\varepsilon^2,$$

on en déduit que (T_N^*) converge en probabilité vers

$$\lim_{N \to +\infty} \log\left(\mathbb{E}\left(\exp(\mu T_N^*)\right)\right) = \frac{1}{\mu} \log \frac{\rho - x}{\rho - 1},$$

d'après la relation (6.39). La proposition est démontrée. □

Le petit lemme suivant sera utilisé pour montrer que le processus renormalisé reste en 1 quand il atteint 1.

LEMME 6.16. *Le processus $(L_N^*(t))$ est minoré par un processus de vie et de mort $(Z_N(t))$ partant de $L_N^*(0)$ dont la matrice de saut (R_{ij}) est donnée par $R_{i,i+1} = \lambda N$, pour $i < N$ et $R_{i,i-1} = \mu N$ pour $i > 0$.*

DÉMONSTRATION. La preuve se fait en construisant le processus $(Z_N(t))$ à partir du processus $(L_N^*(t))$. Il suffit bien entendu de définir les instants de sauts de $(Z_N(t))$. Les sauts de $+1$ sont les mêmes pour $(Z_N(t))$ et $(L_N^*(t))$. Si à l'instant t_0, $(L_N^*(t))$ saute de -1, alors $(Z_N(t))$ aussi ; de plus, indépendamment, à l'instant t, $Z_N(t)$ saute de -1 si $Z_N(t) > 0$ avec intensité $\mu(N - L_N(t))$. Globalement les sauts vers le bas de $(Z_N(t))$ se font avec intensité μN. Comme des sauts vers le bas sont rajoutés, il est clair que $L_N(t) \geq Z_N(t)$. Le lemme est démontré. □

PROPOSITION 6.17 (Loi des grands nombres). *Si $\rho > 1$, pour tout $\varepsilon > 0$ et $t \in \mathbb{R}_+$,*

$$\lim_{N \to +\infty} \mathbb{P}\left(\sup_{0 \leq s \leq t} \left|\frac{L_N^*(s)}{N} - y(s)\right| > \varepsilon\right) = 0,$$

avec

$$y(t) = \left(\rho + (x - \rho)e^{-\mu t}\right) \wedge 1.$$

DÉMONSTRATION. En notant $\Delta_N(s) = |L_N^*(s)/N - y(s)|$ pour $s \in \mathbb{R}_+$,

$$(6.40) \quad \mathbb{P}\left(\sup_{0 \leq s \leq t} \Delta_N(s) > \varepsilon\right)$$

$$\leq \mathbb{P}\left(\sup_{0 \leq s \leq T_N^* \wedge t} \Delta_N(s) > \varepsilon\right) + \mathbb{P}\left(\sup_{T_N^* \leq s \leq t} \Delta_N(s) > \varepsilon\right).$$

Le deuxième terme du membre de droite de (6.40) se réécrit comme

$$\mathbb{P}\left(\sup_{T_N^* \leq s \leq t} \left|\frac{L_N^*(s)}{N} - y(s)\right| > \varepsilon\right)$$

$$\leq \mathbb{P}\left(\sup_{T_N^* \leq s \leq t} \left|\frac{L_N^*(s)}{N} - 1\right| > \frac{\varepsilon}{2}\right) + \mathbb{P}\left(\sup_{T_N^* \leq s \leq t} |y(s) - 1| > \frac{\varepsilon}{2}\right)$$

et avec la propriété de Markov forte cette expression est majorée par

$$(6.41) \qquad \mathbb{P}_N\left(\sup_{0 \leq s \leq t} \left(1 - \frac{L_N^*(s)}{N}\right) > \frac{\varepsilon}{2}\right) + \mathbb{P}\left(\sup_{T_N^* \leq s \leq t} |y(s) - 1| > \frac{\varepsilon}{2}\right).$$

La fonction $s \to y(s)$ est continue en

$$s_0 = \frac{1}{\mu} \log\left(\frac{\rho - x}{\rho - 1}\right),$$

avec $y(s) = 1$ pour $s \geq s_0$; il existe $\delta > 0$ tel que

$$\sup_{s \geq s_0 - \delta} |y(s) - 1| \leq \varepsilon/2,$$

ce qui entraîne l'inégalité

$$\mathbb{P}\left(\sup_{T_N^* \leq s \leq t} |y(s) - 1| > \frac{\varepsilon}{2}\right) \leq \mathbb{P}\left(T_N^* \leq s_0 - \delta\right);$$

la proposition 6.15 montre que ce dernier terme tend vers 0 quand N tend vers l'infini. L'autre terme de (6.41) se majore de la façon suivante,

$$\mathbb{P}_N\left(\sup_{0 \leq s \leq t} \left(1 - \frac{L_N^*(s)}{N}\right) > \frac{\varepsilon}{2}\right) \leq \mathbb{P}_N\left(T_{N-\lfloor \varepsilon N/2 \rfloor}^* \leq t\right).$$

Le lemme 6.16 montre que $(L_N^*(t))$ est minoré par un processus de vie et de mort $(Z_N(t))$ réfléchi en N de matrice (R_{ij}) telle que $R_{i,i+1} = \lambda N$ et $R_{ii-1} = \mu N$. Si τ_N est le temps d'atteinte de $N - \lfloor \varepsilon N/2 \rfloor$ par $(Z_N(t))$, la minoration de $(L_N^*(t))$ donne l'inégalité

$$\mathbb{P}_N\left(\sup_{0 \leq s \leq t} \left(1 - \frac{L_N^*(s)}{N}\right) > \frac{\varepsilon}{2}\right) \leq \mathbb{P}_N\left(\tau_N \leq t\right);$$

le processus $(N - Z_N(t/N))$ est donc celui du nombre de clients d'une file d'attente $M/M/1$ stable dont le taux d'arrivée [resp. de service] vaut μ, [resp. λ] et $N\tau_N$ est le temps d'atteinte de $\lfloor \varepsilon N/2 \rfloor$ partant de 0. La proposition 5.11 montre que la variable $(\mu/\lambda)^{\lfloor \varepsilon N/2 \rfloor} N\tau_N$ converge en distribution vers une loi exponentielle. En particulier $\mathbb{P}_N(\tau_N \le t)$ tend vers 0 quand N tend vers $+\infty$. Le membre de gauche de l'inégalité (6.41) tend donc vers 0 et donc le deuxième terme du membre de droite de l'inégalité (6.24) aussi.

En utilisant une méthode similaire, comme L_N^* et L_N coïncident jusqu'à T_N^*, le premier terme du membre de droite de l'inégalité (6.24) tend aussi vers 0, par conséquent le terme gauche de cette inégalité tend vers 0 quand N tend vers l'infini. La proposition est démontrée. $\square$

Le processus renormalisé partant de 1 reste collé en 1. La question naturelle qui suit ce résultat concerne la nature des fluctuations du processus non renormalisé $(L_N^*(t))$ en dessous de N. La proposition suivante étudie, sans la renormalisation spatiale, le comportement de $(L_N^*(t))$ au voisinage de N ou plus précisément celui de $(N - L_N^*(t/N))$, qui n'est autre que le processus du nombre de serveurs libres. Le résultat principal est que le nombre de clients reste très proche de N, un nombre fini de places de la file d'attente sont inoccupées.

PROPOSITION 6.18. *Sous la condition $\rho > 1$, les lois marginales finies du processus de Markov $(Y_N(t)) = (N - L_N^*(t/N))$ avec la condition initiale $Y_N(0) = a \in \mathbb{N}$ convergent en distribution vers celles d'un processus de vie et de mort $(Y(t))$ dont la matrice de sauts $Q = (q_{ij})$ est donnée par $q_{i,i+1} = \mu$ et $q_{i+1,i} = \lambda$ pour $i \in \mathbb{N}$.*

DÉMONSTRATION. La chaîne incluse $(D_N(n))$ de $(Y_N(t))$ (voir la définition Section 3 page 347) a comme matrice de transition $p_N = (p_N(i,j))$ définie par

$$p_N(i, i+1) = \mu(N - i)/(\lambda N + \mu(N - i)) \quad \text{si } i < N,$$

$$p_N(i, i-1) = \lambda N/(\lambda N + \mu(N - i)) \quad \text{si } 0 < i \le N,$$

et les autres termes de la matrice sont nuls. Quand N tend vers $+\infty$, la matrice p_N converge, coordonnée par coordonnée, vers la matrice p de la chaîne incluse $(D(n))$ d'un processus de vie et de mort de matrice de transition p,

$$p(i, i+1) = \frac{\mu}{\lambda + \mu}, \quad p(i, i-1) = \frac{\lambda}{\lambda + \mu}, \quad i > 0.$$

La chaîne de Markov $(D_N(n))$ converge donc en loi vers $(D(n))$. Avec la condition initiale $Y_N(0) = a$, le prochain instant de saut suit une loi exponentielle de paramètre $(\lambda + \mu(N - a))/N$ et converge donc vers une distribution exponentielle de paramètre $\lambda + \mu$. La convergence annoncée s'obtient en utilisant la construction des processus de sauts à partir de leurs chaînes incluses (Chapitre C). $\square$

La mesure invariante du processus $(N - L_N^*(t))$ est aussi celle de $(N - L_N^*(t/N))$. Ce dernier convergeant en distribution vers $(Y(t))$, il est plausible que la mesure invariante de $(N - L_N^*(t))$ converge vers celle de $(Y(t))$.

PROPOSITION 6.19. *Si $\rho > 1$, la mesure invariante du nombre de serveurs inoccupés $(N - L_N^*(t))$ converge vers une loi géométrique de paramètre $1/\rho$, en particulier la probabilité de blocage vérifie*

$$\lim_{N \to +\infty} \pi_N(N) = 1 - 1/\rho.$$

DÉMONSTRATION. La mesure invariante π_N étant une loi de Poisson tronquée de paramètre $N\rho$, pour $k \leq N$,

$$\pi_N(N - k) = \frac{(\rho N)^{N-k}}{(N - k)!} \frac{1}{\sum_{i=0}^{N} (\rho N)^{N-i}/(N - i)!} = \left(\frac{1}{\rho}\right)^k \frac{1}{K_N}$$

avec

$$K_N = \sum_{i=0}^{k} \frac{1}{\rho^i} \frac{N^k(N - k)!}{N^i(N - i)!} + \sum_{i=k+1}^{N} \frac{1}{\rho^i} \frac{N^k(N - k)!}{N^i(N - i)!};$$

l'expression $N^k(N - k)!/N^i(N - i)!$ converge vers 1 pour $i \leq N$ et est majorée par 1 pour $i \geq k$. Le théorème de convergence dominée appliquée à la deuxième somme de l'expression précédente montre donc la relation

$$\lim_{N \to +\infty} K_N = \frac{1}{1 - 1/\rho},$$

d'où la convergence en loi annoncée

$$\lim_{N \to +\infty} \pi_N(N - k) = \left(\frac{1}{\rho}\right)^k \left(1 - \frac{1}{\rho}\right).$$

$\square$

7.2. Le cas critique $\rho = 1$. En reprenant le raisonnement approximatif du début de la partie précédente, si $L_N^*(0)$ est dans le voisinage de N, l'intensité des sauts de -1 est la même que celle des sauts de 1, de l'ordre de λN. Le temps d'atteinte de N sera donc beaucoup moins rapide que dans le cas précédent. L'équation $1 + (x - 1)\exp(-\mu t) = 1$ du temps d'atteinte de la saturation par le processus renormalisé donne bien entendu $t = +\infty$; il faut cependant se rappeler (Théorème 6.14) que le processus est une perturbation gaussienne $(X(t))$ autour de la trajectoire limite et donc que N peut-être atteint en temps fini. L'approximation gaussienne donne

$$L_N(t) \sim N(1 + (x - 1)e^{-\mu t}) + \sqrt{N} X(t),$$

en admettant que le processus $(X(t))$ reste avec une forte probabilité dans un voisinage borné (il est en fait ergodique), le processus $(L_N(t))$ sera en N pour un t de l'ordre de $(\log \sqrt{N})/\mu$. La proposition suivante montre en effet que les valeurs du temps d'atteinte de N sont essentiellement concentrées autour de $(\log N)/(2\mu)$ (voir aussi la figure 2).

PROPOSITION 6.20. *Si $\rho = 1$ et $L_N^*(0) = 0$, la variable aléatoire*

$$\frac{\mu T_N^* - (\log N)}{2}$$

converge en distribution vers une variable dont la densité en $x \in \mathbb{R}$ vaut

$$\sqrt{\frac{2}{\pi}} e^{-x} e^{-\exp(-2x)/2}.$$

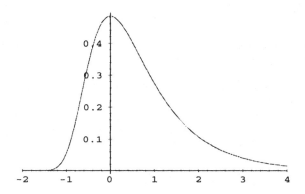

FIG. 2. La distribution de $\mu T_N^* - (\log N)/2$ quand $\rho = 1$.

DÉMONSTRATION. La proposition 6.9 montre que, pour $\alpha > 0$,

$$\mathbb{E}_0\left(e^{-\alpha\mu T_N^*}\right) = \frac{\Gamma(\alpha)}{\Phi_N(\alpha)}$$

avec

$$\Phi_N(\alpha) = \int_0^{+\infty} (1 + c/N)^N\, c^{\alpha-1} e^{-c}\, dc\ ;$$

en faisant le changement de variables $c = \sqrt{2Nx}$, cette égalité devient

$$\Phi_N(\alpha) = N^{\alpha/2}\, 2^{\alpha/2-1} \int_0^{+\infty} \left(1 + \sqrt{2x/N}\right)^N x^{\alpha/2-1} e^{-\sqrt{2Nx}}\, dx.$$

L'intégrale précédente se représente sous la forme

$$A_N = \int_0^{+\infty} e^{N\log\left(1+\sqrt{2x/N}\right)-\sqrt{2Nx}} x^{\alpha/2-1}\, dx.$$

Il est facile de montrer que la fonction $y \to y^2 \log(1 + 1/y) - y$ est décroissante sur $\mathbb{R}_+$, par conséquent pour $x \geq 0$ la suite

$$\left(N \log\left(1 + \sqrt{2x/N}\right) - \sqrt{2Nx}\right)$$

est décroissante et converge vers $-x$. En appliquant le théorème de convergence monotone, il vient

$$\lim_{N\to+\infty} A_N = \int_0^{+\infty} e^{-x} x^{\alpha/2-1}\, dx = \Gamma(\alpha/2).$$

d'où

$$\lim_{N \to +\infty} N^{\alpha/2}\, 2^{\alpha/2-1} \mathbb{E}_0\left(\exp\left(-\alpha\mu T_N^*\right)\right) = \frac{\Gamma(\alpha)}{\Gamma(\alpha/2)}\;;$$

la formule de duplication de Legendre pour les fonctions Gamma (voir Whittaker et Watson [53], page 240)

$$2^{2x-1}\Gamma(x)\Gamma(x+1/2) = \sqrt{\pi}\,\Gamma(2x),$$

pour $x \geq 0$, donne

$$\lim_{N \to +\infty} \mathbb{E}_0\left(\exp\left(-\alpha(\mu T_N^* - (\log N)/2)\right)\right) = \frac{2^{\alpha/2}}{\sqrt{\pi}}\Gamma\left(\frac{\alpha+1}{2}\right).$$

Il reste à inverser la transformée de Laplace

$$\frac{2^{\alpha/2}}{\sqrt{\pi}}\Gamma\left(\frac{\alpha+1}{2}\right) = \frac{1}{\sqrt{\pi}}\int_0^{+\infty} \exp\left(\alpha\log(2y)/2 - \log y/2 - y\right)\,dy,$$

le changement de variables $x = -\log(2y)/2$ donne

$$\frac{2^{\alpha/2}}{\sqrt{\pi}}\Gamma\left(\frac{\alpha+1}{2}\right) = \sqrt{\frac{2}{\pi}}\int_{-\infty}^{+\infty} e^{-\alpha x} \exp\left(-x - e^{-2x}/2\right)\,dx,$$

ce qui achève la démonstration de la proposition. □

La loi des grands nombres dans ce cas est similaire à celle montrée pour le processus libre $(L_N(t))$.

PROPOSITION 6.21. *Si $\rho = 1$, pour $t \in \mathbb{R}_+$ et $\varepsilon > 0$,*

$$\lim_{N \to +\infty} \mathbb{P}\left(\sup_{0 \leq s \leq t}\left|\frac{L_N^*(s)}{N} - (1 + (x-1)e^{-\mu s})\right| > \varepsilon\right) = 0.$$

DÉMONSTRATION. La preuve est simple : avec très forte probabilité T_N^* est plus grand que t et, entre 0 et T_N^*, le processus $(L_N^*(t))$ est identique à $(L_N(t))$. Formellement, l'inégalité

$$\mathbb{P}\left(\sup_{0 \leq s \leq t}\left|\frac{L_N^*(s)}{N} - (1 + (x-1)e^{-\mu s})\right| > \varepsilon\right)$$

$$\leq \mathbb{P}(T_N^* \leq t) + \mathbb{P}\left(\sup_{0 \leq s \leq t}\left|\frac{L_N(s)}{N} - (1 + (x-1)e^{-\mu s})\right| > \varepsilon\right),$$

le théorème 6.13 et la proposition précédente permettent de conclure. □

Les fluctuations de $(L_N^*(t))$ autour de $(1 + (x-1)\exp(-\mu t))$ sont aussi de l'ordre de $\sqrt{N}$. Si $L_N(0) = N$, il est possible de montrer un théorème de la limite centrale pour $(L_N^*(t))$, la limite de $((N - L_N^*(t))/\sqrt{N})$ est un processus d'Ornstein-Ühlenbeck réfléchi ; c'est un processus positif, sur $\mathbb{R}_+ - \{0\}$ il vérifie l'équation différentielle (6.43) avec $\alpha = 1$ et $\sigma = 1$.

Cette partie se termine avec le comportement asymptotique de la probabilité invariante.

PROPOSITION 6.22. *La probabilité invariante du processus de Markov*

$$\left(\frac{N - L_N^*(t)}{\sqrt{N}} \right)$$

converge vers la loi de la valeur absolue d'une loi normale centrée réduite quand N tend vers l'infini.

De plus la probabilité $\pi_N(N)$ de blocage vérifie

$$\lim_{N \to +\infty} \sqrt{N} \pi_N(N) = \sqrt{2/\pi}.$$

DÉMONSTRATION. La formule (6.36) pour π_N donne l'égalité

$$\pi_N(k) = \frac{\mathbb{P}(\mathcal{N}_1([0, N]) = k)}{\mathbb{P}(\mathcal{N}_1([0, N]) \le N)},$$

pour $k \in \mathbb{N}$ où, comme d'habitude, $\mathcal{N}_1$ est un processus de Poisson de paramètre 1. Le théorème de la limite centrale pour les processus de Poisson montre que la quantité

$$\mathbb{P}(\mathcal{N}_1([0, N]) \le N) = \mathbb{P}\left(\frac{\mathcal{N}_1([0, N]) - N}{\sqrt{N}} \le 0 \right)$$

converge vers $1/2$ quand N tend vers l'infini et pour $x \in \mathbb{R}_+$

$$\lim_{N \to +\infty} \pi_N\left(k : 0 \le \frac{N - k}{\sqrt{N}} \le x \right) = 2 \lim_{N \to +\infty} \mathbb{P}\left(0 \le \frac{N - \mathcal{N}_1([0, N])}{\sqrt{N}} \le x \right)$$

$$= \sqrt{\frac{2}{\pi}} \int_0^x e^{-u^2/2} \, du.$$

La première partie de la proposition est donc démontrée. La dernière assertion utilise la formule de Stirling

$$\mathbb{P}(\mathcal{N}_1([0, N]) = N) = \frac{N^N e^{-N}}{N!} \sim 1/\sqrt{2\pi N}.$$

$\square$

À l'équilibre l'intensité du processus des clients rejetés, ou encore le processus des clients qui trouvent la file pleine, vaut $N \pi_N(N)$, elle est donc de l'ordre $\sqrt{2N/\pi}$. Dans le cas sur-critique cette intensité est linéaire en N de l'ordre de $N(1 - 1/\rho)$ d'après la proposition 6.19.

7.3. Le cas sous-critique $\rho < 1$. Ce cas est particulièrement simple, le processus $(L_N^*(t))$ vit autour de ρN (avec une amplitude de $\sqrt{N}$) et donc coïncide essentiellement avec $(L_N(t))$. La proposition suivante montre que les théorèmes 6.13 et 6.14 s'obtiennent sans difficulté, c'est le même principe de démonstration que pour la proposition 6.21 pour le processus $(L_N^*(t))$. La proposition suivante donne l'ordre de grandeur du premier instant de débordement dans ce cadre.

PROPOSITION 6.23. *Si $\rho < 1$ et avec la condition initiale $L_N^*(0) = 0$, la variable aléatoire $(N \rho^N \mu T_N^*)$ converge en distribution vers une variable exponentielle de paramètre $1 - \rho$.*

DÉMONSTRATION. En utilisant les notations de la preuve de la proposition 6.10, le remplacement de ρ par ρN dans l'identité (6.18) donne pour $\alpha \geq 0$,

$$\phi_N(\alpha) = \left(\mathbb{E}_0 \left(e^{-\alpha \mu T_N^*} \right) \right)^{-1} = 1 + \alpha \sum_{k=1}^N \binom{N}{k} \frac{1}{N^k \rho^k} \prod_{i=1}^{k-1} (\alpha + i).$$

Si $\alpha_N = \alpha N \rho^N$, $\phi_N(\alpha_N)^{-1}$ est la transformée de Laplace de $N\rho^n \mu T_N^*$ en α et cette quantité s'exprime de la façon suivante

$$\phi_N(\alpha_N) = 1 + \alpha \sum_{k=1}^N \frac{N}{k} \rho^{N-k} \prod_{i=1}^{k-1} (1 - \frac{i}{N})(1 + \frac{\alpha_N}{i})$$

$$(6.42) \qquad = 1 + \alpha \sum_{k=0}^{N-1} (k+1)\rho^k \frac{N}{(k+1)(N-k)} \prod_{i=1}^{N-k-1} (1 - \frac{i}{N})(1 + \frac{\alpha_N}{i}).$$

Le passage à la limite se fait comme dans la preuve de la proposition 6.10. L'expression $N/(k+1)(N-k)$ est bornée par 1 pour $0 \leq k \leq N - 1$, ainsi

$$\frac{N}{(k+1)(N-k)} \prod_{i=1}^{N-k-1} \left(1 - \frac{i}{N} \right) \left(1 + \frac{\alpha_N}{i} \right) \leq (1 + \alpha_N)^N \leq e^{\alpha N^2 \rho^N},$$

comme $\rho < 1$, ce dernier terme est majoré par une constante indépendante de N ; le théorème de convergence dominée appliqué à la somme du membre droit de l'équation (6.42) donne par conséquent

$$\lim_{N \to +\infty} \phi_N(\alpha_N) = 1 + \alpha \sum_{k=0}^{+\infty} \rho^k = 1 + \alpha/(1 - \rho),$$

d'où

$$\lim_{N \to +\infty} \mathbb{E}_0 \left(\exp(-\alpha_N \mu T_N^*) \right) = (1 - \rho)/(1 - \rho + \alpha).$$

La proposition est démontrée.   □

8. Appendice

8.1. Le processus d'Ornstein-Ühlenbeck. Ce processus est la solution de l'équation différentielle stochastique

$$(6.43) \qquad\qquad dX(t) = -\alpha X(t)\, dt + \sigma \, dB(t),$$

où α, $\sigma > 0$ et $(B(t))$ est le mouvement brownien standard. Il est facile de résoudre cette équation, $(X(t))$ se représente sous la forme

$$X(t) = X(0)e^{-\alpha t} + \sigma \int_0^t e^{-\alpha(t-s)} \, dB(s), \quad t \in \mathbb{R}_+.$$

C'est un processus de Markov ergodique (la dérive ramène fortement le processus au voisinage de l'origine), et sa distribution invariante est une loi gaussienne centrée de variance $\sigma^2/(2\alpha)$. Si la loi de $X(0)$ est la distribution invariante,

$(X(t))$ est un processus stationnaire gaussien de même loi que le mouvement brownien changé de temps

$$\left(\sigma/\sqrt{2\alpha}\exp(-\alpha t)B\left(\exp(-2\alpha t)\right)\right).$$

8.2. Le lemme de Gronwall.

LEMME 6.24. *Si h et f sont des fonctions boréliennes positives sur $\mathbb{R}_+$ et $\varepsilon > 0$ tels que*

(6.44)
$$f(s) \le \varepsilon + \int_0^s f(u)h(u)\,du,$$

pour $s \le t$, alors

$$f(s) \le \varepsilon \exp\left(\int_0^s h(u)\,du\right).$$

pour $s \le t$.

DÉMONSTRATION. La preuve se fait en itérant la relation (6.44) : si $s \le t$ et $n \ge 1$,

$$f(s) \le \varepsilon + \sum_{i=1}^{n-1}\varepsilon\int_0^s h(u_1)\,du_1\int_0^{u_1}h(u_2)\,du_2\cdots\int_0^{u_{i-1}}h(u_i)\,du_i$$

$$+ \int_0^s h(u_1)\,du_1\int_0^{u_1}h(u_2)\,du_2\cdots\int_0^{u_{n-1}}h(u_n)\,du_n$$

$$= \varepsilon + \varepsilon\sum_{i=1}^{n-1}\left(\int_0^s h(u)\,du\right)^i\int_{\mathbb{R}^k}1_{\{0\le u_1\le\cdots\le u_i\le s\}}\prod_{k=1}^i\frac{h(u_k)\,du_k}{\int_0^s h(u)\,du}$$

$$+ \left(\int_0^s h(u)\,du\right)^n\int_{\mathbb{R}^k}1_{\{0\le u_1\le\cdots\le u_n\le s\}}\prod_{k=1}^n\frac{h(u_k)\,du_k}{\int_0^s h(u)\,du}$$

$$= \varepsilon + \varepsilon\sum_{i=1}^{n-1}\left(\int_0^s h(u)\,du\right)^i\mathbb{P}(X_1\le X_2\le\cdots\le X_i\le s)$$

$$+ \left(\int_0^s h(u)\,du\right)^n\mathbb{P}(X_1\le X_2\le\cdots\le X_n\le s),$$

où (X_i) est une suite de variables i.i.d. de densité $h(u)/\int_0^s h(v)\,dv$ sur l'intervalle $[0,s]$. Par symétrie, il vient $\mathbb{P}(X_1\le X_2\le\cdots\le X_i\le s) = 1/i!$ ainsi

$$f(s) \le \varepsilon + \varepsilon\sum_{i=1}^{n-1}\left(\int_0^s h(u)\,du\right)^i\frac{1}{i!} + \left(\int_0^s h(u)\,du\right)^n\frac{1}{n!},$$

il suffit de faire tendre n vers l'infini pour obtenir le résultat. □

CHAPITRE 7

Les files d'attente avec une entrée poissonnienne

Sommaire

Dans ce chapitre, le processus d'arrivée est un processus de Poisson marqué

$$N = \sum_{n \in \mathbb{Z}} \delta_{(t_n, \sigma_n)}$$

d'intensité $\lambda \, dt \times \sigma(dx)$ sur $\mathbb{R} \times \mathbb{R}_+$. Comme d'habitude, si A est un borélien de $\mathbb{R}_+ \times \mathbb{R}_+$, $N(A)$ désigne le nombre de (t_n, σ_n) dans A; si I est un intervalle de $\mathbb{R}_+$, par abus de notation $N(I)$ désigne $N(I \times \mathbb{R}_+)$. La suite $(t_n; n \in \mathbb{Z})$ est croissante et $t_0 \le 0 < t_1$. La proposition 1.11 page 16 du chapitre 1 sur les processus de Poisson marqués montre que $\{t_n\}$ est un processus de Poisson d'intensité $\lambda \, dx$ sur $\mathbb{R}$ indépendant de la suite (σ_n), qui est i.i.d. de loi commune $\sigma(dx)$, la loi des services de cette file. La filtration naturelle associée à ce processus est notée $(\mathcal{F}_t)$, pour $t \in \mathbb{R}$ où $\mathcal{F}_t$ est la tribu engendrée par tous les événements avant t,

$$\mathcal{F}_t = \sigma \langle N(] - \infty, s] \times A)/s \le t, A \in \mathcal{B}(\mathbb{R}_+) \rangle$$

Avec ces hypothèses, trois modèles de file d'attente sont étudiés : la file avec un serveur avec les disciplines de service FIFO et LIFO, et la file à une infinité de serveurs. On commence tout d'abord par une propriété générique des files d'attente ayant un tel processus d'arrivée.

1. Un client et un observateur voient le même état

Ces files d'attente possèdent la propriété remarquable suivante : à l'équilibre, l'état de la file à un instant arbitraire a même distribution que l'état de la file vu par un client qui arrive.

L'état de la file d'attente. En rappelant que $\mathcal{M}_p(\mathbb{R} \times \mathbb{R}_+)$ est l'espace des processus ponctuels sur $\mathbb{R} \times \mathbb{R}_+$ (voir le chapitre 1), pour $s \leq t \in \mathbb{R}$, si la file d'attente est vide à l'instant s, l'état de celle-ci juste avant l'instant t est donné par la variable $\phi(s, t, N)$, où $\phi : \{(s, t) \in \mathbb{R} \times \mathbb{R}, s \leq t\} \times \mathcal{M}_p(\mathbb{R} \times \mathbb{R}_+) \to \mathbb{R}$ est une fonction mesurable positive vérifiant les propriétés suivantes : pour $s \leq t$,

$$(7.1) \qquad\qquad \phi(s, t, N) = \phi(0, t - s, T^s N),$$

$$(7.2) \qquad\qquad \phi(s, t, N) = \phi(t_1(s), t, N([s, t[\cap \cdot)),$$

où $T^s N$ désigne la translation de s du processus ponctuel N (voir la définition 30 page 272), $t_1(s)$ est le premier point t_n de N plus grand que s et enfin $N([s, t[\cap \cdot)$ désigne le processus ponctuel ayant les mêmes points que N sur l'ensemble $[s, t[\times \mathbb{R}_+$ et identiquement nul en dehors de cet ensemble.

La relation (7.1) indique que la dynamique de la file d'attente est homogène dans le temps et la relation (7.2) impose que la fonctionnelle $\phi(s, t, N)$ ne dépend que de la restriction de N à l'intervalle $[s, t[$. Pour simplifier les notations on a supposé un état initial vide. En rajoutant une variable à la fonctionnelle ϕ, il est cependant facile de généraliser ce type de représentation quand l'état initial est arbitraire.

DÉFINITION 13. Une file d'attente a la propriété de couplage en arrière pour l'état ϕ s'il existe une variable $T_0 \leq 0$, $\mathbb{P}$-presque sûrement finie, telle que pour $s \leq T_0$,

$$(7.3) \qquad\qquad \phi(s, 0, N) = \phi(T_0, 0, N).$$

PROPOSITION 7.1. *Sous les conditions (7.1) et (7.2), et si la fonctionnelle ϕ satisfait la condition de couplage en arrière, si $S(t) = \phi(0, t, N)$, on a l'égalité*

$$\lim_{t \to +\infty} S(t) \stackrel{loi}{=} \lim_{n \to +\infty} S(t_n),$$

où les limites sont prises pour la convergence en loi.

Si $S(t)$ est défini comme l'état de la file d'attente juste avant l'instant t, la proposition ci-dessus montre que sous certaines conditions l'état vu à un instant arbitraire t grand a même loi que l'état vu par le n-ième client avec n grand.

DÉMONSTRATION. Si $n \geq 1$, des propriétés (7.1) et (7.2) on déduit les égalités

$$\phi(0, t_n, N) = \phi(t_1, t_n, N)$$
$$= \phi(t_1 - t_n, 0, T^{t_n} N)$$
$$= \phi(t_1 - t_n, 0, T^{t_n} N([t_1 - t_n, 0[\cap \cdot)).$$

Les points de la composante temporelle d'un processus de Poisson étant espacés par des variables i.i.d. (exponentielles), il vient

$$(t_1 - t_n, T^{t_n} N([t_1 - t_n, 0[\cap \cdot)) \stackrel{loi}{=} (t_{-n+1} - t_0, T^{t_0} N([t_{-n+1} - t_0, 0[\cap \cdot));$$

la distance au premier point à gauche de 0 de N ayant une distribution exponentielle, on a aussi l'égalité en loi

$$(t_{-n+1} - t_0, T^{t_0} N([t_{-n+1} - t_0, 0[\cap\cdot)) \overset{\text{loi}}{=} (t_{-n+2}, N([t_{-n+2}, 0[\cap\cdot)).$$

Noter ici l'importance du fait que l'intervalle $[t_{-n+1}, 0[$ est ouvert en 0. Dans le membre de gauche de l'identité précédente il y a un point en 0 pour $T^{t_0} N$, dans le membre de droite il n'y a pas de point en 0 pour N. En récapitulant, on obtient l'égalité

$$\phi(0, t_n, N) \overset{\text{loi}}{=} \phi(t_{-n+2}, 0, N([t_{-n+2}, 0[\cap\cdot)) = \phi(t_{-n+2}, 0, N).$$

La propriété de couplage en arrière montre donc que la variable $\phi(0, t_n, N)$ converge en distribution vers $\phi(T_0, 0, N)$ quand t tend vers l'infini.

De la même façon si $t \geq 0$, la relation (7.1) donne l'égalité

$$\phi(0, t, N) = \phi(-t, 0, N),$$

donc la variable $\phi(0, t, N)$ converge aussi en distribution vers $\phi(T_0, 0, N)$ quand n tend vers l'infini, ce qui achève la démonstration de notre proposition.   □

Exemples.

La file d'attente $M/G/1$ FIFO. Si $V(t)$ est la charge de la file d'attente juste avant l'instant t, il est clair que les relations (7.1) et (7.2) sont vérifiées.

D'après la remarque du chapitre 12 page 300, si la file est vide à l'instant $s \leq 0$, la charge $V(0)$ de la file d'attente juste avant l'instant 0 peut être représentée sous la forme

$$\sup_{s \leq u \leq 0} \left(\int_{]u, 0[\times \mathbb{R}_+} x\, N(dv, dx) + u \right) = \sup_{n, s \leq t_n < 0} \left(\sum_{i=n}^{0} \sigma_i + t_n \right).$$

Si $\lambda \mathbb{E}(\sigma) < 1$, la loi des grands nombres montre que $\mathbb{P}$-presque sûrement,

$$\lim_{n \to -\infty} \frac{1}{n} \sum_{i=n}^{0} \sigma_i + t_n = \mathbb{E}(\sigma) - \frac{1}{\lambda} < 0.$$

Il existe donc N_0 tel que si $n \leq N_0$, alors

$$\sum_{i=n}^{0} \sigma_i + t_n < 0,$$

par conséquent, si $s \leq t_{N_0}$, on a l'égalité

$$\sup_{s \leq u \leq 0} \left(\int_{]u, 0[\times \mathbb{R}_+} x\, N(du, dx) + u \right) = \sup_{t_{N_0} \leq u \leq 0} \left(\int_{]u, 0[\times \mathbb{R}_+} x\, N(du, dx) + u \right),$$

le sup étant positif ou nul. On en déduit la propriété de couplage en arrière dans ce cas. Le proposition 7.1 montre donc que la charge à l'équilibre a même loi que le temps d'attente stationnaire (la charge juste avant l'arrivée d'un client). C'est le corollaire 2.15 page 52 obtenu en calculant explicitement les lois en question.

Le même résultat est bien entendu vrai pour d'autres caractéristiques de la file d'attente comme le nombre de clients.

La propriété de couplage en arrière est aussi satisfaite pour une file d'attente $M/G/1$ avec un serveur et une discipline de service conservative (voir la définition page 307) puisque la charge de celle-ci est la même que celle de la file d'attente $M/G/1$ FIFO. Par conséquent la proposition 7.1 s'appliquera à toutes les caractéristiques d'une telle file d'attente satisfaisant les propriétés (7.1) et (7.2). Les résultats sur la charge et le nombre de clients vus précédemment sont donc aussi vrais pour les disciplines LIFO, processor sharing,...

La file d'attente $M/G/\infty$. Si la file est vide à l'instant s, le nombre de clients juste avant l'instant t est donné par la fonctionnelle

$$L(t) = \int_{[s,t[\times\mathbb{R}_+} 1_{\{u+x>t\}}\, N(du, dx)$$

qui vérifie clairement les relations (7.1) et (7.2). La variable $L(0)$ vaut

$$\int_{[s,0[\times\mathbb{R}_+} 1_{\{u+x>0\}}\, N(du, dx) = \sum_{n\leq 0} 1_{\{t_n\geq s, t_n+\sigma_n>0\}},$$

la loi des grands nombres montre que la suite $(t_n + \sigma_n)/|n|$ tend P-presque sûrement vers $-1/\lambda$ quand n tend vers $-\infty$. De la même façon que dans l'exemple précédent, il existe $N_0 \in \mathbb{N}$, tel que si $s \leq t_{N_0}$,

$$\int_{[s,0[} 1_{\{u+x>0\}}\, N(du, dx) = \int_{[t_{N_0},0[} 1_{\{u+x>0\}}\, N(du, dx),$$

d'où la propriété de couplage en arrière de cette file d'attente. La proposition 7.1 s'applique donc aussi au nombre de clients de cette file d'attente. Pour $C \in \mathbb{N}$, la file $M/G/C/C$ peut être vue comme la file $M/G/\infty$ à laquelle on a retiré certains clients, le même type de résultat sera donc vrai pour cette file d'attente.

2. La file d'attente M/GI/1 FIFO

Cette file d'attente est étudiée au chapitre 2. Une jolie propriété de branchement de cette file d'attente est tout d'abord démontrée. Elle permet de déterminer la distribution d'une période d'occupation de cette file d'attente. La méthode de la chaîne incluse est ensuite introduite pour cet exemple élémentaire. C'est une façon simple de trouver une chaîne de Markov dans un processus qui n'est pas forcément markovien.

2.1. La loi de la durée de la période d'occupation. Sous l'hypothèse $\rho = \lambda\mathbb{E}(\sigma) < 1$, B désigne la durée de la période d'occupation quand la file d'attente commence avec un client dont le service vaut σ_0. La variable B est un temps d'arrêt relativement à la filtration $(\mathcal{F}_t)$, B est le premier instant où tous les clients, le client initial compris, ont été servis. Autrement dit, à l'instant B, tous les services des clients arrivés avant B ont été effectués, ou encore

$$B = \inf\left\{ t > 0 \;\middle/\; \sigma_0 + \int_{]0,t]\times\mathbb{R}_+} x\, N(ds, dx) - t \leq 0 \right\}.$$

Si deux clients sont présents au début avec leurs services respectifs σ_0, σ_0', la période d'occupation engendrée par ceux-ci peut se décomposer en deux morceaux. En ignorant tout d'abord le deuxième client, B est la période engendrée par σ_0. À $t = B$, il ne reste donc plus que la charge σ_0'. La période d'occupation engendrée par σ_0' est la période d'occupation associée au processus ponctuel $T^B N$ qui est le processus ponctuel N translaté de B. En utilisant que B est un temps d'arrêt et la propriété de Markov forte pour les processus de Poisson (Proposition 1.17 page 22), on en déduit que $T^B N$ est un processus de Poisson de même loi que N et indépendant de B. La période d'occupation engendrée par deux clients est donc la somme de deux variables indépendantes de même loi que B.

En reprenant la période d'occupation avec un seul client initial, à $t = \sigma_0$, après le départ du client 0, $N([0,\sigma_0])$ clients sont présents dans la file et demandent respectivement les services $\sigma_1, \ldots, \sigma_{N([0,\sigma_0])}$. En généralisant ce qui a été vu pour deux clients, on peut donc écrire la période d'occupation comme

$$(7.4) \qquad B = \sigma_0 + \sum_{i=1}^{N([0,\sigma_0])} B_i,$$

où les (B_i), qui sont les périodes d'occupation engendrées par les $N([0,\sigma_0])$ clients présents à $t = \sigma_0$, sont des variables indépendantes de même loi que B et indépendantes de σ_0. Le client 0 engendre $N([0,\sigma_0])$ clients. Si $\widetilde{X}(\xi)$ désigne la transformée de Laplace d'une variable aléatoire X prise en $\xi \in \mathbb{C}$, en utilisant l'équation précédente, il vient

$$\widetilde{B}(\xi) = \mathbb{E}(\exp(-\xi B))$$

$$= \mathbb{E}\left(\int \exp\left(-\xi\left(x + \sum_{1}^{N([0,x])} B_i \right) \right) \sigma(dx) \right)$$

$$= \mathbb{E}\left(\int e^{-\xi x} \widetilde{B}(\xi)^{N([0,x])} \sigma(dx) \right)$$

$$= \mathbb{E}\left(\int \exp\left(-\xi x - \lambda x(1 - \widetilde{B}(\xi)) \right) \sigma(dx) \right) = \widetilde{\sigma}(\xi + \lambda(1 - \widetilde{B}(\xi))).$$

Il est facile de vérifier que, pour $x > 0$, l'application $f : y \to \widetilde{\sigma}(x + \lambda(1 - y))$ est convexe, vaut $\mathbb{E}(\exp(-(x + \lambda)\sigma))$ pour $y = 0$ et $\mathbb{E}(\exp(-x\sigma))$ pour $y = 1$ et donc possède un unique point fixe sur l'intervalle $[0, 1]$.

La condition de stabilité $\lambda \mathbb{E}(\sigma) < 1$ apparaît pour $x = 0$. En effet, si $\lambda \mathbb{E}(\sigma) < 1$, par convexité l'équation $y = \widetilde{\sigma}(\lambda(1 - y))$ n'admet que la solution $y = 1$ dans l'intervalle $[0, 1]$. Sinon, il existe un autre point fixe $y_c < 1$. Il est alors facile de montrer l'inégalité

$$\mathbb{P}(B < +\infty) = \lim_{x \to 0} \widetilde{B}(x) = y_c < 1.$$

La proposition suivante résume ce qui vient d'être vu.

PROPOSITION 7.2. *Pour $x > 0$, la transformée de Laplace en $x \geq 0$ de la durée de la période d'occupation de la file $M/G/1$ est l'unique solution sur*

[0, 1] *de l'équation*

$$y = \mathbb{E}(\exp(-(x + \lambda(1 - y))\sigma_0)).$$

Il n'est pas en général commode d'utiliser la transformée de Laplace de B pour estimer $\mathbb{P}(B \geq a)$ avec a grand par exemple. Ici la situation est un peu plus compliquée puisque la transformée de Laplace elle-même ne s'exprime que comme solution d'une équation de point fixe. Il reste que l'on peut toujours dériver successivement en 0 cette équation de point fixe pour exprimer les moments de la période d'occupation. Plus directement l'équation (7.4) donne en intégrant l'égalité

$$\mathbb{E}(B) = \mathbb{E}(\sigma)/(1 - \lambda\mathbb{E}(\sigma)),$$

par récurrence tous les moments de B peuvent ainsi être obtenus. La section 4 du chapitre 3 étudie l'asymptotique de la queue de distribution de la variable B dans le cas de la file $GI/GI/1$.

2.2. La méthode des chaînes incluses. Ce paragraphe introduit une technique qui permet d'étudier des processus qui ne sont par forcément markoviens. L'exemple du nombre de clients dans la file $M/GI/1$ illustre cette méthode. Il est clair, pour cette file d'attente, que le processus du nombre de clients $(L(t))$ n'a pas de propriété de Markov en général. La variable $R(t)$, la valeur du service résiduel du client en service à l'instant t, doit être ajoutée à $(L(t))$ pour obtenir une description markovienne du nombre de clients dans la file. La méthode de la chaîne incluse consiste à essayer de trouver une suite d'instants (T_n) pour lesquels la suite $(L(T_n))$ est une chaîne de Markov. Dans le cas de la file $M/GI/1$, si les (T_n) sont les instants de départ des clients de la file d'attente (ou encore les instants où le service résiduel vient juste s'annuler),

$$L(T_n) = L(T_{n-1}) + N([T_{n-1}, T_n[) - 1, \qquad n \geq 1 \text{ si } L(T_{n-1}) > 0,$$
$$L(T_n) = N(]t_n, t_n + \sigma_n]), \qquad n \geq 1 \text{ si } L(T_{n-1}) = 0.$$

La suite des départs est définie par

- $T_n = T_{n-1} + \sigma_n$, si $L(T_{n-1}) > 0$; un service sépare deux départs si la file est non vide,

- $T_n = t_n + \sigma_n$, si $L(T_{n-1}) = 0$; le $n-1$-ième client laisse la file vide en partant, le n-ième trouve donc la file vide à son arrivée et par conséquent est servi immédiatement.

La variable σ_n est indépendante de $L(T_{n-1})$ qui ne dépend du processus marqué des arrivées que jusqu'à l'instant T_{n-1}. La propriété de Poisson montre que le processus ponctuel N restreint à l'intervalle $[T_{n-1}, T_n[$ est indépendant de la variable $L(T_{n-1})$, par conséquent $(L(T_n))$ est une chaîne de Markov dont les transitions sont données par

$$p(n, n+k) = \mathbb{P}\left(N([0, \sigma]) = k+1\right) = \mathbb{E}\left((\lambda\sigma)^{k+1}e^{-\lambda\sigma}/(k+1)!\right),$$

pour $n \geq 1$, $k \geq -1$ et

$$p(0,k) = \mathbb{P}\left(N([0,\sigma]) = k\right) = \mathbb{E}\left((\lambda\sigma)^k e^{-\lambda\sigma}/k!\right).$$

Sous la condition $\rho < 1$, cette chaîne de Markov a une unique mesure invariante π, l'équation de mesure invariante associée à cette chaîne est, pour $n \in \mathbb{N}$,

$$\pi(n) = \sum_{k \in \mathbb{N}} \pi(k)p(k,n),$$

ce qui donne dans ce cas l'égalité

$$\pi(n) = \sum_{1}^{n+1} \pi(k)\mathbb{E}\left(\frac{(\lambda\sigma)^{n+1-k}}{(n+1-k)!}e^{-\lambda\sigma}\right) + \pi(0)\mathbb{E}\left(\frac{(\lambda\sigma)^n}{n!}e^{-\lambda\sigma}\right)$$

$$= \sum_{0}^{n} \pi(k+1)\mathbb{E}\left(\frac{(\lambda\sigma)^{n-k}}{(n-k)!}e^{-\lambda\sigma}\right) + \pi(0)\mathbb{E}\left(\frac{(\lambda\sigma)^n}{n!}e^{-\lambda\sigma}\right).$$

Le premier terme du membre de droite de l'équation précédente est le n-ième terme de la convolution de $(\pi(k))$ avec la suite $(\mathbb{E}((\lambda\sigma)^k \exp(-\lambda\sigma))/k!)$. Aussi, il est naturel d'introduire $g(u) = \sum_{n=0}^{+\infty} \pi(n)u^n$ la fonction génératrice de $(\pi(n))$ en $u \in [0,1]$. L'équation précédente devient

$$g(u) = \left(\sum_{k \geq 0} \pi(k+1)u^k\right) \mathbb{E}\left(e^{-\lambda\sigma(1-u)}\right) + \pi(0)\mathbb{E}(e^{-\lambda\sigma(1-u)}),$$

d'où

$$g(u) = \left(\frac{g(u) - g(0)}{u}\right) \mathbb{E}\left(e^{-\lambda\sigma(1-u)}\right) + g(0)\mathbb{E}\left(e^{-\lambda\sigma(1-u)}\right),$$

soit

$$g(u) = g(0)\frac{\mathbb{E}\left(e^{-\lambda\sigma(1-u)}\right)(1-u)}{u - \mathbb{E}\left(e^{-\lambda\sigma(1-u)}\right)}.$$

La relation de normalisation $g(1) = \sum_{n \in \mathbb{N}} \pi(n) = 1$ donne l'identité $g(0) = 1-\rho$. La mesure invariante de la chaîne $(L(T_n))$ a donc pour fonction génératrice

$$(7.5) \qquad \frac{(1-\rho)\mathbb{E}(e^{-\lambda\sigma(1-u)})(1-u)}{u - \mathbb{E}(e^{-\lambda\sigma(1-u)})}.$$

La loi à l'équilibre du nombre de clients dans la file à un instant de départ d'un client est donc connue. D'après la proposition 12.4 page 301, c'est la loi du nombre de clients que voit un client qui arrive et la section 1 montre que c'est aussi la distribution à l'équilibre de $(L(t))$. La méthode de la chaîne incluse a donc permis d'exprimer la distribution à l'équilibre d'un processus qui n'est pas forcément markovien. Un exemple plus élaboré de cette méthode est présenté dans la section 4.

Il est aisé de vérifier que l'expression de la fonction génératrice du nombre de clients à l'équilibre aurait aussi pu être obtenue en combinant les équations (2.20) et (2.22) page 53.

3. La file d'attente à une infinité de serveurs

À son arrivée dans la file, chaque client est servi immédiatement et par conséquent ne reste dans la file que pendant la durée de son service. Si $L(t)$ est le nombre de clients à l'instant t, en supposant $L_0 = 0$,

$$L(t) = \sum_{n \in \mathbb{N}} 1_{\{t_n \leq t,\, t_n + \sigma_n > t\}} = N(A_t),$$

avec $A_t = \{(s,x) \in \mathbb{R}_+ \times \mathbb{R}_+ / s \leq t, s + x > t\}$. Comme N est un processus de Poisson d'intensité $\lambda\, dt\, \sigma(dx)$ sur $\mathbb{R}_+ \times \mathbb{R}_+$, le nombre de clients à l'instant t suit donc une loi de Poisson de paramètre

$$\int_{A_t} \lambda\, ds\, \sigma(dx) = \lambda \int \left(t - (t - x)^+ \right) \sigma(dx) = \lambda \int x \wedge t\, \sigma(dx).$$

Asymptotiquement, le nombre de clients converge en distribution vers une loi de Poisson de paramètre ρ.

Le processus de sortie. Ce processus n'est autre que $D = \sum_{n \in \mathbb{Z}} \delta_{t_n + \sigma_n}$ et d'après le résultat de Dobrushin, Proposition 1.13 page 17 du chapitre 1, D est donc un processus de Poisson de paramètre λ. Remarquer que lorsque les services sont exponentiels, cette propriété peut être montrée comme dans le cas de la file $M/M/1$ puisque le processus $(L(t))$ du nombre de clients est un processus de Markov réversible.

PROPOSITION 7.3. *Pour la file d'attente à une infinité de serveurs, la loi stationnaire du nombre de clients est Q^ρ, une loi de Poisson de paramètre ρ et le processus de départ est un processus de Poisson de paramètre λ. De plus pour $t \geq 0$,*

$$\|\mathbb{P}_0(L(t) \in \cdot) - Q^\rho\|_{vt} \leq 1 - \exp\left(-\lambda\mathbb{E}((\sigma - t)^+)\right),$$

où $\|\cdot\|_{vt}$ désigne la norme en variation totale (voir l'annexe D).

DÉMONSTRATION. Il ne reste que l'inégalité sur la vitesse de convergence à prouver. Il suffit de montrer l'inégalité suivante. Si pour δ, $\eta \in \mathbb{R}_+$, $\eta \leq \delta$, alors

$$\|Q^\eta - Q^\delta\|_{vt} \leq 1 - e^{-(\delta - \eta)}.$$

Si $\mathcal{N}_1$ est un processus de Poisson de paramètre 1 sur $\mathbb{R}$,

$$\|Q^\eta - Q^\delta\|_{vt} = \frac{1}{2} \sum_{k \geq 0} \left| \mathbb{P}(\mathcal{N}_1([0,\eta]) = k) - \mathbb{P}(\mathcal{N}_1([0,\delta]) = k) \right|,$$

comme

$$\left| 1_{\{\mathcal{N}_1([0,\eta])=k\}} - 1_{\{\mathcal{N}_1([0,\delta])=k\}} \right| \leq 1_{\{\mathcal{N}_1([\eta,\delta]) \neq 0\}} \left(1_{\{\mathcal{N}_1([0,\delta])=k\}} + 1_{\{\mathcal{N}_1([0,\eta])=k\}} \right),$$

on en déduit

$$\|Q^\eta - Q^\delta\|_{vt} \le \frac{1}{2} \sum_{k \ge 0} \mathbb{P}\left(\mathcal{N}_1([0,\eta]) = k, \mathcal{N}_1([\eta,\delta]) \ne 0\right)$$

$$+ \sum_{k \ge 0} \mathbb{P}\left(\mathcal{N}_1([0,\eta]) = k, \mathcal{N}_1([\eta,\delta]) \ne 0\right).$$

Cette dernière quantité vaut

$$\mathbb{P}(\mathcal{N}_1([\eta,\delta]) \ne 0) = 1 - e^{-(\delta-\eta)},$$

ce qui achève la démonstration de la proposition. $\qquad\square$

4. La file $M/G/1$ LIFO préemptif

Pour cette discipline, un client ne peut être servi s'il y a des clients qui sont arrivés après lui dans la file. Le temps de séjour d'un client demandant le service σ_0 est le temps que met la file d'attente pour épuiser le service de ce client ainsi que tous les services des clients qui trouvent ce client présent dans la file. Autrement dit, le temps de séjour de ce client correspond à la période d'occupation engendrée par celui-ci (la durée de celle-ci ne dépend pas de la discipline de service pourvu que le serveur travaille tant qu'il y a des clients dans la file d'attente). La variable B définie précédemment et le temps de séjour d'un client dans la file $M/G/1$ LIFO ont donc même loi.

Le processus des services résiduels. Notons

$$S = \{(x_i) \in \mathbb{R}_+^{\mathbb{N}^*} / x_i = 0 \text{ à partir d'un certain rang}\} = \mathbb{R}^{(\mathbb{N})}.$$

La file d'attente peut se représenter par un processus de Markov $(\underline{Z}_t)$ à valeurs dans l'espace d'états S,

$$\underline{Z}(t) = (z_1(t), z_2(t), \ldots, z_k(t), \ldots)$$

où $z_1(t)$ est le service résiduel du dernier client arrivé dans la file, $z_2(t)$ le service résiduel du client non encore servi arrivé avant celui-ci, etc... Le nombre de clients dans la file est le nombre de coordonnées non nulles de $\underline{Z}(t)$ et la charge de la file est la somme des coordonnées. Si la file est vide, on note $\underline{0} = (0, 0, \ldots, 0, \ldots)$ son état. Ce processus de Markov a une chaîne incluse naturelle $(\underline{X}_n)$ en regardant ce processus juste avant les instants d'arrivées des clients

$$\underline{X}_n = \lim_{t \nearrow t_n} \underline{Z}(t) = (z_1(t_n-), z_2(t_n-), \ldots, z_k(t_n-), \ldots).$$

La discipline LIFO étant conservative, la proposition 7.1 montre qu'à l'équilibre la chaîne (X_n) a même probabilité invariante que le processus de Markov $(Z(t))$. Les transitions de cette chaîne sont données de la façon suivante : si $\underline{X}_0 = (x_i)$ est l'état de la file juste avant l'arrivée du client 0, juste après cet instant, l'état de la file vaut

$$\underline{Y}_0 = (y_i) = (\sigma_0, x_1, x_2, \ldots) = (\sigma_0, \underline{X}_0).$$

Juste avant t_1, date d'arrivée du client suivant, l'état de la file vaudra

$$\underline{X}_1 = \sum_{n \geq 0} 1_{\{\sum_1^n y_i \leq t_1 < \sum_1^{n+1} y_i\}} \left(\sum_1^{n+1} y_i - t_1, y_{n+2}, y_{n+3}, \ldots \right) + 1_{\{t_1 \geq \sum_1^{+\infty} y_i\}} \underline{0}.$$

La somme des coordonnées de $\underline{X}_n$ vaut W_n le temps d'attente du n-ième client de la file FIFO. Sous la condition $\rho < 1$, la proposition 2.1 page 34 montre que (W_n) est une chaîne de Markov ergodique. Il en va donc de même pour $(\underline{X}_n)$ d'après la proposition 3.13 de Asmussen [2]. Dans la suite, la mesure invariante de cette chaîne de Markov est explicitée.

Pour $\underline{\alpha} = (\alpha_i) \in \mathbb{R}_+^{\mathbb{N}^*}$, notons $\underline{X}_1 = (x_i)$ et

$$\phi_1(\underline{\alpha}) = \mathbb{E}\left(e^{-<\underline{\alpha}, \underline{X}_1>}\right) = \mathbb{E}\left(\exp\left(-\sum_{i=1}^{+\infty} \alpha_i x_i \right) \right),$$

la transformée de Laplace de $\underline{X}_1$. La définition de $\underline{X}_1$ donne l'expression suivante pour la fonction $\phi_1(\underline{\alpha})$,

$$\mathbb{E}\left(e^{-\lambda \sum_1^{+\infty} y_i} \right)$$

$$+ \mathbb{E}\left(\sum_{n \geq 0} e^{-\lambda \sum_1^n y_i} \times \int_0^{y_{n+1}} \lambda e^{-\lambda u} e^{-\alpha_1(y_{n+1}-u)} \, du \, e^{-\sum_2^{+\infty} \alpha_i y_{n+i}} \right),$$

par conséquent

$$\phi_1(\underline{\alpha}) = \mathbb{E}\left(e^{-\lambda \sum_1^{+\infty} y_i} \right)$$

$$+ \mathbb{E}\left(\sum_{n \geq 0} e^{-\lambda \sum_1^n y_i} \times \frac{\lambda}{\lambda - \alpha_1} (e^{-\alpha_1 y_{n+1}} - e^{-\lambda y_{n+1}}) e^{-\sum_2^{+\infty} \alpha_i y_{n+i}} \right).$$

En remplaçant les (y_i) par leurs valeurs et en intégrant suivant σ, on obtient

$$(7.6) \quad \phi_1(\underline{\alpha}) = \widetilde{\sigma}(\lambda)\phi_0(\underline{\lambda}) +$$

$$\frac{\lambda}{\lambda - \alpha_1} \times \left((\widetilde{\sigma}(\alpha_1) - \widetilde{\sigma}(\lambda))\phi_0(\underline{\check{\alpha}}) + \sum_{n \geq 0} \widetilde{\sigma}(\lambda) \left(\phi_0(\underline{\lambda}^{(n)} \cdot \underline{\alpha}) - \phi_0(\underline{\lambda}^{(n+1)} \cdot \underline{\check{\alpha}}) \right) \right),$$

où $a \cdot b$ désigne la concaténation des vecteurs $a = (a_1, \ldots, a_n)$ et $b = (b_1, \ldots, b_p)$, $a \cdot b = (a_1, \ldots, a_n, b_1, \ldots, b_p)$ et

$$\widetilde{\sigma}(\xi) = \mathbb{E}\left(e^{-\xi \sigma}\right), \quad \phi_0(\underline{\alpha}) = \mathbb{E}\left(e^{-<\underline{\alpha}, \underline{X}_0>}\right),$$

$$\underline{\lambda}^{(n)} = (\underbrace{\lambda, \ldots, \lambda}_{n \text{ fois}}), \quad \underline{\lambda} = \underline{\lambda}^{(+\infty)} \quad \text{et} \quad \underline{\check{\alpha}} = (\alpha_{i+1}).$$

Il reste à trouver une distribution π sur S telle que si $\underline{X}_0$ a pour loi π il en va de même pour $\underline{X}_1$. De façon équivalente, cela se traduit en terme de transformée de

Laplace de la façon suivante, si ϕ_0 est la transformée de Laplace d'une distribution π sur S et si $\underline{X}_0$ a pour loi π, alors $\phi_1 = \phi_0$. Cette distribution π est alors nécessairement la mesure invariante de la chaîne de Markov $(\underline{X}_n)$. En posant

$$\phi_0(\underline{\alpha}) = \sum_{n \geq 0} \rho^n (1 - \rho) \prod_1^n h(\alpha_i),$$

avec

$$h(\xi) = \frac{1 - \tilde{\sigma}(\xi)}{\xi \mathbb{E}(\sigma)} = \int_0^{+\infty} \frac{\mathbb{P}(\sigma \geq x)}{\mathbb{E}(\sigma)} e^{-\xi x} \, dx,$$

alors

$$\tilde{\sigma}(\lambda) \phi_0(\lambda) = \frac{\tilde{\sigma}(\lambda)}{1 - \rho h(\lambda)} \times (1 - \rho) = 1 - \rho,$$

et

$$\phi_0(\underline{\lambda}^{(n)} \cdot \underline{\alpha}) - \phi_0(\underline{\lambda}^{(n+1)} \cdot \underline{\breve{\alpha}})$$

$$= \sum_{i \geq n+1} \rho^i h(\lambda)^n (h(\alpha_1) - h(\lambda)) \prod_2^{i-n} h(\alpha_j)(1 - \rho)$$

$$= \rho^{n+1} (1 - \rho) h(\lambda)^n (h(\alpha_1) - h(\lambda)) \sum_{i \geq 0} \rho^i \prod_1^i h(\alpha_{j+1})$$

$$= \rho^{n+1} h(\lambda)^n (h(\alpha_1) - h(\lambda)) \phi_0(\underline{\breve{\alpha}}).$$

L'équation (7.6) devient

$$\phi_1(\underline{\alpha}) = 1 - \rho + \frac{\lambda}{\lambda - \alpha_1} \phi_0(\underline{\breve{\alpha}}) \left(\tilde{\sigma}(\alpha_1) - \tilde{\sigma}(\lambda) + \rho(h(\alpha_1) - h(\lambda)) \right),$$

en utilisant $\tilde{\sigma}(\xi) = 1 - \xi \mathbb{E}(\sigma) h(\xi)$, on obtient

$$\phi_1(\underline{\alpha}) = 1 - \rho + \frac{\lambda}{\lambda - \alpha_1} (\rho h(\alpha_1) - \alpha_1 \mathbb{E}(\sigma) h(\alpha_1))$$
$$= 1 - \rho + \rho h(\alpha_1) \phi_0(\underline{\breve{\alpha}}) = \phi_0(\underline{\alpha}).$$

La fonction ϕ_0 est donc la transformée de Laplace de la mesure invariante de la chaîne $(\underline{X}_n)$.

PROPOSITION 7.4. *Sous la condition $\rho < 1$, le processus de Markov $(Z(t))$ des services résiduels de la file d'attente servie par la discipline LIFO préemptive a pour mesure invariante la distribution*

$$\pi(dz_1, \ldots, dz_n, \ldots) = (1 - \rho)\delta_{\underline{0}} + \sum_{n \geq 1} \rho^n (1 - \rho) \prod_1^n \frac{\mathbb{P}(\sigma \geq z_i)}{\mathbb{E}(\sigma)} dz_i \prod_{n+1}^{+\infty} \delta_0(dz_i).$$

En particulier le nombre de clients de cette file à l'état stationnaire suit une loi géométrique de paramètre ρ.

DÉMONSTRATION. Il suffit de remarquer que la transformée de Laplace de la distribution π vaut ϕ_0. En utilisant l'expression de π, il est facile de vérifier que pour $n \geq 0$, la probabilité d'avoir n clients pour π vaut

$$\int_S 1_{\{z_1 > 0, \cdots, z_n > 0, z_k = 0, \, k > n\}} \, \pi(dz) = \rho^n (1 - \rho).$$

$\square$

Il est remarquable que la loi du nombre de clients à l'état stationnaire ne dépende de la distribution de σ que par son premier moment. Pour la discipline FIFO, le relation (7.5) montre que la distribution de σ intervient de façon plus détaillée dans l'expression de la loi du nombre de clients. Pour la file à une infinité de serveurs, la distribution de σ n'intervient que par le premier moment dans la distribution stationnaire du nombre de clients. Cette propriété est habituellement appelée insensibilité de la file d'attente, une file d'attente est dite insensible si la distribution stationnaire du nombre de clients ne change pas quand la distribution du service est remplacée par une autre distribution de même espérance. Ainsi les files d'attente LIFO, à une infinité de serveurs possèdent la propriété d'insensibilité mais pas la file FIFO. L'insensibilité a été montrée de façon brutale, en vérifiant l'équation de mesure invariante. Cette propriété peut être montrée dans un cadre plus général (dans le cas de réseaux de files d'attente par exemple) en vérifiant un ensemble de relations algébriques que vérifie la mesure invariante quand toutes les variables sont exponentielles (voir Burman[6] par exemple).

---

[6]   D.Y. Burman, *Insensitivity in queueing systems*, Advances in Applied Probability **13** (1981), 846–859.

CHAPITRE 8

Critères de stabilité

Sommaire

Ce chapitre concerne l'étude de la convergence en distribution des chaînes de Markov à valeurs dans un ensemble dénombrable. Lors de l'étude de la file $GI/GI/1$ au chapitre 2, le résultat de convergence en distribution de la chaîne de Markov (W_n) est obtenu en s'appuyant sur la représentation explicite de la variable aléatoire W_n en fonction de la marche aléatoire associée aux arrivées et aux services. Les chaînes de Markov décrivant les systèmes de file d'attente n'ont pas en général une représentation aussi simple. Dans ce chapitre des critères de stabilité sont établis pour celles-ci, ils permettent de traiter un grand nombre de cas. Les deux résultats principaux sont les théorèmes 8.6 pour l'ergodicité et 8.9 pour la transience. Ces critères de stabilité résultent de l'adaptation au cadre stochastique d'un résultat classique de stabilité d'équations différentielles dû à Liapunov[25] en 1892. Les premiers résultats probabilistes de ce type sont dus, semble-t-il, à Khasminskii dans le cadre des diffusions (voir son livre [24]). La formulation du critère de Liapunov est rappelée en fin de chapitre dans l'appendice (voir Hirsch et Smale [25] pour un exposé détaillé de ces questions). Au chapitre 9, une méthode de renormalisation est introduite, elle présente l'intérêt d'établir plus précisément l'analogie entre la stabilité d'équations différentielles déterministes et l'ergodicité des chaînes de Markov.

L'étude est restreinte au cas d'espaces d'états dénombrables pour éviter les complications, essentiellement techniques, inhérentes aux chaînes de Harris (voir le livre de Nummelin [39] à ce sujet). Le lecteur pourra aussi consulter les livres de Fayolle *et al.* [18] et Meyn et Tweedie [33] entièrement consacrés à ces questions.

[25] Alexandre M. Liapunov, *Problème général de la stabilité du mouvement*, Annales de la Faculté des Sciences de l'Université de Toulouse 9 (1907), 203–475.

Dans tout ce chapitre, (M_n) est une chaîne de Markov homogène irréductible sur un espace de probabilité $(\Omega, \mathcal{F}, \mathbb{P})$, à valeurs dans un espace d'états dénombrable S. La probabilité de transition est notée $p(\cdot, \cdot)$ et $\mathcal{F} = (\mathcal{F}_n)$ désigne la filtration engendrée par (M_n), i.e. $\mathcal{F}_n = \sigma(M_0, \ldots, M_n)$ pour $n \geq 0$. Comme d'habitude, la notation $\mathbb{E}_x(\cdot)$ indiquera l'espérance pour la chaîne partant de x. Pour $p \in \mathbb{N}$ la variable aléatoire θ^p de Ω dans Ω est la translation dans le temps associée à la chaîne de Markov, en particulier pour $n \in \mathbb{N}$, $M_n(\theta^p) = M_{p+n}$. En choisissant convenablement l'espace de probabilité Ω, une telle variable θ existe toujours (voir la section 4 du chapitre 10 page 263).

DÉFINITION 14. Si τ est un temps d'arrêt relativement à la filtration $\mathcal{F}$, la suite *induite* associée à τ est la suite croissante (t_n) définie par

$$t_0 = 0,$$
$$t_n = t_{n-1} + \tau \circ \theta^{t_{n-1}}$$

pour $n \geq 1$. La *chaîne induite* est la suite (M_{t_n}) et la *filtration induite* $\mathcal{F}^\tau$ est la filtration associée, $\mathcal{F}^\tau = (\mathcal{F}^\tau_n) = (\mathcal{F}_{t_n})$.

Dans le cas où la chaîne de Markov est ergodique et stationnaire (i.e. M_0 a pour loi la probabilité invariante), la translation θ^1 est un endomorphisme de l'espace de probabilité (Proposition 10.17 page 264). Si τ est un temps d'atteinte de la chaîne de Markov, l'application θ^τ est l'endomorphisme induit défini page 249.

PROPOSITION 8.1. *Les variables $(t_n; n \geq 0)$ sont des temps d'arrêt et la chaîne induite (M_{t_n}) est une chaîne de Markov homogène.*

DÉMONSTRATION. Pour $n \geq 1$ la variable t_n est un temps d'arrêt : en procédant par récurrence, si t_{n-1} est un temps d'arrêt, pour $k \geq 1$ on a l'égalité

$$\{t_n = k\} = \bigcup_{i=0}^{k} \{t_{n-1} = i\} \cap \{\tau \circ \theta^i = k - i\},$$

comme $\{\tau \circ \theta^i = k - i\} \in \mathcal{F}_k$, t_n est un temps d'arrêt.

La propriété de Markov forte de (M_n) donne directement la même propriété pour la chaîne induite, pour $x \in S$

$$\mathbb{P}(M_{t_{n+1}} = x | \mathcal{F}^\tau_n) = \mathbb{P}(M_{t_{n+1}} = x | \mathcal{F}_{t_n}) = \mathbb{P}_{M_{t_n}}(M_\tau = x).$$

$\square$

1. Récurrence des chaînes de Markov

La proposition suivante est un résultat élémentaire sur la récurrence des chaînes de Markov.

PROPOSITION 8.2. *S'il existe une fonction $f : S \to \mathbb{R}_+$ et $K > 0$ tels que*

a) $\{x / f(x) \leq L\}$ *est fini pour tout $L > 0$,*

b) $\mathbb{E}_x(f(M_1)) \leq f(x)$ *si $f(x) > K$,*

la chaîne de Markov (M_n) est récurrente.

DÉMONSTRATION. L'argument classique de Doob est utilisé. En posant

$$T_K = \inf\{k \geq 0 / f(M_k) \leq K\},$$

comme $f(M_n) > K$ sur l'événement $\mathcal{F}_n$-mesurable $\{n < T_K\}$, la condition b) et la propriété de Markov entraînent

$$\mathbb{E}(f(M_{n+1}) \mid \mathcal{F}_n) = \mathbb{E}_{M_n}(f(M_1)) \leq f(M_n) \text{ sur } \{n < T_K\}.$$

Autrement dit, la suite $(f(M_{T_K \wedge n}))$ est une surmartingale positive, d'après le théorème B.3 page 334 celle-ci converge $\mathbb{P}$-presque sûrement vers une limite finie. Sur l'ensemble $\{T_K = +\infty\}$, la suite $(f(M_n))$ est donc $\mathbb{P}$-p.s. convergente.

L'irréductibilité de la chaîne et la condition a) montrent que, pour tout $L>0$, presque sûrement la suite $(f(M_n))$ visite le complémentaire de l'ensemble fini $\{x/f(x) \leq L\}$, par conséquent presque sûrement

$$\limsup_{n \to +\infty} f(M_n) = +\infty.$$

On en déduit que la variable T_K est donc $\mathbb{P}$-presque sûrement finie, la chaîne est donc récurrente. □

DÉFINITION 15. Une fonction $f : S \to \mathbb{R}$ est dite sur-harmonique pour la chaîne de Markov (M_n) si $\mathbb{E}_x(f(M_1)) \leq f(x)$ pour tout $x \in S$. La fonction est harmonique s'il y a égalité dans la relation précédente.

PROPOSITION 8.3. *Une fonction f sur S est sur-harmonique si et seulement si pour tout $x \in S$ la suite $(f(M_n)$ est une surmartingale si (M_n) est la chaîne de Markov partant de x.*

DÉMONSTRATION. Si f est sur-harmonique, pour $n \geq 1$ la propriété de Markov de (M_n) donne l'égalité $\mathbb{E}(f(M_{n+1})|\mathcal{F}_n) = E_{M_n}(f(M_1))$ et ce dernier terme est majoré par $f(M_n)$ puisque f est sur-harmonique. La suite $(f(M_n))$ est une surmartingale.

Réciproquement si pour $x \in S$ et (M_n) est la chaîne de Markov partant de x, la suite $(f(M_n))$ est une surmartingale, donc $\mathbb{E}(f(M_1)|\mathcal{F}_0) \leq f(M_0)$ et par conséquent $\mathbb{E}_x(f(M_1)) \leq f(x)$. La fonction f est sur-harmonique. □

Le b) de la proposition 8.2 peut se traduire par une propriété de sur-harmonicité de la fonction f sur une partie de S. La proposition suivante montre toutefois que cette propriété ne peut être vraie sur tout l'espace si la chaîne est récurrente.

PROPOSITION 8.4. *Une chaîne de Markov (M_n) admet une fonction sur-harmonique positive non constante si et seulement si elle est transiente.*

DÉMONSTRATION. En reprenant la preuve de la proposition précédente, la propriété de sur-harmonicité se traduit par le fait que la suite $(f(M_n))$ est une surmartingale positive et donc converge presque sûrement. En prenant deux points x, y de S tels que $f(x) \neq f(y)$, si la chaîne est récurrente, elle repasse une infinité de fois par x et par y, ce qui contredit la convergence presque sûre de $(f(M_n))$, la chaîne n'est donc pas récurrente.

Réciproquement, si la chaîne est transiente, pour $z \in S$ si T_z est le temps de retour à z, la fonction $f_z(y) = \mathbb{P}_y(T_z < +\infty)$ est sur-harmonique. En effet, si $x \neq z$,

$$\mathbb{E}_x(f_z(M_1)) = \mathbb{E}_x(\mathbb{P}_{M_1}(T_z < +\infty)) = \mathbb{E}_x\left(1_{\{T_z < +\infty\}}\right) = f_z(x).$$

Comme $f_z(z) = 1$ et f_z étant majorée par 1, la fonction f_z est sur-harmonique, positive et bornée. Elle est non constante puisque pour $y \neq z$, $f_z(y) < 1$ par transience de la chaîne de Markov. La proposition est démontrée. $\square$

2. Ergodicité

Le résultat élémentaire de base concernant l'ergodicité des chaînes de Markov est contenu dans la proposition suivante.

PROPOSITION 8.5. *Si F est un sous-ensemble fini de S et*

$$T_F = \inf\{k \geq 0/M_k \in F\},$$

si $g(x) = \mathbb{E}_x(T_F)$ est fini pour tout $x \in S$ et $\mathbb{E}_x(g(M_1)) < +\infty$ pour tout $x \in F$, la chaîne de Markov est ergodique.

DÉMONSTRATION. Comme la variable T_F est finie presque sûrement, la chaîne de Markov passe une infinité de fois dans F. Pour $p \geq 1$, X_p désigne l'élément de F visité par (M_n) lors de la p-ième visite à F. La propriété de Markov et l'irréductibilité de (M_n) montrent que (X_n) est aussi une chaîne de Markov irréductible sur l'ensemble fini F. La chaîne (X_n) a donc une probabilité invariante π_F. Le temps de retour strict T_F^+ à F est défini comme

$$T_F^+ = \inf\{k > 0/M_k \in F\},$$

et la mesure π sur S par

$$\pi(f) = \mathbb{E}_{\pi_F}\left(\sum_{i=0}^{T_F^+ - 1} f(M_i)\right),$$

pour toute fonction f bornée sur S. On va montrer que la mesure π ainsi définie est invariante pour la chaîne de Markov (M_n). Les propositions 10.2 et 10.3 au chapitre 10 généralisent ce type de représentation.

Si x est un élément de S, la définition précédente donne

$$\pi(x) = \mathbb{E}_{\pi_F}\left(\sum_{i=0}^{T_F^+ - 1} 1_{\{M_i = x\}}\right),$$

d'où

$$\pi(x)\mathbb{E}_x(f(M_1)) = \mathbb{E}_{\pi_F}\left(\sum_{i=0}^{+\infty} 1_{\{M_i = x,\, 0 \leq i < T_F^+\}} \mathbb{E}_x(f(M_1))\right);$$

pour $i \in \mathbb{N}$, l'événement $\{0 \leq i < T_F^+, M_i = x\}$ est $\mathcal{F}_i$-mesurable et en utilisant la propriété de Markov de (M_n), il vient

$$\pi(x)\mathbb{E}_x(f(M_1)) = \mathbb{E}_{\pi_F}\left(\sum_{i=0}^{+\infty} 1_{\{M_i=x, \, 0 \leq i < T_F^+\}}\mathbb{E}_{\pi_F}\left(f(M_{i+1}) \mid \mathcal{F}_i\right)\right)$$

$$= \mathbb{E}_{\pi_F}\left(\sum_{i=0}^{+\infty}\mathbb{E}_{\pi_F}\left(1_{\{M_i=x, \, 0 \leq i < T_F^+\}}f(M_{i+1}) \mid \mathcal{F}_i\right)\right)$$

$$= \mathbb{E}_{\pi_F}\left(\sum_{i=0}^{T_F^+-1} 1_{\{M_i=x\}}f(M_{i+1})\right).$$

La mesure π vérifie donc

$$\mathbb{E}_\pi(f(M_1)) = \sum_{x \in S}\pi(x)\mathbb{E}_x(f(M_1)) = \mathbb{E}_{\pi_F}\left(\sum_{i=0}^{T_F^+-1} f(M_{i+1})\right)$$

$$= \mathbb{E}_{\pi_F}\left(\sum_{i=1}^{T_F^+-1} f(M_i)\right) + \mathbb{E}_{\pi_F}\left(f\left(M_{T_F^+}\right)\right).$$

Par définition de la chaîne (X_n), $M_{T_F^+} = X_1$, et comme π_F est la probabilité invariante de la chaîne (X_n), on déduit

$$\mathbb{E}_{\pi_F}\left(f\left(M_{T_F^+}\right)\right) = \mathbb{E}_{\pi_F}(f(X_1)) = \mathbb{E}_{\pi_F}(f(X_0)) = \mathbb{E}_{\pi_F}(f(M_0)).$$

Par conséquent $\mathbb{E}_\pi(f(M_1)) = \pi(f)$, π est donc une mesure invariante pour la chaîne (M_n). Par définition de T_F^+, en décomposant suivant la première transition de la chaîne de Markov il vient

$$\pi(1) = \mathbb{E}_{\pi_F}\left(T_F^+\right)$$

$$(8.1) \qquad = 1 + \mathbb{E}_{\pi_F}\left(\mathbb{E}_{M_1}(T_F^+)1_{\{M_1 \notin F\}}\right) = 1 + \mathbb{E}_{\pi_F}\left(\mathbb{E}_{M_1}(T_F)1_{\{M_1 \notin F\}}\right)$$

d'où l'inégalité

$$\pi(1) \leq 1 + \mathbb{E}_{\pi_F}(g(M_1)) \leq 1 + \sup_{x \in F}\mathbb{E}_x(g(M_1)) < +\infty.$$

La chaîne de Markov irréductible (M_n) a une mesure invariante finie, elle est donc ergodique. $\qquad\square$

Le résultat principal concernant l'ergodicité peut être maintenant établi. La formulation est due à Filonov[12].

THÉORÈME 8.6. *S'il existe une fonction* $f : S \to \mathbb{R}_+$, $K, \gamma > 0$ *et un temps d'arrêt* $\tau \geq 1$ *intégrable tels que*

a) $\mathbb{E}_x(f(M_\tau) - f(x)) \leq -\gamma\mathbb{E}_x(\tau)$ *si* $f(x) > K$,

---

[12] Y. Filonov, *A criterion for the ergodicity of discrete homogeneous Markov chains*, Akademiya Nauk Ukrainskoi SSR. Institut Matematiki. Ukrainskii Matematicheskii Zhurnal **41** (1989), no. 10, 1421–1422.

en notant F l'ensemble $\{x/f(x) \leq K\}$, le temps d'atteinte T_F de F

$$T_F = \inf\{k \geq 0/f(M_k) \leq K\}$$

est intégrable et

(8.2) $\mathbb{E}_x(T_F) \leq f(x)/\gamma,\ x \in \mathcal{S}.$

Si de plus l'ensemble F est fini et

   b) $\mathbb{E}_x(f(M_1)) < +\infty$ quand $f(x) \leq K$,

la chaîne de Markov (M_n) est ergodique.

Une fonction satisfaisant les conditions ci-dessus peut être interprétée comme une fonction énergie de la chaîne de Markov, cette fonction décroît en moyenne au cours du temps quand l'état initial est très grand pour la fonction. Ce type de résultat (fonction de Liapunov) existe sous de nombreuses formes. Le corollaire classique suivant, connu sous le nom de critère de Foster, est obtenu en prenant le temps d'arrêt $\tau \equiv 1$.

COROLLAIRE 8.7. *S'il existe une fonction $f : \mathcal{S} \to \mathbb{R}_+$, $K, \gamma > 0$ tels que*

   a) $\mathbb{E}_x(f(M_1) - f(x)) \leq -\gamma$ si $f(x) > K$;

   b) $\mathbb{E}_x(f(M_1)) < +\infty$ si $f(x) \leq K$;

   c) l'ensemble $\{x \in \mathcal{S}/f(x) \leq K\}$ est fini,

la chaîne de Markov (M_n) est ergodique.

La condition a) du théorème précédent est la propriété centrale pour l'ergodicité de la chaîne de Markov. La condition d'intégrabilité b) n'est toutefois pas superflue comme le montre le petit exemple suivant, qui n'est autre que la chaîne de Markov associée à un processus de renouvellement discret (voir la section sur les processus de renouvellement page 30 à ce sujet). La chaîne de Markov (M_n) est définie par

$$\begin{aligned} M_{n+1} &= M_n - 1 && \text{si } M_n > 0, \\ M_{n+1} &= Z_n && \text{si } M_n = 0, \end{aligned}$$

où (Z_n) est une suite de variables i.i.d. La fonction $f(x) = x$ vérifie la relation $\mathbb{E}_x(f(M_1)) - f(x) = -1$ si $x > 0$. La condition a) est donc satisfaite. Mais si $M_0 = 0$, la variable Z_0 est le temps de retour à 0 de la chaîne de Markov. Celle-ci n'est ergodique que si Z_0 est intégrable, ce qui est précisément la condition supplémentaire b).

PREUVE DU THÉORÈME 8.6. En notant (t_n) la suite induite associée à τ (voir la définition 14), si

$$\nu = \inf\{k \geq 0/t_k \geq T_F\},$$

l'ensemble $\{\nu > k\} = \{t_k < T_F\}$ est $\mathcal{F}_k^\tau (= \mathcal{F}_{t_k})$-mesurable puisque T_F est un temps d'arrêt relativement à la filtration $(\mathcal{F}_n)$. Par conséquent ν est un temps d'arrêt relativement à la filtration $\mathcal{F}^\tau = (\mathcal{F}_k^\tau)$.

Posons $X_n = f(M_{t_n}) + \gamma t_n$. La suite de variables aléatoires positives (X_n) est adaptée à la filtration $(\mathcal{F}_n^\tau)$ et

$$\mathbb{E}_x(X_{n+1} \mid \mathcal{F}_n^\tau) = \mathbb{E}_x\left(f(M_{t_n + \tau(\theta_{t_n})}) + \gamma(t_n + \tau(\theta^{t_n})) \mid \mathcal{F}_n^\tau\right),$$

la propriété de Markov forte donne l'identité

$$\mathbb{E}_x(X_{n+1} \mid \mathcal{F}_n^\tau) = \gamma t_n + \mathbb{E}_{M_{t_n}}(f(M_\tau) + \gamma\tau);$$

l'inégalité $f(M_{t_n}) > K$ est vraie sur l'ensemble $\{\nu > n\} = \{t_n < T_F\}$, par conséquent

$$\mathbb{E}_x(X_{n+1} \mid \mathcal{F}_n^\tau) - X_n = \mathbb{E}_{M_{t_n}}(f(M_\tau) - f(M_{t_n}) + \gamma\tau) \le 0$$

sur l'ensemble $\{\nu > n\}$ d'après la condition a). Autrement dit $(X_{\nu \wedge n})$ est une surmartingale positive relativement à la filtration $\mathcal{G}$. En particulier $\mathbb{E}_x(X_{\nu \wedge n}) \le X_0$, soit

$$\mathbb{E}_x(f(M_{t_{\nu \wedge n}}) + \gamma t_{\nu \wedge n}) \le f(x).$$

La fonction f étant positive, le théorème de convergence monotone montre l'inégalité $\mathbb{E}_x(t_\nu) \le f(x)/\gamma$. Comme $t_\nu \ge T_F$, on en déduit la majoration du temps de retour à F, $\mathbb{E}_x(T_F) \le f(x)/\gamma$ pour tout $x \in S$, et, pour $x \in F$ la condition b) donne l'inégalité

$$\mathbb{E}_x(\mathbb{E}_{M_1}(T_F)) \le \mathbb{E}_x\left(\frac{f(M_1)}{\gamma}\right) < +\infty.$$

La proposition 8.5 permet de conclure que la chaîne de Markov est ergodique. $\square$

La relation (8.2) n'est pas informative pour $x \in F$, puisque dans ce cas $T_F = 0$. En prenant

$$T_F^+ = \inf\{k > 0 / M_k \in F\},$$

si $F = \{0\}$, cette variable est le classique temps de retour à 0. Les deux variables T_F^+ et T_F coïncident pour $M_0 = x \notin F$ et $\mathbb{E}_x(T_F^+) \le f(x)/\gamma$ dans ce cas. Pour $x \in F$, l'inégalité suivante s'obtient de la même façon que la relation (8.1)

$$\mathbb{E}_x(T_F^+) \le 1 + \mathbb{E}_x(\mathbb{E}_{M_1}(T_F)),$$

et la relation (8.2) donne finalement la majoration

$$(8.3) \qquad \mathbb{E}_x(T_F^+) \le 1 + \mathbb{E}_x(f(M_1))/\gamma.$$

3. Transience

Cette section donne un critère de transience pour une chaîne de Markov. Le premier résultat est un critère de non ergodicité; il est dû, semble-t-il, à Tweedie.

PROPOSITION 8.8. *S'il existe une fonction non constante* $f : S \to \mathbb{R}_+$ *et* $K > 0$ *tels que* $K \le \sup\{f(x), x \in S\}$ *et*

a) $\mathbb{E}_x(f(M_1)) \ge f(x)$ *si* $f(x) \ge K$;

b) $\displaystyle\sup_{x : f(x) \ge K} \mathbb{E}_x(\,|f(M_1) - f(x)|\,) = C < +\infty$,

la chaîne de Markov (M_n) *ne peut être ergodique.*

DÉMONSTRATION. La fonction f étant non constante, quitte à augmenter K, il est loisible de supposer que $\inf\{f(x)/x \in \mathcal{S}\} < K$. Si $\nu = \inf\{k \geq 0/f(M_k) < K\}$, la condition a) exprime que la suite $(f(M_{n \wedge \nu}))$ est une sous-martingale positive, en particulier pour tout $x \in \mathcal{S}$,

$$(8.4) \qquad\qquad \mathbb{E}_x(f(M_{\nu \wedge n})) \geq f(x).$$

Si la chaîne est ergodique, la variable ν est intégrable et

$$f(M_{\nu \wedge n}) \overset{L_1}{\to} f(M_\nu)$$

quand n tend vers l'infini. En effet, l'inégalité

$$\mathbb{E}_x(|f(M_{\nu \wedge n}) - f(M_\nu)|) \leq \mathbb{E}_x\left(\sum_{\nu \wedge n}^{\nu-1} |f(M_{k+1}) - f(M_k)|\right)$$

$$= \mathbb{E}_x\left(\sum_n^{+\infty} \mathbb{E}_x(|f(M_{k+1}) - f(M_k)|) \mid \mathcal{F}_k)\mathbf{1}_{\{\nu > k\}}\right),$$

et la propriété de Markov donnent la majoration

$$(8.5) \quad \mathbb{E}_x(|f(M_{\nu \wedge n}) - f(M_\nu)|) \leq \mathbb{E}_x\left(\sum_n^{+\infty} \mathbb{E}_{M_k}(|f(M_1) - f(M_0)|)\mathbf{1}_{\{\nu > k\}}\right).$$

En remarquant que l'inégalité $f(M_k) \geq K$ est vérifiée sur l'événement $\{\nu > k\}$, la condition b) montre que ce dernier terme est majoré par

$$C\,\mathbb{E}_x\left(\sum_n^{+\infty} \mathbf{1}_{\{\nu > k\}}\right) = C\,\mathbb{E}_x((\nu - n)^+),$$

et donc tend vers 0 quand n tend vers l'infini. La convergence en norme L_1 est donc vraie sous l'hypothèse d'ergodicité de la chaîne. En faisant tendre n vers l'infini dans l'équation (8.4), on obtient l'inégalité $\mathbb{E}_x(f(M_\nu)) \geq K$ pour tout $x \in \mathcal{S}$. Si $f(x) \geq K$, ceci contredit la définition de ν puisque $f(M_\nu) < K$. La proposition est démontrée. □

La condition b) sur les sauts n'est pas superflue, en effet si (M_n) est la chaîne de Markov sur $\mathbb{N}$ telle que

- $p(0,1) = 1$;
- $p(n, n+1) = 1 - p(n, n-1) = p < 1/2$, $\qquad n \geq 1$.

En prenant la fonction $f(x) = x$, pour $x \geq 1$,

$$\mathbb{E}_x(f(M_1) - f(x)) = 2p - 1 < 0.$$

La fonction f satisfaisant les conditions du théorème 8.6, ce pavé peut donc écraser la mouche suivante : cette chaîne est ergodique. Si $f(x) = a^x$ avec $a = (1-p)/p$, pour $x \geq 1$ on a l'égalité $\mathbb{E}_x(f(M_1)) = f(x)$, la condition a) est satisfaite pour cette fonction et la chaîne est ergodique.

Les conditions a) et b) ne sont pas suffisantes pour déduire la transience de la chaîne de Markov, si $f(x) = x$ la marche aléatoire symétrique avec réflexion en 0 satisfait a) et b) mais est récurrente.

Le théorème suivant donne un critère simple. C'est une variante d'un résultat plus général dû à Lamperti[24] (qui lui-même attribue à Doob ces idées).

THÉORÈME 8.9. *S'il existe une fonction $f : S \to \mathbb{R}_+$ et K, $\gamma > 0$ tels que* $\sup\{f(x), x \in S\} \geq K$ *et*

a) $\mathbb{E}_x(f(M_1) - f(x)) \geq \gamma$ *si* $f(x) \geq K$,

b) $\sup_{x \in S} \mathbb{E}_x(|f(M_1) - f(x)|^2) < +\infty$,

la chaîne de Markov (M_n) est transiente.

DÉMONSTRATION. Comme $\sup\{f(x), x \in S\} \geq K$, d'après la condition a) il existe $x_0 \in S$ tel que $f(x_0) \geq K + \gamma$. La probabilité de transition $q(\cdot, \cdot)$ est définie de la façon suivante :

$$(8.6) \qquad q(x,y) = \mathbb{P}_x(M_1 = y), \quad f(x) \geq K,$$
$$q(x,y) = \mathbb{P}_x(M_\nu = y) = \delta_{x_0}(y), \quad f(x) < K,$$

où ν est le temps d'atteinte de x_0 par la chaîne de Markov. La variable ν peut être supposée finie presque sûrement sinon la chaîne (M_n) n'est pas récurrente et la démonstration est terminée. Une chaîne de Markov (N_n) associée à q vérifie clairement

$$(8.7) \qquad \mathbb{E}_x(f(N_1) - f(x)) \geq \gamma,$$

pour *tous* les $x \in S$, de plus

$$(8.8) \quad A = \sup_{x \in S} \mathbb{E}_x(|f(N_1) - f(x)|^2)$$
$$\leq \sup_{x \in S} \mathbb{E}_x(|f(M_1) - f(x)|^2) + (f(x_0) + K)^2 < +\infty.$$

Pour $B > 0$ et $n \in \mathbb{N}$ on pose

$$Z_n = \frac{1}{B + f(N_n)},$$

et $(\mathcal{G}_n)$ désigne la filtration engendrée par la suite (Z_n). La propriété de Markov de (N_n) donne la relation

$$(8.9) \qquad \mathbb{E}(Z_{n+1}|\mathcal{G}_n) - Z_n = \mathbb{E}_{N_n}\left(\frac{1}{B + f(N_1)} - \frac{1}{B + f(N_0)}\right) = \Delta(N_n),$$

en notant pour $x \in S$, $\Delta(x) = \mathbb{E}_x(1/(B + f(N_1)) - 1/(B + f(x)))$. Il est facile de vérifier l'identité

$$(B + f(x))\Delta(x) + \frac{\mathbb{E}_x(f(N_1) - f(x))}{B + f(x)} = \mathbb{E}_x\left(\frac{(f(N_1) - f(x))^2}{(B + f(N_1))(B + f(x))}\right),$$

les inégalités (8.7) et (8.8) donnent donc la majoration

$$\Delta(x) \leq \frac{1}{(B + f(x))^2}\left(-\gamma + \frac{A}{B}\right),$$

[24] J. Lamperti, *Criteria for the recurrence or transience of stochastic process. I*, Journal of Mathematical Analysis and Applications 1 (1960), 314–330.

par conséquent, si B est choisi suffisamment grand la quantité $\Delta(x)$ est négative pour tout $x \in S$. De la relation (8.9) on déduit que la suite (Z_n) est une surmartingale positive. La fonction $g(x) = 1/(B + f(x))$ est donc sur-harmonique pour la chaîne (N_n) (Proposition 8.3) et comme elle est non constante sur son espace d'états, la chaîne de Markov (N_n) est donc transiente (Proposition 8.4). Si $N_0 = x_0$ l'ensemble $\Omega_0 = \{N_n \neq x_0, \forall n \geq 1\}$ est donc de probabilité positive. La définition (8.6) de la probabilité de transition $q(\cdot, \cdot)$, montre que, sur l'ensemble Ω_0 la suite (N_n) ne passe pas dans l'ensemble $\{x; f(x) < K\}$. Les probabilités de transition $p(\cdot, \cdot)$ et $q(\cdot, \cdot)$ étant identiques en dehors de cet ensemble, on en déduit que $\mathbb{P}_{x_0}(M_n \neq x_0, \forall n \geq 1) > 0$. La chaîne de Markov (M_n) est donc transiente. $\qquad\square$

La condition a) est bien sûr la principale raison de la transience de la chaîne de Markov. Une condition sur les sauts, la condition b) dans la formulation, est toutefois nécessaire comme le montre l'exemple suivant :

- Pour $\alpha \geq 0$, on définit la probabilité de transition $p(\cdot, \cdot)$ sur $\mathbb{N} - \{0, 1\}$ par

  - $p(n, n + 1) = 1 - 1/(n^\alpha \log n)$ pour $n \geq 2$,
  - $p(n, 2) = 1/(n^\alpha \log n)$ pour $n > 2$.

  Si $f(x) = x$, la chaîne de Markov (M_n) associée à $p(\cdot, \cdot)$ vérifie la relation

  $$\mathbb{E}_x(f(M_1) - f(x)) = 1 - \frac{1}{x^\alpha \log x} - \frac{x - 2}{x^\alpha \log x}$$

  pour $x > 2$. On a deux cas :

  - $\alpha < 1$, comme

    $$\lim_{x \to +\infty} \mathbb{E}_x(f(M_1) - f(x)) = -\infty,$$

    en utilisant le théorème 8.6, on en déduit l'ergodicité de cette chaîne de Markov.

  - $\alpha \geq 1$ et pour x assez grand $\mathbb{E}_x(f(M_1) - f(x)) \geq 1/2$. Si T est le temps de retour à 2 partant de 2, sa loi est donnée par

$$\mathbb{P}(T \geq n) = \prod_2^{n+2} \left(1 - \frac{1}{k^\alpha \log k}\right) = \exp\left(-\sum_2^{n+2} \log\left(1 - \frac{1}{k^\alpha \log k}\right)\right),$$

  pour $n \in \mathbb{N}$.

  Si $\alpha > 1$, il est facile de vérifier que $\mathbb{P}(T = +\infty) > 0$, la chaîne est donc transiente. Si $\alpha = 1$, la condition a) du théorème précédent est satisfaite mais $\mathbb{P}(T = +\infty) = 0$, la chaîne n'est pas transiente mais récurrente nulle.

Divergence à l'infini d'une chaîne transiente. La condition a) du théorème 8.10 suggère une croissance de $f(M_n)$ supérieure à $n\gamma$. Ce résultat n'est pas vrai en général, par exemple si l'ensemble $\{x/f(x) < K\}$ est infini, avec probabilité positive la chaîne peut rester dans cet ensemble. Le théorème suivant donne un critère dans ce sens.

THÉORÈME 8.10. *S'il existe une fonction* $f : S \to \mathbb{R}_+$ *et* $K, \delta_0, \gamma > 0$ *tels que* $\sup\{f(x), x \in S\} \geq K$ *et*

a) $\mathbb{E}_x(f(M_1) - f(x)) \geq \gamma$ *si* $f(x) \geq K$,

b) $\sup_{x \in S} \mathbb{E}_x\left(\exp\left(\delta_0 |f(M_1) - f(x)|\right)\right) < +\infty$,

c) *l'ensemble* $\{x/f(x) \leq K + \gamma\}$ *est fini*,

la chaîne de Markov (M_n) *est transiente et pour* $x \in S$, $\mathbb{P}_x$*-presque sûrement*

$$(8.10) \qquad\qquad \liminf_{n \to +\infty} \frac{f(M_n)}{n} \geq \gamma.$$

DÉMONSTRATION. La démonstration utilise la même méthode que la preuve du théorème 8.9 : se ramener au cas où la condition a) est valable partout et ensuite construire une surmartingale adéquate.

La chaîne de Markov étant irréductible, le temps de sortie de l'ensemble fini $\{x/f(x) < K + \gamma\}$,

$$\nu = \inf\{k \geq 0 / f(M_k) \geq K + \gamma\},$$

est fini presque sûrement. La probabilité de transition $q(\cdot, \cdot)$ est définie de la façon suivante :

$$(8.11) \qquad\qquad q(x, y) = \mathbb{P}_x(M_1 = y), \quad f(x) \geq K,$$
$$q(x, y) = \mathbb{P}_x(M_\nu = y), \quad f(x) < K.$$

Par construction, en notant de façon générique (N_n) une chaîne de Markov associée à la matrice q, pour tout $x \in S$,

$$(8.12) \qquad\qquad E_x(f(N_1) - f(x)) \geq \gamma,$$

pour tout $x \in S$. Si $M_0 = N_0$ le saut $|f(N_1) - f(N_0)|$ vaut $|f(M_1) - f(M_0)|$ si $f(M_0) \geq K$, sinon celui-ci est majoré par

$$\max_{x, f(x) \leq K} |f(M_1) - f(x)|,$$

qui a un moment exponentiel d'ordre δ_0 puisque l'ensemble $\{x/f(x) \leq K\}$ est fini d'après l'hypothèse c), par conséquent

$$(8.13) \qquad A = \sup_{x \in S} \mathbb{E}_x\left(\exp\left(\delta_0 |f(N_1) - f(N_0)|\right)\right) < +\infty.$$

Pour $n \geq 0$, $\delta > 0$ et si γ_1 tel que $0 < \gamma_1 < \gamma$ est fixé, la variable Z_n définie par

$$Z_n = \exp\left(\delta(n\gamma_1 - f(N_n))\right)$$

vérifie l'inégalité

$$(8.14) \quad \mathbb{E}_x(Z_{n+1} \mid \mathcal{G}_n) - Z_n$$
$$= Z_n \mathbb{E}_x\left(\exp\left(\delta(\gamma_1 - f(N_{n+1}) + f(N_n))\right) - 1 \,\Big|\, \mathcal{G}_n\right),$$

si $(\mathcal{G}_n)$ est la filtration engendrée par la suite (Z_n). La relation précédente devient avec la propriété de Markov de (N_n)

$$(8.15) \qquad \mathbb{E}_x\left(Z_{n+1} \mid \mathcal{G}_n\right) - Z_n = Z_n \mathbb{E}_{N_n}\left(\exp\left(\delta X\right) - 1\right),$$

en notant $X = \gamma_1 - f(N_1) + f(N_0)$. Pour $t \in \mathbb{R}$, il est facile de vérifier les inégalités élémentaires

$$e^{\delta t} - 1 + \delta t \leq \frac{\delta^2 |t|^2}{2} e^{\delta |t|} \leq \delta^2 \left(C + e^{\delta_0 |t|}\right)$$

pour une constante C indépendante de $\delta < \delta_0/2$ et $t \in \mathbb{R}$. Pour $x \in S$, en utilisant l'inégalité précédente et les inégalités (8.12) et (8.13) on déduit la majoration

$$\mathbb{E}_x\left(\exp\left(\delta X\right) - 1\right) \leq \delta\left(\gamma_1 - \gamma + \delta(C + A)\right).$$

En prenant δ suffisamment petit, le terme de gauche de cette inégalité est donc négatif pour tout $x \in S$.

La relation (8.15) montre que la suite (Z_n) est une surmartingale positive et par conséquent converge presque sûrement vers une limite finie. En particulier la suite $(n\gamma_1 - f(N_n))$ est presque sûrement bornée et donc

$$\liminf_{n \to +\infty} \frac{f(N_n)}{n} \geq \gamma_1,$$

en faisant tendre γ_1 vers γ on peut remplacer γ_1 par γ dans cette inégalité.

On revient à la chaîne de Markov (M_n), la sous-suite (Y_n) de (M_n) est définie par récurrence de la façon suivante :

- $Y_0 = M_0$;
- pour $n \geq 1$, $Y_n = M_p$ pour un $p \in \mathbb{N}$,
    - $Y_{n+1} = M_{p+1}$ si $f(Y_n) \geq K$;
    - $Y_{n+1} = M_{\nu_p}$ où $\nu_p = \inf\{k > p/f(Y_n) \geq K + \gamma\}$ sinon.

D'après la définition (8.11) la suite (Y_n) est une chaîne de Markov de probabilité de transition q, presque sûrement elle vérifie l'inégalité

$$\liminf_{n \to +\infty} \frac{f(Y_n)}{n} \geq \gamma.$$

En particulier presque sûrement $f(Y_n) \geq K$ à partir d'un certain rang, comme $p(x, \cdot)$ et $q(x, \cdot)$ coïncident si $f(x) \geq K$ il existe donc deux entiers (aléatoires) p_0 et n_0 tels que $Y_n = M_{p_0+n}$ pour tout $n \geq n_0$. La suite (M_n) vérifie donc la relation (8.10) $\square$

4. Un critère d'ergodicité pour les processus de Markov

Cette partie considère un processus markovien de sauts $(X(t))$ càdlàg, irréductible sur un espace d'états dénombrable S avec une matrice de sauts $Q = (q_{ij})$, $(\mathcal{F}_t)$ désigne la filtration naturelle associée à ce processus. Si f est une fonction sur S, on note pour $x \in S$

$$Q(f)(x) = \sum_{i \in S} q_{xi}(f(i) - f(x)),$$

pourvu que cette quantité soit définie. Voir l'annexe C pour les définitions générales des processus de sauts markoviens. Dans le cas du temps discret, les critères reposent sur l'étude de la quantité $\mathbb{E}_x(f(M_1)) - f(x)$ pour une fonction f bien choisie. Dans le cas continu il est donc naturel de considérer, pour $x \in S$,

$$\frac{d}{dt}\mathbb{E}_x\left(f(X(t))\right)\Big|_{t=0}$$

qui vaut $Q(f)(x)$ d'après la relation (C.1). Par analogie avec le cas discret, si $Q(f)(x)$ est négatif pour x en dehors d'un ensemble fini, le processus de Markov sera attiré dans cet ensemble et donc sera récurrent. La proposition 8.13 est la traduction rigoureuse de cette analogie. La proposition suivante est le correspondant continu de la proposition 8.5.

PROPOSITION 8.11. *Si F est un sous ensemble fini de S et T_F le temps d'atteinte de F i.e.*

$$T_F = \inf\{s \geq 0/X(s) \in F\},$$

si la quantité $g(x) = \mathbb{E}_x(T_F)$ est finie sur S et $\mathbb{E}_x(g(X(1))) < +\infty$ pour tout $x \in F$, le processus de Markov $(X(t))$ est ergodique.

DÉMONSTRATION. La suite croissante (t_n) de temps d'arrêt est définie par $t_0 = 0$ et

$$t_n = \inf\{s > t_{n-1} + 1/X(s) \in F\}$$

pour $n \geq 1$. Noter le décalage de 1 dans la définition de ces temps d'arrêt, en particulier $t_{n+1} - t_n \geq 1$ pour tout $n \in \mathbb{N}$. La propriété de Markov de $(X(t))$ montre que la suite $(X(t_n))$ est une chaîne de Markov sur S. Il est facile de montrer que cette chaîne est aussi irréductible, on note π_F la probabilité invariante de $(X(T_n))$. Si f est une fonction positive sur S, π est la mesure sur S définie par

$$\mathbb{E}_\pi(f) = \int_S f(x)\,\pi(dx)$$
$$= \mathbb{E}_{\pi_F}\left(\int_0^{t_1} f(X(s))\,ds\right) = \sum_{x \in F} \pi_F(x)\mathbb{E}_x\left(\int_0^{t_1} f(X(s))\,ds\right),$$

il suffit de montrer que cette mesure est finie et que π est invariante pour le processus de Markov $(X(t))$, i.e. $\mathbb{E}_\pi(f(X(t))) = \mathbb{E}_\pi(f)$ pour tout $t \geq 0$.

La propriété de Markov de $(X(t))$ donne la relation

$$\pi(S) = \mathbb{E}_{\pi_F}(t_1) = 1 + \mathbb{E}_{\pi_F}\left(\mathbb{E}_{X(1)}(T_F)\right)$$
$$= 1 + \mathbb{E}_{\pi_F}\left(g(X(1))\right) \leq 1 + \sup_{x \in F}\mathbb{E}_x\left(g(X(1))\right) < +\infty,$$

la mesure π est donc finie.

Si f est une fonction positive sur S et $t \geq 0$,

$$\mathbb{E}_\pi(f(X(t))) = \sum_{x \in S} \pi(x) \mathbb{E}_x(f(X(t)))$$

$$= \sum_{x \in S} \mathbb{E}_{\pi_F}\left(\int_0^{t_1} 1_{\{X(s)=x\}}\, ds\right) \mathbb{E}_x(f(X(t)))$$

$$= \sum_{x \in S} \int_0^{+\infty} \mathbb{E}_{\pi_F}\left(1_{\{X(s)=x,\, t_1>s\}}\right) \mathbb{E}_x(f(X(t)))\, ds,$$

l'événement $\{X(s) = x, t_1 > s\}$ étant $\mathcal{F}_s$-mesurable, en utilisant une nouvelle fois la propriété de Markov, il vient

$$\mathbb{E}_\pi(f(X(t))) = \sum_{x \in S} \mathbb{E}_{\pi_F}\left(\int_0^{+\infty} 1_{\{X(s)=x,\, t_1>s\}} f(X(t+s))\, ds\right)$$

$$= \mathbb{E}_{\pi_F}\left(\int_0^{t_1} f(X(t+s))\, ds\right) = \mathbb{E}_{\pi_F}\left(\int_t^{t+t_1} f(X(s))\, ds\right),$$

d'où l'identité

$$(8.16) \quad \mathbb{E}_\pi(f(X(t))) = \mathbb{E}_{\pi_F}\left(\int_t^{t_1} f(X(s))\, ds\right) + \mathbb{E}_{\pi_F}\left(\int_{t_1}^{t+t_1} f(X(s))\, ds\right).$$

La propriété de Markov forte du processus $(X(t))$ (Proposition C.1) donne la relation

$$\mathbb{E}_{\pi_F}\left(\int_{t_1}^{t+t_1} f(X(s))\, ds\right) = \mathbb{E}_{\pi_F}\left(\mathbb{E}_{X(t_1)}\left(\int_0^t f(X(s))\, ds\right)\right),$$

comme π_F est la probabilité invariante de la chaîne de Markov $(X(t_n))$, si la variable $X(0)$ a pour loi π_F, la variable $X(t_1)$ a aussi pour loi π_F, d'où

$$\mathbb{E}_{\pi_F}\left(\int_{t_1}^{t+t_1} f(X(s))\, ds\right) = \mathbb{E}_{\pi_F}\left(\int_0^t f(X(s))\, ds\right).$$

L'égalité (8.16) donne finalement

$$\mathbb{E}_\pi(f(X(t))) = \mathbb{E}_{\pi_F}\left(\int_0^{t_1} f(X(s))\, ds\right) = \mathbb{E}_\pi(f),$$

et par conséquent l'invariance de la mesure π pour le processus de Markov $(X(t))$. La proposition est démontrée. $\qquad\square$

THÉORÈME 8.12. *S'il existe une fonction* $f : S \to \mathbb{R}_+$, *des constantes* K, $\gamma > 0$ *et un temps d'arrêt* τ *intégrable tels que si* $f(x) > K$,

$$\mathbb{E}_x\left(f(X(\tau))\right) - f(x) \leq -\gamma \mathbb{E}_x(\tau),$$

en notant $F = \{x/f(x) \leq K\}$, *le temps d'atteinte* T_F *de* F *est intégrable et*

$$(8.17) \qquad\qquad \mathbb{E}_x(T_F) \leq f(x)/\gamma$$

pour $x \notin F$. *Si de plus* F *est fini et* $\mathbb{E}_x(f(X(1))) < +\infty$ *pour tout* $x \in S$, *le processus de Markov* $(X(t))$ *est ergodique.*

DÉMONSTRATION. La preuve est identique à celle du théorème 8.6 (en utilisant le critère d'ergodicité de la proposition 8.11). □

La constante 1 figurant dans la condition d'intégrabilité de la proposition 8.11 ($\mathbb{E}_x(g(X(1))) < +\infty$) ou le théorème 8.12 ($\mathbb{E}_x(f(X(1))) < +\infty$) peut bien sûr être remplacée par n'importe quelle autre constante.

La proposition suivante donne un critère utilisant explicitement le générateur du processus de Markov.

PROPOSITION 8.13. *S'il existe une fonction* $f : S \to \mathbb{R}_+$ *et des constantes* K, $\gamma > 0$ *telles que*

a) *pour* x *tel que* $f(x) > K$

$$Q(f)(x) \leq -\gamma,$$

b) *les variables aléatoires* $\sup\{f(X(s))/s \leq 1\}$ *et* $\int_0^1 |Q(f)(X(s))|\,ds$ *sont intégrables,*

c) *l'ensemble* $F = \{x/f(x) \leq K\}$ *est fini,*

le processus de Markov $(X(t))$ *est ergodique.*

DÉMONSTRATION. Si T_F désigne le temps d'atteinte de F par le processus $(X(t))$, $\tau = T_F \wedge 1$ est clairement un temps d'arrêt et le processus

$$\left(f(X(\tau \wedge t)) - f(X(0)) - \int_0^{\tau \wedge t} Q(f)(X(s))\,ds \right)$$

est une martingale locale d'après la proposition C.5 page 348. Les hypothèses d'intégrabilité b) de la proposition et la proposition B.7 montrent que c'est en fait une martingale. Si $x \notin F$, on en déduit l'égalité pour $t \geq 0$,

$$\mathbb{E}_x\left(f(X(\tau \wedge t)) \right) - f(x) = \mathbb{E}_x\left(\int_0^{\tau \wedge t} Q(f)(X(s))\,ds \right).$$

En faisant tendre t vers l'infini, d'après la condition b) on peut utiliser le théorème de convergence dominée pour obtenir l'identité

$$\mathbb{E}_x\left(f(X(\tau)) \right) - f(x) = \mathbb{E}_x\left(\int_0^{\tau} Q(f)(X(s))\,ds \right)$$
$$\leq -\gamma \mathbb{E}_x(\tau),$$

d'après la condition a). Il suffit d'appliquer le théorème précédent pour conclure. □

5. Exemples et applications

La file $M/G/1$. Au chapitre 7 page 176, nous avons vu que si L_n désigne le nombre de clients dans la file à l'instant T_n du départ du n-ième client, (L_n) est une chaîne de Markov irréductible vérifiant l'inégalité

$$L_n = L_{n-1} + \mathcal{N}_\lambda([T_n, T_n + \sigma_n[) - 1,$$

si $L_{n-1} > 0$, où σ_n est le service du n-ième client et $\mathcal{N}_\lambda$ le processus de Poisson d'intensité λ des arrivées. Sur l'ensemble $\{L_0 > 0\}$, on a donc

$$\mathbb{E}(L_1 - L_0 \mid L_0) = \mathbb{E}(\mathcal{N}_\lambda([0, \sigma[)) - 1 = \lambda\mathbb{E}(\sigma) - 1,$$

autrement dit, si $\lambda\mathbb{E}(\sigma) < 1$, la fonction identité est une fonction de Liapunov et sous cette condition, la chaîne (L_n) est ergodique. Réciproquement si $\lambda\mathbb{E}(\sigma) > 1$, il existe K tel que $\lambda\mathbb{E}(\sigma \wedge K) > 1$, si on remplace les services (σ_n) par les services bornés $(\sigma_n \wedge K)$, il est clair que la chaîne de Markov $(\widetilde{L}_n)$ ainsi obtenue minorera la chaîne (L_n). De cette façon les sauts de $(\widetilde{L}_n)$ ont un moment d'ordre 2 borné. Avec la même fonction de Liapunov $f(x) = x$ on en déduit que celle-ci est transiente d'après le théorème 8.10. Par conséquent, (L_n) est aussi transiente dans ce cas.

Instabilité d'un protocole de communication ouvert :ALOHA. Ce modèle est un exemple classique de protocole de communication dans un environnement distribué. Des émetteurs se partagent un unique canal de communication. Chaque unité de temps, il y a possibilité de transmettre un message sur ce canal. Si au moins deux émetteurs essaient de transmettre chacun leur message dans la même unité de temps, les messages se superposent sur le canal ; chaque émetteur sait alors que son message n'a pas été transmis à cause de la collision ; il devra effectuer une autre tentative ultérieurement. Les émetteurs ne peuvent se concerter pour l'accès au canal (en imaginant par exemple que les émetteurs soient dispersés sur les îles polynésiennes), ils ne peuvent constituer une file d'attente pour résoudre ce conflit d'accès. Pour éviter des collisions à répétition, un algorithme simple peut résoudre ce problème (protocole de communication ALOHA) : au début de chaque unité de temps, chaque requête tire une pièce de monnaie de biais p. Si le résultat est pile (avec probabilité $1 - p$), la requête essaie d'accéder au canal, sinon elle attend la prochaine unité de temps. On note a_n le nombre de nouvelles requêtes arrivées pendant la n-ième unité de temps, on suppose que la suite (a_n) est i.i.d avec $\mathbb{E}(a_0) > 0$. Si L_n est le nombre de requêtes en attente à $t = n$, (L_n) est une chaîne de Markov dont les transitions sont données par

$$L_1 = L_0 + a_0 - 1_{\{\sum_1^{L_0} B_i^1 = 1\}}$$

où les (B_i^1) sont des variables de Bernoulli indépendantes de paramètre $p < 1$ (le cas $p = 1$ est trivialement transient). En choisissant n_0 tel que pour $n \geq n_0$, $np(1 - p)^{n-1} \leq \mathbb{E}(a_0)/2$,

$$\mathbb{E}(L_1 - L_0 \mid L_0 \geq n_0) = \mathbb{E}(a_0) - np(1 - p)^{n-1} \geq \mathbb{E}(a_0)/2.$$

Comme dans l'exemple précédent, quitte à minorer les a_i par $a_i \wedge K$, la chaîne de Markov (L_n) est donc transiente. Ce protocole de communication est instable quelle que soit la valeur de p. Le théorème 8.10 montre en plus

$$\liminf_{n \to +\infty} L_n/n \geq \mathbb{E}(a_0).$$

Comme $L_n \leq \sum_0^n a_i$, la loi des grands nombres montre que $\mathbb{P}$-presque sûrement,

$$\limsup_{n \to +\infty} L_n/n \leq \mathbb{E}(a_0),$$

d'où $\lim_{n\to+\infty} L_n/n = \mathbb{E}(a_0)$.

La file $G/M/k$ FIFO. Si pour $n \geq 0$, L_n est le nombre de clients présents dans le système (clients dans la file et clients en service) au moment de l'arrivée du n-ième client, (L_n) est une chaîne de Markov irréductible. Si $\mathcal{N}_\mu^i$, $1 \leq i \leq k$, désignent des processus de Poisson indépendants d'intensité μ, les points du processus $\mathcal{N}_\mu^i$ sont séparés par les durées des services délivrés par le serveur i. La suite (t_n) désigne le processus d'arrivée des clients ; la variable t_1 est supposée de carré intégrable, $\mathbb{E}(t_1^2) < +\infty$.

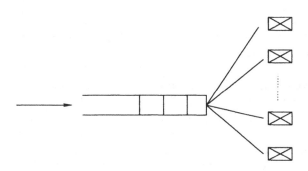

FIG. 1. La file d'attente $G/M/k$

Les transitions de la chaîne de Markov peuvent se représenter de la façon suivante, pour $n \geq 1$,

$$(8.18) \qquad L_{n+1} \leq k \vee \left(L_n + 1 - \sum_{i=1}^{k} \mathcal{N}_\mu^i(]t_n, t_{n+1}]) \right).$$

En effet, si la file d'attente ne s'est jamais vidée entre t_n et t_{n+1}, cela entraîne qu'aucun des serveurs ne s'est arrêté pendant ce temps, dans ce cas

$$L_{n+1} = L_n + 1 - \sum_{i=1}^{k} \mathcal{N}_\mu^i(]t_n, t_{n+1}]).$$

Sinon, si au moins un serveur s'arrête entre t_n et t_{n+1}, nécessairement la file est vide depuis cet instant jusqu'à l'arrivée du prochain client et à t_{n+1}, par conséquent $L_{n+1} \leq k$, ce qui montre la relation (8.18). La majoration

$$\mathbb{E}(L_1 - L_0 \mid L_0 = x) \leq \mathbb{E}\left(\left(1 - \sum_{i=1}^{k} \mathcal{N}_\mu^i(]0, t_1]) \right) \vee (k - x) \right),$$

et le théorème de convergence dominée montrent donc la relation

$$\lim_{x\to+\infty} \mathbb{E}(L_1 - L_0 \mid L_0 = x) \leq 1 - k\mu\mathbb{E}(t_1),$$

ce qui assure de l'ergodicité de la chaîne de Markov d'après le théorème 8.6 si $1 - k\mu\mathbb{E}(t_1) < 0$.

De la même façon que précédemment, il est facile de voir que pour $n \in \mathbb{N}$

$$L_{n+1} \geq L_n + 1 - \sum_{1}^{k} \mathcal{N}_{\mu}^{i}(]t_n, t_{n+1}]),$$

d'où la relation

$$L_{n+1} - L_n \geq 1 - \sum_{i=1}^{k} \mathcal{N}_{\mu}^{i}(]t_n, t_{n+1}]).$$

Si $1/\mu\mathbb{E}(t_1) < k$ la chaîne de Markov (L_n) est donc ergodique et si $1/\mu\mathbb{E}(t_1) > k$, elle est transiente.

Une file d'attente à fonctionnement variable. Les arguments de stabilité vus dans les exemples précédents utilisent le fait que, pour une fonction f convenablement choisie, la dérive instantanée $f(M_{n+1}) - f(M_n)$ est de moyenne strictement négative quand $f(M_n)$ est très grand. Le modèle suivant donne un exemple simple de file stable où cette propriété n'est pas toujours vérifiée.

La file d'attente est à temps discret. Les clients arrivent de façon i.i.d. par paquets aux débuts des unités de temps et demandent un service d'une unité de temps. La file d'attente oscille entre deux états, un état de fonctionnement normal où le nombre de clients arrivant dans une unité de temps a même loi que la variable aléatoire a_0. Elle quitte cet état avec probabilité $1 - \alpha_0$ pour se retrouver en état perturbé où le nombre de clients suit la loi de la variable aléatoire a_1. La file quitte l'état perturbé avec probabilité $1 - \alpha_1$.

La description markovienne de ce modèle est donnée par $M_n = (I_n, L_n)$ où I_n est l'état de la file à $t = n$ (0, normal et 1, perturbé) et L_n est le nombre de clients dans cette file à $t = n$. Il est clair que $M_n = (I_n, L_n)$ est une chaîne de Markov. Les transitions de la deuxième coordonnée sont données par $L_1 = l + a_i - 1_{\{l>0\}}$, si $(I_0, L_0) = (i, l)$ et pour $i = 0, 1$, la variable a_i désigne une variable de même loi que le nombre d'arrivées par unité de temps quand la file est en mode i.

Si $(I_0, L_0) = (i, l)$, on note τ le temps de retour de (I_n) à i après être passé par $1 - i$ et $f(i, l) = l$. La variable τ est clairement un temps d'arrêt et s'écrit $1 + G_0 + 1 + G_1$ où G_0 et G_1 sont deux variables géométriques indépendantes de paramètres respectifs α_0 et α_1. Une majoration simple donne la relation

$$f(M_\tau) \leq \sum_{k=1}^{1+G_0} a_{0,k} + \sum_{k=1}^{1+G_1} a_{1,k} + (L_0 - \tau)^+$$

$$= f(M_0) + \sum_{k=1}^{1+G_0} (a_{0,k} - 1) + \sum_{k=1}^{1+G_1} (a_{1,k} - 1) + (\tau - L_0)^+,$$

où, pour $i = 0, 1$ et $k \geq 1$, $a_{i,k}$ désigne le nombre d'arrivées dans la k-ième unité de temps si la file d'attente est dans le mode i. Pour $\varepsilon > 0$, si K est choisi tel que $\mathbb{E}((\tau - l)^+) < \varepsilon$ pour tout $l \geq K$, en prenant l'espérance dans l'inégalité précédente il vient,

$$\mathbb{E}_{(i,l)}(f(M_\tau) - f(M_0)) \leq \frac{\mathbb{E}(a_0) - 1}{1 - \alpha_0} + \frac{\mathbb{E}(a_1) - 1}{1 - \alpha_1} + \varepsilon,$$

pour $l \geq K$. Par conséquent si

$$\frac{\mathbb{E}(a_0) - 1}{1 - \alpha_0} + \frac{\mathbb{E}(a_1) - 1}{1 - \alpha_1} < 0,$$

la chaîne de Markov est ergodique.

Pour cette file d'attente, la dérive moyenne sur un pas de temps vaut

(8.19) $$\mathbb{E}(L_1 - L_0 \mid I_0 = i, L_0 > 0) = \mathbb{E}(a_i) - 1,$$

pour $i = 0, 1$. La condition de stabilité obtenue est plus faible que la condition $\mathbb{E}(a_0) < 1$ et $\mathbb{E}(a_1) < 1$ que l'on pourrait retenir comme critère d'ergodicité au vu des relations (8.19). La dérive moyenne sur une unité de temps n'est pas forcément négative même si l'état de départ est grand. Par contre, la dérive moyenne sur un intervalle de temps suffisamment long est nécessairement négative, quel que soit l'état initial grand.

6. Le théorème de Liapunov classique

Si W est un ouvert de $\mathbb{R}^n$ contenant 0 et $H : W \to \mathbb{R}^n$ est une application continue telle que

$$H(0) = 0,$$

la solution maximale (i.e. définie sur l'intervalle de longueur maximale) de l'équation différentielle

$$X'(t) = H(X(t)),$$

telle que $X(0) = x \in W$ est notée $(X(x,t))$. L'hypothèse sur H assure que le point 0 est un point d'équilibre de cette équation différentielle, i.e. $X(0,t) = 0$ pour tout $t \geq 0$. Le théorème suivant donne un critère de stabilité des solutions : si le point initial n'est pas trop loin du point d'équilibre 0, alors la solution $(X(x,t))$ converge vers 0 quand t tend vers l'infini.

THÉORÈME 8.14. *S'il existe un voisinage U de 0 et une fonction $f : U \to \mathbb{R}$ continue, différentiable sur $U - \{0\}$ telle que*

$$f(0) = 0 \text{ et } f(x) > 0, \text{ si } x \in U - \{0\}.$$

(8.20) $$S(H(x))f'(x) < 0 \text{ pour } x \in U - \{0\},$$

avec $S(y)$ est la somme des coordonnées de $y \in \mathbb{R}^n$, alors le point 0 est stable, i.e. il existe un voisinage U_1 de 0 tel que pour tout $x \in U_1$,

$$\lim_{t \to +\infty} X(x,t) = 0.$$

La condition (8.20) montre que, si le point initial n'est pas le point d'équilibre, alors dans un voisinage de 0 la fonction $t \to f(X(t))$ a une dérivée négative, ce qui force $X(t)$ à converger vers 0. Par analogie, en interprétant $f(M_1) - f(x)$ comme la dérivée de $n \to f(M_n)$ en $n = 0$, la condition b) du corollaire 8.7

revient à dire que cette dérivée doit être strictement inférieure à $-\gamma$ *en moyenne* en dehors d'un ensemble fini.

CHAPITRE 9

Méthodes de renormalisation

Sommaire

Si $(X(t))$ est un processus de Markov sur $\mathbb{Z}^d$, il est en général difficile d'avoir des caractéristiques explicites de sa loi stationnaire (si celui-ci est ergodique), et à fortiori de son comportement transitoire. L'exemple des réseaux de files d'attente, Chapitre 4, pour lesquels la loi stationnaire est connue est plutôt une exception, les résultats de forme produit n'étant pas vrais en général. Dans le même esprit que le chapitre 3, une façon d'obtenir des résultats qualitatifs pour ces processus consiste à étudier certaines asymptotiques du processus. Il s'agit ici de modifier le processus en accélérant le temps et en renormalisant en espace par un paramètre et d'étudier le comportement du processus modifié quand ce paramètre tend vers l'infini. Comme on le verra, ce procédé présente l'avantage de gommer certaines fluctuations qui n'influent pas sur le comportement principal du processus. Le processus limite ainsi obtenu est une caricature du processus initial, cela peut être par exemple la solution d'une équation différentielle déterministe. Dans le cas d'une marche aléatoire, ce procédé donne une fonction linéaire ayant pour pente la moyenne de ses accroissements. Les idées de renormalisation des processus ont émergé récemment dans le domaine des files d'attente, pour étudier les questions d'ergodicité et de transience notamment. Dans un autre contexte, la physique statistique, ces idées sont plus anciennes, des procédés similaires y sont utilisés avec des techniques très différentes, voir l'article de Comets[9] à ce sujet.

Ce chapitre est organisé de la façon suivante. La section 1 introduit les principales définitions et notions relatives à la renormalisation d'un processus, les limites fluides notamment qui sont les limites des processus renormalisés. Plusieurs exemples illustrent ces définitions. La section 2 s'intéresse à une classe de processus de Markov qui couvre de nombreux cas. Des résultats généraux de convergence et de relative compacité de ces processus renormalisés y sont démontrés. La section 3 utilise les résultats de l'annexe 6 sur le problème de réflexion de Skorokhod pour identifier les limites fluides de plusieurs processus. La section 4 fait le lien entre les questions d'ergodicité et le retour à 0 des limites fluides. La section 5 étudie un processus renormalisé dont une des composantes est à l'équilibre.

Dans ce qui suit, $(X(x,t))$ est un processus markoviens de sauts càdlàg, irréductible sur un espace d'états dénombrable S qui part de $x \in S$, i.e. tel que $X(x,0) = x \in S$; on utilise aussi la notation $(X(t))$ pour ce processus s'il n'y a pas d'ambiguïté sur le point initial. Comme d'habitude la notation $\mathcal{N}_\xi(\omega, dx)$, $\omega \in \Omega$, désigne un processus de Poisson sur $\mathbb{R}$, de paramètre $\xi \in \mathbb{R}_+$, et tous les processus de Poisson utilisés sont indépendants. La topologie de Skorokhod sur l'espace des probabilités sur l'ensemble des fonctions càdlàg $D([0,T], \mathbb{R}^d)$ est utilisée constamment. La lecture de la partie 2.0.2 en annexe est vivement recommandée, la définition et les principaux résultats concernant cette topologie sont rappelés.

1. Renormalisation des processus

DÉFINITION 16. Si f est une fonction strictement positive sur S et $x \in S$, on note $(\|X\|_f(x,t))$ le processus défini par

$$(9.1) \qquad \|X\|_f(x,t) = \frac{f(X(x, f(x)t))}{f(x)},$$

pour $x \in S$ et $t \geq 0$. Si S est inclus dans un espace vectoriel sur $\mathbb{R}$, $(\overline{X}_f(x,t))$ désigne le processus $(X(x,t))$ renormalisé par la fonction f

$$(9.2) \qquad \overline{X}_f(x,t) = \frac{1}{f(x)} X(x, f(x)t).$$

S'il n'y a pas d'ambiguïté sur le point initial x ou la fonction f, l'indice correspondant sera omis, i.e. les notations $(\overline{X}(x,t))$ et $(\|X\|(x,t))$ ou $(\overline{X}_f(t))$ et $(\|X\|_f(t))$ seront utilisées pour désigner ces processus.

Remarquer qu'à l'origine $\|X\|_f(x,0) = 1$; si S est dans un espace vectoriel et si la fonction f est une norme sur l'espace S, alors $\|X\|_f(x,t) = f(\overline{X}_f(x,t))$ pour $t \geq 0$, le processus $(\overline{X}_f(x,t))$ part d'un état qui est de norme 1. La renormalisation consiste à accélérer le temps d'un facteur $f(X(0))$ tout en renormalisant en espace par $1/f(X(0))$.

[9]   Francis Comets, *Limites hydrodynamiques*, Astérisque (1991), no. 201-203, Exp. No. 735, 167–192 (1992), Séminaire Bourbaki, Vol. 1990/91.

Dans ce chapitre on considère le cadre des processus de Markov à temps continu. Le cadre du temps discret est similaire : si (X_n) est une chaîne de Markov, le processus renormalisé est défini comme

$$\|X\|_f(x,t) = \frac{f(X_{\lfloor f(x)t \rfloor})}{f(x)},$$

si $X_0 = x \in S$ et $t \in \mathbb{R}_+$ (comme d'habitude, $\lfloor y \rfloor$ désigne la partie entière de $y \in \mathbb{R}$). Les résultats de ce chapitre sont aussi vrais dans ce cadre.

1.1. Limites fluides.

DÉFINITION 17. Une *limite fluide* associée au processus de Markov $(X(t))$ et à une fonction positive f est un point d'accumulation des lois de probabilité des processus

$$\left\{ \left(\frac{f(X(x, f(x)t))}{f(x)} \right) ; x \in S \right\} = \{ (\|X\|_f(x,t)) ; x \in S \}$$

sur l'espace des fonctions càdlàg muni de la topologie de Skorokhod.

Si l'espace d'états S est inclus dans un espace vectoriel de dimension finie, un point d'accumulation des lois de probabilité de l'ensemble de processus

$$\left\{ \left(\frac{1}{f(x)} X(x, f(x)t) \right) ; x \in S \right\} = \{ (\overline{X}_f(x,t)) ; x \in S \}$$

est aussi appelé par abus de langage une limite fluide. Une limite fluide est donc une loi de probabilité $\mathbb{Q}$ d'un processus càdlàg. Quitte à agrandir l'espace de probabilité initial, il est possible de représenter une limite fluide comme un processus $(W(t))$ de loi $\mathbb{Q}$ défini sur l'espace de probabilité de base.

Les limites fluides donnent une expression asymptotique des trajectoires du processus de Markov, et donc le comportement qualitatif de celui-ci pour des grandes valeurs initiales.

1.2. Exemples.

1.2.1. *Une marche aléatoire sur* $\mathbb{Z}$. Pour $\lambda > 0$, la variable $\mathcal{N}_\lambda$ est un processus de Poisson d'intensité λ sur $\mathbb{R}$ (comme d'habitude $\mathcal{N}_\lambda(A)$ désigne le nombre de points de $\mathcal{N}_\lambda$ dans un borélien A de $\mathbb{R}$) ; (Y_i) est une suite i.i.d. de variables aléatoires à valeurs entières de carré intégrable. Pour $x \in \mathbb{Z}$, le processus $(X(x,t))$ défini par

$$X(x,t) = x + \sum_{i=1}^{\mathcal{N}_\lambda(]0,t])} Y_i$$

est un processus de Markov. En posant $f(z) = |z|$ pour $z \in \mathbb{Z}$, le processus renormalisé associé $(\overline{X}_f(x,t))$ vaut

$$\overline{X}_f(x,t) = \frac{1}{|x|} \left(x + \sum_{i=1}^{\mathcal{N}_\lambda(]0,|x|t])} Y_i \right),$$

si $t \geq 0$ et $x \in \mathbb{Z}$. Avec les propriétés d'indépendance du processus de Poisson et de la suite (Y_i), il est facile de vérifier que le processus

$$\left(\overline{X}_f(x,t) - \frac{x}{|x|} - \lambda\mathbb{E}(Y_0)t \right)$$

$$= \left(\frac{1}{|x|} \sum_{i=1}^{\mathcal{N}_\lambda(]0,|x|t])} (Y_i - \mathbb{E}(Y_0)) + \frac{\mathbb{E}(Y_0)}{|x|} \left(\mathcal{N}_\lambda(]0,|x|t]) - \lambda|x|t \right) \right)$$

est une martingale dont le processus croissant est donné par

$$\left(\frac{1}{|x|^2} \lambda t \left(\mathrm{var}(Y_0) + \mathbb{E}(Y_0)^2 \right) \right).$$

L'inégalité de Doob (Théorème B.4 page 334) permet d'obtenir la convergence uniforme sur les compacts du processus renormalisé, i.e. pour tout $\varepsilon > 0$,

$$\lim_{|x| \to +\infty} \mathbb{P} \left(\sup_{0 \leq s \leq t} \left| \overline{X}_f(x,s) - \mathrm{sgn}\, x - \lambda\mathbb{E}(Y_0)\, s \right| \geq \varepsilon \right) = 0,$$

où $\mathrm{sgn}\, z = 1$ si $z \geq 0$ et -1 sinon.

Sur l'espace $D(\mathbb{R}_+, \mathbb{R})$ la convergence au sens de la topologie de la convergence uniforme sur les compacts entraîne la convergence en distribution pour la topologie de Skorokhod (voir l'appendice B, page 353). On en déduit que le processus

$$(\overline{X}_f(x,s) - \mathrm{sgn}\, x - \lambda\mathbb{E}(Y_0)\, s)$$

converge en loi vers le processus identiquement nul pour la topologie de Skorokhod sur les probabilités. Il y a donc deux limites fluides, $(-1 + \lambda\mathbb{E}(Y_0)\, t)$ et $(1 + \lambda\mathbb{E}(Y_0)\, t)$, ce sont des processus déterministes linéaires.

L'accélération du temps et la renormalisation spatiale a pour effet de ne conserver que la tendance principale du processus de Markov (croissance linéaire en $\lambda\mathbb{E}(Y_0)$) et de gommer les fluctuations (browniennes) autour de cette trajectoire déterministe. Si $\mathbb{E}(Y_0) = 0$, la renormalisation n'est pas très informative sur l'évolution du processus puisque la limite est constante.

D'autres types de renormalisation sont possibles. Ainsi, dans l'exemple précédent, si $\mathbb{E}(Y_0) = 0$, il est naturel de considérer le processus

$$(9.3) \qquad \left(\frac{1}{\sqrt{f(x)}} (X(x, f(x)t) - x) \right)$$

qui converge en distribution vers $(\sqrt{\lambda\, \mathrm{var}(Y_0)}B(t))$ d'après le théorème de Donsker ; $(B(t))$ est le mouvement brownien standard.

Les renormalisations considérées dans ce chapitre sont du type loi des grands nombres, la renormalisation (9.3) est du type théorème central limite.

1.2.2. *La file d'attente $M/M/1$.* On note λ le taux d'arrivée, μ le taux de service et $L(t)$ le nombre de clients de la file à l'instant $t \geq 0$. Toujours avec $f(z) = z$ si $z \in \mathbb{N}$, le processus renormalisé est défini par

$$\overline{L}(N,t) = \frac{1}{N} L(Nt),$$

si $L(0) = N \in \mathbb{N}$. La proposition 5.17 page 124 du chapitre sur la file $M/M/1$ montre la convergence en distribution

$$\left(\overline{L}(N, t)\right) \longrightarrow \left((1 + (\lambda - \mu)\,t)^+\right),$$

sur l'espace $D(\mathbb{R}_+, \mathbb{R})$ muni de la convergence uniforme sur les compacts. Avec le même argument que dans l'exemple précédent, la convergence a donc lieu aussi pour la topologie de Skorokhod (Proposition D.5 page 353). La fonction $(1 + (\lambda - \mu)\,t)^+$ est donc l'unique limite fluide de ce processus de Markov.

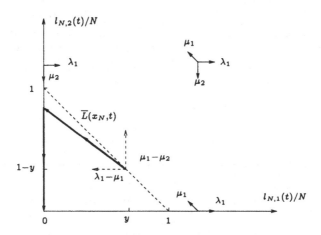

FIG. 1. Files en tandem : une trajectoire limite

1.2.3. *Deux files d'attente en tandem.* Le processus d'arrivée de clients est de Poisson de paramètre λ_1, les clients se font servir dans la première file d'attente au taux μ_1 puis passent dans la deuxième file qui délivre le taux μ_2. Pour $i = 1, 2$ la quantité $l_i(t)$ désigne le nombre de clients dans la file i à l'instant $t \geq 0$. Le processus de Markov $(L(t)) = (l_1(t), l_2(t))$ est à valeurs dans $\mathbb{N}^2$. On suppose que $\lambda_1 < \mu_2 \leq \mu_1$ ce qui assure en particulier l'ergodicité du processus $(L(t))$ (Proposition 4.5 page 85).

Le raisonnement qui suit n'est pas complètement rigoureux. Cet exemple illustre une façon dont on peut identifier en pratique les limites fluides. En formulant le problème correctement (comme un problème de réflexion de Skorokhod), le résultat est établi dans la section 3. La section 5 reprend aussi cet exemple.

On se donne une suite d'états initiaux (x_N) telle que, pour $N \in \mathbb{N}$,

- $x_N = (l_{N,1}(0), l_{N,2}(0))$;

- $l_{N,1}(0) + l_{N,2}(0) = N$;

- la suite $(l_{N,1}(0)/N)$ converge vers $y \in [0, 1]$.

Si $f(y) = \|y\| = |y_1| + |y_2|$, pour $y = (y_1, y_2) \in \mathbb{R}^2$, le processus renormalisé associé à f et partant de x_N est à valeurs dans $\mathbb{R}_+^2$, il est défini par

$$\overline{L}(x_N, t) = \left(\frac{l_{N,1}(Nt)}{N}, \frac{l_{N,2}(Nt)}{N} \right).$$

La première composante de $\overline{L}(x_N, t)$ correspond au processus renormalisé d'une file $M/M/1$, par conséquent on a la convergence

$$\left(\frac{l_{N,1}(Nt)}{N} \right) \to \left((y + (\lambda_1 - \mu_1)t)^+ \right),$$

quand N tend vers l'infini (pour la topologie de Skorokhod). De plus, si τ_N est le premier instant où la file 1 se vide, presque sûrement la variable τ_N/N tend vers $t_1 = y/(\mu_1 - \lambda_1)$ quand N tend vers l'infini. Tant que la file 1 est non vide, la deuxième file d'attente reçoit un flot poissonnien de paramètre μ_1, on en déduit la convergence

$$\left(\frac{l_{N,2}(Nt)}{N} \right) \to (1 - y + (\mu_1 - \mu_2)t),$$

pour $t < t_1$.

Après l'instant τ_N, partant de 0, la file 1 atteint l'équilibre rapidement (Proposition 5.8), son processus de sortie est donc asymptotiquement de Poisson. L'échelle de temps rapide du processus renormalisé permet donc de considérer la file 2 comme une file $M/M/1$ recevant un flux poissonnien de requêtes de paramètre λ_1 et partant avec $l_{N,2}(\tau_N)$ clients initiaux, avec presque sûrement

$$y_1 \stackrel{\text{def}}{=} \lim_{N \to +\infty} \frac{l_{N,2}(\tau_N)}{N} = 1 - y + \frac{\mu_1 - \mu_2}{\mu_1 - \lambda_1} y = 1 + (\lambda_1 - \mu_2)t_1.$$

Par conséquent, pour $t > t_1$,

$$\left(\frac{l_{N,2}(Nt)}{N} \right) \to (y_1 + (\lambda_1 - \mu_2)(t - t_1))^+$$

$$= (1 + (\lambda_1 - \mu_2)t)^+$$

Pour résumer,

$$(9.4) \quad \left(\overline{L}(x_N, t) \right) \to \begin{cases} (y + (\lambda_1 - \mu_1)t, 1 - y + (\mu_1 - \mu_2)t) & \text{pour } t \leq t_1, \\[2mm] (0, (1 + (\lambda_1 - \mu_2)t)^+) & \text{pour } t \geq t_1, \end{cases}$$

avec $t_1 = y/(\mu_1 - \lambda_1)$.

Il est facile de vérifier que les seules limites possibles de l'ensemble des processus renormalisés $\{\overline{L}(x, t) ; x \in \mathbb{N}^2\}$ sont les fonctions déterministes linéaires par morceaux définies par (9.4) avec y parcourant l'intervalle $[0, 1]$. Noter que pour la file $M/M/1$ il n'y a qu'une seule fonction déterministe possible.

1.2.4. *Non-unicité de la limite.* Dans les exemples précédents, si la suite des états initiaux renormalisés $(x_N/f(x_N))$ a une limite x, la limite fluide obtenue ne dépend que de x, pas de la suite (x_N) proprement dite. L'exemple ci-dessous montre que ce n'est pas toujours le cas.

On considère un processus de sauts sur $S = \mathbb{Z} \times \mathbb{N}$ dont la matrice de sauts $Q = (q_{xy})$ est définie par

pour $i \in \mathbb{Z}$, $\quad q_{(i,j)(i,j-1)} = \alpha$ si $j \geq 1$, $\quad\quad q_{(i,j)(i,j+1)} = \beta$ si $j \geq 0$,

pour $j \in \mathbb{N}$, $\quad q_{(i,j)(i+1,j)} = \lambda$ si $i > 0$, $\quad\quad q_{(i,j)(i-1,j)} = \mu$ si $i > 0$,

$\quad\quad\quad q_{(i,j)(i-1,j)} = \lambda$ si $i < 0$, $\quad\quad q_{(i,j)(i+1,j)} = \mu$ si $i < 0$,

$\quad\quad\quad q_{(0,j)(1,j)} = \lambda/2$, $\quad\quad\quad\quad q_{(0,j)(-1,j)} = \lambda/2$.

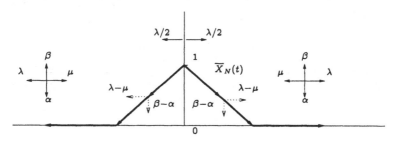

FIG. 2. Trajectoires limites d'un processus de sauts sur $\mathbb{Z} \times \mathbb{N}$

On suppose que $\alpha > \beta$ et $\lambda > \mu$. Si $(X(t)) = (X_1(t), X_2(t))$ est le processus de Markov associé, $(X_2(t))$ est le processus associé à une file $M/M/1$ stable dont le taux d'arrivée vaut β et le taux de service α. On prend la même fonction f que dans l'exemple précédent. Pour $t \geq 0$, on note $(\overline{X}_N(t)) = (X_{N,1}(t), X_{N,2}(t))$ le processus renormalisé associé. La deuxième composante de celui-ci converge donc vers $((1 + (\alpha - \beta)t)^+)$.

Le processus de Markov $(|X_1(t)|)$ est celui d'une file d'attente $M/M/1$ dont le taux d'arrivée vaut λ et le taux de service μ, il est donc transient d'après l'hypothèse $\lambda > \mu$. Pour cette file, il n'y a qu'un nombre fini de passages par 0, par conséquent $(X_1(t))$ est presque sûrement de signe constant à partir d'un certain temps.

Si $X(0) = (\sqrt{N}, N)$, $X_{N,1}(t)$ est positif pour tout $t \geq 0$ avec une probabilité qui tend vers 1 quand N tend vers l'infini. En effet, une file $M/M/1$ transiente qui part de $\sqrt{N}$ ne revient pas à 0 avec une probabilité qui tend vers 1. Par conséquent, la première composante ne peut changer de signe, et donc

$$\lim_{N \to +\infty} \overline{X}_N(0) = (0,1) \quad \text{et} \quad (\overline{X}_N(t)) \to ((\lambda - \mu)t, (1 + (\alpha - \beta)t)^+)$$

De la même façon si $X(0) = (-\sqrt{N}, N)$,

$$\lim_{N \to +\infty} \overline{X}_N(0) = (0,1) \quad \text{et} \quad (\overline{X}_N(t)) \to (-(\lambda - \mu)t, (1 + (\alpha - \beta)t)^+).$$

Les deux suites de points initiaux ont la même limite mais elles donnent lieu à deux limites fluides différentes.

1.2.5. *Une limite fluide non déterministe.* La renormalisation, on l'a vu, gomme certaines fluctuations aléatoires. La limite du processus renormalisé peut cependant conserver une partie aléatoire.

On reprend l'exemple précédent et la suite des états initiaux $(x_N) = (0, N)$. Par symétrie, la première coordonnée converge vers $+\infty$ ou $-\infty$ avec probabilité $1/2$. La première composante du processus renormalisé a donc deux trajectoires équiprobables $((\lambda - \mu)t)$ et $(-(\lambda - \mu)t)$. La limite du processus renormalisé $(\overline{X}_N(t))$ n'est pas déterministe dans ce cas. Le changement d'échelle de temps n'affecte en rien le caractère aléatoire du signe final de $(x_1(t))$.

1.2.6. *Un processus sans limite fluide : la file $M/M/\infty$.* On note λ le taux d'arrivée, μ celui des services et $(L(t))$ le processus du nombre de clients de la file. La fonction de renormalisation est la même que pour la file $M/M/1$. Si l'état initial est N, on note

$$\overline{L}_N(t) = \frac{1}{N} L(Nt)$$

le processus renormalisé. Si T_a est le premier instant d'atteinte de $a \in \mathbb{N}$ du processus $(L(t))$, les propositions 6.8 et 6.10 page 149 donnent pour ε, $K > 0$,

$$\lim_{N \to +\infty} \mathbb{P}_N \left(\frac{T_0}{N} \geq \varepsilon \right) = 0, \quad \text{et} \quad \lim_{N \to +\infty} \mathbb{P}_0 \left(\frac{T_{\varepsilon N}}{N} \leq K \right) = 0.$$

Pour $0 < s \leq t$,

$$\mathbb{P}_N \left(\sup_{s \leq u \leq t} \overline{L}_N(u) > \varepsilon \right) \leq \mathbb{P}_N \left(\frac{T_0}{N} \geq s \right) + \mathbb{P}_N \left(\frac{T_0}{N} \leq s, \sup_{s \leq u \leq t} \overline{L}_N(u) > \varepsilon \right),$$

la propriété de Markov forte montre que le deuxième terme du membre droit de cette inégalité est majoré par

$$\mathbb{P}_0 \left(\frac{T_{\varepsilon N}}{N} \leq t \right).$$

On en déduit la convergence

$$\lim_{N \to +\infty} \mathbb{P}_N \left(\sup_{s \leq u \leq t} \overline{L}_N(u) > \varepsilon \right) = 0,$$

pour tout $\varepsilon > 0$ et $0 < s \leq t$.

Le processus renormalisé $(\overline{L}_N(t))$ converge vers le processus nul en dehors de $t = 0$. En reprenant les notations de la partie 2.0.2 sur la topologie de Skorokhod, on a l'inégalité

$$d_T(f, g) \geq |f(0) - g(0)|$$

pour toutes les fonctions f, g de $D([0, T], \mathbb{R})$ où $d_T(f, g)$ est la distance définissant la topologie sur cet espace. L'application $(z(t)) \to z(0)$ est donc continue sur $D(\mathbb{R}_+, \mathbb{R})$ muni de la topologie de Skorokhod. Une limite fluide de cette file d'attente vaut donc nécessairement 1 pour $t = 0$. On en conclut que la file $M/M/\infty$ n'a pas de limite fluide pour cette fonction de renormalisation, en effet le processus renormalisé ne peut converger pour la topologie de Skorokhod puisque la seule limite possible n'est pas continue à droite en 0. La renormalisation étudiée pour cette file d'attente au chapitre 6 n'est pas du même type que celle présentée ici.

2. Les limites fluides d'une classe de processus de Markov

Dans cette section, on s'intéresse aux propriétés génériques des limites fluides d'une classe assez générale de processus de sauts à valeurs dans $\mathbb{N}^d$. Si d'autres types de processus rencontrés en pratique ne rentrent pas dans ce formalisme, les techniques utilisées ici s'appliquent très souvent.

À partir de maintenant $d \in \mathbb{N}$ est fixé, la norme L_1 sur $\mathbb{Z}^d$ est notée $\| \cdot \|$, i.e. $\|m\| = |m_1| + \cdots + |m_d|$ si $m = (m_k) \in \mathbb{Z}^d$.

DÉFINITION 18. Un processus markovien de sauts $(X(t))$ appartient à la classe $(\mathcal{C})$ si sa loi est celle de la solution d'une équation différentielle stochastique du type

$$(9.5) \qquad dX(t) = \sum_{i \in I} 1_{\{X(t-) \in C_i\}} \int_{\mathbb{Z}^d} m \, V_i(dt, dm),$$

I est un ensemble au plus dénombrable et, pour $i \in I$,

- C_i est un sous-ensemble de $\mathbb{R}^d$;
- V_i est un processus de Poisson sur $\mathbb{R}_+ \times \mathbb{Z}^d$ d'intensité $\lambda_i \, dt \otimes \nu_i(dm)$ avec λ_i positif. Les processus ponctuels V_i, $i \in I$ sont indépendants ;
- $\sum_{i \in I} \lambda_i \int_{\mathbb{Z}^d} \|m\|^2 \nu_i(dm) < +\infty$.

L'intégrale sur $\mathbb{Z}^d$ dans l'équation (9.5) porte bien entendu sur la variable m. Remarquer que, pour t fixé, le processus ponctuel marqué $V_i(dt, dm)$ est soit la mesure nulle soit une masse de Dirac (voir la Proposition 1.11).

L'équation différentielle (9.5) est vectorielle, si $j = 1, \ldots, d$, pour la j-ième coordonnée, elle équivaut à

$$(9.6) \qquad dX_j(t) = \sum_{i \in I} 1_{\{X(t-) \in C_i\}} \int_{\mathbb{Z}^d} m_j \, V_i(dt, dm).$$

La proposition B.11 page 338 en annexe établit l'existence et l'unicité des solutions de ces équations différentielles. La matrice de sauts $Q = (q_{xy} \, ; \, x, y \in \mathcal{S})$ d'un tel processus est donnée par

$$q_{x,x+m} = \sum_{i \in I} 1_{\{x \in C_i\}} \lambda_i \nu_i(\{m\}),$$

pour $x \in \mathbb{N}^d$, $m \in \mathbb{Z}^d$ et $q_{xy} = 0$ pour les autres $y \neq x$.

EXEMPLES.

La file $M/M/1$. Le nombre de clients $(L(t))$ satisfait l'équation différentielle

$$dL(t) = \mathcal{N}_\lambda(dt) - 1_{\{L(t-) \neq 0\}} \mathcal{N}_\mu(dt),$$

si les taux d'arrivée et de service sont donnés respectivement par λ et μ. En posant $V_1(dt, dm) = \mathcal{N}_\lambda(dt) \otimes \delta_1$ et $V_2(dt, dm) = \mathcal{N}_\mu(dt) \otimes \delta_{-1}$, avec $C_1 = \mathbb{N}$ et $C_2 = \mathbb{N} - \{0\}$ (δ_x est comme d'habitude la masse de Dirac en x). Il est clair que la loi du processus $(L(t))$ vérifie une équation du type (9.5). En fait plus généralement, le vecteur des nombres de clients dans les nœuds d'un réseau de Jackson a aussi cette propriété.

Le réseau de Jackson à d nœuds. On reprend les notations de la section 4.1 page 90, $P = (p_{ij})$ est la matrice de routage, (λ_i) et (μ_i) sont les taux d'arrivée et de service aux nœuds du réseau. On adjoint une colonne et une ligne à P en posant $p_{i0} = 1 - p_{i1} - \cdots - p_{id}$ pour $1 \leq i \leq d$, $p_{0i} = 0$ et $p_{00} = 1$, on note Q la matrice ainsi obtenue. Les e_i, $i = 1, \ldots, d$ désignent les vecteurs de la base canonique de $\mathbb{R}^d$ et $e_0 = 0$ le vecteur nul.

Pour i, $j \leq d$ avec $i > 0$, $C_{ij} = \{n = (n_k)/n_i > 0\}$ et V_{ij} est un processus de Poisson d'intensité $\mu_i p_{ij}\, dt \otimes \delta_{e_j - e_i}$; $C_{0j} = \mathbb{N}^d$ et V_{0j} est un processus de Poisson d'intensité $\lambda_j\, dt \otimes \delta_{e_j}$. Le processus V_{ij} est le processus des arrivées à la file j venant de la file i, V_{0i} celui des arrivées au nœud i depuis l'extérieur et V_{j0} le processus des départs définitifs au nœud j. En utilisant la même méthode que pour montrer les équations (5.1) page 102 et (6.2) page 139, il est facile de vérifier que la solution $(X(t))$ de l'équation différentielle stochastique

$$dX(t) = \sum_{\substack{0 \leq i, j \leq d, \\ (i,j) \neq (0,0)}} 1_{\{X(t-) \in C_{ij}\}} \int_{\mathbb{Z}^d} m\, V_{ij}(dt, dm)$$

a même loi que le processus de Markov associé au réseau de Jackson avec les paramètres définis plus haut.

Une file d'attente prioritaire. Les clients arrivant à une file d'attente sont répartis en deux classes 1 et 2. Pour $i = 1, 2$, les clients de classe i arrivent suivant un processus de Poisson de paramètre λ_i et sont servis au taux μ_i. Les clients de classe 1 ont priorité sur ceux de classe 2, i.e. un client de classe 2 ne peut être servi que s'il n'y a aucun client de classe 1.

En prenant $C_1^- = \{n = (n_1, n_2)/n_1 > 0\}$, $C_2^- = \{n = (0, n_2)/n_2 > 0\}$ et pour $i = 1, 2$, $C_i^+ = \mathbb{N}^2$, V_i^+ un processus de Poisson d'intensité $\lambda_i\, dt \otimes \delta_{e_i}$ et V_i^- un processus de Poisson d'intensité $\mu_i\, dt \otimes \delta_{-e_i}$, le processus de Markov associé est bien celui de la file prioritaire. Un réseau de files d'attente avec des files prioritaires peut donc être représenté par un système d'équations différentielles du type (9.5).

La fonction f pour renormaliser cette classe de processus est bien entendu la norme $\|\cdot\|$ sur $\mathbb{N}^d$. Si $x \in \mathbb{N}^d$, on note $(\overline{X}(x,t))$ le processus renormalisé avec la fonction f, pour $t \geq 0$

$$\overline{X}(x,t) = \frac{1}{\|x\|} X(x, \|x\| t).$$

On commence par une propriété élémentaire qui est utile pour établir l'ergodicité de ces processus de Markov (voir la condition d) du corollaire 9.8 page 228).

PROPOSITION 9.1. *Si $(X(t))$ est un processus de Markov de classe $(\mathcal{C})$, pour $T > 0$ les variables aléatoires*

$$\left\{ \frac{\|X(x, \|x\| T)\|}{\|x\|} ;\ x \in \mathbb{N}^d \right\} = \left\{ \|X\|_f(x, T) ;\ x \in \mathbb{N}^d \right\}$$

sont uniformément intégrables.

L'uniforme intégrabilité est définie en appendice page 333.

DÉMONSTRATION. Il suffit de montrer que les moments d'ordre 2 de ces variables aléatoires sont bornées,

$$\sup_{x \in \mathbb{N}^d} \mathbb{E}\left((\|X\|_f(x, T))^2 \right) < +\infty.$$

Pour $i \in I$, la proposition 1.21 page 25 montre que le processus

$$(9.7) \qquad \left(\int_{]0,t] \times \mathbb{Z}^d} \|m\| \left(V_i(ds, dm) - \lambda_i \, ds \, \nu_i(dm) \right) \right)$$

est une martingale et que son processus croissant vaut

$$\left(\lambda_i \int_{\mathbb{Z}^d} \|m\|^2 \, \nu_i(dm) \, t \right).$$

Par indépendance des processus de Poisson $(V_i \, ; \, i \in I)$, les martingales définies par (9.7) sont indépendantes, de moyenne nulle, et par conséquent orthogonales.

Si $t \geq 0$, la relation (9.5) donne la majoration

$$(9.8) \qquad \|X(x, t)\| \leq \|x\| + \sum_{i \in I} \int_{]0,t] \times \mathbb{Z}^d} \|m\| \, V_i(ds, dm).$$

En utilisant l'inégalité élémentaire $(x_1 + x_2 + x_3)^2 \leq 3(x_1^2 + x_2^2 + x_3^2)$, il vient

$$\frac{1}{3} \mathbb{E}\left((\|X(x, t)\|)^2 \right) \leq \|x\|^2 + \left(\sum_{i \in I} \lambda_i \int_{\mathbb{Z}^d} \|m\| \, \nu_i(dm) \, t \right)^2$$
$$+ \, \mathbb{E}\left(\sum_{i \in I} \int_{]0,t] \times \mathbb{Z}^d} \|m\| \left(V_i(ds, dm) - \lambda_i \, ds \, \nu_i(dm) \right) \right)^2,$$

d'après la propriété d'orthogonalité des martingales (9.7), le membre de droite de cette inégalité vaut

$$\|x\|^2 + \left(\sum_{i \in I} \lambda_i \int_{\mathbb{Z}^d} \|m\| \, \nu_i(dm) \, t \right)^2 + \sum_{i \in I} \lambda_i \int_{\mathbb{Z}^d} \|m\|^2 \, \nu_i(dm) \, t.$$

Par conséquent pour $T > 0$,

$$\mathbb{E}\left(\left(\frac{\|X(x, \|x\| T)\|}{\|x\|} \right)^2 \right)$$
$$\leq 3 \left(1 + \frac{1}{\|x\|} \sum_{i \in I} \lambda_i \int_{\mathbb{Z}^d} \|m\|^2 \, \nu_i(dm) \, T + \left(\lambda_i \int_{\mathbb{Z}^d} \|m\| \, \nu_i(dm) \, T \right)^2 \right),$$

les moments d'ordre 2 des processus renormalisés à l'instant T sont donc bornés supérieurement quand $\|x\|$ tend vers l'infini. On en déduit l'uniforme intégrabilité de ces variables. □

On fixe $1 \leq j \leq d$. L'équation différentielle stochastique (9.6) montre que le processus

$$(M_j(t)) = \left(X_j(t) - X_j(0) - \sum_{i \in I} \lambda_i \int_{\mathbb{Z}^d} m_j \, \nu_i(dm) \int_0^t 1_{\{X(s) \in C_i\}} \, ds \right)$$

(9.9)
$$= \left(\sum_{i \in I} \int_{]0,t] \times \mathbb{Z}^d} 1_{\{X(s-) \in C_i\}} m_j \left(V_i(ds, dm) - \lambda_i \, ds \, \nu_i(dm) \right) \right)$$

est une martingale. De la même façon que dans la preuve précédente, la proposition B.9 page 337 montre que le processus croissant de celle-ci est donné par

$$(\langle M_j \rangle(t)) = \left(\sum_{i \in I} \int_{]0,t] \times \mathbb{Z}^d} 1_{\{X(s) \in C_i\}} \lambda_i \, ds \, m_j^2 \, \nu_i(dm) \right).$$

Le processus $\left(\overline{M}_j(x,t) \right)$ est la martingale (9.9) renormalisée,

$$\overline{M}_j(x,t) = \frac{1}{\|x\|} M_j(x, \|x\|t).$$

Le processus croissant de cette martingale est donné par

$$\langle \overline{M}_j \rangle(x,t) = \frac{1}{\|x\|^2} \sum_{i \in I} \int_{]0,\,\|x\|t] \times \mathbb{Z}^d} 1_{\{X(x,s) \in C_i\}} \lambda_i \, ds \, m_j^2 \, \nu_i(dm)$$

(9.10)
$$= \frac{1}{\|x\|} \sum_{i \in I} \int_{]0,t] \times \mathbb{Z}^d} 1_{\{X(x,\|x\|s) \in C_i\}} \lambda_i \, ds \, m_j^2 \, \nu_i(dm).$$

On en déduit avec l'inégalité de Doob, pour $\varepsilon > 0$ et $t \geq 0$,

$$\mathbb{P}\left(\sup_{0 \leq s \leq t} |\overline{M}_j(x,t)| \geq \varepsilon \right) \leq \frac{1}{\varepsilon^2} E\left(\overline{M}_j(x,t)^2 \right) = \frac{1}{\varepsilon^2} E\left(\langle \overline{M}_j(x,t) \rangle \right)$$

$$\leq \frac{t}{\|x\| \varepsilon^2} \sum_{i \in I} \lambda_i \int_{\mathbb{Z}^d} m_j^2 \, \nu_i(dm).$$

La martingale $(\overline{M}_j(x,t))$ converge donc en probabilité vers 0 uniformément sur les compacts quand $\|x\|$ tend vers l'infini. En utilisant la représentation (9.9) de $(M(t))$, il vient

$$(9.11) \quad \overline{X}_j(x,t) = \frac{x_j}{\|x\|} + \overline{M}_j(x,t) + \sum_{i \in I} \lambda_i \int_{\mathbb{Z}^d} m_j \, \nu_i(dm) \int_0^t 1_{\{X(x,\|x\|s) \in C_i\}} \, ds.$$

Pour $T, \delta, \eta > 0$, si w_h est le module de continuité d'une fonction h sur $[0,T]$, i.e.

$$w_h(\delta) = \sup(|h(t) - h(s)| ; \, s,t \leq T, |t-s| \leq \delta),$$

l'équation (9.11) donne la majoration suivante

$$(9.12) \quad \mathbb{P}\left(w_{\overline{X}_j(x,\cdot)}(\delta) \geq \eta\right) \leq \mathbb{P}\left(w_{\overline{M}_j(x,\cdot)}(\delta) \geq \eta/2\right)$$
$$+ \mathbb{P}\left(\sup_{s,t \leq T, |t-s| \leq \delta} \sum_{i \in I} \lambda_i \int_{\mathbb{Z}^d} |m_j| \nu_i(dm) \int_s^t 1_{\{X(x,\|x\|u) \in C_i\}} \, du \geq \eta/2\right).$$

Le deuxième terme du membre de droite de l'inégalité précédente est nul dès que

$$2\delta \sum_{i \in I} \int_{\mathbb{Z}^d} |m_j| \nu_i(dm) < \eta.$$

L'inégalité

$$\mathbb{P}\left(w_{\overline{M}_j(x,\cdot)}(\delta) \geq \eta/2\right) \leq \mathbb{P}\left(\sup_{0 \leq s \leq t} |\overline{M}_j(x,t)| \geq \eta/2\right)$$

et la convergence de $(\overline{M}_j(x,t))$ vers 0 montrent que le premier terme du membre de droite de l'inégalité (9.12) tend vers 0 quand $\|x\|$ tend vers l'infini. Il existe donc $K > 0$ tel que si $\|x\| \geq K$, alors

$$\mathbb{P}\left(w_{\overline{M}_j(x,\cdot)}(\delta) \geq \eta/2\right) \leq \varepsilon.$$

Les hypothèses du théorème D.9 page 354 sur la relative compacité d'un ensemble de fonctions càdlàg sont vérifiées, l'ensemble des processus $(\overline{X}_j(x,t))$, $x \in \mathbb{R}^d$ est donc relativement compact et tous les processus limites sont continus. Pour $\varepsilon > 0$, il existe donc un compact K_j de $D(\mathbb{R}_+, \mathbb{R})$ tel que

$$\inf_{x \in \mathbb{R}^d} \mathbb{P}\left(\overline{X}_j(x,\cdot) \in K_j\right) \geq 1 - \varepsilon/d,$$

d'où

$$\inf_{x \in \mathbb{R}^d} \mathbb{P}\left((\overline{X}_j(x,\cdot) ; j = 1, \ldots, d) \in \prod_1^d K_j\right) \geq 1 - \varepsilon.$$

Comme le produit de compacts est aussi compact, on en déduit que l'ensemble des vecteurs $(\overline{X}_j(x,t) ; j = 1, \ldots, d)$, $x \in \mathbb{R}^d$ est relativement compact pour la topologie de Skorokhod et tous les processus limites sont continus. La proposition suivante vient d'être établie.

PROPOSITION 9.2. *Si $(X(x,t))$ est un processus de Markov de classe $(\mathcal{C})$, l'ensemble des processus renormalisés*

$$\{(\overline{X}(x,t)) ; \ x \in \mathbb{N}^d\} = \left\{\frac{1}{\|x\|}(X(x,\|x\|t)) ; \ x \in \mathbb{N}^d\right\}$$

est relativement compact et toutes ses valeurs d'adhérence, i.e. les limites fluides associées, sont des processus continus. Le processus

(9.13) $(\overline{M}(x,t))$

$$= \left(\overline{X}(x,t) - \frac{x}{\|x\|} - \sum_{i \in I} \lambda_i \int_{\mathbb{Z}^d} m \, \nu_i(dm) \int_0^t 1_{\{X(x,\|x\|s) \in C_i\}} \, ds \right)$$

est une martingale qui converge en probabilité vers 0 uniformément sur les compacts quand $\|x\|$ tend vers l'infini, i.e. pour tout $T \geq 0$ et $\varepsilon > 0$,

$$\lim_{\|x\| \to +\infty} \mathbb{P}(\sup_{0 \leq s \leq T} \|\overline{M}(x,s)\| \geq \varepsilon) = 0.$$

Il reste à caractériser les limites fluides de ces processus. Les processus renormalisés étant solutions d'une équation différentielle stochastique, il est naturel d'essayer de caractériser les limites fluides comme les solutions d'une équation différentielle.

Si les ensembles (C_i) sont des cônes de $\mathbb{R}^d$, i.e. pour $i \in I$, si $x \in C_i$ alors $\alpha x \in C_i$ pour tout $\alpha > 0$, l'égalité (9.11) peut se réécrire de la façon suivante

(9.14) $$\overline{X}(x,t) = \frac{x}{\|x\|} + \overline{M}(x,t) + \sum_{i \in I} \lambda_i \int_{\mathbb{Z}^d} m \, \nu_i(dm) \int_0^t 1_{\{\overline{X}(x,s) \in C_i\}} \, ds.$$

En supposant que le passage à la limite soit valide et que $x/\|x\| \to \alpha$ quand $\|x\|$ tend vers l'infini, une limite fluide $(\overline{z}(t))$ devrait satisfaire l'équation

$$\overline{z}(t) = \alpha + \sum_{i \in I} \lambda_i \int_{\mathbb{Z}^d} m \, \nu_i(dm) \int_0^t 1_{\{\overline{z}(s) \in C_i\}} \, ds,$$

ou encore, sous forme différentielle,

$$d\overline{z}(t) = \sum_{i \in I} \lambda_i \int_{\mathbb{Z}^d} m \, \nu_i(dm) \, 1_{\{\overline{z}(t) \in C_i\}} \, dt.$$

La proposition ci-dessous montre que cette équation est satisfaite si la limite fluide est en dehors des points de discontinuité de l'équation différentielle, i.e. tant que $\overline{z}(t)$ n'est pas sur le bord d'un des C_i, $i \in I$.

PROPOSITION 9.3. *Si $(\overline{z}(t))$ est une limite fluide d'un processus de la classe $(\mathcal{C})$, si les ensembles $(C_i \, ; \, i \in I)$ sont des cônes de $\mathbb{R}^d$ et s'il existe un intervalle $[0, t_0]$ tel qu'avec probabilité 1, pour tout $t \in [0, t_0]$, le processus $(\overline{z}(t))$ n'est sur la frontière d'aucun des ensembles (C_i), alors presque sûrement*

(9.15) $$\overline{z}(t) = \overline{z}(0) + \sum_{i \in I} \lambda_i \int_{\mathbb{Z}^d} m \, \nu_i(dm) \int_0^t 1_{\{\overline{z}(u) \in C_i\}} \, du,$$

pour tout $t \in [0, t_0]$.

DÉMONSTRATION. Il existe une suite (x_n) de $\mathbb{N}^d$ telle que la suite $(\|x_n\|)$ tende vers l'infini et la suite des processus $(\overline{X}(x_n, t))$ converge en distribution vers $(\overline{z}(t))$ pour la topologie de Skorokhod. Comme d'habitude, si h est une fonction réelle et $t \geq 0$, on note $\|h\|_{\infty, t_0} = \sup\{|h(u)| \, ; \, u \leq t_0\}$.

En prenant un espace de probabilité adéquat, le théorème de représentation de Skorokhod (Théorème D.8 page 354) permet de supposer que la suite des processus $(\overline{X}(x_n, t))$ converge presque sûrement vers $(\overline{z}(t))$ pour la topologie de Skorokhod. Presque sûrement, il existe donc des applications continues, strictement croissantes (α_n) de $[0, t_0]$ dans $[0, t_0]$ vérifiant $\alpha_n(0) = 0$, $\alpha_n(t_0) = t_0$ et les inégalités

$$(9.16) \qquad \lim_{n \to +\infty} \sup_{s, t \in [0, t_0] \, ; \, s \neq t} \left| \log \frac{\alpha_n(s) - \alpha_n(t)}{s - t} \right| = 0,$$

$$(9.17) \qquad \lim_{n \to +\infty} \sup_{s \in [0, t_0]} \left\| \overline{X}(x_n, \alpha_n(s)) - \overline{z}(s) \right\| = 0,$$

d'où

$$\lim_{n \to +\infty} \|\alpha'_n - 1\|_{\infty, t_0} = 0,$$

d'après la proposition D.2 page 351) pour une version α'_n de la dérivée de Radon-Nikodym de la fonction croissante α_n.

Pour $i \in I$, on note f_i la fonction indicatrice de l'ensemble C_i. Si $0 \leq t \leq t_0$ et $n \in \mathbb{N}$, avec un changement de variables on obtient

$$\int_0^{\alpha_n(t)} f_i(\overline{X}(x_n, u)) \, du = \int_0^t f_i(\overline{X}(x_n, \alpha_n(u)) \alpha'_n(u) \, du,$$

on en déduit les inégalités

$$\Lambda_n(t) \overset{\text{def}}{=} \left| \int_0^{\alpha_n(t)} f_i(\overline{X}(x_n, u)) \, du - \int_0^t f_i(\overline{z}(u)) \, du \right|$$

$$\leq \left| \int_0^t (f_i(\overline{X}(x_n, \alpha_n(u))) - f_i(\overline{z}(u)) \alpha'_n(u) \, du \right| + \left| \int_0^t f_i(\overline{z}(u))(\alpha'_n(u) - 1) \, du \right|$$

$$\leq \|\alpha'_n\|_{\infty, t_0} \int_0^{t_0} \left| f_i(\overline{X}(x_n, \alpha_n(u))) - f_i(\overline{z}(u)) \right| \, du + \|\alpha'_n - 1\|_{\infty, t_0}$$

La quantité $|f_i(\overline{X}(x_n, \alpha_n(u))) - f_i(\overline{z}(u))|$ étant majorée par 2, le lemme de Fatou donne l'inégalité

$$\limsup_{n \to +\infty} \int_0^{t_0} \left| f_i(\overline{X}(x_n, \alpha_n(u))) - f_i(\overline{z}(u)) \right| \, du$$

$$\leq \int_0^{t_0} \limsup_{n \to +\infty} \left| f_i(\overline{X}(x_n, \alpha_n(u))) - f_i(\overline{z}(u)) \right| \, du,$$

l'hypothèse sur $\overline{z}$ et l'inégalité (9.17) entraînent que le terme sous cette intégrale est nul. On a ainsi obtenu la convergence presque sûre

$$\lim_{n\to+\infty} \sup_{t\leq t_0} \Lambda_n(t) = 0,$$

et donc la convergence

$$\left(\int_0^t f_i(\overline{X}(x_n, u))\, du\,;\ i \in I\right) \longrightarrow \left(\int_0^t f_i(\overline{z}(u))\, du\,;\ i \in I\right)$$

pour la topologie de Skorokhod sur $D([0, t_0], \mathbb{R}^d)$. On en déduit la convergence en distribution des processus correspondants sur l'espace de probabilité initial.

En revenant à l'espace de probabilité initial, l'identité (9.14) donne pour $t \leq t_0$,

$$\overline{X}(x_n, t) = \frac{x_n}{\|x_n\|} + \overline{M}(x_n, t) + \sum_{i\in I} \lambda_i \int_{\mathbb{Z}^d} m\, \nu_i(dm) \int_0^t f_i(\overline{X}(x_n, u))\, du.$$

Par hypothèse, le membre de gauche de cette identité converge en distribution vers $(\overline{z}(t))$. Comme la martingale $(\overline{M}(x_n, t))$ tend en probabilité vers 0 uniformément sur l'intervalle $[0, t_0]$ (Proposition 9.13), la proposition D.5 page 353 montre que, sur cet intervalle, le processus associé au membre de droite converge en distribution vers

$$\left(\overline{z}(0) + \sum_{i\in I} \lambda_i \int_{\mathbb{Z}^d} m\, \nu_i(dm) \int_0^t 1_{\{\overline{z}(u)\in C_i\}}\, du\right),$$

noter que l'on utilise au passage que si $(\overline{X}(x_n, t))$ converge vers $(z(t))$ en distribution pour la topologie de Skorokhod, alors la suite de variables aléatoires $(\overline{X}(x_n, 0))$ converge en loi vers $z(0)$, (voir la discussion de l'exemple de la file $M/M/\infty$ page 211). La proposition est démontrée. $\square$

La proposition précédente montre que l'étude des limites fluides se concentre sur les points de discontinuité de la dynamique, i.e. quand le processus $(X(t))$ est sur le bord d'un des ensembles (C_i). En dehors de ces points, le processus renormalisé converge vers la solution d'une équation différentielle déterministe ordinaire.

C'est un des mérites des méthodes de renormalisation de concentrer l'étude sur le trait difficile de ces processus, la discontinuité de la dynamique. Ces points de discontinuité peuvent conserver une part de la complexité du processus originel, comme par exemple une composante aléatoire, voir le cas de la limite fluide non déterministe. Il n'y a pas, actuellement, de méthode générique pour traiter ces points de discontinuité. Le problème se résout quelquefois en revenant au niveau macroscopique, i.e. en étudiant une fonctionnelle du processus non renormalisée, voir l'exemple ayant deux limites fluides pour la même condition initiale. La section suivante présente un outil important pour aborder les problèmes de discontinuité dans certains cas.

3. Limites fluides et problème de réflexion de Skorokhod

Si $(Y(t))$ est une fonction càdlàg à valeurs dans $\mathbb{R}^d$ telle que $Y(0) \geq 0$ et $P = (p_{ij})$ une matrice $d \times d$, une solution au problème de Skorokhod associé à $(Y(t))$ et P est un couple de vecteurs $(X(t)) = (X_i(t)\,;\, 1 \leq i \leq d)$ et $(R(t)) = (R_i(t)\,;\, 1 \leq i \leq d)$ de $D(\mathbb{R}_+, \mathbb{R}^d)$ tel que, pour tout $t \geq 0$,

a) $X(t) = Y(t) + (I - {}^tP)R(t)$;

b) pour $1 \leq i \leq d$, $X_i(t) \geq 0$, l'application $t \to R_i(t)$ est croissante avec $R_i(0) = 0$;

c) avec la condition de réflexion

$$\int_0^{+\infty} X_i(s)\, dR_i(s) = 0.$$

La section 6 est consacrée aux questions d'existence et d'unicité du problème de Skorokhod. La proposition 9.14 de cette section donne une condition suffisante pour qu'il existe une unique solution. Pour $t \geq 0$, la fonction $(R(t))$ est l'unique solution de l'équation de point fixe

$$(9.18) \qquad R_i(t) = 0 \vee \sup_{0 \leq s \leq t} \left(\sum_{j=1}^d p_{ji} R_j(s) - Y_i(s) \right),$$

pour $i = 1, \ldots, d$ et $(X(t))$ est bien sûr donné par $X(t) = Y(t) + (I - {}^tP)R(t)$. La proposition 9.14 montre une propriété de continuité de ce couple de solutions par rapport au processus $(Y(t))$.

De façon schématique la proposition 9.14 s'utilise de la façon suivante : si le processus $(\overline{X}(x,t))$ est le processus renormalisé d'un processus de Markov, on cherche d'abord à l'exprimer sous la forme

$$\overline{X}(x,t) = \overline{Y}(x,t) + (I - {}^tP)\overline{R}(x,t),$$

de telle sorte que $(\overline{X}(x,t), \overline{R}(x,t))$ soit la solution au problème de Skorokhod associé à $(\overline{Y}(x,t))$. Si le processus $(\overline{Y}(x,t))$ converge convenablement vers le processus $(Z(t))$ quand $\|x\|$ tend vers l'infini, on en déduira que le couple $(\overline{X}(x,t), \overline{R}(x,t))$ converge en distribution vers la solution au problème de Skorokhod associé à $(Z(t))$. On aura ainsi obtenu la convergence du processus renormalisé. Le processus $(\overline{Y}(x,t))$ contient généralement des termes martingales qui deviennent négligeables à l'infini. L'exemple des réseaux de Jackson ci-dessous et celui de la section 5 sont traités de cette façon. Pour illustrer cette méthode simplement, on commence par l'exemple de la file $M/M/1$.

3.1. La file M/M/1.
Si $(L(t))$ est le processus du nombre de clients d'une file $M/M/1$ avec un taux d'arrivée λ et un taux de service μ, l'équation (5.1)

associée à ce processus se réécrit de la façon suivante, si $t \geq 0$,

$$L(t) = L(0) + \mathcal{N}_\lambda(]0, t]) - \int_0^t 1_{\{L(s-)>0\}} \mathcal{N}_\mu(ds)$$

$$= L(0) + \mathcal{N}_\lambda(]0, t]) - \mathcal{N}_\mu(]0, t]) + \int_0^t 1_{\{L(s-)=0\}} \mathcal{N}_\mu(ds),$$

(9.19) $$L(t) = Y(t) + \mu \int_0^t 1_{\{L(s)=0\}} ds$$

avec

$$Y(t) = L(0) + (\lambda - \mu)t + M(t)$$

et $(M(t))$ est la martingale définie par

$$M(t) = (\mathcal{N}_\lambda(]0, t]) - \lambda t) - (\mathcal{N}_\mu(]0, t]) - \mu t) + \int_0^t 1_{\{L(s-)=0\}} (\mathcal{N}_\mu(ds) - \mu \, ds).$$

La relation (9.19) montre que le couple

$$(X_Y(t), R_Y(t)) = \left((L(t)), \left(\mu \int_0^t 1_{\{L(s)=0\}} ds\right)\right)$$

est la solution au problème de Skorokhod pour la fonction $(Y(t))$.

Pour $L(0) = N$, si X est un des processus L, Y, M, on note $\overline{X}_N(t) = X(Nt)/N$ le processus renormalisé associé au processus X. Avec le même argument que dans la preuve de la proposition 9.2, il est facile d'obtenir la relation

$$\lim_{N \to +\infty} \mathbb{P}(\sup_{0 \leq s \leq T} |\overline{M}_N(s)| \geq \varepsilon) = 0,$$

pour $\varepsilon > 0$. Par conséquent, si $y(t) = 1 + (\lambda - \mu)t$, on en déduit

$$\lim_{N \to +\infty} \mathbb{P}(\sup_{0 \leq s \leq T} |\overline{Y}_N(s) - y(s)| \geq \varepsilon) = 0.$$

La proposition 9.14 page 244 montre que si (X_y, R_y) est le couple solution au problème de Skorokhod associé à y, il existe $K_T > 0$ tel que

$$\|\overline{L}_N - \overline{X}_y\|_{\infty, T} \leq K_T \|\overline{Y}_N - y\|_{\infty, T},$$

par conséquent

$$\limsup_{N \to +\infty} \mathbb{P}\left(\sup_{0 \leq s \leq T} |\overline{L}_N(s) - X_y(s)| \geq \varepsilon\right)$$

$$\leq \limsup_{N \to +\infty} \mathbb{P}\left(\sup_{0 \leq s \leq T} |\overline{Y}_N(s) - y(s)| \geq \varepsilon/K_T\right) = 0.$$

D'après l'exemple traité page 240, si (X_y, R_y) est la solution au problème de Skorokhod associé à la fonction y, $X_y(t) = (1 + (\lambda - \mu)t)^+$. On en déduit que la limite fluide de $(L(t))$ est la fonction $((1 + (\lambda - \mu)t)^+)$. Ce raisonnement est généralisé dans la suite au cas des réseaux de Jackson.

3.2. Les réseaux de Jackson. L'utilisation du théorème 9.13 pour l'étude des limites fluides des réseaux de Jackson est due à Chen et Mandelbaum[7]. On reprend les notations précédentes utilisées pour le réseau de Jackson : des d-uplets de $\mathbb{R}_+$ (λ_i) et (μ_i) et une matrice markovienne $(p_{ij}\,;\,i,j=0,\dots,d)$ telle que la valeur 0 soit la seule valeur absorbante pour la chaîne de Markov associée. Ces paramètres sont respectivement les taux d'arrivée, de service et la matrice de routage d'un réseau de Jackson à d nœuds. Le vecteur du nombre des clients à l'instant t est noté $X(t)=(X_i(t)\,;\,i=1,\dots,d)$. En reprenant l'équation (9.5) dans ce cas particulier, le processus $(X(t))$ est la solution de l'équation intégrale, pour $i=1,\dots,d$,

$$(9.20) \quad X_i(t) = X_i(0) + \mathcal{N}_{\lambda_i}(]0,t])$$

$$+ \sum_{j=1}^{d} \int_{]0,t]} 1_{\{X_j(s-)\neq 0\}} \mathcal{N}_{\mu_j p_{ji}}(ds) - \sum_{j=0}^{d} \int_{]0,t]} 1_{\{X_i(s-)\neq 0\}} \mathcal{N}_{\mu_i p_{ij}}(ds).$$

En notant $(M_i(t))$ la martingale

$$(9.21) \quad M_i(t) = \mathcal{N}_{\lambda_i}(]0,t]) - \lambda_i t + \sum_{j=1}^{d} \int_{]0,t]} 1_{\{X_j(s-)\neq 0\}} \left(\mathcal{N}_{\mu_j p_{ji}}(ds) - \mu_j p_{ji}\, ds \right)$$

$$- \sum_{j=0}^{d} \int_{]0,t]} 1_{\{X_i(s-)\neq 0\}} \left(\mathcal{N}_{\mu_i p_{ij}}(ds) - \mu_i p_{ij}\, ds \right),$$

l'équation (9.20) se réécrit

$$X_i(t) = X_i(0) + M_i(t) + \left(\lambda_i - \mu_i + \sum_{j=1}^{d} \mu_j p_{ji} \right) t$$

$$+ \sum_{j=0}^{d} \int_{0}^{t} 1_{\{X_i(s)=0\}} \mu_i p_{ij}\, ds - \sum_{j=1}^{d} \int_{0}^{t} 1_{\{X_j(s)=0\}} \mu_j p_{ji}\, ds.$$

Si $1 \leq i \leq d$, en posant

$$(9.22) \qquad R_i(t) = \mu_i \int_{0}^{t} 1_{\{X_i(s)=0\}}\, ds,$$

$$(9.23) \qquad Y_i(t) = X_i(0) + M_i(t) + \left(\lambda_i - \mu_i + \sum_{j=1}^{d} \mu_j p_{ji} \right) t,$$

on déduit l'identité

$$X_i(t) = Y_i(t) + R_i(t) - \sum_{j=1}^{d} R_j(t) p_{ji},$$

[7] H. Chen and A. Mandelbaum, *Discrete flow networks: bottleneck analysis and fluid approximations*, Mathematics of Operation Research **16** (1991), no. 2, 408–446.

qui peut être écrite de façon plus compacte comme

$$(9.24) \qquad X(t) = Y(t) + (I - {}^tP)R(t),$$

en notant I la matrice identité de $\mathbb{R}^d$. La matrice $P = (p_{ij} \, ; \, 1 \le i, j \le N)$ est sous-markovienne et sans état récurrent. Pour $i = 1, \ldots, d$, $Y_i(0) \ge 0$ et les fonctions $(X_i(t))$ et $(R_i(t))$ sont càdlàg et positives, la fonction $t \to R_i(t)$ est continue, croissante, nulle à l'origine et ne croît qu'aux instants où X_i est nul. Le couple (X, R) est donc la solution au problème de Skorokhod associé à $(Y(t))$. Cette constatation est formelle puisque Y dépend de X, elle est cependant cruciale pour l'étude des limites fluides de ces réseaux.

On prend (x_N) une suite de $\mathbb{N}^d$ telle que $\|x_N\| = N$ et

$$\lim_{N \to +\infty} \frac{x_N}{N} = \alpha = (\alpha_i) \in \mathbb{R}_+^d,$$

en particulier $\|\alpha\| = 1$. Si pour $x \in \mathbb{N}^d$, $(Z(x, t))$ est un processus sur $\mathbb{N}^d$, on note $(\overline{Z}_N(t)) = (Z(x_N, Nt)/N$ et $(X(a, t))$ désigne le processus de Markov satisfaisant l'équation (9.20) avec la condition initiale $X(a, 0) = a$. Par définition, le processus $(\overline{X}_N(t))$ est la renormalisation du processus du nombre de clients dans les files du réseau avec la fonction $f(x) = \|x\| = |x_1| + \cdots + |x_d|$, pour $x = (x_i) \in \mathbb{R}^d$.

Pour $N \ge 1$, $(Y_N(t))$, $(R_N(t))$ et $(M_N(t))$ sont les processus définis par les équations (9.21), (9.22) et (9.23) pour la condition initiale $X(0) = x_N$, les processus renormalisés associés respectifs sont donc $(\overline{Y}_N(t))$, $(\overline{R}_N(t))$ et $(\overline{M}_N(t))$. De cette façon, $(\overline{X}_N, \overline{R}_N)$ est la solution au problème de Skorokhod associé à la fonction $(\overline{Y}_N)$,

$$\overline{X}_N(t) = \overline{Y}_N(t) + (I - {}^tP)\overline{R}_N(t).$$

Il est facile de vérifier que la martingale $(\overline{M}_N(t))$ est la martingale $(\overline{M}(x_N, t))$ de la proposition 9.2, elle converge en probabilité vers 0 uniformément sur les compacts. Le processus $(\overline{Y}_N(t))$ converge donc au même sens vers la fonction déterministe $(\overline{Y}_\infty(t)) = (y_i(t))$ définie, pour $1 \le i \le d$ et $t \ge 0$, par

$$y_i(t) = \alpha_i + \left(\lambda_i - \mu_i + \sum_{j=1}^d \mu_j p_{ji} \right) t,$$

i.e., si $\varepsilon > 0$,

$$\lim_{N \to +\infty} \mathbb{P}\left(\sup_{0 \le s \le T} \|\overline{Y}_N(s) - \overline{Y}_\infty(s)\| \ge \varepsilon \right) = 0.$$

On note $(\overline{X}_\infty, \overline{R}_\infty)$ la solution du problème de réflexion associé à la matrice P et à la fonction $\overline{Y}_\infty$. La proposition 9.14 montre qu'il existe $K_T > 0$ tel que

$$\|\overline{X}_N - \overline{X}_\infty\|_{\infty,T} \le K_T \|\overline{Y}_N - \overline{Y}_\infty\|_{\infty,T},$$

$$\|\overline{R}_N - \overline{R}_\infty\|_{\infty,T} \le K_T \|\overline{Y}_N - \overline{Y}_\infty\|_{\infty,T}.$$

On en déduit les majorations

$$\mathbb{P}\left(\|\overline{X}_N - \overline{X}_\infty\|_{\infty,T} \geq \varepsilon\right) \leq \mathbb{P}\left(\|\overline{Y}_N - \overline{Y}_\infty\|_{\infty,T} \geq \varepsilon/K_T\right),$$

$$\mathbb{P}\left(\|\overline{R}_N - \overline{R}_\infty\|_{\infty,T} \geq \varepsilon\right) \leq \mathbb{P}\left(\|\overline{Y}_N - \overline{Y}_\infty\|_{\infty,T} \geq \varepsilon/K_T\right),$$

la suite $(\overline{X}_N(t), \overline{R}_N(t))$ converge donc en probabilité uniformément sur les compacts vers la fonction $(\overline{X}_\infty(t), \overline{R}_\infty(t))$, qui est déterministe puisque $(\overline{Y}_\infty(t))$ l'est. En utilisant la proposition D.5 page 353, on vient donc de montrer que, si la suite des états initiaux renormalisés converge, le réseau de Jackson a une seule limite fluide et celle-ci est déterministe. La proposition suivante vient donc d'être établie.

PROPOSITION 9.4. Si $(X(x,t)) = ((X_i(x,t)\,;\, i = 1,\ldots,d))$ est le processus de Markov associé à un réseau de Jackson de matrice de routage P et d'état initial $x \in \mathbb{N}^d$, et (x_N) est une suite de $\mathbb{N}^d$ telle que

$$\lim_{N\to+\infty} \|x_N\| = +\infty \qquad et \qquad \lim_{N\to+\infty} \frac{x_N}{\|x_N\|} = \alpha = (\alpha_i),$$

le couple

$$\left(\frac{X(x_N, t\|x_N\|)}{\|x_N\|}, \mu_i \int_0^t 1_{\{X_i(x_N,\|x_N\|u)=0\}}\, du\right)$$

converge en distribution uniformément sur les compacts vers la fonction déterministe $(X_{y_\alpha}, R_{y_\alpha})$ solution au problème de Skorokhod pour la matrice P et la fonction $(y_\alpha(t))$ définie par

$$y_\alpha(t) = \alpha + \left(\lambda - (I - {}^tP)\mu\right) t,$$

$\lambda = (\lambda_i)$ et $\mu = (\mu_i)$ étant respectivement les vecteurs des intensités d'arrivée et de service aux nœuds du réseau.

L'ensemble des fonctions $\{(X_{y_\alpha}(t))\,;\, \alpha \in \mathbb{R}_+^d, \|\alpha\| = 1\}$ est l'ensemble des limites fluides du processus $(X(x,t))$.

L'exemple de deux files d'attente en tandem. On reprend le réseau de l'exemple 1.2.3 page 207. Ce réseau a les paramètres suivants $\lambda = (\lambda_1, 0)$, $\mu = (\mu_1, \mu_2)$ et la matrice de routage $P = ((0,1),(0,0))$. Si $\alpha = (\alpha_1, 1-\alpha_1) \in [0,1]^2$, la fonction $(y_\alpha(t)) = (y_{\alpha,1}(t), y_{\alpha,2}(t))$ est définie par

$$y_{\alpha,1}(t) = \alpha_1 + (\lambda_1 - \mu_1)t,$$

$$y_{\alpha,2}(t) = 1 - \alpha_1 + (\mu_1 - \mu_2)t.$$

L'équation de point fixe (9.18) donne les identités

$$X_{y_\alpha,1}(t) = (\alpha_1 + (\lambda_1 - \mu_1)t)^+,$$

$$R_{y_\alpha,1}(t) = (\alpha_1 + (\lambda_1 - \mu_1)t)^-,$$

$$R_{y_\alpha,2}(t) = 0 \vee \sup_{0\leq s\leq t} (R_{y_\alpha,1}(s) - y_{\alpha,2}(s))$$

$$= 0 \vee \sup_{0\leq s\leq t} \left((\alpha_1 + (\lambda_1 - \mu_1)s)^- - (1 - \alpha_1) - (\mu_1 - \mu_2)s\right),$$

et la fonction $(X_{y_\alpha,2}(t))$ vaut

$$X_{y_\alpha,2}(t) = y_{\alpha,2}(t) + R_{y_\alpha,2}(t) - R_{y_\alpha,1}(t).$$

La limite fluide est alors complètement déterminée. Dans le cas où $\lambda_1 < \mu_2 \leq \mu_1$, en posant $t_1 = \alpha_1/(\mu_1 - \lambda_1)$ et $t_2 = 1/(\mu_2 - \lambda_1)$, les équations précédentes donnent

pour $t \leq t_1$,

$$R_{y_\alpha}(t) = (0,0), \quad X_{y_\alpha}(t) = (\alpha_1 + (\lambda_1 - \mu_1)t, 1 - \alpha_1 + (\mu_1 - \mu_2)t)$$

pour $t_1 \leq t \leq t_2$,

$$R_{y_\alpha}(t) = (-\alpha_1 - (\lambda_1 - \mu_1)t, 0), \quad X_{y_\alpha}(t) = (0, 1 + (\lambda_1 - \mu_2)t)$$

et pour $t \geq t_2$,

$$R_{y_\alpha}(t) = (-\alpha_1 - (\lambda_1 - \mu_1)t, -1 - (\lambda_1 - \mu_2)t), \quad X_{y_\alpha}(t) = (0,0)$$

ce qui établit en particulier la convergence (9.4) page 208.

Les limites fluides qui ont été obtenues dans la proposition 9.4 sont une caricature du processus de Markov décrivant un réseau de Jackson. Une fois les limites fluides obtenues, il est naturel de se demander comment les propriétés du processus initial se traduisent en terme de limites fluides et vice versa. La proposition suivante s'intéresse à la propriété d'ergodicité des réseaux de Jackson. On y montre que si les paramètres du réseaux sont tels que le processus de Markov admet une probabilité invariante (Théorème 4.11 page 92), alors toutes les limites fluides sont nulles à partir d'un certain rang. Cette propriété et sa réciproque sont étudiées dans un cadre plus général dans la section 4. L'utilisation des limites fluides dans la preuve de cette proposition est due, semble-t-il, à Meyn et Down.

PROPOSITION 9.5. *Si* $(\bar\lambda_i ; i = 1,\ldots,d)$ *est l'unique solution du système d'équations*

$$(9.25) \qquad \bar\lambda_i = \lambda_i + \sum_{j=1}^{N} \bar\lambda_j p_{ji}, \quad i = 1,\ldots,d,$$

et si $\bar\lambda_i < \mu_i$ *pour tout* $i = 1,\ldots,d,$, *il existe une constante* T *telle que toutes les limites fluides sont nulles après l'instant* T, *i.e.* $X_{y_\alpha}(t) = 0$ *pour tout* $t \geq T$ *et tout* $\alpha \in \mathbb{R}_+^d$ *tel que* $\|\alpha\| = 1$.

DÉMONSTRATION. D'après le lemme 4.10 page 91, pour tout vecteur $\lambda = (\lambda_i)$ de $\mathbb{R}_+^d$, il existe un unique vecteur $\bar\lambda = (\bar\lambda_i)$ à coordonnées positives tel que

$$(9.26) \qquad (I - {}^tP)\bar\lambda = \lambda \quad \text{ou encore} \quad \bar\lambda = A\lambda,$$

en posant $A = (I - {}^tP)^{-1}$, c'est la forme vectorielle des équations (9.25). La matrice A est en particulier un opérateur positif, i.e. les coordonnées de Ax sont positives si celles de x le sont. Les inégalités $\bar\lambda_i < \mu_i$, pour tout $i = $

$1, \ldots, d$, donnent la condition d'existence d'une probabilité invariante vue dans le théorème 4.11 page 92.

On fixe $\alpha \in \mathbb{R}_+^d$ tel que $\|\alpha\| = 1$. Les coordonnées de la fonction $(y_\alpha(t)) = (y_{\alpha,i}(t)\,;\, i = 1, \ldots, d)$ sont clairement lipschitziennes, la proposition 9.14 montre qu'il en va de même pour les coordonnées des fonctions

$$(X_{y_\alpha}(t)) = (X_{y_\alpha,i}(t)\,;\, i = 1, \ldots, d), \quad (R_{y_\alpha}(t)) = (R_{y_\alpha,i}(t)\,;\, i = 1, \ldots, d).$$

En particulier si h est une de ces fonctions, h est absolument continue par rapport à la mesure de Lebesgue (voir la preuve de la proposition D.2 page 351),

$$h(t) = h(0) + \int_0^t \dot{h}(s)\, ds;$$

presque partout h est dérivable et sa dérivée vaut $\dot{h}$ (voir la démonstration de la proposition D.2 page 351 par exemple). On pose

$$L_i(t) = \sup_{0 \le s < t} \frac{R_{y_\alpha,i}(t) - R_{y_\alpha,i}(s)}{t - s}$$

et $L(t) = (L_i(t))$, en particulier pour $i = 1, \ldots, d$, $\dot{R}_{y_\alpha,i}(t) \le L_i(t)$ Lebesgue-presque partout.

On établit tout d'abord, pour $i = 1, \ldots, d$, l'inégalité

(9.27) $$\dot{R}_{y_\alpha,i}(t) + \bar{\lambda}_i - \mu_i \le 0,$$

Lebesgue presque partout sur $\mathbb{R}$.

D'après la proposition 9.13, la fonction R_{y_α} vérifie l'équation (9.43)

$$R_{y_\alpha,i}(t) = 0 \vee \sup_{0 \le u \le t} \left(\sum_{j=1}^d p_{ji} R_{y_\alpha,j}(u) - y_{\alpha,i}(u) \right).$$

En discutant suivant les cas, on obtient l'inégalité

$$R_{y_\alpha,i}(t) - R_{y_\alpha,i}(s)$$

$$\le \sup_{s \le u \le t} \left(\sum_{j=1}^d p_{ji}(R_{y_\alpha,j}(u) - R_{y_\alpha,j}(s)) - (y_{\alpha,i}(u) - y_{\alpha,i}(s)) \right)$$

$$\le \sum_{j=1}^d p_{ji}(R_{y_\alpha,j}(t) - R_{y_\alpha,j}(s)) + \sup_{s \le u \le t} (-(y_{\alpha,i}(u) - y_{\alpha,i}(s))),$$

pour $0 \le s \le t$. La définition de y_α et la relation (9.26) donnent pour $u, s \ge 0$,

$$y_\alpha(u) - y_\alpha(s) = (u - s)(I - {}^tP)(\bar{\lambda} - \mu).$$

L'inégalité précédente se réécrit donc sous la forme (avec la convention que les inégalités sont vérifiées coordonnée par coordonnée),

$$R_{y_\alpha}(t) - R_{y_\alpha}(s) \le (t - s)\,{}^tPL(t) + \sup_{s \le u \le t} \left(-(u - s)(I - {}^tP)(\bar{\lambda} - \mu) \right)$$

$$\le (t - s) \left({}^tPL(t) - (I - {}^tP)(\bar{\lambda} - \mu) \right),$$

en utilisant le fait que $\bar{\lambda} \leq \mu$. On obtient ainsi l'inégalité

$$L \leq {}^t P L(t) - (I - {}^t P)(\bar{\lambda} - \mu),$$

d'où

$$(I - {}^t P)(L(t) + \bar{\lambda} - \mu) \leq 0.$$

Comme la matrice A, l'inverse de $(I - {}^t P)$, est un opérateur positif, on en déduit l'inégalité $L(t) + \bar{\lambda} - \mu \leq 0$ et donc l'inégalité (9.27) puisque $\dot{R}_{y_\alpha}(t) \leq L(t)$.

La fonction $(X_{y_\alpha}(t))$ vérifie l'équation de réflexion

$$X_{y_\alpha}(t) = y_\alpha(t) + (I - {}^t P) R_{y_\alpha}(t)$$

pour tout $t \geq 0$, d'où, en utilisant A l'inverse de $I - {}^t P$, il vient

$$A X_{y_\alpha}(t) = A\alpha + A\lambda t - A(I - {}^t P)\mu t + A(I - {}^t P) R_{y_\alpha}(t),$$

(9.28) $$A X_{y_\alpha}(t) = A\alpha + (\bar{\lambda} - \mu) t + R_{y_\alpha}(t),$$

d'après la relation (9.26). Pour $x \in \mathbb{R}_+^d$, on pose

$$f(x) = \sum_i (Ax)_i,$$

où $(Ax)_i$ est la i-ième coordonnée du vecteur Ax. La fonction $g : t \to f(X_{y_\alpha}(t))$ est positive (A est un opérateur positif), absolument continue, car combinaison linéaire de fonctions qui ont cette propriété. L'égalité (9.28) donne la relation

$$\dot{g}(t) = \sum_{i=1}^{d} (\bar{\lambda}_i - \mu_i + \dot{R}_{y_\alpha,i}(t))$$

Lebesgue-presque partout. L'inégalité (9.27) montre que cette dernière quantité est négative ou nulle pour tout $t \geq 0$. La fonction g est donc positive et décroissante. Si t_0 est un point où g est non nul et où g et R_{y_α} sont dérivables, il existe une coordonnée $i_0 \in \{1, \ldots, d\}$ telle que $X_{y_\alpha, i_0}(t_0) \neq 0$, par conséquent de la condition de réflexion c) du problème de Skorokhod on déduit l'égalité $\dot{R}_{y_\alpha, i_0}(t_0) = 0$. En utilisant encore l'inégalité (9.27), on obtient la majoration

$$\dot{g}(t_0) \leq \bar{\lambda}_{i_0} - \mu_{i_0}.$$

L'inégalité

$$\dot{g}(t) \leq -\eta \stackrel{\text{def}}{=} \sup_{1 \leq i \leq d} (\bar{\lambda}_i - \mu_i) < 0$$

est par conséquent vraie presque partout sur l'ensemble où g est non nul. En posant $T_0 = \inf\{t \geq 0 / g(t) = 0\}$, pour $t \leq T_0$,

$$g(t) = g(0) + \int_0^t \dot{g}(s)\, ds \leq g(0) - \eta t,$$

on en déduit que T_0 est inférieur à $g(0)/\eta$. Comme g est positive et décroissante, elle est nulle à partir de T_0. Les coordonnées de α étant bornées par 1, $g(0)$ est donc aussi borné quand α parcourt la boule unité de $\mathbb{R}_+^d$. La constante T_0 peut donc être choisie indépendamment de α. La proposition est démontrée. $\square$

4. Relation entre renormalisation et ergodicité

On revient dans cette section au cas d'un processus de Markov $(X(t))$ général à valeurs dans un espace d'états dénombrable. Le résultat suivant est dû à Rybko et Stolyar[31] (quand le temps d'arrêt τ est déterministe).

THÉORÈME 9.6. *S'il existe une fonction f positive sur S, des constantes A, ε strictement positives et un temps d'arrêt τ tels que*

$$(9.29) \qquad \limsup_{f(x)\to+\infty} \frac{\mathbb{E}_x(\tau)}{f(x)} \le A,$$

$$(9.30) \qquad \limsup_{f(x)\to+\infty} \mathbb{E}_x\left(\frac{f(X(\tau))}{f(x)}\right) \le 1-\varepsilon,$$

si la variable $f(X(1))$ est intégrable et si l'ensemble

$$F_K = \{x \in S / f(x) \le K\}$$

est fini pour tout $K \ge 0$, le processus de Markov $(X(t))$ est ergodique.

Pour K suffisamment grand, le temps d'atteinte T_{F_K} de F_K par $(X(t))$ satisfait l'inégalité

$$(9.31) \qquad \frac{\mathbb{E}_x(T_{F_K})}{f(x)} \le \frac{4A}{\varepsilon},$$

pour tout $x \in S$ tel que $f(x) > K$.

DÉMONSTRATION. Il existe $K \ge 0$ tel que pour tout $x \in S$ vérifiant $f(x) \ge K$ les inégalités suivantes soient vérifiées,

$$\mathbb{E}_x(f(X(\tau))) \le (1-\varepsilon/2)f(x) \quad \text{et} \quad \mathbb{E}_x(\tau) \le 2Af(x).$$

Par conséquent si $f(x) > K$, on en déduit l'inégalité

$$\mathbb{E}_x\left(f(X(\tau))\right) - f(x) \le -\frac{\varepsilon}{2}f(x) \le -\frac{\varepsilon}{4A}\mathbb{E}_x(\tau).$$

Comme l'ensemble $\{x \in S/f(x) \le K\}$ est fini, le théorème 8.12 page 196 montre que le processus $(X(t))$ est ergodique. La majoration de la moyenne de T_{F_K} est une conséquence de l'inégalité (8.17) de ce théorème. $\square$

La fonction $t \to f(X(x,t))/f(x)$ part de 1 et la condition (9.30) impose qu'au bout d'un certain temps τ, elle soit en moyenne strictement plus petite que 1 si l'état initial est assez grand.

La proposition ci-dessous fait le lien entre les questions d'ergodicité et le comportement du processus renormalisé.

PROPOSITION 9.7. *Si une fonction positive f sur S est telle que*

[31] A. N. Rybko and A. L. Stolyar, *On the ergodicity of random processes that describe the functioning of open queueing networks*, Problems on Information Transmission **28** (1992), no. 3, 3–26.

a) *pour tout $K \geq 0$, l'ensemble $\{x \in S/f(x) \leq K\}$ est fini,*

b) *la variable $f(X(1))$ est intégrable,*

et s'il existe $T > 0$ et $\varepsilon > 0$ tels que

$$\limsup_{f(x) \to +\infty} \mathbb{E}_x \left(\|X\|_f(x,T) \right) = \limsup_{f(x) \to +\infty} \frac{\mathbb{E}_x \left(f(X(f(x)T)) \right)}{f(x)} \leq 1 - \varepsilon,$$

le processus de Markov $(X(t))$ est ergodique.

DÉMONSTRATION. En notant $\tau = f(X(0))T$, la variable τ est clairement un temps d'arrêt et vérifie $\mathbb{E}_x(\tau)/f(x) = T$, il suffit d'appliquer le théorème précédent pour conclure. □

Le corollaire suivant montre si toutes les limites fluides tendent vers 0 convenablement alors le processus de Markov est ergodique.

COROLLAIRE 9.8. *Si les conditions a) et b) de la proposition précédente sont satisfaites et s'il existe T tel que*

c) *la variable $\|X\|_f(x,T)$ converge en loi vers 0 quand $f(x)$ tend vers l'infini,*

d) *la suite $(\|X\|_f(x,T) \,;\, x \in S)$ est uniformément intégrable*

le processus de Markov est ergodique. La condition c) peut être remplacée par

c') *le processus $(\|X\|_f(x,t))$ converge pour la topologie de Skorokhod vers $(x(t))$ quand $f(x)$ tend vers l'infini et $x(t) = 0$ pour tout $t \geq T/2$.*

DÉMONSTRATION. Pour $x \in S$, $T \in \mathbb{R}_+$ et $K > 0$, on a l'inégalité

$$\mathbb{E}_x \left(\|X\|_f(x,T) \right) \leq \mathbb{E}_x \left(\|X\|_f(x,T) 1_{\{\|X\|_f(x,T) \geq K\}} \right) + \mathbb{E}_x \left(K \wedge \|X\|_f(x,T) \right).$$

D'après la condition d), le premier terme du membre de droite est arbitrairement petit, uniformément en x si K est suffisamment grand. Pour K fixé, l'autre terme tend vers 0 en raison de la convergence en loi et du fait que la fonction $y \to K \wedge y$ est continue bornée. On en déduit la convergence en moyenne des limites fluides vers 0,

$$\lim_{f(x) \to +\infty} \mathbb{E}_x \left(\|X\|_f(x,T) \right) = 0,$$

la proposition précédente peut donc s'appliquer.

Pour montrer la dernière partie, il suffit de remarquer que la fonction x est continue en T. Comme le processus $(\|X\|_f(x,t))$ converge vers $(x(t))$ pour la topologie de Skorokhod et que x est continue en T, le théorème 7.8 page 131 du livre d'Ethier et Kurtz [17] montre que $\|X\|_f(x,T)$ converge en loi vers $x(T) = 0$ quand $f(x)$ tend vers l'infini. □

Si l'on compare ces résultats avec les critères en termes de fonction de Liapunov du chapitre 8, il faut encore ici trouver une fonction de Liapunov f avec une bonne propriété. De ce point de vue, le corollaire précédent n'améliore apparemment pas la situation. En pratique ce n'est cependant pas le cas, si l'espace

S est dans un espace muni d'une norme $\| \cdot \|$, il suffira en général de prendre $f(x) = \|x\|$. On ramène ainsi l'étude de l'ergodicité à celle du comportement limite du processus $\left(\overline{X}_f(t)\right)$ quand $f(X(0))$ tend vers l'infini. Cette étude est en général plus facile que la recherche d'une fonction f satisfaisant l'inégalité de dérive (Théorème 8.6, condition a)).

Exemple : les réseaux de Jackson. La proposition 9.5 montre que si $\overline{\lambda} = (\overline{\lambda}_i)$ est la solution des équations de trafic et si $\overline{\lambda}_i < \mu_i$ pour tout $i = 1, \ldots, d$, toutes les limites fluides sont déterministes et nulles à partir d'un instant commun. En utilisant le résultat d'uniforme intégrabilité de la proposition 9.1, le corollaire 9.8 donne l'ergodicité du processus de Markov décrivant le réseau, sous la réserve que ce processus soit irréductible. Il est facile de vérifier que cette condition est satisfaite si chaque nœud du réseau est alimenté par un autre nœud du réseau ou par un flot d'arrivées extérieures.

Le corollaire 9.8 est aussi utilisé pour établir ci-dessous la proposition 9.11.

L'absorption en 0. Les exemples de processus de Markov ergodiques vus jusqu'à maintenant exhibent tous le même phénomène, les limites fluides atteignent 0 en temps fini et restent ensuite collées en 0 (voir aussi la discussion à la fin de la preuve de la proposition 5.15 pour la file $M/M/1$). L'explication heuristique de ce phénomène est simple : le processus $(f(X(x, t)))$ atteint un ensemble fini fixé en un temps asymptotiquement linéaire en $f(x)$, ensuite au bout d'un temps fini, négligeable pour la renormalisation en temps, le processus est à l'équilibre et donc reste principalement dans le voisinage d'un ensemble fini et par conséquent $\|X\|_f(t) = f(X(x, f(x) t))/f(x)$ tend vers 0 quand $f(x)$ tend vers l'infini.

Le résultat suivant montre que, sous les hypothèses de la proposition 9.7 et d'une condition de relative compacité, cette propriété est vraie.

PROPOSITION 9.9. *Si une fonction positive f sur S est telle que*

a) *pour tout $K \geq 0$, l'ensemble $\{x \in S / f(x) \leq K\}$ est fini,*

b) *la variable $f(X(1))$ est intégrable,*

c) *il existe $T > 0$ et $\varepsilon > 0$ tels que*

$$\limsup_{f(x) \to +\infty} \frac{\mathbb{E}_x\left(f(X(f(x)T))\right)}{f(x)} \leq 1 - \varepsilon,$$

d) *l'ensemble des processus*

$$\left\{ \left(\frac{f(X(y, f(x) t))}{f(x)}\right) \; ; \; x, y \in S, f(y) \leq f(x) \right\}$$

est relativement compact pour la topologie de Skorokhod sur les processus càdlàg,

alors pour toute limite fluide $(W(t))$, il existe une variable aléatoire τ, $\mathbb{P}$-presque sûrement finie, telle que

(9.32)
$$\mathbb{P}\left(\sup_{t > \tau} W(t) = 0\right) = 1.$$

Les conditions a), b) et c) sont les conditions d'ergodicité de la proposition 9.7. La condition d) est apparemment la plus contraignante. En pratique l'existence des limites fluides s'obtient en montrant que l'ensemble

$$\{(\|X\|_f(x,t)) \; ; \; x \in S\} = \left\{ \left(\frac{f(X(x,f(x)t))}{f(x)} \right) \; ; \; x \in S \right\}$$

est relativement compact. En général cette propriété entraîne la condition d) de la proposition.

DÉMONSTRATION. La proposition 9.7 montre que le processus $(X(t))$ est ergodique. On fixe $K > 0$ tel que l'ensemble $F = \{x \in S/f(x) \leq K\}$ soit non vide. Si T_F est le temps d'atteinte de F par le processus $(X(t))$, la variable T_F est presque sûrement finie et l'inégalité (9.31) de la proposition 9.7 donne l'existence d'une constante C telle que

$$\mathbb{E}_x(T_F) \leq Cf(x)$$

si $f(x) > K$. Par conséquent, si τ_F est le temps d'atteinte de F pour le processus changé de temps, i.e.

$$\tau_F(x) = \inf\{t > 0/f(X(x,f(x)t)) \leq K\},$$

ou encore, $\tau_F(x) = T_F/f(x)$. On obtient donc la majoration

$$\sup_{x \, ; \, f(x) > K} \mathbb{E}_x(\tau_F(x)) \leq C,$$

l'ensemble des variables aléatoires $\tau_F(x)$, $x \in S$ est relativement compact. Par définition d'une limite fluide, il existe une suite (x_N) de S telle que la suite de processus $(\|X\|_f(x_N,t))$ converge en loi vers $(W(t))$ quand N tend vers l'infini. Cette suite de processus est en particulier relativement compacte, la suite des couples

$$\{((\|X\|_f(x_N,t)), \tau_F(x_N)) \; ; \; N \geq 1\}$$

est donc aussi relativement compacte dans l'espace des probabilités sur l'espace $D(\mathbb{R}_+, \mathbb{R}) \times \mathbb{R}_+$ (le produit de deux compacts est un compact). Quitte à prendre une sous-suite de (x_N), on peut supposer que la suite précédente converge en distribution vers $((W(t)), \tau)$. En particulier, pour $\varepsilon > 0$ et $0 < a \leq b$,

$$(9.33) \quad \liminf_{N \to +\infty} \mathbb{P}\left(\sup_{a \leq t \leq b} \|X\|_f(x_N,t) > \varepsilon, \; \tau_F(x_N) < a \right)$$

$$\geq \mathbb{P}\left(\sup_{a \leq t \leq b} W(t) > \varepsilon, \; \tau < a \right),$$

en effet, si O est un ouvert de $D(\mathbb{R}_+, \mathbb{R}) \times \mathbb{R}_+$, alors

$$\liminf_{N \to +\infty} \mathbb{P}\left(((\|X\|_f(x_N,t)), \tau_F(x_N)) \in O \right) \geq \mathbb{P}\left(((W(t)), \tau) \in O \right)$$

d'après le théorème 1.4 de Billingsley [5]. La propriété de Markov forte de $(X(t))$ pour le temps d'arrêt

$$T_F = \tau_F(X(0))f(X(0))$$

donne la relation

$$\mathbb{P}\left(\sup_{a \le t \le b} \|X\|_f(x_N, t) > \varepsilon, \ \tau_F(x_N) < a\right) =$$

$$\mathbb{E}_{x_N}\left(1_{\{\tau_F(x_N) < a\}} \mathbb{P}_{X(\tau_F(x_N) f(x_N))}\left(\sup_{a \le t \le b} \frac{f(X((t - \tau_F(x_N)) f(x_N)))}{f(x_N)} > \varepsilon\right)\right)$$

$$\le \sum_{y \in F} \mathbb{P}_y\left(\sup_{0 < t \le b} \frac{f(X(f(x_N) t))}{f(x_N)} > \varepsilon\right).$$

Si chacun des termes de la somme précédente tend vers 0 quand N tend vers l'infini, comme l'ensemble F est fini, la relation (9.33) donne l'identité, pour $0 \le a \le b$,

$$\mathbb{P}\left(\sup_{a \le t \le b} W(t) > \varepsilon, \ \tau < a\right) = 0, \quad \text{d'où} \quad \mathbb{P}\left(\sup_{t \ge a} W(t) > \varepsilon, \ \tau < a\right) = 0,$$

en faisant tendre b vers l'infini. La continuité à droite presque sûre de $(W(t))$ en tout point donne l'égalité

$$\mathbb{P}\left(\sup_{t > \tau} W(t) > \varepsilon\right) = \mathbb{P}\left(\bigcup_{a \in \mathbb{Q}}\left\{\sup_{t \ge a} W(t) > \varepsilon, \ \tau < a\right\}\right)$$

$$\le \sum_{a \in \mathbb{Q}} \mathbb{P}\left(\sup_{t \ge a} W(t) > \varepsilon, \ \tau < a\right),$$

la relation (9.32) sera alors démontrée. Il reste donc à montrer que pour $y \in \mathcal{S}$ la quantité

$$\mathbb{P}_y\left(\sup_{0 < t \le b} \frac{f(X(f(x_N) t))}{f(x_N)} > \varepsilon\right) = \mathbb{P}\left(\sup_{0 < t \le b} \frac{f(X(y, f(x_N) t))}{f(x_N)} > \varepsilon\right)$$

tend vers 0 quand N tend vers l'infini.

Comme le processus de Markov $(X(t))$ est ergodique, la variable $(X(y, t))$ converge en distribution quand t tend vers l'infini. Il en va de même pour $(f(X(y, t)))$, ainsi pour $\varepsilon > 0$, il existe K et $t_0 > 0$ tels que si $t \ge t_0$, alors $\mathbb{P}(f(X(y, t)) \ge K) \le \varepsilon$. Comme la variable $\sup_{0 < s < t_0} f(X(y, s))$ est finie presque partout (car X est càdlàg, donc bornée $\mathbb{P}$-p.s.), K peut être choisi de telle sorte que l'inégalité suivante soit vraie

$$\mathbb{P}\left(\sup_{0 \le s \le t_0} f(X(y, s)) \ge K\right) \le \varepsilon, \quad \text{d'où} \quad \sup_{t \ge 0} \mathbb{P}(f(X(y, t)) \ge K) \le \varepsilon.$$

Si $p \ge 1$, $0 \le t_1 \le \cdots \le t_p$ et $\delta > 0$, l'inégalité

$$\mathbb{P}\left(\sup_{1 \le i \le p} \frac{f(X(y, f(x_N) t_i))}{f(x_N)} \ge \delta\right) \le p \varepsilon$$

est donc vraie dès que $f(x_N) \geq K/\delta$. On en déduit que les lois marginales du processus $(f(X(y, f(x_N) t))/f(x_N))$ tendent en distribution vers celles du processus identiquement nul. La condition d) assure la relative compacité de la suite de processus

$$\left(\frac{f(X(y, f(x_N) t))}{f(x_N)} \right).$$

La proposition D.7 page 354 montre donc que tout point d'accumulation de cette suite est nécessairement le processus nul, cette suite converge donc en distribution vers le processus nul. Pour $T > 0$, la définition de la topologie de Skorokhod sur $D([0, T], \mathbb{R})$ entraîne la continuité de l'application $(z(t)) \rightarrow \sup_{0 < t \leq T} z(t)$ sur cet espace, on en déduit l'identité

$$\lim_{N \to +\infty} \mathbb{P} \left(\sup_{0 < t \leq b} \frac{f(X(y, f(x_N) t))}{f(x_N)} > \varepsilon \right) = 0,$$

pour tout $b > 0$. La proposition est démontrée. □

Sous certaines conditions, la proposition 9.9 montre que pour chaque limite fluide d'un processus ergodique il existe un temps aléatoire après lequel celle-ci est égale à 0. Dans le cas d'un réseau de Jackson ergodique, une propriété plus forte (Proposition 9.4) est vraie : toutes les limites fluides sont nulles après un instant déterministe.

5. Limites fluides et équilibre local

Les limites fluides sont les valeurs d'adhérence d'un processus de Markov changé de temps avec un état initial grand. Quand l'espace d'états est multi-dimensionnel, certaines coordonnées de l'état initial peuvent être petites et les coordonnées correspondantes du processus peuvent atteindre un état d'équilibre en temps fini qui sera appelé un équilibre local. Les autres coordonnées du processus de Markov seront alors influencées par ce processus à l'équilibre. Dans le cadre des systèmes de files d'attente, tant que ces autres coordonnées restent grandes, la dynamique ne change pas en général. Le changement intervient quand l'une des grandes coordonnées s'annule, l'ensemble des petites coordonnées est modifié (certaines d'entre elles peuvent se mettre à croître par exemple), un nouvel équilibre local peut alors éventuellement s'installer, et ainsi de suite. De cette façon, on peut espérer identifier les limites fluides d'un tel processus de Markov. Par exemple, dans le cas de deux files en tandem qui partent de l'état initial $(0, N)$, le processus renormalisé du nombre de clients dans la deuxième file se comporte comme celui d'une file $M/M/1$ avec une arrivée poissonnienne, le processus des départs de la première file à l'équilibre.

À titre d'illustration de ce phénomène, le cas d'un processus de vie et de mort gouverné par un processus de Markov ergodique est étudié dans cette section. C'est un cas particulier d'un modèle étudié dans le chapitre 3 de [18] (avec des fonctions de Liapunov). On montre que les limites fluides du processus de vie et de mort sont effectivement gouvernées par l'état d'équilibre du processus de Markov ergodique. Une fois encore, les techniques utilisées peuvent traiter des cas plus généraux.

Un processus de vie et de mort gouverné par un processus ergodique. Dans cette partie, $(Z(t))$ est un processus de Markov ergodique à valeurs dans un espace d'états S dénombrable, sa matrice est notée $Q = (q_{xy})$ et π désigne la probabilité invariante. On suppose en outre que les processus de Poisson $(\mathcal{N}_{\lambda_x}, \mathcal{N}_{\mu_x} \; ; \; x \in S)$ sont définis sur le même espace de probabilité et sont indépendants de $(Z(t))$ et entre eux.

On considère le processus de Markov à valeurs dans $S \times \mathbb{N}$ avec la matrice de sauts $R = (r_{(x,i),(y,j)} \; ; \; x, y \in S, \; i, j \in \mathbb{N})$ définie comme suit. Pour $x, y \in S$ et $i \in \mathbb{N}$,

$$r_{(x,i),(y,i)} = q_{xy},$$

$$r_{(x,i),(x,i+1)} = \lambda_x \quad \text{et} \quad r_{(x,i),(x,i-1)} = \mu_x \quad \text{si} \quad i \neq 0$$

et $r_{(x,i),(y,j)}$ est nul pour les autres valeurs en dehors de la diagonale. Les suites (λ_x) et (μ_x) sont supposées être strictement positives. La première composante de ce processus de Markov est un processus de Markov de matrice de sauts Q, noté aussi $(Z(t))$. Conditionnellement à $\{Z(t) = x\}$, la deuxième coordonnée $(X(t))$ se comporte comme un processus de vie et de mort.

Il est clair que $(X(t))$ a même loi que la solution de l'équation différentielle stochastique $dX(t) = \mathcal{N}_{\lambda_{Z(t-)}}(dt) - 1_{\{X(t-)\neq 0\}} \mathcal{N}_{\mu_{Z(t-)}}(dt)$. Le couple $(Z(t), X(t))$ est un processus de Markov dont la matrice de sauts vaut R.

PROPOSITION 9.10. *Si $(X_N(t))$ est la solution de l'équation différentielle*

$$(9.34) \qquad dX(t) = \mathcal{N}_{\lambda_{Z(t-)}}(dt) - 1_{\{X(t-)\neq 0\}} \mathcal{N}_{\mu_{Z(t-)}}(dt),$$

avec les conditions initiales $(Z(0), X(0)) = (x, N) \in S \times \mathbb{N}$, en notant

$$v_\pi \stackrel{def}{=} \sum_{x \in S} (\lambda_x - \mu_x)\pi(x),$$

sous la condition $\sup_{x \in S}(\lambda_x + \mu_x) < +\infty$, le processus $(X_N(Nt)/N)$ converge en distribution vers $((1 + v_\pi t)^+)$ quand N tend vers l'infini.

La quantité v_π est la dérive moyenne du processus de vie et de mort quand le processus $(Z(t))$ est à l'équilibre. La proposition montre qu'elle dirige le comportement de la limite fluide de $(X(t))$. La condition initiale de $(Z(t))$ est fixée à x et donc petite relativement à celle de $(X(t))$.

DÉMONSTRATION. D'après l'équation (9.34), X_N vérifie la relation

$$(9.35) \quad X_N(Nt) = N + M_N(Nt) + \int_0^{Nt} \lambda_{Z(s)} \, ds - \int_0^{Nt} 1_{\{X_N(s)\neq 0\}} \mu_{Z(s)} \, ds,$$

pour $t \geq 0$, avec

$$(9.36) \qquad M_N(t) = \int_{]0,t]} (\mathcal{N}_{\lambda_{Z(s-)}}(ds) - \lambda_{Z(s)} \, ds)$$

$$- \int_{]0,t]} 1_{\{X_N(s-)\neq 0\}} (\mathcal{N}_{\mu_{Z(s-)}}(ds) - \mu_{Z(s)} \, ds).$$

Si pour $t \geq 0$, $\mathcal{F}_t$ désigne la tribu engendrée par les variables $(Z(s); s \leq t)$ et les processus de Poisson $(\mathcal{N}_{\lambda_x}, \mathcal{N}_{\mu_x}; x \in S)$ restreints à l'intervalle $[0, t]$, alors $(M_N(t))$ est une martingale locale relativement à la filtration $(\mathcal{F}_t)$ et

$$M_N(t) = \sum_{x \in S} \int_{]0,t]} 1_{\{Z(s-)=x\}} \left(\mathcal{N}_{\lambda_x}(ds) - \lambda_x \, ds \right)$$

$$+ \int_{]0,t]} 1_{\{X_N(s-)\neq 0, Z(s-)=x\}} \left(\mathcal{N}_{\mu_x}(ds) - \mu_x \, ds \right).$$

Les propositions B.9 et B.7 page 336 montrent que chaque terme de la somme précédente est une martingale. En utilisant la même méthode que dans la preuve de la proposition 6.2 (via la proposition B.10 page 338), le processus croissant $(<M_N>(t))$ de $(M_N(t))$ en t vaut

$$\left(\int_0^t \lambda_{Z(s)} \, ds + \int_0^t 1_{\{X_N(s)\neq 0\}} \mu_{Z(s)} \, ds \right).$$

En particulier, $\mathbb{E}((M_N(t))^2) \leq \sup_{x \in S}(\lambda_x + \mu_x) t < +\infty$, $(M_N(t))$ est une martingale de carré intégrable. De l'inégalité de Doob, on déduit la relation

$$\mathbb{P}\left(\sup_{0 \leq s \leq t} \frac{|M_N(Ns)|}{N} \geq \varepsilon \right) \leq \frac{1}{N^2 \varepsilon^2} \mathbb{E}(M_N(Nt)^2)$$

$$\leq \frac{1}{N\varepsilon^2} \mathbb{E}\left(\frac{1}{N} \int_0^{Nt} (\lambda_{Z(s)} + \mu_{Z(s)}) \, ds \right) \leq \frac{1}{N\varepsilon^2} \sup_{x \in S}(\lambda_x + \mu_x) t$$

et par conséquent

$$\lim_{N \to +\infty} \mathbb{P}\left(\sup_{0 \leq s \leq t} \frac{|M_N(Ns)|}{N} \geq \varepsilon \right) = 0.$$

L'équation (9.35) peut se réécrire sous la forme

$$\frac{X_N(Nt)}{N} = Y_N(t) + \frac{1}{N} \int_0^{Nt} 1_{\{X_N(s)=0\}} \mu_{Z(s)} \, ds,$$

avec

$$Y_N(t) = 1 + \frac{M_N(Nt)}{N} + \frac{1}{N} \int_0^{Nt} (\lambda_{Z(s)} - \mu_{Z(s)}) \, ds.$$

Le couple

$$(9.37) \qquad \left(\frac{X_N(Nt)}{N}, \frac{1}{N} \int_0^{Nt} 1_{\{X_N(s)=0\}} \mu_{Z(s)} \, ds \right)$$

est clairement la solution du problème de Skorokhod associé à la fonction $(Y_N(t))$.

En utilisant le critère de tension du théorème D.9 page 354 et le fait que les suites (λ_x) et (μ_x) sont bornées, il est facile de montrer que la suite des lois des processus continus

$$(U_N(t)) = \left(\frac{1}{N} \int_0^{Nt} \left(\lambda_{Z(s)} - \mu_{Z(s)} \right) \, ds \right)$$

est tendue dans l'espace des probabilités sur les fonctions continues.

Si $p \leq 1$ et $0 \leq t_1 \leq t_2 \leq \cdots \leq t_p$, le théorème ergodique pour le processus de Markov $(Z(t))$ montre que $\mathbb{P}$-presque sûrement

$$\lim_{N \to +\infty} \frac{1}{N} \int_0^{Nt_i} \left(\lambda_{Z(s)} - \mu_{Z(s)} \right) ds = v_\pi t_i,$$

pour $i = 1, \ldots, p$. On en déduit que les lois marginales de toute valeur d'adhérence de la suite sont celles du processus $(v_\pi t)$. La suite de processus $(U_N(t))$ converge donc en distribution vers $(v_\pi t)$ (l'espace $C(\mathbb{R}_+, \mathbb{R})$ étant muni la topologie de la convergence uniforme sur les compacts), la suite $(Y_N(t))$ converge donc de la même façon vers $(1 + v_\pi t)$.

Les inégalités (9.48) et (9.49) de la proposition 9.14 permettent de conclure que le couple (9.37) converge en distribution vers la solution du problème de Skorokhod associé à la fonction $(1 + v_\pi t)$. En particulier $(X_N(Nt)/N)$ converge en loi vers $((1 + v_\pi t)^+)$, ce qui achève la démonstration de la proposition. $\square$

EXEMPLES

Deux files d'attente en tandem. On reprend l'exemple de la partie 1.2.3 page 207 avec la suite des états initiaux $x_N = (0, N)$. La composante $(l_1(t))$, le nombre de clients d'une file $M/M/1$ avec les paramètres $\lambda_1 < \mu_1$, est ergodique et sa probabilité invariante π est une loi géométrique de paramètre λ_1/μ_1. La coordonnée $(l_2(t))$ est un processus de vie et de mort, l'intensité des sauts -1 vaut μ_2 et l'intensité des sauts $+1$ vaut μ_1 si $l_1(t) > 0$ et 0 sinon. La proposition précédente montre donc que $(l_2(Nt)/N)$ converge vers $((1 + v_\pi t)^+)$ avec

$$v_\pi = (1 - \pi(0))\mu_1 - \mu_2 = \frac{\lambda_1}{\mu_1}\mu_1 - \mu_2 = \lambda_1 - \mu_2,$$

ce qui établit rigoureusement la convergence (9.4) page 208 dans le cas où $y = 0$.

Limite fluide d'un processus de sauts dans $\mathbb{N}^2$. On considère le processus de Markov $(X(t), Y(t))$ sur $\mathbb{N}^2$ dont la matrice de sauts $Q = (q_{mn} ; m, n \in \mathbb{N}^2)$ est donnée par (voir aussi la figure 3) :
si $i > 0$ et $j \geq 0$,

$$q_{(i,j)(i+1,j)} = \lambda_1, \quad q_{(i,j)(i,j+1)} = \lambda_2, \quad q_{(0,j)(0,j+1)} = \lambda_v, \quad q_{(j,0)(j+1,0)} = \lambda_h;$$

si $i \geq 0$ et $j > 0$,

$$q_{(i,j),(i-1,j)} = \mu_1, \quad q_{(i,j),(i,j-1)} = \mu_2, \quad q_{(0,j)(0,j-1)} = \mu_v, \quad q_{(j,0)(j-1,0)} = \mu_h,$$

$q_{(0,0),(0,1)} = \lambda_0$, $q_{(0,0),(1,0)} = \lambda_0$ et les autres composantes en dehors de la diagonale sont nulles. Il est facile de vérifier que le processus $(X(t), Y(t))$ fait partie de la classe $(\mathcal{C})$ des processus de sauts étudiés dans la section 2.

Pour $N \geq 1$, on note $(X_N(t)) = (X_{N,1}(t), X_{N,2}(t))$ le processus de Markov de matrice Q dont l'état initial est donné par $x_N = (\lfloor \alpha N \rfloor, \lfloor (1 - \alpha)N \rfloor)$ pour $\alpha \in [0, 1]$. La suite des états initiaux (x_N) vérifie

$$\lim_{N \to +\infty} \frac{\|x_N\|}{N} = 1 \quad \text{et} \quad \lim_{N \to +\infty} \frac{x_N}{N} = (\alpha, 1 - \alpha).$$

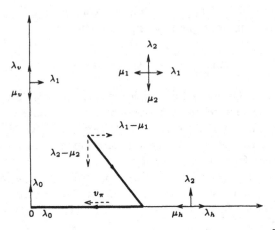

FIG. 3. Limite fluide d'un processus de sauts dans $\mathbb{N}^2$

À l'intérieur de l'ensemble $\mathbb{N}^2$ les coordonnées sont indépendantes et se comportent comme deux files $M/M/1$. Le résultat de renormalisation de la file $M/M/1$ permet de conclure que le processus $(X_N(Nt)/N\,;\, t \leq t_0)$ converge en distribution vers la fonction $(\alpha + (\lambda_1 - \mu_1)\,t, 1 - \alpha + (\lambda_2 - \mu_2)\,t\,;\, t \leq t_0)$ avec

$$t_0 = \frac{\alpha}{(\mu_1 - \lambda_1)^+} \wedge \frac{1 - \alpha}{(\mu_2 - \lambda_2)^+}.$$

Si $t_0 = +\infty$, de façon équivalente si $\lambda_1 > \mu_1$ et $\lambda_2 > \mu_2$, l'étude du processus renormalisé est terminée.

Si $t_0 < +\infty$, on peut supposer par exemple que $t_0 = (1 - \alpha)/(\mu_2 - \lambda_2)$\,; en particulier $\lambda_2 < \mu_2$. L'instant où la deuxième coordonnée du processus renormalisé est nulle converge p.s. vers t_0 et, avec la propriété de Markov forte, l'étude se ramène au cas où les états initiaux $(x_N) = (x_{N,1}, 0)$ vérifient

$$\lim_{N \to +\infty} \frac{x_{N,1}}{N} = 1 > 0.$$

La mesure d'équilibre π de la deuxième composante est une loi géométrique de paramètre λ_2/μ_2. La dérive de la première composante vaut $\lambda_1 - \mu_1$ ou $\lambda_h - \mu_h$ suivant que la deuxième coordonnée est strictement positive ou nulle. La proposition 9.10 montre que $(X_{N,2}(Nt)/N)$ converge en distribution vers la fonction $(0, (1 + v_\pi t)^+)$ avec

$$v_\pi = (\lambda_1 - \mu_1)\frac{\lambda_2}{\mu_2} + (\lambda_h - \mu_h)\left(1 - \frac{\lambda_2}{\mu_2}\right).$$

En particulier, si $v_\pi < 0$ (comme c'est le cas sur la figure 3), le processus renormalisé est nul à partir d'un certain temps.

Le résultat suivant a été montré par Malyshev [18] en recollant des fonctions de Liapunov linéaires. L'approche fluide a le mérite de donner directement les conditions d'ergodicité.

PROPOSITION 9.11. *Si une des conditions suivantes est satisfaite, le processus de Markov de matrice de sauts Q est ergodique :*

a) $\lambda_1 < \mu_1$, $\lambda_2 > \mu_2$ et

$$(9.38) \qquad (\lambda_2 - \mu_2)\frac{\lambda_1}{\mu_1} + (\lambda_v - \mu_v)\left(1 - \frac{\lambda_1}{\mu_1}\right) < 0;$$

b) $\lambda_2 < \mu_2$, $\lambda_1 > \mu_1$ et

$$(9.39) \qquad (\lambda_1 - \mu_1)\frac{\lambda_2}{\mu_2} + (\lambda_h - \mu_h)\left(1 - \frac{\lambda_2}{\mu_2}\right) < 0;$$

c) $\lambda_1 < \mu_1$, $\lambda_2 < \mu_2$ *et les relations (9.38) et (9.39).*

DÉMONSTRATION. Les conditions a), b), c) assurent que les limites fluides reviennent en 0. Sous la condition c), suivant le point de départ, la limite fluide peut toucher l'axe des ordonnées et celui des abscisses, ce qui explique les deux contraintes (9.38) et (9.39).

Si le point initial est $(\alpha, 1 - \alpha)$ avec $\alpha \in [0, 1]$, sous chacune des trois conditions, il est facile de vérifier que les limites fluides sont nulles à partir d'un temps T indépendant de α. La proposition 9.1 assurant de la propriété d'uniforme intégrabilité, la proposition est une conséquence du corollaire 9.8.   □

La limite fluide du processus a été construite, via la propriété de Markov forte, en recollant des morceaux de trajectoires (au nombre de deux dans ce cas). Cette procédure est naturelle, elle permet d'obtenir directement l'expression explicite de la limite fluide. Cet aspect intuitif de la limite fluide n'est pas aussi apparent quand celle-ci est exprimée comme solution d'un problème de Skorokhod. En pratique, dans des cas plus compliqués, la combinaison de ces deux points de vue est fructueuse. On identifie tout d'abord la limite fluide possible en découpant la trajectoire, ensuite on peut montrer que c'est réellement une limite fluide en vérifiant qu'elle est la solution du problème de Skorokhod associé.

6. Appendice : le problème de réflexion de Skorokhod

La résolution d'un problème de réflexion de Skorokhod associé à une fonction càdlàg $(Y(t))$ de $\mathbb{R}_+$ dans $\mathbb{R}^d$ est la construction d'une fonction $(X(t))$ à valeurs dans $\mathbb{R}^d$ de telle sorte que $(X(t))$ reste dans un domaine $\Delta \subset \mathbb{R}^d$ donné. Cette fonction $(X(t))$ se comporte comme $(Y(t))$ dans l'intérieur du domaine et subit une réflexion lorsqu'il atteint la frontière de celui-ci. À $(X(t))$ est associée une autre fonction càdlàg $(R(t))$ intervenant naturellement pour ce problème, c'est la quantité qui force $(X(t))$ à rester dans Δ. Dans le cadre des files d'attente, le domaine en question est un orthant $\mathbb{R}^d_+$ (le nombre de clients dans les files ne peut être négatif). Les résultats d'existence et d'unicité de telles fonctions permettent de montrer que, si la suite $(x_N/\|x_N\|)$ des états initiaux renormalisés a une limite, alors les processus renormalisés convergent vers une limite déterministe. Ce n'est, en général, pas vrai pour tous les processus de Markov ; voir page 209 l'exemple du processus dans $\mathbb{Z} \times \mathbb{N}$. La résolution de ce type de problème de réflexion permet aussi de construire certaines diffusions réfléchies dans des sous-ensembles de $\mathbb{R}^d$, voir l'article de Costantini[10].

Comme d'habitude $D(\mathbb{R}_+, \mathbb{R}^d)$ désigne l'ensemble des fonctions càdlàg sur $\mathbb{R}_+$ à valeurs dans $\mathbb{R}^d$ où $d \geq 1$. Cet espace est muni de la topologie de Skorokhod.

6.1. La dimension 1. Le cas de la dimension 1 est traité séparément en raison de son importance et du fait que les solutions au problème de Skorokhod y ont une représentation explicite.

THÉORÈME 9.12. *Si Y est une fonction càdlàg sur $\mathbb{R}_+$ à valeurs réelles telle que $Y(0) \geq 0$, il y a un unique couple (X, R) de $D(\mathbb{R}_+, \mathbb{R})$ solution au problème de Skorokhod associé à $(Y(t))$, i.e. tel que pour tout $t \geq 0$,*

- *$X(t) = Y(t) + R(t)$;*

- *$X(t) \geq 0$, l'application $t \to R(t)$ est croissante et $R(0) = 0$;*

- *(X, R) vérifie la condition de réflexion*

(R) $$\int_0^{+\infty} X(s)\, dR(s) = 0.$$

le couple solution (X_Y, R_Y) est défini par,

(9.40) $$X_Y(t) = Y(t) \vee \sup_{0 \leq s \leq t} (Y(t) - Y(s)),$$

(9.41) $$R_Y(t) = 0 \vee \sup_{0 \leq s \leq t} (-Y(s)),$$

pour $t \geq 0$.

Comme une telle fonction X est positive, la condition (R) impose que la fonction croissante $t \to R(t)$ n'augmente que sur l'ensemble $\{t; X(t) = 0\}$.

DÉMONSTRATION. Si (X, R) et (X', R') sont deux couples de solutions du problème de réflexion, nécessairement $X - X' = R - R'$. Pour $t \geq 0$, la mesure signée μ étant définie par $\mu(dx) = d(R - R')(x)$, ou encore $\mu([0, t]) = R(t) - R'(t)$ pour tout $t \geq 0$. Le théorème de Fubini donne la formule classique de changement de variables

$$\int_{[0,t[} (R - R')(s)\, d(R - R')(s) = \int_{[0,t[} \int_{[0,s]} \mu(du)\, \mu(ds) = \int_{0 \leq u \leq s < t} \mu(du)\, \mu(ds)$$
$$= \frac{1}{2} \left(\int_{0 \leq u, s < t} \mu(du)\, \mu(ds) + \int_{0 \leq u = s < t} \mu(du)\, \mu(ds) \right)$$

[10] C. Costantini, *The Skorohod oblique reflection problem in domains with corners and application to stochastic differential equations*, Probability Theory and Related Fields **91** (1992), no. 1, 43–70.

d'où la relation

$$(9.42) \quad \int_{[0,t[} (R - R')(s)\, d(R - R')(s)$$

$$= \frac{1}{2} \left(\mu([0,t[)^2 + \sum_{0 \leq s < t, \mu(\{s\}) \neq 0} \mu(\{s\})^2 \right).$$

La condition de réflexion donne l'identité

$$\int_{[0,t[} (R - R')(s)\, d(R - R')(s) = \int_{[0,t[} (X - X')(s)\, d(R - R')(s)$$

$$= -\int_{[0,t[} X(s)\, dR'(s) - \int_{[0,t[} X'(s)\, dR(s) \leq 0,$$

puisque X et X' sont positives, et par conséquent

$$\int_{[0,t[} (R - R')(s)\, d(R - R')(s) = 0.$$

De l'égalité (9.42), on déduit que $\mu([0,t[) = 0$ pour tout $t \geq 0$, par conséquent $R(t) = R'(t)$ pour tout $t \geq 0$ et donc $X = X'$.

Il reste à vérifier que les deux fonctions définies par les équations (9.40) et (9.41) sont solutions au problème de Skorokhod. Notons $(X(t))$ et $(R(t))$ celles-ci. Seule la condition de réflexion (R) n'est pas complètement immédiate.

Pour obtenir cette condition de réflexion, la fonction X étant positive, il suffit de montrer que l'ensemble $F = \{t/X(t) > 0\}$ est négligeable pour la mesure dR. Les fonctions $(X(t))$ et $(R(t))$ sont clairement càdlàg. Pour $t \geq 0$, alors $X(t) > 0$ si et seulement si $-Y(t) < 0$ ou $-Y(t) < \sup\{-Y(s)\,; \, s < t\}$. De cette équivalence on déduit les deux assertions suivantes.

a) La continuité à droite de $(Y(t))$ donne, pour $\varepsilon > 0$, l'existence de $\delta > 0$ tel que $Y(s) \geq Y(t) - \varepsilon$, pour tout s dans l'intervalle $[t, t+\delta]$. Par conséquent si $X(t) > 0$ il existe $\delta > 0$ tel que $X(s) > 0$ et $R(s) = R(t)$ si $s \in [t, t+\delta]$.

b) Si $X(t) > 0$, $R(t)$ peut donc s'écrire comme

$$R(t) = 0 \vee \sup_{0 \leq s \leq t} (-Y(s)) = 0 \vee \sup_{0 \leq s < t} (-Y(s))$$

$$= \lim_{\substack{t' \to t, \\ t' < t}} 0 \vee \sup_{0 \leq s \leq t'} (-Y(s)) = \lim_{\substack{t' \to t, \\ t' < t}} R(t').$$

Si $(X(t)) > 0$, la fonction R est continue à gauche en t et par conséquent continue tout court.

D'après a) l'ensemble $F = \{t/X(t) > 0\}$ est donc une réunion dénombrable d'intervalles non vides de $\mathbb{R}_+$. Si $t \in F$, il existe $x \geq t$ tel que $[t, x[\subset F$, on note $t_0 = \sup\{s \in [t, x[/R(u) = R(t), \forall u \leq s\}$. Si $t_0 < x$, la continuité à gauche de R en t_0 donne donc $R(t_0) = R(t_0-) = R(t)$ et a) donne un intervalle $[t, t_0 + \delta]$ sur lequel R est constante égale à $R(t)$. Contradiction, donc $t_0 = x$. On en déduit que la fonction R est constante sur chacun des intervalles constituant F. Si I est un de ceux-ci et $\alpha \le \beta$ sont les deux points à ses extrémités, alors

$$dR(]\alpha,\beta[) = R(\beta-) - R(\alpha) = R(\beta-) - R(\alpha+) = 0$$

puisque R est constante sur $]\alpha,\beta[\subset F$. D'autre part si $\alpha \in I$, alors $\alpha \in F$ et donc

$$dR(\{\alpha\}) = R(\alpha) - R(\alpha-) = 0,$$

d'après b), de la même façon $dR(\{\beta\}) = 0$ si $\beta \in F$. On a donc montré que $dR(I) = 0$ et donc, en sommant sur tous les intervalles de F, $dR(F) = 0$. La condition de réflexion (R) est démontrée. □

Le cas d'une fonction affine. Si $x \ge 0$, λ, $\mu > 0$ et $(y(t)) = (x + (\lambda - \mu)t)$, la solution (x,r) du problème de réflexion associé à $(y(t))$ est donnée dans ce cas par

$$(x(t)) = ((x + (\lambda - \mu)t)^+),$$
$$(r(t)) = ((x + (\lambda - \mu)t)^-),$$

en vertu de l'égalité

$$(x + (\lambda - \mu)t)^+ = (x + (\lambda - \mu)t) + (x + (\lambda - \mu)t)^-.$$

Le mouvement brownien. Si $(B(t))$ est le mouvement brownien standard sur $\mathbb{R}$, la formule de Tanaka (voir Rogers et Williams [43]) donne la relation

$$|B(t)| = \int_0^t \operatorname{sgn} B(s)\, dB(s) + \frac{1}{2}L_0(t),$$

où $(L_0(t))$ est le temps local du brownien en 0, fonction croissante qui ne croît que sur les zéros de $(B(t))$. Le couple $(|B(t)|, L_0(t)/2)$ est donc la solution du problème de réflexion associé à la fonction

$$\left(\int_0^t \operatorname{sgn}(B(s))\, dB(s) \right)$$

qui a même loi que $(B(t))$ (c'est une martingale continue dont le processus croissant vaut (t)). On déduit que le couple (X, R) solution du problème de réflexion associé au mouvement brownien a même loi que $(|B(t)|, L_0(t)/2)$.

6.2. Le problème de réflexion à plusieurs dimensions. Dans ce cadre, le problème de réflexion n'a pas, à la différence de la dimension 1, une solution explicite connue. Si P est une matrice carrée de dimension $d \ge 1$, la matrice transposée est notée ${}^t P$.

DÉFINITION 19. Une matrice carrée $P = (p_{ij})$ sur $\mathbb{R}^d$ à coefficients positifs est sous-markovienne et sans état récurrent si, pour $1 \le i, j \le d$,

- $\sum_{k=1}^d p_{ik} \le 1$
- $\lim_{n \to +\infty} p_{ij}^n = 0$, si $P^n = (p_{ij}^n)$ est la n-ième puissance de la matrice P.

La matrice de routage des réseaux de Jackson considérés précédemment est sous-markovienne et sans état récurrent. Le théorème suivant, dû à Harrison et Reiman[17], est l'analogue multi-dimensionnel du théorème 9.12.

THÉORÈME 9.13. *Si* $(Y(t))$ *est une fonction càdlàg à valeurs dans* $\mathbb{R}^d$ *telle que* $Y(0) \geq 0$ *et* $P = (p_{ij})$ *une matrice* $d \times d$ *sous-markovienne sans état récurrent, il existe un unique couple de fonctions* $(X_Y(t)) = (X_{Y,i}(t) ; 1 \leq i \leq d)$ *et* $(R_Y(t)) = (R_{Y,i}(t); 1 \leq i \leq d)$ *de* $D(\mathbb{R}_+, \mathbb{R}^d)$ *tel que pour tout* $t \geq 0$ *et tout* $1 \leq i \leq d$,

a) $X_Y(t) = Y(t) + (I - {}^tP)R_Y(t)$;

b) $X_{Y,i}(t) \geq 0$, *l'application* $t \to R_{Y,i}(t)$ *est croissante avec* $R_{Y,i}(0) = 0$;

c) *avec la condition de réflexion*

(R) $$\int_0^{+\infty} X_{Y,i}(s)\, dR_{Y,i}(s) = 0.$$

La fonction $(R_Y(t))$ *est l'unique solution* $(R_i(t); i = 1, \dots, d)$ *des équations*

(9.43) $$R_i(t) = 0 \vee \sup_{0 \leq s \leq t} \left(\sum_{j=1}^d p_{ji} R_j(s) - Y_i(s) \right),$$

pour $i = 1, \dots, d$ *et* $t \geq 0$.

Dans le cas de la dimension 1, en prenant $p_{11} = 0$, l'équation de point fixe (9.43) se réduit à la représentation explicite (9.41).

DÉMONSTRATION. Un couple (X, R) est solution au problème de réflexion si et seulement si la variable $R(t) = (R_i(t) ; i = 1, \dots, d)$ vérifie l'équation de point fixe (9.43).

En effet, si (X, R) vérifie les conditions du théorème, on a l'égalité

$$R(t) - X(t) = {}^tPR(t) - Y(t),$$

et comme X est positif, pour $i = 1, \dots, d$ et $s \leq t$,

$$R_i(t) \geq R_i(s) \geq \sum_{j=1}^d p_{ji} R_j(s) - Y_i(s).$$

Par conséquent

$$R_i(t) \geq Z_i(t) \overset{\text{def}}{=} 0 \vee \sup_{0 \leq s \leq t} \left(\sum_{j=1}^d p_{ji} R_j(s) - Y_i(s) \right).$$

La condition de réflexion donne que dR_i-presque partout sur $\mathbb{R}_+$

$$R_i(t) = \sum_{j=1}^d p_{ji} R_j(t) - Y_i(t) \leq Z_i(t).$$

[17] J.M. Harrison and M.I. Reiman, *Reflected brownian motion on an orthant*, Annals of Probability 9 (1981), no. 2, 302–308.

L'égalité $R_i(t) = Z_i(t)$ est donc valable dR_i-presque partout. La formule de changement de variables vue dans la preuve du théorème 9.12 donne l'inégalité

$$\frac{1}{2}(R_i([0,t[) - Z_i([0,t[))^2 \leq \int_{[0,t[}(R_i(s) - Z_i(s))\, d(R_i(s) - Z_i(s))$$

$$= -\int_{[0,t[}(R_i(s) - Z_i(s))\, dZ_i(s) \leq 0,$$

on en déduit que $R_i([0,t[) = Z_i([0,t[)$ pour tout $t \geq 0$. Le vecteur (R_i) est solution du système d'équations (9.43).

Réciproquement, si R vérifie l'identité (9.43), pour $i = 1, \ldots, d$, la fonction $t \to R_i(t)$ est clairement croissante et la fonction $(X(t)) = (X_i(t)\,;\, i = 1, \ldots, d)$ définie par

$$X_i(t) = Y_i(t) + R_i(t) - \sum_{j=1}^{d} p_{ji} R_j(t),$$

pour $i = 1, \ldots, d$, vérifie d'après l'équation de point fixe (9.43)

$$X_i(t) = 0 \vee \sup_{0 \leq s \leq t}\left(\sum_{j=1}^{d} p_{ji} R_j(s) - Y_i(s)\right) - \left(\sum_{j=1}^{d} p_{ji} R_j(t) - Y_i(t)\right),$$

donc les coordonnées de $(X(t))$ sont toutes positives. Si $X_i(t)$ est strictement positive pour $t \geq 0$, les propriétés de continuité à droite des composantes de $(Y(t))$ montrent l'existence d'un voisinage à droite de t sur lequel R_i est constante, La condition de réflexion (R) se vérifie alors de la même façon que pour la dimension 1. La preuve du théorème se ramène donc à celle de l'existence et de l'unicité de la solution à l'équation de point fixe (9.43).

Dans la suite, si $Z = (Z_i)$ est une fonction càdlàg sur $\mathbb{R}^d$, la quantité $\|Z\|_{\infty,T}$ désigne la norme du sup sur $[0,T]$,

$$\|Z\|_{\infty,T} = \sup_{0 \leq s \leq T}\max_{1 \leq i \leq d}|Z_i(s)|.$$

Pour $i, j = 1, \ldots, d$, l'hypothèse sur la matrice P montre que la quantité p_{ij}^n tend vers 0 quand n tend vers l'infini. Il existe donc un entier k_0 tel que pour tout $i = 1, \ldots, d$,

(9.44)
$$\sum_{j=1}^{d} p_{j,i}^{k_0} \leq \frac{1}{2}.$$

On pose $R_i^0(t) = 0$ pour $i = 1, \ldots, d$ et $t \geq 0$ et

(9.45)
$$R_i^{n+1}(t) = 0 \vee \sup_{0 \leq s \leq t}\left(\sum_{j=1}^{d} p_{ji} R_j^n(s) - Y_i(s)\right),$$

pour $n \geq 0$. L'inégalité élémentaire

$$(9.46) \quad \left| \sup_{0 \leq s \leq t} (z(s) - y(s)) - \sup_{0 \leq s \leq t} (z'(s) - y'(s)) \right|$$
$$\leq \sup_{0 \leq s \leq t} |y(s) - y'(s)| + \sup_{0 \leq s \leq t} |z(s) - z'(s)|,$$

donne, pour $n \geq 1$, la majoration

$$\sup_{0 \leq s \leq T} |R_i^{n+1}(s) - R_i^n(s)| \leq \sum_{j=1}^{d} p_{ji} \sup_{0 \leq s \leq T} |R_j^n(s) - R_j^{n-1}(s)|.$$

En itérant, il vient pour $n \geq k_0$

$$\sup_{0 \leq s \leq T} |R_i^{n+1}(s) - R_i^n(s)| \leq \sum_{j=1}^{d} p_{ji}^{k_0} \sup_{0 \leq s \leq T} |R_j^{n-k_0+1}(s) - R_j^{n-k_0}(s)|.$$

De l'inégalité (9.44), on déduit la relation

$$(9.47) \quad \|R^{n+1} - R^n\|_{\infty,T} \leq \frac{1}{2} \|R^{n-k_0+1} - R^{n-k_0}\|_{\infty,T},$$

d'où

$$\|R^{n+1} - R^n\|_{\infty,T} \leq \frac{1}{2^{\lfloor n/k_0 \rfloor}} \|R^{n-k_0 \lfloor n/k_0 \rfloor +1} - R^{n-k_0 \lfloor n/k_0 \rfloor}\|_{\infty,T}$$
$$\leq \frac{1}{2^{\lfloor n/k_0 \rfloor}} \sup_{0 \leq p < k_0} \|R^{p+1} - R^p\|_{\infty,T}.$$

La norme $\|\cdot\|_{\infty,T}$ étant plus forte que la distance de la topologie de Skorokhod, la suite (R^n) est donc de Cauchy dans l'espace $D([0,T], \mathbb{R}^d)$ muni de la topologie de Skorokhod. Cet espace étant complet, la suite (R^n) a une limite $R \in D([0,T], \mathbb{R}^d)$ et l'inégalité précédente montre que (R^n) converge vers R pour la norme $\|\cdot\|_{\infty,T}$. L'inégalité (9.46) montre que l'application

$$(z(t)) \to \left(0 \vee \sup_{0 \leq s \leq t} \left(\sum_{j=1}^{d} p_{ji} z_j(s) - Y_i(s) \right) \right)$$

étant continue de $D([0,T], \mathbb{R}^d)$ muni de la topologie associée à $\|\cdot\|_{\infty,T}$ dans lui-même, la fonction R vérifie donc l'équation (9.43).

Si R' est une autre solution à l'équation de point fixe (9.43), en utilisant la même méthode que pour montrer l'inégalité (9.47), pour $n \geq 1$,

$$\|R^n - R'\|_{\infty,T} \leq \frac{1}{2} \|R^{n-k_0} - R'\|_{\infty,T}.$$

En faisant tendre n vers l'infini, on en déduit la relation

$$\|R - R'\|_{\infty,T} \leq \frac{1}{2} \|R - R'\|_{\infty,T},$$

et par conséquent $R = R'$, d'où l'existence et l'unicité de la solution à l'équation de point fixe (9.43), ce qui achève la démonstration du théorème. $\qquad \square$

DÉFINITION 20. Une fonction f d'un intervalle J dans $\mathbb{R}$ est de Lipschitz d'ordre $\alpha > 0$ s'il existe une constante C telle que pour tout x, $y \in J$

$$|f(x) - f(y)| \leq C|x - y|^{\alpha}.$$

La proposition D.2 page 351 montre qu'une fonction de Lipschitz d'ordre 1 a une densité par rapport à la mesure de Lebesgue.

La proposition ci-dessous donne les importantes propriétés de régularité des solutions au problème de réflexion : continuité des variables R_Y et X_Y en Y et propriété de Lipschitz de R_Y et X_Y si Y est Lipschitz.

PROPOSITION 9.14. *Sous les hypothèses du théorème 9.13, pour $T > 0$, il existe une constante K_T telle que, si Y et Y' sont des fonctions càdlàg telles que $Y(0) \geq 0$ et $Y'(0) \geq 0$, alors*

(9.48) $$\|X_Y - X_{Y'}\|_{\infty,T} \leq K_T \|Y - Y'\|_{\infty,T},$$

et

(9.49) $$\|R_Y - R_{Y'}\|_{\infty,T} \leq K_T \|Y - Y'\|_{\infty,T},$$

en notant $\|Z\|_{\infty,T} = \sup_{0 \leq s \leq T} \max_{1 \leq i \leq d} |Z_i(s)|$ si $Z(t) = (Z_i(t))$.

Si les coordonnées d'une fonction càdlàg Y sont de Lipschitz d'ordre α sur l'intervalle $[0, T]$, il en va de même pour R_Y et X_Y.

DÉMONSTRATION. On reprend les définitions et notations de la preuve précédente. On note (R^n) la suite définie par la récurrence (9.45), si Y est une fonction càdlàg, (S_n) est la suite définie par la même récurrence mais en remplaçant Y par Y'. Les suites (R^n) et (S^n) convergent respectivement vers R_Y et $R_{Y'}$. En utilisant encore l'inégalité (9.46), pour $i = 1, \ldots, d$, on obtient la relation

$$\sup_{0 \leq s \leq T} |R_i^n(s) - S_i^n(s)| \leq \|Y - Y'\|_{\infty,T} + \sum_{j=1}^{d} p_{ji} \sup_{0 \leq s \leq T} |R_j^{n-1}(s) - S_j^{n-1}(s)|.$$

En itérant il vient, pour $n \geq k_0$,

$$\sup_{0 \leq s \leq T} |R_i^n(s) - S_i^n(s)|$$

$$\leq dk_0 \|Y - Y'\|_{\infty,T} + \sum_{j=1}^{d} p_{ji}^{k_0} \sup_{0 \leq s \leq T} |R_j^{n-k_0}(s) - S_j^{n-k_0}(s)|.$$

Si k_0 est choisi de façon à satisfaire l'inégalité (9.44), on obtient la relation

$$\|R^n - S^n\|_{\infty,T} \leq dk_0 \|Y - Y'\|_{\infty,T} + \frac{1}{2} \|R^{n-k_0} - S^{n-k_0}\|_{\infty,T},$$

et en faisant tendre n vers l'infini, on en déduit l'inégalité

$$\|R_Y - R_{Y'}\|_{\infty,T} \leq 2dk_0 \|Y - Y'\|_{\infty,T}.$$

L'identité $X_Y = Y + (I - {}^tP)R_Y$ entraîne alors directement la relation (9.48).

Si les coordonnées de f sont de Lipschitz d'ordre α, on note

$$L_\alpha(f) = \max_{1 \le i \le d} \sup_{0 \le s < t \le T} \frac{|f_i(t) - f_i(s)|}{|t - s|^\alpha},$$

si $f = (f_i)$ (si f est à valeurs réelles, le max est bien sûr superflu). La fonction Y étant lipschitzienne d'ordre α, la définition (9.45) de la suite (R^n) montre la propriété de Lipschitz d'ordre α pour la fonction R^n. De plus, pour $0 \le s \le t \le T$ et $i = 1, \dots, d$, en discutant suivant les cas on obtient l'inégalité

$$R_i^{n+1}(t) - R_i^{n+1}(s) = 0 \vee \sup_{0 \le u \le t} \left(\sum_{j=1}^{d} p_{ji} R_j^n(u) - Y_i(u) \right)$$

$$- 0 \vee \sup_{0 \le u \le s} \left(\sum_{j=1}^{d} p_{ji} R_j^n(u) - Y_i(u) \right)$$

$$\le \sup_{s \le u \le t} \left(\sum_{j=1}^{d} p_{ji}(R_j^n(u) - R_j^n(s)) - (Y_i(u) - Y_i(s)) \right),$$

il vient

$$L_\alpha(R_i^{n+1}) \le \sum_{j=1}^{d} p_{ji} L_\alpha(R_j^n) + L_\alpha(Y_i) \le \sum_{j=1}^{d} p_{ji} L_\alpha(R_j^n) + L_\alpha(Y).$$

En itérant cette inégalité, il vient pour $n > k_0$, $i = 1, \dots, d$,

$$L_\alpha(R_i^n) \le d k_0 L_\alpha(Y) + \sum_{j=1}^{d} p_{ji}^{k_0} L_\alpha(R_j^{n-k_0})$$

d'où

$$L_\alpha(R^n) \le d k_0 L_\alpha(Y) + \frac{1}{2} L_\alpha(R^{n-k_0})$$

$$\le C = 2 d k_0 L_\alpha(Y) + \sup_{0 \le p \le k_0} L_\alpha(R^p).$$

La suite $(L_\alpha(R^n))$ est donc bornée. Pour s, $t \in [0, T]$ et $n \ge 1$,

$$\max_{1 \le i \le d} |R_i^n(t) - R_i^n(s)| \le C |t - s|^\alpha,$$

la convergence de la suite (R^n) vers R_Y donne la relation

$$\max_{1 \le i \le d} |R_{Y,i}(t) - R_{Y,i}(s)| \le C |t - s|^\alpha,$$

donc (R_Y) est de Lipschitz d'ordre α sur $[0, T]$. La même propriété est donc vraie pour X_Y. $\qquad \square$

CHAPITRE 10

Théorie ergodique

Sommaire

Dans cette partie les résultats et définitions de base de la théorie ergodique dans un cadre probabiliste sont rappelés. Ce sujet n'est pas aussi souvent abordé que les questions de processus de Markov ou la théorie des martingales, pour cette raison la plupart des résultats ont été démontrés. Pour une vue plus large du domaine le lecteur intéressé peut consulter le livre de référence de Cornfeld *et al.* [11]. Le triplet $(\Omega, \mathcal{F}, P)$ désigne un espace de probabilité dans ce qui suit.

1. Systèmes dynamiques discrets

DÉFINITION 21. Un endomorphisme T de $(\Omega, \mathcal{F}, P)$ est une application de Ω dans Ω telle que

1. T est une application mesurable ;

2. T préserve la probabilité $\mathbb{P}$: pour toute fonction f mesurable positive sur l'ensemble Ω,

$$(10.1) \qquad \int_\Omega f(T(\omega)) \, d\mathbb{P}(\omega) = \int_\Omega f(\omega) \, d\mathbb{P}(\omega).$$

Un automorphisme T est un endomorphisme bijectif tel que T^{-1} soit mesurable.

Les résultats qui sont exposés dans cette partie concernent principalement l'étude des itérés d'un endomorphisme. Il s'agit, dans ce cadre assez général, de donner les propriétés des trajectoires $(T^n(\omega))$, $\omega \in \Omega$, où T^n est le n-ième itéré de l'endomorphisme T. Dans toute la suite, T est supposé être un endomorphisme.

Si $A \in \mathcal{F}$ et $n \in \mathbb{N}$, la notation $T^{-n}(A)$, qui est utilisée dans ce chapitre, ne suppose pas que T est bijectif; c'est la notation ensembliste de $\{\omega \in \Omega/T^n(\omega) \in A\}$. Quand T est bijectif, $T^{-n}(A)$ est aussi l'image de A par le n-ième itéré T^{-n} de l'endomorphisme T^{-1}.

EXEMPLES.

1. Si $\Omega = \{0,1\}$, $\mathcal{F}$ est l'ensemble des parties de Ω, $P = \frac{1}{2}(\delta_0 + \delta_1)$, $T(0) = 1$ et $T(1) = 0$ alors T est un automorphisme.

2. Pour $\alpha \in [0,1]$, la translation $T_\alpha : x \to x + \alpha \mod 1$, sur le tore $\Omega = [0,1[$ muni la tribu borélienne et de la mesure de Lebesgue, est un automorphisme.

3. En prenant le même espace de probabilité que précédemment, l'opérateur $T : x \to 2x \mod 1$ est aussi un endomorphisme sur cet espace.

4. La transformation $(x,y) \to (x, y + \phi(x))$, avec ϕ fonction mesurable de $[0,1[$ dans $[0,1[$, est un endomorphisme du tore en dimension deux $[0,1[\times[0,1[$ muni de la mesure de Lebesgue.

Un exemple important, celui des endomorphismes markoviens, est traité en détail à la fin dans la section 4 page 263.

Le théorème de récurrence de Poincaré.

DÉFINITION 22. Si $A \in \mathcal{F}$, la variable

$$\nu_A(\omega) = \inf\{n > 0/T^n(\omega) \in A\},$$

est le temps d'atteinte de l'ensemble A. L'ensemble $V_n(A)$ est celui des trajectoires qui partent du complémentaire de A et y restent au moins n unités de temps,

$$V_n(A) = A^c \cap T^{-1}(A^c) \cap T^{-2}(A^c) \cap \ldots \cap T^{-n}(A^c),$$

ou encore $V_n(A) = A^c \cap \{\nu_A(\omega) > n\}$, pour $n \geq 0$, en notant $A^c = \Omega - A$, le complémentaire de A. On pose $V_n(A) = \Omega$ pour $n < 0$.

Le théorème ci-dessous est le premier résultat de base pour l'étude de la trajectoire des itérés de T.

THÉORÈME 10.1 (Théorème de Poincaré). *Si T est un endomorphisme de Ω et $A \in \mathcal{F}$ est un événement non négligeable, la variable aléatoire*

$$\nu_A(\omega) = \inf\{n > 0/T^n(\omega) \in A\},$$

est $\mathbb{P}$-presque sûrement finie sur A.

DÉMONSTRATION. Si $n \geq 1$, par définition de ν_A, on a l'égalité

$$(10.2) \qquad A \cap \{\nu_A > n\} = \{\omega \in A, T(\omega) \notin A, T^2(\omega) \notin A, \ldots, T^n(\omega) \notin A\}$$
$$= A \cap T^{-1}(A^c) \cap T^{-2}(A^c) \cap \ldots \cap T^{-n}(A^c),$$

d'où

$$A \cap \{\nu_A > n\} = T^{-1}(A^c) \cap T^{-2}(A^c) \cap \ldots \cap T^{-n}(A^c)$$
$$- A^c \cap T^{-1}(A^c) \cap T^{-2}(A^c) \cap \ldots \cap T^{-n}(A^c),$$

ou encore, en utilisant la suite des $V_n(A)$ définie ci-dessus,

$$(10.3) \qquad A \cap \{\nu_A > n\} = T^{-1}(V_{n-1}(A)) - V_n(A).$$

L'invariance de $\mathbb{P}$ par T donne la relation

$$\mathbb{P}(T^{-1}(V_{n-1}(A))) = \mathbb{E}\left(1_{V_{n-1}(A)} \circ T\right) = \mathbb{E}\left(1_{V_{n-1}(A)}\right) = \mathbb{P}(V_{n-1}(A)),$$

et en utilisant l'identité (10.3), il vient

$$\mathbb{P}(A \cap \{\nu_A > n\}) = \mathbb{P}(V_{n-1}(A)) - \mathbb{P}(V_n(A)).$$

Les ensembles $V_n(A), n \in \mathbb{N}$ étant décroissants, la suite $(\mathbb{P}(V_n(A)))$ est décroissante, donc convergente. En faisant tendre n vers l'infini dans l'identité précédente on obtient l'égalité

$$\mathbb{P}(A \cap \{\nu_A = +\infty\}) = \lim_{n \to +\infty} \mathbb{P}(A \cap \{\nu_A > n\}) = 0,$$

ce qui achève la démonstration du théorème. □

Endomorphismes induits. Si $A \in \mathcal{F}$ est tel que $\mathbb{P}(A) > 0$, l'opérateur T_A de A dans A est appelé *opérateur induit*,

$$T_A : \omega \to T^{\nu_A(\omega)}(\omega).$$

Le théorème précédent montre que T_A est $\mathbb{P}$-presque sûrement défini sur A, par convention on posera $T_A(\omega) = \omega$ sur l'ensemble de probabilité nulle où ν_A est infini. La tribu $\mathcal{F}_A$ est la tribu $\mathcal{F}$ restreinte à A et $\mathbb{P}_A$ la probabilité sachant l'événement A, $\mathbb{P}_A = \mathbb{P}(\cdot \cap A)/\mathbb{P}(A)$. L'espérance par rapport à la probabilité $\mathbb{P}_A$ est notée $\mathbb{E}_A(\cdot)$.

PROPOSITION 10.2. *Si T est un endomorphisme de $(\Omega, \mathcal{F}, \mathbb{P})$, l'opérateur T_A est un endomorphisme de l'espace de probabilité $(A, \mathcal{F}_A, \mathbb{P}_A)$.*

DÉMONSTRATION. L'application ν_A est mesurable, ainsi pour $B \in \mathcal{F}$,

$$\{T_A \in B\} = \bigcup_{k=1}^{+\infty} \{T^k \in B\} \cap \{\nu_A = k\},$$

la variable T_A est donc aussi mesurable.

Pour $n \in \mathbb{N}$, l'indicatrice de l'événement $\{T_A = n\}$ s'écrit sous la forme

$$1_{\{T_A = n\}} = 1_{A \cap T^{-1}(A^c) \cap \ldots \cap T^{-n+1}(A^c) \cap T^{-n}(A)}$$
$$= (1 - 1_{A^c}) \left(\prod_{i=1}^{n-1} 1_{T^{-i}(A^c)} \right) (1 - 1_{T^{-n}(A^c)}),$$

en développant, cette dernière expression s'exprime à l'aide de la suite $(V_n(A))$ de la façon suivante,

$$1_{\{T_A=n\}} = 1_{V_{n-2}(A)} \circ T - 1_{V_{n-1}(A)} - 1_{V_{n-1}(A)} \circ T + 1_{V_n(A)}.$$

Si f est une application mesurable positive bornée sur A,

$$\mathbb{P}(A)\mathbb{E}_A(f \circ T_A) = \sum_{n=1}^{+\infty} \mathbb{E}\left(f \circ T^n 1_{\{T_A=n\}}\right),$$

en utilisant la décomposition de l'événement $\{T_A = n\}$, il vient

$$\mathbb{P}(A)\mathbb{E}_A(f \circ T_A) = \sum_{n=1}^{+\infty} \mathbb{E}\left((1_{V_{n-2}(A)} - 1_{V_{n-1}(A)}) \circ T \times f \circ T^n\right)$$
$$+ \mathbb{E}\left((1_{V_n(A)} - 1_{V_{n-1}(A)}) f \circ T^n\right),$$

et par invariance de $\mathbb{P}$ par l'endomorphisme T,

$$(10.4) \quad \mathbb{P}(A)\mathbb{E}_A(f \circ T_A) = \sum_{n=1}^{+\infty} \mathbb{E}\left((1_{V_{n-2}(A)} - 1_{V_{n-1}(A)}) f \circ T^{n-1}\right)$$
$$+ \mathbb{E}\left((1_{V_n(A)} - 1_{V_{n-1}(A)}) f \circ T^n\right).$$

La majoration

$$\left|(1_{V_{n-1}(A)} - 1_{V_n(A)}) f \circ T^n\right| \leq \|f\|_\infty 1_{\{\nu_A=n\}},$$

montre que les séries

$$\sum_{n=0}^{+\infty} \mathbb{E}\left((1_{V_{n-2}(A)} - 1_{V_{n-1}(A)}) f \circ T^{n-1}\right) \text{ et } \sum_{n=0}^{+\infty} \mathbb{E}\left((1_{V_n(A)} - 1_{V_{n-1}(A)}) f \circ T^n\right)$$

sont absolument convergentes. L'égalité (10.4) peut donc se réécrire

$$\mathbb{P}(A)\mathbb{E}_A(f \circ T_A)$$
$$= \sum_{n=0}^{+\infty} \mathbb{E}\left((1_{V_{n-1}(A)} - 1_{V_n(A)}) f \circ T^n\right) + \sum_{n=1}^{+\infty} \mathbb{E}\left((1_{V_n(A)} - 1_{V_{n-1}(A)}) f \circ T^n\right)$$
$$= \mathbb{E}\left((1_{V_{-1}(A)} - 1_{V_0(A)}) f\right) = \mathbb{E}(1_A f) = \mathbb{P}(A)\mathbb{E}_A(f).$$

Finalement on obtient l'égalité $\mathbb{E}_A(f \circ T_A) = \mathbb{E}_A(f)$, pour toute fonction mesurable bornée, l'opérateur T_A préserve $\mathbb{P}_A$. □

PROPOSITION 10.3. *Si T est un endomorphisme et si f est mesurable positive bornée sur Ω,*

$$(10.5) \qquad \mathbb{E}\left(f 1_{\{\nu_A < +\infty\}}\right) = \mathbb{P}(A)\mathbb{E}_A\left(\sum_{n=0}^{\nu_A-1} f \circ T^n\right),$$

en particulier,

$$\mathbb{E}_A(\nu_A) = \frac{\mathbb{P}(\nu_A < +\infty)}{\mathbb{P}(A)}.$$

L'identité (10.5) donne la probabilité $\mathbb{P}$ sur l'ensemble $\{\nu_A < +\infty\}$ en fonction de la probabilité $\mathbb{P}_A$. La dernière égalité est la formule de Kac.

DÉMONSTRATION. D'après le théorème de Fubini

$$\mathbb{P}(A)\mathbb{E}_A\left(\sum_{n=0}^{\nu_A-1} f\circ T^n\right) = \sum_{n=0}^{+\infty} \mathbb{E}\left(1_{A\cap\{\nu_A>n\}} f\circ T^n\right),$$

et comme précédemment, pour $n\in\mathbb{N}$, on a l'égalité

$$A\cap\{\nu_A > n\} = T^{-1}(V_{n-1}(A)) - V_n(A).$$

L'ensemble $V_\infty(A) = \{\nu_A = +\infty\}$ vérifie clairement $V_\infty(A) \subset T^{-1}(V_\infty(A))$. Par invariance de $\mathbb{P}$ par T, les ensembles $V_\infty(A)$ et $T^{-1}(V_\infty(A))$ ne diffèrent donc que d'un ensemble de probabilité nulle. Le théorème de Poincaré montre que l'ensemble $V_\infty(A)$ est, modulo un ensemble de probabilité nulle, dans le complémentaire de A. À un ensemble négligeable près, l'identité ensembliste

$$A\cap\{\nu_A > n\} = T^{-1}(V_{n-1}(A) - V_\infty(A)) - (V_n(A) - V_\infty(A)),$$

est donc satisfaite, d'où

$$(10.6)\quad \mathbb{P}(A)\mathbb{E}_A\left(\sum_{n=0}^{\nu_A-1} f\circ T^n\right) = \mathbb{E}\left(\left(1_{V_{-1}(A)-V_\infty(A)}\circ T - 1_{V_0(A)-V_\infty(A)}\right) f\right)$$

$$+ \sum_{n=1}^{+\infty} \mathbb{E}\left(\left(1_{V_{n-1}(A)-V_\infty(A)}\circ T - 1_{V_n(A)-V_\infty(A)}\right) f\circ T^n\right).$$

Pour $N\geq 1$, l'invariance de $\mathbb{P}$ par T donne l'égalité

$$\sum_{n=1}^{N} \mathbb{E}\left(\left(1_{V_{n-1}(A)-V_\infty(A)}\circ T - 1_{V_n(A)-V_\infty(A)}\right) f\circ T^n\right)$$

$$= \sum_{n=1}^{N} \mathbb{E}\left(1_{V_{n-1}(A)-V_\infty(A)} f\circ T^{n-1}\right) - \mathbb{E}\left(1_{V_n(A)-V_\infty(A)} f\circ T^n\right)$$

$$= \mathbb{E}(1_{V_0(A)-V_\infty(A)} f) - \mathbb{E}(1_{V_N(A)-V_\infty(A)} f\circ T^N),$$

Comme $V_N(A) - V_\infty(A) = \{N+1 \leq \nu_A < \infty\}$, il vient

$$\mathbb{E}\left(1_{V_N(A)-V_\infty(A)} f\circ T^N\right) \leq \|f\|_\infty \mathbb{P}(N+1 \leq \nu_A < \infty),$$

en faisant tendre N vers l'infini, on obtient l'égalité

$$\sum_{n=1}^{+\infty} \mathbb{E}\left(\left(1_{V_{n-1}(A)-V_\infty(A)}\circ T - 1_{V_n(A)-V_\infty(A)}\right) f\circ T^n\right) = \mathbb{E}(1_{V_0(A)-V_\infty(A)} f).$$

L'identité (10.6) devient

$$\mathbb{P}(A)\mathbb{E}_A\left(\sum_{n=0}^{\nu_A-1} f\circ T^n\right) = \mathbb{E}\left(1_{V_{-1}(A)-V_\infty(A)}\circ T \times f\right) = \mathbb{E}\left(1_{\Omega-\{\nu_A=+\infty\}} \times f\right),$$

ce qui achève la démonstration de la première identité. La formule de Kac s'obtient en prenant $f=1$ dans la relation (10.5). $\qquad\square$

2. Ergodicité et théorèmes ergodiques

La tribu des ensembles invariants.

DÉFINITION 23. Une fonction mesurable f est *invariante* par l'endomorphisme T si $\mathbb{P}$-presque sûrement, $f \circ T = f$. Un événement A est invariant si sa fonction indicatrice est invariante, ou encore si A et $T^{-1}(A)$ sont identiques à un ensemble de probabilité nulle près.

Noter que la notion d'ensemble invariant est liée, via les ensembles négligeables, à la probabilité considérée.

PROPOSITION 10.4. *L'ensemble $\mathcal{I}$ des ensembles invariants pour un endomorphisme T est une tribu.*

DÉMONSTRATION. Comme $T^{-1}(\Omega) = \Omega$, l'ensemble Ω appartient à $\mathcal{I}$. Si A est invariant, $T^{-1}(A)$ et A sont identiques à un ensemble de mesure nulle près, il en va de même pour $T^{-1}(A^c) = A^c$ et $A^c \in \mathcal{I}$. Finalement si (A_i) est une suite de $\mathcal{I}$, pour $i \in \mathbb{N}$ on note N_i l'ensemble de probabilité nulle $T^{-1}(A_i) - A_i \cup A_i - T^{-1}(A_i)$. La réunion de ces ensembles satisfait l'égalité $T^{-1}(\cup_i A_i) = \cup_i A_i$ à l'ensemble négligeable $\cup_i N_i$ près, l'ensemble $\cup_i A_i$ est donc invariant. $\qquad\square$

L'espérance conditionnelle d'une variable intégrable par rapport à la tribu des invariants est une fonction invariante.

Un élément A de $\mathcal{F}$ tel que $A \subset T^{-1}(A)$ est invariant car

$$\mathbb{P}(A) \leq \mathbb{P}(T^{-1}(A)) = \mathbb{P}(A),$$

par conséquent A et $T^{-1}A$ ne diffèrent que d'un ensemble de mesure nulle. La trajectoire d'un élément $\omega \in \Omega$, appelée aussi orbite de ω,

$$\mathcal{O}(\omega) = \{T^n(\omega)/n \geq 0\},$$

vérifie $\mathcal{O}(\omega) \subset T^{-1}(\mathcal{O}(\omega))$, c'est donc un ensemble invariant.

Les endomorphismes ergodiques.

DÉFINITION 24. Un endomorphisme est *ergodique* si tout ensemble invariant par T est de probabilité 0 ou 1.

PROPOSITION 10.5. *Un endomorphisme T est ergodique si et seulement si toute fonction mesurable invariante est $\mathbb{P}$-presque sûrement constante.*

DÉMONSTRATION. Si T est ergodique et f est une fonction mesurable invariante, pour $x \in \mathbb{R}$, l'ensemble $F_x = \{\omega/x \leq f(\omega)\}$ est invariant et donc de probabilité 0 ou 1. Comme $\lim_{x \to -\infty} \mathbb{P}(F_x) = 1$ et $\lim_{x \to +\infty} \mathbb{P}(F_x) = 0$, la quantité $x_0 = \sup\{x/\mathbb{P}(F_x) = 1\}$ est finie. Pour $z < x_0$, $\mathbb{P}$-p.s. $f(\omega) \geq z$ et si $y > x_0$, $\mathbb{P}$-p.s. $f(\omega) \leq y$. En prenant deux suites (y_n), (z_n) telles que $z_n < x_0 < y_n$ et $\lim_{n \to +\infty} z_n = \lim_{n \to +\infty} y_n = x_0$, $\mathbb{P}$-presque sûrement pour tout $n \in \mathbb{N}$ l'inégalité $z_n \leq f(\omega) \leq y_n$, est satisfaite et donc $f(\omega) = x_0$.

Réciproquement si A est un ensemble invariant, la fonction 1_A est invariante donc presque sûrement constante, par conséquent $\mathbb{P}(A) = 0$ ou 1, T est ergodique. $\qquad\square$

PROPOSITION 10.6. *Si T est un endomorphisme ergodique, pour tout ensemble mesurable A non négligeable, le temps d'atteinte*

$$\nu_A(\omega) = \inf\left\{n > 0 / T^n(\omega) \in A\right\},$$

est $\mathbb{P}$-p.s. fini sur Ω. En particulier la probabilité $\mathbb{P}$ s'exprime à partir de la restriction de $\mathbb{P}$ sur A,

$$(10.7) \qquad \mathbb{E}(f) = \mathbb{E}\left(1_A \sum_{n=0}^{\nu_A - 1} f \circ T^n\right),$$

pour toute fonction mesurable bornée.

La propriété d'ergodicité complète le théorème de Poincaré en assurant la finitude presque sûre de ν_A sur le complémentaire de A. Presque sûrement les trajectoires $\mathcal{O}(\omega)$ sont denses pour la probabilité $\mathbb{P}$, i.e. parcourent tous les ensembles non négligeables.

DÉMONSTRATION. En effet l'ensemble $B = \{\nu_A(\omega) = +\infty\}$ est invariant car $B \subset T^{-1}(B)$, par conséquent $\mathbb{P}(B) = 0$ ou 1. Comme $A \subset B^c$ d'après le théorème de Poincaré, nécessairement $\mathbb{P}(B) = 0$, la variable ν_A est $\mathbb{P}$-p.s. finie. L'identité (10.7) est une application directe de la relation (10.5) de la proposition 10.3. □

2.1. Exemples.
La translation sur le tore.

PROPOSITION 10.7. *La translation sur le tore $T_\alpha : x \to x + \alpha \mod 1$ est ergodique si et seulement si α est irrationnel.*

DÉMONSTRATION. Si α est irrationnel, il suffit de montrer qu'une fonction f de $L_2([0, 1[)$ invariante par T_α est constante. Il est bien connu, voir par exemple Rudin [45], que les fonctions $x \to \exp(2i\pi nx)$, $n \in \mathbb{Z}$ forment une base hilbertienne de $L_2([0, 1[)$. En particulier, il existe une suite réelle (f_n) telle que

$$f(x) = \sum_{n \in \mathbb{Z}} f_n e^{2i\pi nx},$$

Lebesgue-presque partout. Par invariance par T_α,

$$f(T_\alpha(x)) = f(x + \alpha) = \sum_{n \in \mathbb{Z}} e^{2i\pi n\alpha} f_n e^{2i\pi nx} = f(x) = \sum_{n \in \mathbb{Z}} f_n e^{2i\pi nx},$$

presque partout. L'unicité de la décomposition sur la base hilbertienne montre l'égalité $\exp(2i\pi n\alpha) f_n = f_n$ pour tout $n \in \mathbb{Z}$, pour $n \neq 0$, $\exp(2i\pi n\alpha) \neq 1$ (α est irrationnel), ceci entraîne $f_n = 0$ et par conséquent $f = f_0$ p.s. L'endomorphisme T_α est ergodique.

Réciproquement si $\alpha = p/q \in [0, 1]$ où p et q sont des entiers premiers entre eux, la fonction $x \to \exp(2i\pi qx)$ est invariante par T_α. L'endomorphisme n'est pas ergodique dans ce cas. □

Dans le cas où $\alpha = p/q \in [0,1]$ avec $q \neq 0$ et p et q premiers entre eux, les ensembles invariants sont faciles à décrire. Si $E = \{i/q;\ 0 \leq i < q\}$, $x + E$ est le plus petit ensemble F contenant x tel que $T^{-1}(F) = F$. Les ensembles invariants par T_α sont, à un ensemble de mesure nulle près, de la forme $A + E$ où A est un borélien de $[0, 1/q[$.

La transformation $x \to 2x$ sur le tore. La proposition suivante se montre avec la même méthode.

PROPOSITION 10.8. *La transformation $x \to 2x$ sur le tore $[0,1[$ muni de la mesure de Lebesgue est ergodique.*

Le théorème ergodique.

THÉORÈME 10.9 (Théorème ergodique de Birkhoff). *Si $T : \Omega \to \Omega$ est un endomorphisme et f une fonction intégrable, $\mathbb{P}$-p.s.*

$$(10.8) \qquad \lim_{n \to +\infty} \frac{1}{n} \sum_{i=1}^{n} f\left(T^i(\omega)\right) = \mathbb{E}\left(f \mid \mathcal{I}\right)(\omega),$$

où $\mathcal{I}$ est la tribu des ensembles invariants de T.

DÉMONSTRATION. La preuve ci-dessous est une variante, due à Neveu[29], de la démonstration de Garsia[14] (voir aussi Cornfeld [11]). Elle reprend les arguments de la preuve de la proposition 12.1 page 296.

Pour $\varepsilon > 0$, en posant $g = f - \mathbb{E}(f \mid \mathcal{I}) - \varepsilon$, la suite (W_n) est définie par

$$(10.9) \qquad W_0 = 0, \qquad W_{n+1} = (W_n + g)^+ \circ T, \quad n \geq 0.$$

Comme $W_1 \geq W_0 = 0$, alors $W_2 = (W_1 + g)^+ \circ T \geq (W_0 + g)^+ \circ T = W_1$, par récurrence $W_{n+1} \geq W_n$ pour tout $n \in \mathbb{N}$, la suite est croissante, notons W sa limite. Toujours par récurrence, pour $n \in \mathbb{N}$,

$$(10.10) \qquad W_n \geq \sum_{j=1}^{n} g \circ T^j,$$

et les W_n sont intégrables. En passant à la limite dans les identités (10.9), on obtient la relation $W = (W+g)^+ \circ T$, en particulier l'événement $A = \{W = +\infty\}$ est invariant par T.

La définition (10.9) de la suite (W_n) montre que pour $n \in \mathbb{N}$,

$$(10.11) \qquad W_{n+1} - W_n \circ T = (g \vee -W_n) \circ T,$$

en notant comme d'habitude $a \vee b = \max(a, b)$, comme A est invariant par T,

$$\mathbb{E}\left((W_{n+1} - W_n \circ T)1_A\right) = \mathbb{E}\left(W_{n+1}1_A\right) - \mathbb{E}\left((W_n 1_A) \circ T\right),$$

cette dernière quantité vaut

$$\mathbb{E}(W_{n+1}1_A) - \mathbb{E}(W_n 1_A) = \mathbb{E}((W_{n+1} - W_n)1_A) \geq 0.$$

[29] Jacques Neveu, *Construction de files d'attente stationnaires*, Lecture notes in Control and Information Sciences, 60, Springer Verlag, 1983, pp. 31–41.

[14] Adriano M. Garsia, *A simple proof of E. Hopf's maximal ergodic theorem*, Journal of Mathematics and Mechanics 14 (1965), 381–382.

L'intégration de l'égalité (10.11) sur l'ensemble A donne donc l'inégalité

$$\mathbb{E}\Big((g \vee -W_n) \circ T\, 1_A\Big) \geq 0.$$

Le théorème de convergence dominée et l'invariance de A établissent la relation $\mathbb{E}(1_A\, g) \geq 0$, par conséquent,

$$0 \leq \mathbb{E}(1_A\, g) = \mathbb{E}(1_A\, \mathbb{E}(g \mid \mathcal{I})).$$

La définition même de g donne $\mathbb{E}(g \mid \mathcal{I}) = -\varepsilon$, d'où $0 \leq -\varepsilon \mathbb{P}(A)$, nécessairement $\mathbb{P}(A) = 0$, soit $W < +\infty$, $\mathbb{P}$-p.s.

L'inégalité (10.10) et la croissance de la suite (W_n) montrent que pour $n \in \mathbb{N}$, la somme partielle $\sum_{j=1}^{n} g \circ T^j$ est majorée par W. En utilisant l'expression de g et l'invariance de $\mathbb{E}(f \mid \mathcal{I})$ par T, il vient

$$\sum_{j=1}^{n}(f \circ T^j - \mathbb{E}(f \mid \mathcal{I}) - \varepsilon) \leq W, \quad \text{d'où} \quad \sum_{j=1}^{n} f \circ T^j \leq W + n(\mathbb{E}(f \mid \mathcal{I}) + \varepsilon),$$

par conséquent, $\mathbb{P}$-p.s.

$$\limsup_{n \to +\infty} \frac{1}{n} \sum_{j=1}^{n} f \circ T^j \leq \mathbb{E}(f \mid \mathcal{I}) + \varepsilon.$$

En faisant tendre ε vers 0, on en déduit que toute fonction intégrable f vérifie $\mathbb{P}$-presque sûrement

$$\limsup_{n \to +\infty} \frac{1}{n} \sum_{j=1}^{n} f \circ T^j \leq \mathbb{E}(f \mid \mathcal{I}),$$

et en remplaçant f par $-f$,

$$\liminf_{n \to +\infty} \frac{1}{n} \sum_{j=1}^{n} f \circ T^j \geq \mathbb{E}(f \mid \mathcal{I}).$$

La démonstration du théorème ergodique est achevée. $\square$

Dans le cas d'une transformation ergodique la tribu $\mathcal{I}$ des ensembles invariants est la tribu grossière, le théorème ergodique donne donc le corollaire suivant.

COROLLAIRE 10.10. *Si T est un endomorphisme ergodique et f une fonction intégrable, $\mathbb{P}$-p.s.*

$$(10.12) \qquad \lim_{n \to +\infty} \frac{1}{n} \sum_{i=1}^{n} f\left(T^i(\omega)\right) = \mathbb{E}(f).$$

Si, pour $p \geq 1$ $f \in L_p(\Omega)$, la convergence a aussi lieu dans $L_p(\Omega)$.

Ce corollaire peut s'exprimer de la façon suivante : si l'endomorphisme est ergodique alors $\mathbb{P}$-p.s. la moyenne temporelle de la trajectoire de $(f(T^n(\omega)))$,

$$\left(\frac{1}{n} \sum_{i=0}^{n} f(T^i(\omega))\right),$$

converge vers la moyenne spatiale de $f(\omega)$, $\mathbb{E}(f)$. La trajectoire de $(T^n(\omega))$ parcourt l'ensemble Ω suivant le poids de la probabilité $\mathbb{P}$, ce qui complète le résultat de la proposition 10.6 sur la densité des trajectoires de T.

PREUVE DU COROLLAIRE 10.10. Comme $\mathcal{I}$ est la tribu formée de $\Omega, \emptyset$ et tous les ensembles de mesure nulle ainsi que leurs complémentaires, si T est ergodique l'espérance conditionnelle par rapport à $\mathcal{I}$ est l'espérance tout court.

Si $f \in L_p$ est positive, pour $\varepsilon > 0$, d'après le théorème de convergence dominée, il existe $K \geq 0$ tel que $\|f \wedge K - f\|_p \leq \varepsilon$, en notant $\|\cdot\|_p$ la norme dans $L_p(\Omega)$. Le théorème de convergence dominée et le théorème ergodique montrent l'existence de n_0 tel que si $n \geq n_0$,

$$\left\| \frac{1}{n} \sum_{i=0}^{n} (f \wedge K) \circ T^i - \mathbb{E}(f \wedge K) \right\|_p \leq \varepsilon,$$

et l'invariance de $\mathbb{P}$ par T donne l'inégalité

$$\left\| \frac{1}{n} \sum_{i=0}^{n} (f \wedge K) \circ T^i - \frac{1}{n} \sum_{i=0}^{n} f \circ T^i \right\|_p$$
$$\leq \frac{1}{n} \sum_{i=0}^{n} \left\| (f \wedge K - f) \circ T^i \right\|_p = \|f \wedge K - f\|_p,$$

par conséquent si $n \geq n_0$, on obtient finalement

$$\left\| \frac{1}{n} \sum_{i=0}^{n} f \circ T^i - \mathbb{E}(f) \right\|_p \leq 3\varepsilon.$$

La convergence avec la norme de L_p et pour les fonctions positives est établie.

Si f est une fonction arbitraire, il suffit de la décomposer en la différence de deux fonctions positives et d'appliquer ce qui précède. $\quad\square$

La convergence pour la norme L_2 des sommes partielles est un cas particulier du théorème ergodique de von Neumann(voir Neveu [34]).

La décomposition ergodique. On s'intéresse ici à l'ensemble des probabilités qui sont préservées par une application mesurable $T : \Omega \to \Omega$ fixée. Deux mesures positives μ, ν sur Ω sont dites étrangères s'il existe $S \in \mathcal{F}$ tel que $\mu(S) = \mu(\Omega)$ et $\nu(S) = 0$.

LEMME 10.11. *Si $\mathbb{P}$ et $\mathbb{Q}$ sont deux probabilités sur Ω pour lesquelles T est un endomorphisme, alors*

$$(10.13) \qquad\qquad d\mathbb{Q} = \alpha h \, d\mathbb{P} + (1 - \alpha)\mu,$$

avec $\alpha \in [0, 1]$, $h \in L_1(\mathbb{P})$ positive telle que $\int h \, d\mathbb{P} = 1$ et μ est une probabilité sur Ω étrangère à la probabilité $\mathbb{P}$. Les probabilités $h \, d\mathbb{P}$ et μ sont invariantes par T et leurs supports sont des ensembles invariants pour la probabilité $\mathbb{Q}$.

DÉMONSTRATION. Le théorème de Radon-Nikodym permet de décomposer $\mathbb{Q}$ de la façon suivante

$$dQ = \alpha h \, d\mathbb{P} + (1 - \alpha)\mu,$$

où $\alpha \in [0, 1]$, $h \in L_1(\Omega, \mathbb{P})$ est positive et μ est une probabilité sur Ω étrangère à la probabilité $d\mathbb{P}$: il existe $S \in \mathcal{F}$ tel que $\mu(\Omega) = \mu(S)$, et $\mathbb{P}(S) = 0$, par invariance de $\mathbb{P}$ par T,

$$\mathbb{P}(T^{-1}(S)) = \mathbb{P}(S) = 0.$$

Si f est une fonction positive mesurable bornée nulle en dehors de S,

$$\left| \int f \circ T \, h \, d\mathbb{P} \right| \leq \|f\|_\infty \int_{T^{-1}(S)} |h| \, d\mathbb{P} = 0,$$

et par invariance de $\mathbb{Q}$ par T,

$$\int f \circ T \, d\mu = \int f \circ T \, d\mathbb{Q} = \int f \, d\mathbb{Q} = \int f \, d\mu,$$

pour toute fonction nulle en dehors du support de μ. Par conséquent μ est invariante par T, il en va donc de même pour la probabilité $h \, d\mathbb{P}$.

Le support S de μ vérifie

$$\mathbb{Q}(S \cap T^{-1}(S)^c) = \int_{S \cap T^{-1}(S)^c} h \, d\mathbb{P} + \mu(S \cap T^{-1}(S)^c)$$
$$= \mu(T^{-1}(S)^c) = \mu(S^c) = 0,$$

de la même façon $\mathbb{Q}(S^c \cap T^{-1}(S)) = 0$. Les deux ensembles S et $T^{-1}(S)$ sont donc identiques à un ensemble $\mathbb{Q}$-négligeable près. L'ensemble S est invariant pour la probabilité $\mathbb{Q}$. $\qquad \square$

PROPOSITION 10.12 (Propriété d'extrémalité). *Si T est une fonction mesurable de Ω dans Ω, l'ensemble $\mathcal{P}$ des probabilités invariantes par T est un ensemble convexe. Si cet ensemble est non vide, les points extrémaux de $\mathcal{P}$ sont les probabilités pour lesquelles T est un endomorphisme ergodique.*

Si $\mathbb{P}$ et $\mathbb{Q}$ sont deux probabilités distinctes pour lesquelles T est un endomorphisme ergodique, leurs supports sont disjoints : il existe $S \in \mathcal{F}$ tel que $\mathbb{P}(S) = 1$ et $\mathbb{Q}(S^c) = 1$.

DÉMONSTRATION. Il est clair que l'ensemble $\mathcal{P}$ est convexe. Si $\mathbb{P}$ est une probabilité pour laquelle T est un endomorphisme ergodique, et s'il existe deux probabilités $\mathbb{P}_1$, $\mathbb{P}_2$ invariantes par T et $\alpha \in [0, 1]$ tels que

$$(10.14) \qquad\qquad \mathbb{P} = \alpha \mathbb{P}_1 + (1 - \alpha)\mathbb{P}_2,$$

il faut montrer que nécessairement $\alpha = 0$ ou $\alpha = 1$.

D'après le lemme précédent, quitte à décomposer $\mathbb{P}_2$ par rapport à $\mathbb{P}_1$, les probabilités $\mathbb{P}_1$ et $\mathbb{P}_2$ peuvent être supposées étrangères et le support S de $\mathbb{P}_1$ invariant pour la probabilité $\mathbb{P}$. Par ergodicité de $\mathbb{P}$, soit $\mathbb{P}(S) = 1$ et alors $\alpha = 1$, ou $\mathbb{P}(S) = 0$ et $\alpha = 0$. La décomposition (10.14) est nécessairement triviale. La probabilité $\mathbb{P}$ est un point extrémal de l'ensemble convexe $\mathcal{P}$.

Réciproquement si $\mathbb{P}$ est un point extrémal de $\mathcal{P}$ et s'il existe un ensemble A invariant non trivial, $0 < \mathbb{P}(A) < 1$, la probabilité $\mathbb{P}$ se décompose sous la forme

$$\mathbb{P} = \mathbb{P}(A)\mathbb{Q}_A + \mathbb{P}(A^c)\mathbb{Q}_{A^c},$$

en notant $\mathbb{Q}_B(\cdot) = \mathbb{P}(\cdot \cap B)/\mathbb{P}(B)$, la probabilité $\mathbb{P}$ sachant B. Comme A est invariant, les probabilités $\mathbb{Q}_A$ et $\mathbb{Q}_{A^c}$ sont invariantes par T, ce qui contredit l'extrémalité de $\mathbb{P}$. Il n'existe donc pas d'événement invariant non trivial, l'endomorphisme T est ergodique pour $\mathbb{P}$.

Pour terminer, on suppose que T est un endomorphisme ergodique, pour deux probabilités $\mathbb{P}$ et $\mathbb{Q}$ distinctes, le lemme précédent donne la décomposition

$$(10.15) \qquad \mathbb{Q} = \alpha h\, d\mathbb{P} + (1-\alpha)\mu,$$

avec $\alpha \in [0,1]$, $h \in L_1(\Omega, \mathbb{P})$ et μ étrangère à $\mathbb{P}$: il existe $S \in \mathcal{F}$ tel que $\mu(S) = 1$ et $\mathbb{P}(S) = 0$. Toujours d'après le lemme précédent, les probabilités μ et $h\, d\mathbb{P}$ sont invariantes par T et le support S de μ est un ensemble invariant pour $\mathbb{Q}$. L'ergodicité de T pour $\mathbb{Q}$ entraîne l'alternative $\mathbb{Q}(S) = 0$ ou $\mathbb{Q}(S) = 1$.

Si $\mathbb{Q}(S)$ est nul, la décomposition (10.15) montre que $\alpha = 1$, la probabilité $\mathbb{Q}$ est absolument continue par rapport à $\mathbb{P}$, $\mathbb{Q} = h\, d\mathbb{P}$. Par invariance de $\mathbb{Q}$ par T,

$$\int f \circ T\, h\, d\mathbb{P} = \int f h\, d\mathbb{P},$$

pour toute fonction f mesurable bornée, en itérant et en sommant, on en déduit

$$\int \frac{1}{n} \sum_{i=1}^{n} f \circ T^i\, h\, d\mathbb{P} = \int f h\, d\mathbb{P}.$$

pour tout $n \in \mathbb{N}$. Le corollaire 10.10, l'ergodicité de $\mathbb{P}$ et le théorème de Lebesgue montrent par passage à la limite l'égalité

$$\mathbb{E}(f) \int h\, d\mathbb{P} = \int f h\, d\mathbb{P},$$

pour toute fonction mesurable bornée f, h est par conséquent $\mathbb{P}$-presque sûrement constante, égale à $\mathbb{E}(h) = 1$. On en déduit que les probabilités $\mathbb{P}$ et $\mathbb{Q}$ sont identiques, ce qui contredit notre hypothèse initiale. Par conséquent $\mathbb{Q}(S)$ vaut 1 et donc $\mathbb{Q} = \mu$, les probabilités $\mathbb{P}$ et $\mathbb{Q}$ sont étrangères. La proposition est démontrée. $\qquad \square$

L'ensemble des probabilités pour lesquelles T est un endomorphisme est clairement un ensemble fermé. Par analogie à la dimension finie où tout point d'un ensemble convexe fermé peut s'écrire comme barycentre de points extrémaux, il est naturel de conjecturer que toute probabilité $\mathbb{P}$ invariante par T se représente de la façon suivante,

$$(10.16) \qquad \int f\, d\mathbb{P} = \int_{\mathcal{E}} m_{\mathbb{P}}(d\mathbb{Q}) \int_{\Omega} f\, d\mathbb{Q},$$

pour toute fonction f mesurable positive, en notant $\mathcal{E}$ l'ensemble des probabilités pour lesquelles T est ergodique et $m_{\mathbb{P}}$ une mesure sur $\mathcal{E}$. La représentation (10.16) est vérifiée sous certaines conditions topologiques, voir le livre de Phelps [41]. La décomposition en composantes ergodiques permet de se ramener au cas où la transformation est ergodique.

Exemple : la translation sur le tore. La translation sur le tore

$$T : x \to x + p/q,$$

avec $q \neq 0$ et $p, q \in \mathbb{N}$ premiers entre eux, donne un exemple élémentaire de cette décomposition. Pour $x \in [0, 1/q[$, la translation T est un automorphisme ergodique sur l'ensemble $x + E = \{x + i/q; 0 \leq i < q\}$, muni de la probabilité uniforme

$$\mu_x = \frac{1}{q} \sum_{i=0}^{q-1} \delta_{x+i/q}.$$

Les probabilités $\mu_x, x \in [0, 1/q[$ sont les seules pour lesquelles T est ergodique : en effet si μ est ergodique et s'il existe deux ensembles disjoints mesurables A_1, A_2 de $[0, 1/q[$ non négligeables pour μ, pour $i = 1, 2$, l'ensemble $B_i = \cup_{x \in A_i}(x + E)$ est invariant et de probabilité positive. Par conséquent la probabilité μ restreinte à $[0, 1/q[$ ne peut être qu'une mesure de Dirac, les μ_x, $x \in [0, 1/q[$ sont donc les seules probabilités ergodiques. La mesure de Lebesgue sur $[0, 1[$ se décompose de la façon suivante par rapport à ces mesures ergodiques, si f est mesurable bornée sur $[0, 1]$,

$$\int_0^1 f(x)\, dx = \int_0^{1/q} \mu_t(f)\, dt,$$

avec $\mu_t(f) = \int_0^1 f(u)\mu_t(du)$.

3. Systèmes dynamiques continus

Cette section étudie les flots qui sont le pendant continu des itérées d'un endomorphisme.

DÉFINITION 25. Un *flot* (T^t) est une famille d'endomorphismes de Ω indexée par $\mathbb{R}$, telle que

1. $T^t \circ T^s = T^{t+s}$, pour tout $s, t \in \mathbb{R}$;

2. l'application $(\omega, t) \to T^t(\omega)$ est mesurable.

Une fonction mesurable f est invariante par (T^t) si $\mathbb{P}$-presque sûrement l'égalité $f \circ T^t = f$ est vraie pour tout $t \in \mathbb{R}$. Un ensemble est invariant si sa fonction caractéristique l'est.

Le flot (T^t) est ergodique si les seuls ensembles invariants sont de probabilité 0 ou 1.

EXEMPLES.

1. Si $T^t(x) = x + t \mod 1$, pour $x \in [0, 1[$ et $t \in \mathbb{R}$, (T^t) est un flot sur le tore $[0, 1[$ muni de la mesure de Lebesgue.

2. Si $\mathbb{P}$ est la loi sur $\mathcal{M}_p(\mathbb{R})$, l'espace des mesures ponctuelles sur $\mathbb{R}$ d'un processus ponctuel stationnaire, les translations sur les mesures forment un flot continu sur $\mathcal{M}_p(\mathbb{R})$ (voir le chapitre 11).

THÉORÈME 10.13 (Théorème ergodique pour les flots). *Si (T^t) est un flot ergodique et $(Z(t))$ un processus tel que*

1. *la variable $S_1 = \sup\{Z(s), s \in [0,1]\}$ est intégrable,*

2. *la fonction $t \to Z(t)$ est additive pour le flot : pour $s, t \in \mathbb{R}$,*

$$(10.17) \qquad Z(t+s) = Z(t) + Z(s) \circ T^t,$$

$\mathbb{P}$-*presque sûrement,*

$$\lim_{t \to +\infty} \frac{Z(t)}{t} = \mathbb{E}(Z(1)).$$

Pour $p \geq 1$ la convergence a lieu dans L_p si la variable S_1 appartient à cet espace.

L'intervalle $[0,1]$ dans la condition d'intégrabilité ne joue pas de rôle particulier. En effet si $n \in \mathbb{N}$, la propriété d'additivité de $t \to Z(t)$ montre que

$$\sup_{n \leq s \leq n+1} \{Z(s)\} = \sup_{0 \leq s \leq 1} \{Z(s) \circ T^k\} + Z(n),$$

et $Z(n) = \sum_{i=0}^{n-1} Z(1) \circ T^i$, par conséquent la variable $\sup_{0 \leq s \leq n}\{Z(s)\}$ est aussi intégrable pour tout $n \in \mathbb{N}$.

DÉMONSTRATION. Les égalités $Z(0) = 0$ et

$$Z(n) = \sum_{i=0}^{n-1} Z(1) \circ T^i$$

sont une conséquence directe de la relation (10.17). Le théorème ergodique appliqué à l'endomorphisme T^1 montre que $\mathbb{P}$-p.s.

$$(10.18) \qquad \lim_{n \to +\infty} \frac{Z(n)}{n} = \mathbb{E}(Z(1)/\mathcal{I}_1),$$

où $\mathcal{I}_1$ est la tribu des invariants associée à T^1.

Si $t \in \mathbb{R}$, la propriété d'additivité (10.17) donne

$$Z(t) = Z(\lfloor t \rfloor) + Z(t - \lfloor t \rfloor) \circ T^{\lfloor t \rfloor},$$

($\lfloor \cdot \rfloor$ désigne la partie entière) et par conséquent l'inégalité

$$\left| \frac{Z(t) - Z(\lfloor t \rfloor)}{\lfloor t \rfloor} \right| \leq \frac{S_1 \circ T^{\lfloor t \rfloor}}{\lfloor t \rfloor}.$$

On suppose pour le moment que $\mathbb{P}$-presque sûrement

$$(10.19) \qquad \lim_{n \to +\infty} \frac{S_1 \circ T^n}{n} = 0.$$

La quantité

$$\frac{Z(t) - Z(\lfloor t \rfloor)}{\lfloor t \rfloor}$$

converge donc $\mathbb{P}$-p.s. vers 0 quand t tend vers l'infini et

$$\lim_{t \to +\infty} \frac{Z(t)}{t} = \mathbb{E}(Z(1)/\mathcal{I}_1)$$

$\mathbb{P}$-presque sûrement d'après (10.18). On définit

$$H = \lim_{t \to +\infty} \frac{Z(t)}{t},$$

quand la limite existe et $H = 0$ sinon, d'après ce qui précède, $\mathbb{P}$-p.s.

$$H = \mathbb{E}(Z(1)/\mathcal{I}_1).$$

En faisant tendre t vers $+\infty$ dans l'identité

$$\frac{Z(t)}{t} \circ T^s = \frac{Z(t+s)}{t} - \frac{Z(s)}{t},$$

on obtient que, pour tout $s \in \mathbb{R}$, $H \circ T^s = H$, $\mathbb{P}$-p.s. L'ergodicité du flot montre que H est p.s. constante, et donc l'égalité presque sûre $H = \mathbb{E}(H) = \mathbb{E}(Z(1))$.

Il reste à montrer la convergence (10.19). La variable S_1 étant intégrable, il en va de même pour $S_1 \circ T^1 - S_1$. En appliquant le théorème ergodique à l'endomorphisme T^1 et la variable $S_1 \circ T^1 - S_1$, il vient

$$\lim_{n \to +\infty} \frac{S_1 \circ T^n}{n} = \lim_{n \to +\infty} \frac{1}{n} \sum_{i=0}^{n-1} (S_1 \circ T^1 - S_1) \circ (T^1)^i = \mathbb{E}\left(S_1 \circ T^1 - S_1 / \mathcal{I}_1\right),$$

$\mathbb{P}$-presque sûrement. Il faut maintenant calculer $\mathbb{E}(S_1 \circ T^1 - S_1/\mathcal{I}_1)$. Si A est un événement de $\mathcal{I}_1$, les ensembles A et $T^{-1}(A)$ sont identiques à un ensemble de probabilité nulle près. L'opérateur T^1 étant aussi un endomorphisme, les ensembles A et $T^1(A)$ sont aussi identiques à un ensemble de probabilité nulle près. Par définition de l'espérance conditionnelle,

$$\mathbb{E}\left(\mathbb{E}(S_1 \circ T^1/\mathcal{I}_1)1_A\right) = \mathbb{E}\left(S_1 \circ T^1 1_A\right) = \mathbb{E}(S_1 1_{T^1(A)}),$$

comme $1_{T^1(A)} = 1_A$ $\mathbb{P}$-p.s.

$$\mathbb{E}\left(\mathbb{E}(S_1 \circ T^1/\mathcal{I}_1)1_A\right) = \mathbb{E}(S_1 1_A) = \mathbb{E}\left(\mathbb{E}(S_1/\mathcal{I}_1)1_A\right),$$

pour tout élément A de $\mathcal{I}_1$, on en déduit l'égalité presque sûre

$$\mathbb{E}(S_1 \circ T^1 - S_1/\mathcal{I}_1) = 0,$$

et donc

(10.20) $$\lim_{n \to +\infty} \frac{S_1 \circ T^n}{n} = 0,$$

$\mathbb{P}$-presque sûrement. La convergence dans L_p se traite de la même façon. $\qquad \square$

COROLLAIRE 10.14. *Si* $f \in L_1$ *et* (T^t) *est un flot ergodique*, $\mathbb{P}$*-p.s.*

$$\lim_{|t| \to +\infty} \frac{1}{t} \int_0^t f \circ T^s \, ds = \mathbb{E}(f).$$

DÉMONSTRATION. Si $Z(t) = \int_0^t f \circ T^s \, ds$,

$$\sup_{0 \le s \le 1} |Z(s)| \le \int_0^1 |f \circ T^s| \, ds,$$

et l'espérance de ce dernier terme vaut $\mathbb{E}(|f|) < +\infty$. D'autre part, comme

$$Z(t + s) = Z(t) + \int_t^{t+s} f \circ T^u \, du,$$

et

$$\int_t^{t+s} f \circ T^u \, du = \int_0^s f \circ T^{u+t} \, du = Z(s) \circ T^t,$$

on conclut avec le théorème ergodique pour les flots. $\qquad\square$

Les tours.

DÉFINITION 26. Si S est un automorphisme et τ une application mesurable positive non identiquement nulle sur l'espace de probabilité $(\Omega_0, \mathcal{F}_0, \mathbb{P}_0)$, la *tour de hauteur τ et de base Ω_0* est la donnée de l'espace de probabilité $(\Omega, \mathcal{F}, \mathbb{P})$ et du flot (T^t) définis par

1. $\Omega = \Omega_0 \times [0, \tau[= \{(\omega, x) / \omega \in \Omega_0, 0 \le x < \tau(\omega)\}$,

2. $\mathcal{F}$ est la tribu restriction à Ω de la tribu produit $\mathcal{F}_0 \otimes \mathcal{B}(\mathbb{R}_+)$,

3. la probabilité $\mathbb{P}$ est la restriction à Ω du produit de $\mathbb{P}_0$ et de la mesure de Lebesgue sur $\mathbb{R}$,

$$\mathbb{E}(f) = \int_\Omega f(\omega, x) \, d\mathbb{P} \overset{\text{def}}{=} \frac{1}{\mathbb{E}_0(\tau)} \int_{\Omega_0} d\mathbb{P}_0 \int_0^{\tau(\omega)} f(\omega, x) \, dx,$$

pour une fonction f mesurable de Ω_0 dans $\mathbb{R}_+$,

4. le flot (T^t) s'exprime à l'aide des itérées de S,

$$T^t(\omega, x) = \left(S^k(\omega), x + t - t_k(\omega) \right),$$

si $t_k(\omega) - x \le t < t_{k+1}(\omega) - x$ où $t_k = \sum_{i=0}^{k-1} \tau \circ S^i$ si $k > 0$, $t_0 = 0$ et $t_k = \sum_{i=k}^{-1} \tau \circ S^i$ si $k < 0$.

Le fait que (T^t) constitue bien un flot sur l'espace de probabilité $(\Omega, \mathcal{F}, \mathbb{P})$ est démontré dans la section 3 du chapitre 11. Par abus de langage, quand il n'y aura pas d'ambiguïté, on parlera de la tour (T^t).

PROPOSITION 10.15. *Si S est un automorphisme sur Ω_0 et τ une application mesurable positive non identiquement nulle, la tour (T^t) de hauteur τ et de base Ω_0 est ergodique si et seulement si S l'est.*

DÉMONSTRATION. Si S est ergodique et A un ensemble invariant pour (T^t), il existe un sous-ensemble mesurable A_1 de A tel que $\mathbb{P}(A_1) = \mathbb{P}(A)$ et $T^t(A_1) = A_1$ pour tout $t \in \mathbb{R}$. Si $B = \{\omega \in \Omega_0 / (\omega, 0) \in A_1\}$ est la projection de A_1 sur Ω_0, pour $s \in [0, \tau(\omega)[$ et $\omega \in B$ la définition du flot montre que $(\omega, s) = T^s(\omega, 0)$ est un élément de A_1. Par conséquent, A_1 est l'ensemble $B \times [0, \tau[$ et la définition de $\mathbb{P}$ donne

$$\mathbb{P}(A) = \mathbb{P}(A_1) = \frac{1}{\mathbb{E}_0(\tau)} \int d\mathbb{P}_0(\omega) \int_0^{\tau(\omega)} 1_{\{(\omega,x) \in B \times [0, \tau(\omega)[\}}\, dx$$

$$(10.21) \qquad = \frac{1}{\mathbb{E}_0(\tau)} \int_B \tau\, d\mathbb{P}_0.$$

L'ensemble B est invariant pour S : si $(\omega, 0)$ appartient à A_1, par invariance de A_1, $T^{\tau(\omega)}(\omega, 0) = (S(\omega), 0)$ est aussi un élément de A_1. Par conséquent $S^{-1}(B) \subset B$, B est invariant pour S, l'ergodicité de $\mathbb{P}_0$ donne l'alternative $\mathbb{P}_0(B) = 0$ ou 1, ce qui entraîne $\mathbb{P}(A) = 0$ ou 1 d'après la relation (10.21). Le flot (T^t) est ergodique.

Réciproquement si (T^t) est ergodique et B un ensemble invariant pour S, en posant $A = \{(\omega, x)/\omega \in B, 0 \leq x < \tau(\omega)\}$, il est facile de vérifier que A est invariant pour le flot (T^t) et donc $\mathbb{P}(A) = 0$ ou 1. Comme précédemment, en utilisant l'expression de $\mathbb{P}$, on en déduit que $\mathbb{P}_0(B) = 0$ ou 1 donc que S est ergodique. $\qquad\square$

Le théorème d'Ambrose-Kakutani[2], voir Neveu [36], montre que, sous certaines hypothèses, un flot peut se représenter à l'aide d'une tour. Ce résultat ramène essentiellement l'étude des flots à celle des systèmes dynamiques discrets. L'article de Totoki[34] expose les propriétés de changement de temps des flots.

4. Endomorphismes markoviens

Le propos de cette section est de situer les processus de Markov dans le contexte des endomorphismes. L'espace d'états S est un espace localement compact muni de la tribu borélienne $\mathcal{B}$ sur lequel est défini p, la fonction de transition d'une chaîne de Markov homogène en temps, i.e. une application positive définie sur $S \times \mathcal{B}$ telle que

1. Pour tout $A \in \mathcal{B}$, l'application $x \to p(x, A)$ est mesurable,

2. Pour tout $x \in S$, $p(x, dy)$ est une mesure de probabilité sur S.

Cette chaîne a une probabilité invariante π, autrement dit,

$$(10.22) \qquad \int_S f(x)\, \pi(dx) = \int_{S^2} f(y)\, \pi(dx)\, p(x, dy),$$

pour toute fonction borélienne bornée f sur S.

Le lemme ci-dessous est élémentaire : si le point initial X_1 de la chaîne de Markov (X_n) associée à p a pour loi π, pour $p \geq 1$ le vecteur $(X_1, \ldots, X_{p-1})$ a même loi que $(X_2, \ldots, X_p)$, autrement dit la suite (X_n) est stationnaire.

---

[2] W. Ambrose and S. Kakutani, *Structure and continuity of measurable flows*, Duke Mathematical Journal 9 (1942), 25–42.

[34] H. Totoki, *Time changes of flows*, Memoirs of the Faculty of Sciences 20 (1966), no. 1, 27–55.

LEMME 10.16. *Si $p \geq 2$, pour toute fonction mesurable positive f sur l'espace produit S^{p-1},*

$$(10.23) \quad \int_{S^p} f(x_2, \dots, x_p)\, \pi(dx_1) \prod_{j=1}^{p-1} p(x_j, dx_{j+1})$$

$$= \int_{S^{p-1}} f(x_2, \dots, x_p)\, \pi(dx_2) \prod_{j=2}^{p-1} p(x_j, dx_{j+1}).$$

DÉMONSTRATION. Si $f(x_2, \dots, x_p) = g(x_2)h(x_3, \dots, x_p)$, avec g et h mesurables bornées sur leurs espaces de définition respectifs,

$$\int_{S^p} f(x_2, \dots, x_p)\, \pi(dx_1) \prod_{j=1}^{p-1} p(x_j, dx_{j+1})$$

$$= \int_{S^2} g(x_2)\, \pi(dx_1)\, p(x_1, dx_2) \int_{S^{p-2}} \prod_{j=2}^{p-1} p(x_j, dx_{j+1}) h(x_3, \dots, x_p)$$

$$= \int_S g(x_2)\, \pi(dx_2) \int_{S^{p-2}} \prod_{j=2}^{p-1} p(x_j, dx_{j+1}) h(x_3, \dots, x_p)$$

$$= \int_{S^{p-1}} f(x_2, x_3, \dots, x_p)\, \pi(dx_2) \prod_{j=2}^{p-1} p(x_j, dx_{j+1}),$$

d'après la relation (10.22) appliquée à la fonction

$$x_2 \to g(x_2) \int_{S^{p-1}} \prod_{j=2}^{p-2} p(x_j, dx_{j+1}) h(x_3, \dots, x_p).$$

L'identité (10.23) est donc vérifiée pour les fonctions f produit, et par conséquent pour toutes les fonctions mesurables bornées sur S^p. $\square$

DÉFINITION 27. L'espace $\Omega = S^{\mathbb{Z}}$ est muni de la tribu borélienne $\mathcal{F}$ associée à la topologie produit. La translation T sur Ω est définie par

$$T(\omega) = (x_{i+1}),$$

si $\omega = (x_i) \in \Omega$ et (x_{i+1}) désigne l'élément dont la i-ième coordonnée vaut x_{i+1}.

Il ne reste plus qu'à définir une probabilité sur cet espace. C'est l'objet de la proposition suivante.

PROPOSITION 10.17. *Il existe une unique probabilité $\mathbb{P}$ sur Ω telle que*

$$(10.24) \quad \int_\Omega f\, d\mathbb{P} = \int_{S^{p-q+1}} f(x_p, \dots, x_q)\, \pi(dx_p) \prod_{j=p}^{q-1} p(x_j, dx_{j+1})$$

si f est une fonction positive mesurable sur Ω ne dépendant que des coordonnées d'indices compris entre p et $q \in \mathbb{Z}$, $f(\omega) = f(x_p, \dots, x_q)$ pour un élément $\omega = (x_i)$.

Sur cet espace de probabilité l'opérateur de translation T est un endomorphisme.

DÉMONSTRATION. Si $\mathbb{P}_{p,q}$ est la probabilité sur S^{q-p+1} définie par le membre de droite de (10.24) et si f est une fonction mesurable positive ne dépendant que des coordonnées d'indice compris entre $p+1$ et $q-1$, alors

$$\int f\, d\mathbb{P}_{p,q} = \int f\, d\mathbb{P}_{p+1,q} = \int f\, d\mathbb{P}_{p+1,q-1},$$

d'après le lemme précédent. Les probabilités $\mathbb{P}_{p,q}$, p, $q \in \mathbb{Z}$ sont donc compatibles : si f ne dépend que des coordonnées d'indice compris entre p' et q', $p \leq p' \leq q' \leq q$,

$$\int f\, d\mathbb{P}_{p,q} = \int f\, d\mathbb{P}_{p',q'}.$$

Le théorème de Daniell-Kolmogorov, voir Rogers-Williams [44], montre l'existence et l'unicité de la probabilité $\mathbb{P}$ sur Ω.

Si $f(\omega) = f(x_p, \dots, x_q)$ pour $\omega = (x_i)$, $f \circ T(\omega) = f(x_{p+1}, \dots, x_{q+1})$, par conséquent

$$\int f\, d\mathbb{P} = \int f \circ T\, d\mathbb{P},$$

T est un endomorphisme de l'espace $(\Omega, \mathcal{F}, P)$. $\qquad\square$

Le triplet $(\Omega, \mathcal{F}, P)$ est l'espace de probabilité canonique associé à la chaîne de Markov à l'équilibre.

DÉFINITION 28. Pour $n \in \mathbb{Z}$, l'application X_n désigne la projection sur la n-ième coordonnée, $X_n : \omega \to x_n$, si $\omega = (x_i)$.

La suite $(X_n; n \geq 0)$ est la chaîne de Markov de matrice de transition p et de loi initiale π, elle est stationnaire au sens où

$$(X_{n+1}(\omega)) = (X_n(T(\omega))) \stackrel{\text{loi}}{=} (X_n(\omega)),$$

et par récurrence, pour $n \in \mathbb{N}$, $X_n(\omega) = X_0 \circ T^n(\omega)$.

EXEMPLES.

1. Si $S = \{0, 1\}$ et $p(0, 1) = p(1, 0) = 1$, l'espace associé est celui d'une suite de période 2. Dans ce cas, la probabilité est portée par deux points : $(n \mod 2)$ et $(n+1 \mod 2)$.

2. Si $p(x, dy) = \mu(dy)$ où μ est une probabilité sur S, $(\Omega, \mathcal{F}, \mathbb{P})$ est l'espace de probabilité canonique associé à une suite i.i.d. de variables aléatoires de loi μ. Dans ce cas $\pi = \mu$.

3. Si $S = [0, 1]^d$ est le tore de dimension $d \geq 1$ et $p(x, x + dy) = \mu(dy)$ pour $\alpha \in S$ et μ une probabilité sur S. L'espace associé est celui de la marche aléatoire de loi μ sur le tore.

PROPOSITION 10.18. *Si $p(x, dy) = \mu(dy)$, T est un automorphisme ergodique et satisfait la propriété de mélange*

$$\lim_{n \to +\infty} \mathbb{E}(f \circ T^n g) = \mathbb{E}(f)\mathbb{E}(g),$$

pour f, $g \in L_2(\Omega, \mathbb{P})$.

La propriété de mélange revient à dire que pour n assez grand, les variables $f \circ T^n$ et g sont indépendantes. Si T^n est interprété comme la translation dans le temps à l'instant n, cela revient à dire que lorsque n est grand, l'endomorphisme oublie ce qui s'est passé initialement.

DÉMONSTRATION. L'ergodicité est une conséquence de la propriété de mélange. En effet, si $A \in \mathcal{F}$ est un événement invariant par T et $f = 1_A$, pour une fonction $g \in L_2$,

$$\mathbb{E}(f \circ T^n g) = \mathbb{E}(fg),$$

pour tout $n \in \mathbb{N}$. Si la propriété de mélange est vraie, le terme de gauche de l'égalité précédente tend vers $\mathbb{E}(f)\mathbb{E}(g)$ quand n tend vers l'infini, par conséquent $\mathbb{E}(fg) = \mathbb{E}(f)\mathbb{E}(g)$ pour toute fonction $g \in L_2$. La fonction f est donc $\mathbb{P}$-p.s. constante, d'où $\mathbb{P}(A) = 0$ ou 1. L'endomorphisme T est ergodique.

Si f_1 et $g_1 \in L_2$ ne dépendent que d'un nombre fini de coordonnées, pour n assez grand $f_1 \circ T^n$ et g_1 n'ont plus de coordonnées en commun. Les applications coordonnées sont, on l'a vu, indépendantes dans ce cas et donc $\mathbb{E}(f_1 \circ T^n g_1) = \mathbb{E}(f_1)\mathbb{E}(g_1)$ pour n assez grand. Pour $f, g \in L_2$ et $\varepsilon > 0$, par définition de la tribu produit il existe $f_1, g_1 \in L_2$ ne dépendant que d'un nombre fini de coordonnées telles que $\|f - f_1\|_2 < \varepsilon$ et $\|g - g_1\|_2 < \varepsilon$. Pour N_0 assez grand et $n \geq N_0$, $f_1 \circ T^n$, g_1 ne dépendent par des mêmes coordonnées, on en déduit l'égalité

$$\mathbb{E}(f_1 \circ T^n g_1) = \mathbb{E}(f_1)\mathbb{E}(g_1)$$

et la relation

$$|\mathbb{E}(f \circ T^n g) - \mathbb{E}(f)\mathbb{E}(g)| \leq |\mathbb{E}((f - f_1) \circ T^n g)| +$$
$$|\mathbb{E}(f_1 \circ T^n (g - g_1))| + |\mathbb{E}(f_1)\mathbb{E}(g_1) - \mathbb{E}(f)\mathbb{E}(g)|,$$

par l'inégalité de Cauchy-Schwartz et l'invariance de $\mathbb{P}$ par T,

$$|\mathbb{E}(f \circ T^n g) - \mathbb{E}(f)\mathbb{E}(g)|$$
$$\leq 2(\|g\|_2 + \|g_1\|_2)\|f - f_1\|_2 + 2(\|f\|_2 + \|f_1\|_2)\|g - g_1\|_2$$
$$\leq 2\varepsilon(\|g\|_2 + \|f\|_2 + 2\varepsilon).$$

La propriété de mélange est établie.   □

La loi des grands nombres est une application du résultat précédent et du théorème ergodique.

COROLLAIRE 10.19 (Loi des grands nombres). *Si (Z_n) est une suite i.i.d. de variables à valeurs dans S et f une fonction mesurable de S dans $\mathbb{R}$ telle que la variable $f(Z_0)$ soit intégrable, $\mathbb{P}$-p.s.*

$$\lim_{n \to +\infty} \frac{1}{n} \sum_{i=1}^{n} f(Z_i) = \mathbb{E}(f(Z_1)).$$

La convergence a lieu dans L_p si $f(Z_0) \in L_p$, $p \geq 1$.

DÉMONSTRATION. Si μ est la distribution de Z_0, en prenant l'espace de probabilité de la proposition 10.17 pour lequel $p(x, dy) = \mu(dy)$, la définition (10.24) de $\mathbb{P}$ montre la suite $(X_n) = (X_0 \circ T^n)$ est i.i.d. de loi commune μ, donc de même loi que la suite (Z_n). L'endomorphisme T étant ergodique dans ce cas (Proposition 10.18), le théorème ergodique à la fonction $f \circ X_0$ permet de conclure. $\square$

Le corollaire suivant est fort utile pour les théorèmes limites des processus ponctuels. Un processus de renouvellement stationnaire est un processus de renouvellement invariant par les translations positives (voir la construction page 27 et la proposition 1.23).

COROLLAIRE 10.20. *Si $\mathbb{P}$ est la loi sur $\mathcal{M}_p(\mathbb{R})$ d'un processus de renouvellement stationnaire de loi μ, le flot T^t des translations sur les mesures ponctuelles est ergodique pour $\mathbb{P}$.*

DÉMONSTRATION. En prenant Ω_0, l'espace associé à la matrice de transition $p(x, dy) = \mu(dy)$, d'après la proposition 11.4, le flot (T^t) est isomorphe à la tour de base Ω_0 et de hauteur la coordonnée d'indice 0. La proposition 10.18 montre que la translation T sur Ω_0 est ergodique, d'après la proposition 10.15 il en va de même pour (T^t). $\square$

Si l'ensemble S est fini et la chaîne de Markov n'est pas irréductible, il existe $A \subset S$ non vide, ainsi que son complémentaire, tel que $p(x, A) = 1$ pour tout $x \in A$. L'ensemble $A^{\mathbb{Z}}$ est invariant par T, $T^{-1}(A^{\mathbb{Z}}) = A^{\mathbb{Z}}$. Si π est une probabilité invariante pour cette chaîne de Markov telle que $\pi(A) \in]0, 1[$, la probabilité $\mathbb{P}$ associée sur Ω vérifie, en utilisant la définition,

$$\mathbb{P}\left(A^{\mathbb{Z}}\right) = \pi(A) \in]0, 1[.$$

L'endomorphisme T n'est donc pas ergodique dans ce cas. Il est facile dans ce cadre de montrer que la décomposition ergodique est directement liée aux probabilités invariantes sur les composantes irréductibles de la chaîne de Markov. Le résultat suivant établit l'ergodicité de T si la chaîne est irréductible.

PROPOSITION 10.21. *Si S est dénombrable et p est une matrice de transition irréductible ayant une probabilité invariante, alors l'automorphisme T est ergodique.*

DÉMONSTRATION. On va montrer que si $f, g \in L_2(\Omega)$,

$$\lim_{n \to +\infty} \frac{1}{n} \sum_{i=1}^{n} \mathbb{E}\left(f \circ T^i g\right) = \mathbb{E}(f)\mathbb{E}(g).$$

Cette condition, dite de mélange faible entraîne clairement que T est ergodique (voir le début de la preuve de la proposition 10.18). On va vérifier la propriété de mélange faible dans le cas où f et g sont bornées et sont de la forme suivante $f(\omega) = f(x_{p_1}, \dots, x_{q_1})$ et $g(\omega) = g(x_{p_2}, \dots, x_{q_2-1})1_{\{x_{q_2}=x\}}$ pour $\omega = (x_i)$, $x \in S$, $p_1 \leq q_1$ et $p_2 \leq q_2$. Pour le cas de fonctions f et g générales, la suite de la preuve est analogue à celle de la proposition 10.18. Si N_0 est suffisamment grand pour que $N_0 + p_1 \geq q_2 + 1$, pour $i \geq N_0$,

$$\mathbb{E}(f \circ T^i g) = \mathbb{E}\left(f(X_{p_1+i}, \ldots, X_{q_1+i})g(X_{p_2}, \ldots, X_{q_2-1})1_{\{X_{q_2}=x\}}\right),$$

avec la propriété de Markov, ce dernier terme vaut,

$$\mathbb{E}\left(g(X_{p_2}, \ldots, X_{q_2-1})1_{\{X_{q_2}=x\}}\right) \mathbb{E}_x \left(f(X_{p_1+i-q_2}, \ldots, X_{q_1-q_2+i})\right).$$

Un résultat classique, voir Feller [19], montre que, pour les chaînes de Markov irréductibles ayant une probabilité invariante, les moyennes de Cesàro convergent vers la probabilité invariante,

$$\lim_{n \to +\infty} \frac{1}{n} \sum_{i=1}^{n} \mathbb{E}_x \left(f(X_{p_1+i-q_2}, \ldots, X_{q_1-q_2+i})\right)$$

$$= \mathbb{E}_\pi \left(f(X_1, \ldots, X_{q_1-p_1+1})\right) = \mathbb{E}(f).$$

On en déduit la propriété de mélange faible et donc l'ergodicité. $\qquad\square$

Le corollaire ci-dessous est l'équivalent de la loi des grands nombres pour les chaînes de Markov.

COROLLAIRE 10.22. *Si (X_n) est une chaîne de Markov sur S dénombrable, irréductible avec une probabilité invariante π telle que $X_0 = x \in S$, pour toute fonction f mesurable sur S, intégrable pour π, $\mathbb{P}$-p.s.*

$$\lim_{n \to +\infty} \frac{1}{n} \sum_{i=1}^{n} \mathbb{E}(f(X_i)) = \mathbb{E}_\pi (f(X_0)).$$

DÉMONSTRATION. Supposons que X_0 a pour loi π, le théorème ergodique appliqué à la chaîne de Markov montre que $\mathbb{P}$-p.s.

$$\mathbb{E}_\pi (f(X_0)) = \lim_{n \to +\infty} \frac{1}{n} \sum_{i=1}^{n} \mathbb{E}(f(X_i))$$

$$= \lim_{n \to +\infty} \frac{1}{n} \sum_{i=\tau_x}^{n} \mathbb{E}(f(X_i)),$$

en notant τ_x le temps d'atteinte de $x \in S$ qui est $\mathbb{P}$-p.s. fini. Par la propriété de Markov forte, la suite $(X_{n+\tau_x})$ a même distribution que la chaîne de Markov (X_n) qui part de x. On en déduit notre résultat. $\qquad\square$

Le corollaire peut aussi se montrer facilement avec la loi des grands nombres en utilisant la propriété d'indépendance de la chaîne de Markov entre deux temps de retour à un point donné.

CHAPITRE 11

Processus ponctuels stationnaires

Sommaire

1. Introduction

Une file d'attente est un opérateur sur les processus d'arrivée. Les clients arrivent aux instants (t_n), demandent des services (σ_n) et attendent (W_n) pour être servis, le n-ième client arrive à t_n et quitte la file à $t_n + W_n + \sigma_n$. La file transforme le processus ponctuel d'arrivée $\{t_n\}$ en un processus ponctuel $\{t_n + W_n + \sigma_n\}$, associé aux départs des clients. Il est naturel de s'intéresser aux propriétés des processus ponctuels qui sont préservées par cette transformation. Peu de propriétés d'indépendance sont en fait conservées. Si, par exemple, le processus d'arrivée est un processus de renouvellement, le processus de départ ne sera pas, en général, un processus de renouvellement. Une exception notable, et c'est pratiquement le seul contre-exemple (avec la file $M/G/\infty$), concerne une arrivée poissonnienne avec des services exponentiels; dans ce cas, le processus de départ est aussi un processus de Poisson (voir le chapitre 4).

Une propriété plus faible des processus ponctuels est cependant préservée par les files d'attente. Un processus ponctuel est stationnaire si les arrivées vue de l'instant 0 ont même distribution que les arrivées vues d'un instant arbitraire, (voir la définition rigoureuse dans la section suivante). Si le processus ponctuel d'arrivée est stationnaire, alors le processus ponctuel des départs de la file à l'équilibre est aussi stationnaire. Cette relation de conservation est la seule qui soit connue sur une large catégorie de modèles de files d'attente. Dans ce chapitre les principales propriétés des processus ponctuels stationnaires sur $\mathbb{R}$ sont présentées. Ce sera le cadre de l'étude pour la file d'attente à un serveur $G/G/1$. Les propriétés asymptotiques de base des files d'attente peuvent se montrer dans ce cadre général. Pour obtenir des résultats un peu plus explicites, sur les distributions des temps d'attente notamment ou encore des tailles des files, il est évidemment nécessaire d'introduire certaines propriétés d'indépendance dans les processus d'arrivée.

Pour présenter ces questions l'approche est relativement directe. Ces processus sont construits à partir d'une suite équidistribuée, ergodique de variables aléatoires positives. Les processus ponctuels stationnaires sur des espaces plus généraux sont présentés dans Neveu [**36**].

2. L'espace de Palm du processus des arrivées

Les arrivées de clients à une file d'attente sont données sous la forme d'une suite de variables aléatoires positives (τ_n, σ_n), avec les propriétés suivantes.

- La suite (τ_n) est la suite des interarrivées des clients, pour $n \in \mathbb{Z}$, τ_n est l'interarrivée entre le n-ième client et le $n+1$-ième client de la file d'attente ;

- La suite (σ_n) est celle des temps de service requis par les clients successifs ;

- La suite est stationnaire au sens où la suite (τ_n, σ_n) a même loi que la suite décalée $(\tau_{n+1}, \sigma_{n+1})$.

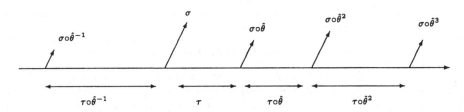

FIG. 1. Le processus ponctuel des arrivées de clients.

Les indices des clients varient entre $-\infty$ et $+\infty$ et, comme on le verra au chapitre 12, cela permet une construction directe de l'état d'équilibre des files d'attente.

L'espace canonique associé à cette suite est le quadruplet $(\hat{\Omega}, \widehat{\mathcal{F}}, \hat{\mathbb{P}}, \hat{\theta})$ avec

1. $\hat{\Omega} = (\mathbb{R}_+ \times \mathbb{R}_+)^{\mathbb{Z}}$;

2. $\widehat{\mathcal{F}}$ est la tribu borélienne sur $\hat{\Omega}$;

3. la probabilité $\hat{\mathbb{P}}$ sur $\hat{\Omega}$ est la loi de la suite (τ_n, σ_n) ;

4. la translation $\hat{\theta}$ sur cet espace est définie par

$$\hat{\theta}((x_n, y_n)) = (x_{n+1}, y_{n+1}).$$

PROPOSITION 11.1. *La translation* $\hat{\theta} : \hat{\Omega} \to \hat{\Omega}$ *est une bijection mesurable et préserve la probabilité* $\hat{\mathbb{P}}$, *i.e. pour toute fonction mesurable positive* f *définie sur* $\hat{\Omega}$,

$$(11.1) \qquad \hat{\mathbb{E}}(f) = \int f \, d\hat{\mathbb{P}} = \int f \circ \hat{\theta} \, d\hat{\mathbb{P}}.$$

DÉMONSTRATION. Si $\omega = (x_i, y_i) \in \hat{\Omega}$, les fonctions de la forme

$$f(\omega) = 1_{\left\{ (x_{i_1}, y_{i_1}) \in A_1, \dots, (x_{i_n}, y_{i_n}) \in A_n \right\}},$$

avec $i_k \in \mathbb{Z}, 1 \le k \le n$ et $A_1, \dots, A_n$ des boréliens de $\mathbb{R}_+ \times \mathbb{R}_+$, engendrent la tribu produit $\hat{\hat{\mathcal{F}}}$. Il suffit de montrer (11.1) pour les fonctions de ce type. Dans ce cas

$$\int f \circ \hat{\theta} \, d\hat{\mathbb{P}} = \hat{\mathbb{P}} \left((x_{i_1+1}, y_{i_1+1}) \in A_1, \dots, (x_{i_n+1}, y_{i_n+1}) \in A_n \right)$$

$$= \hat{\mathbb{P}} \left((\tau_{i_1+1}, \sigma_{i_1+1}) \in A_1, \dots, (\tau_{i_n+1}, \sigma_{i_n+1}) \in A_n \right)$$

$$= \hat{\mathbb{P}} \left((\tau_{i_1}, \sigma_{i_1}) \in A_1, \dots, (\tau_{i_n}, \sigma_{i_n}) \in A_n \right),$$

d'après la propriété de stationnarité de (τ_n, σ_n), et cette dernière quantité vaut

$$\int f \, d\hat{\mathbb{P}}.$$

L'identité (11.1) est établie. $\qquad\qquad\qquad\qquad\qquad\qquad\qquad\qquad \square$

Les fonctions

$$\tau, \sigma : \hat{\Omega} \longrightarrow \mathbb{R}_+$$

$$\left. \begin{array}{l} \omega \longmapsto \tau(\omega) = x_0 \\ \omega \longmapsto \sigma(\omega) = y_0 \end{array} \right\} \text{ si } \omega = (x_n, y_n)$$

sont mesurables, et pour $n \in \mathbb{Z}$, $\left((\tau, \sigma), (\tau \circ \hat{\theta}, \sigma \circ \hat{\theta}), \dots, (\tau \circ \hat{\theta}^n, \sigma \circ \hat{\theta}^n) \right)$ a même loi que la suite initiale $((\tau_0, \sigma_0), (\tau_1, \sigma_1), \dots, (\tau_n, \sigma_n))$. En particulier la loi de τ (resp. σ) est la loi commune des interarrivées τ_n (resp. des services σ_n).

L'espace $\hat{\Omega}$ ainsi construit est l'espace des interarrivées et des services des clients. L'application σ est le service du client d'indice 0 et τ est l'interarrivée avec le prochain client qui arrive après celui-ci. L'application $\hat{\theta}$ fait passer d'un client au client qui le suit dans l'ordre des arrivées : $\sigma = \sigma_0$ (resp. $\tau = \tau_0$) et $\sigma \circ \hat{\theta} = \sigma_1$ (resp. $\tau \circ \hat{\theta} = \tau_1$). L'espace $(\hat{\Omega}, \hat{\mathcal{F}}, \hat{\mathbb{P}}, \hat{\theta})$ est habituellement appelé *l'espace de Palm du processus d'arrivée de clients.*

Hypothèse. Dans toute la suite, on suppose que $\hat{\theta}$ est une transformation ergodique, les variables σ et τ sont $\hat{\mathbb{P}}$-intégrables et $\hat{\mathbb{P}}(\tau > 0) = 1$.

La condition $\hat{\mathbb{P}}(\tau > 0) = 1$ n'est pas cruciale, elle interdit presque sûrement les arrivées simultanées, $\cup_n \{\tau_n = 0\}$. Cela ne change pas la généralité des résultats, mais simplifie la formulation et la démonstration de ceux-ci.

Il reste à définir une origine temporelle pour ce processus d'arrivée de clients, l'instant d'arrivée du premier client avant $t = 0$ par exemple. Celle-ci doit être choisie de telle sorte que la loi du processus d'arrivée soit la même quel que soit l'instant d'où l'on observe les arrivées. Formellement, le changement d'origine se définit avec les translations sur les mesures ponctuelles.

DÉFINITION 29. Pour une mesure ponctuelle $m \in \mathcal{M}_p(\mathbb{R} \times \mathbb{R}_+)$ sur $\mathbb{R} \times \mathbb{R}_+$ et $t \in \mathbb{R}$, on note $T^t m$, la mesure m translatée de t définie par

$$T^t m(f) = \int f(x - t)\, m(dx),$$

pour une fonction f mesurable bornée, si $x = (s, y) \in \mathbb{R} \times \mathbb{R}_+$ la quantité $x - t$ désigne l'élément $(s - t, y)$. Si $m = \{(u_n, y_n)\}$, la translatée de t de m est le processus ponctuel $T^t m = \{(u_n - t, y_n)\}$.

Noter que la translation ne s'effectue que sur la composante temporelle. La notion d'invariance par translation dans le temps peut alors s'exprimer de la façon suivante.

DÉFINITION 30. Un processus ponctuel $N = \{t_n, y_n\}$ sur $\mathcal{M}_p(\mathbb{R} \times \mathbb{R}_+)$ est dit stationnaire si sa loi est invariante par les opérateurs (T^t), ou encore

$$\mathbb{E}(f(\{t_n, y_n\})) = \mathbb{E}(f(\{t_n - t, y_n\})),$$

pour tout $t \in \mathbb{R}$, et toute fonctionnelle f mesurable positive sur $\mathcal{M}_p(\mathbb{R} \times \mathbb{R}_+)$.

Le corollaire 1.14 page 18 montre qu'un processus de Poisson d'intensité λ sur $\mathbb{R}$ est un processus ponctuel stationnaire.

Comme dans le chapitre sur les processus de Poisson, la suite des points d'un processus ponctuel ω sur $\mathbb{R}$ est représentée sous la forme d'une suite croissante $(t_n(\omega))$, telle que $t_0(\omega) \le 0 < t_1(\omega)$. Les $t_n, n \in \mathbb{Z}$ sont des fonctionnelles sur les processus ponctuels. La construction d'un processus ponctuel stationnaire avec des interarrivées et des services fixés est étudiée dans la section suivante.

3. Construction d'un processus ponctuel stationnaire

La suite croissante $(t_n(\xi))$, $\xi \in \hat{\Omega}$, des sommes partielles des $\tau \circ \hat{\theta}^k(\xi)$, $k \in \mathbb{Z}$ et les services associés est définie par

$$t_n(\xi) = \sum_{k=0}^{n-1} \tau \circ \hat{\theta}^k(\xi), \qquad n \ge 1;$$

$$t_0(\xi) = 0;$$

$$t_n(\xi) = -\sum_{k=n}^{-1} \tau \circ \hat{\theta}^k(\xi), \qquad n \le -1,$$

en particulier $t_1 = \tau$. L'hypothèse d'ergodicité de $\hat{\theta}$ et le théorème ergodique ponctuel (Théorème 10.9) montrent que $\hat{\mathbb{P}}$-presque sûrement

$$\lim_{n \to +\infty} \frac{t_n(\xi)}{n} = \hat{\mathbb{E}}(\tau) \text{ et } \lim_{n \to -\infty} \frac{t_n(\xi)}{n} = \hat{\mathbb{E}}(\tau),$$

d'où

$$\lim_{n \to +\infty} t_n(\xi) = +\infty \text{ et } \lim_{n \to -\infty} t_n(\xi) = -\infty.$$

La suite (t_n) n'a $\mathbb{P}$-presque sûrement pas de point d'accumulation fini, le processus $\{t_n\}$ est donc un processus ponctuel, il comporte de plus un point à l'origine en $t = 0$.

Le problème consiste à fixer une origine au processus ponctuel marqué sur l'espace $\mathbb{R} \times \mathbb{R}_+$,

$$\{\bar{t}_n(\xi)\} \stackrel{\text{def}}{=} \left\{ \left(t_n(\xi), \sigma \circ \hat{\theta}^n(\xi) \right) \right\}$$

de façon à obtenir l'invariance par translation dans le temps. L'existence d'une variable aléatoire U telle que pour tout $t \in \mathbb{R}$

$$\{\bar{t}_n(\xi) - U + t\} \stackrel{\text{loi}}{=} \{\bar{t}_n(\xi) - U\}$$

résoudrait cette difficulté. Rigoureusement cela se formule de la façon suivante : pour $K \in \mathbb{N}$, si U_K est une variable aléatoire uniforme sur $[t_{-K}(\xi), t_K(\xi)]$, la proposition suivante montre que le processus ponctuel $\{\bar{t}_n(\xi) - U_K\}$ converge en loi vers un processus ponctuel ayant la propriété d'invariance par translation.

PROPOSITION 11.2. *Le processus ponctuel marqué*

$$\{\bar{t}_n(\xi) - U_K\} = \left\{ \left(t_n(\xi) - U_K, \sigma \circ \hat{\theta}^n(\xi) \right) \right\}$$

converge en loi quand K tend vers l'infini vers un processus ponctuel stationnaire dont la loi $\mathbb{Q}$ est donnée par

$$(11.2) \qquad \mathbb{Q}(f) = \frac{1}{\hat{\mathbb{E}}(t_1)} \int_{\hat{\Omega}} d\hat{\mathbb{P}}(\xi) \int_0^{t_1(\xi)} f\left(\{\bar{t}_n(\xi) - x\} \right) dx,$$

si f est une fonctionnelle mesurable bornée définie sur les processus ponctuels.

DÉMONSTRATION. La quantité $m_K(f)$ désigne l'espérance de $f(\{\bar{t}_n - U_K\})$ conditionnellement au processus ponctuel $\{\bar{t}_n\}$. Le point U_K ayant une loi uniforme sur $[t_{-K}, t_K]$, il vient

$$m_K(f) = \frac{1}{t_K - t_{-K}} \int_{t_{-K}}^{t_K} f\left(\{\bar{t}_n - x\} \right) dx$$

$$= \frac{1}{t_K - t_{-K}} \sum_{k=-K}^{K-1} \int_{t_k}^{t_{k+1}} f\left(\{\bar{t}_n - x\} \right) dx$$

$$(11.3) \qquad = \frac{1}{t_K - t_{-K}} \sum_{k=-K}^{K-1} \int_0^{t_{k+1}-t_k} f\left(\{\bar{t}_n - t_k - x\} \right) dx.$$

D'après la définition des $\bar{t}_n(\xi)$, pour $k, n \geq 0$,

$$\bar{t}_n - t_k = \left(\sum_k^{n-1} \tau \circ \hat{\theta}^i, \sigma \circ \hat{\theta}^n \right) = \left(\sum_0^{n-k-1} \tau \circ \hat{\theta}^{i+k}, \sigma \circ \hat{\theta}^n \right),$$

et comme $\hat{\theta}^{i+k} = \hat{\theta}^i \circ \hat{\theta}^k$,

(11.4) $\bar{t}_n - t_k = \bar{t}_{n-k} \circ \hat{\theta}^k$.

Cette relation se montre de la même façon pour n négatif. En utilisant (11.3), il vient

$$m_K(f) = \frac{1}{t_K - t_{-K}} \sum_{k=-K}^{K-1} \int_0^{t_1 \circ \hat{\theta}^k} f(\{\bar{t}_{n-k} - x\} \circ \hat{\theta}^k)\, dx.$$

En posant $g = \int_0^{t_1} f(\{\bar{t}_n - x\})\, dx$ et en remarquant maintenant que le processus ponctuel $\{\bar{t}_{n-k} - x\}$ est identique au processus ponctuel $\{\bar{t}_n - x\}$ (la numérotation n'a aucune importance), la quantité $m_K(f)$ peut se réécrire comme

$$m_K(f) = \sum_{k=-K}^{K-1} g \circ \hat{\theta}^k \Bigg/ \sum_{k=-K}^{K-1} t_1 \circ \hat{\theta}^k.$$

La fonction g étant intégrable, l'ergodicité de $\hat{\theta}$ et le théorème ergodique ponctuel montrent que la quantité

$$\sum_{k=-K}^{K-1} g \circ \hat{\theta}^k \Bigg/ \sum_{k=-K}^{K-1} t_1 \circ \hat{\theta}^k$$

converge $\hat{\mathbb{P}}$-presque sûrement vers $\hat{\mathbb{E}}(g)/\hat{\mathbb{E}}(t_1)$ quand K tend vers l'infini. La variable $m_K(f)$ étant $\hat{\mathbb{P}}$-presque sûrement majorée par $\|f\|_\infty$, l'application du théorème de convergence dominée donne

$$\lim_{K \to +\infty} \hat{\mathbb{E}}(m_K(f)) = \frac{1}{\hat{\mathbb{E}}(t_1)} \hat{\mathbb{E}}\left(\int_0^{t_1} f(\{\bar{t}_n - x\})\, dx \right).$$

Il reste à prouver que la loi de $\mathbb{Q}$ est invariante par les translations (T^t). Pour $t \in \mathbb{R}$, la translation $T^t : \mathcal{M}_p(\mathbb{R} \times \mathbb{R}_+) \to \mathcal{M}_p(\mathbb{R} \times \mathbb{R}_+)$ est continue, la loi du processus ponctuel

$$\{\bar{t}_n - U_K - t\} = T^t\left(\{\bar{t}_n - U_K\}\right)$$

converge donc vers $T^t \mathbb{Q}$ le translaté de $\mathbb{Q}$ quand $K \to +\infty$.

Les variables $U_K, U_K + t$ sont uniformément distribuées sur un intervalle contenant $I_K = [t_{-K}(\xi) + t, t_K(\xi)]$. Ainsi, conditionnellement à ce que ces variables soient dans I_K, elles sont distribuées comme V_K, une variable uniforme sur I_K. On en déduit les relations

$$\hat{\mathbb{E}}\left(f(\{\bar{t}_n - U_K - t\}) \right)$$

$$= \hat{\mathbb{E}}\left(f\left(\{\bar{t}_n - (U_K + t)\} 1_{\{U_K + t \in I_K\}}\right) \right) + o\left(\hat{\mathbb{P}}(U_K + t \notin I_K) \right)$$

$$= \hat{\mathbb{P}}(U_K + t \in I_K) \hat{\mathbb{E}}\left(f(\{\bar{t}_n - V_K\}) \right) + o\left(\hat{\mathbb{P}}(U_K + t \notin I_K) \right).$$

De la même façon

$$\hat{\mathbb{E}}\left(f(\{\bar{t}_n - U_K\}) \right) = \hat{\mathbb{P}}(U_K \in I_K) \hat{\mathbb{E}}\left(f(\{\bar{t}_n - V_K\}) \right) + o\left(\hat{\mathbb{P}}(U_K \notin I_K) \right),$$

en utilisant que

$$\lim_{K \to +\infty} \hat{\mathbb{P}}(U_K + t \in I_K) = \lim_{K \to +\infty} \hat{\mathbb{P}}(U_K \in I_K) = 1,$$

on en déduit que

$$\mathbb{Q}(f) = \lim_{K \to +\infty} \hat{\mathbb{E}}(f(\{\bar{t}_n - U_K\})) = \lim_{K \to +\infty} \hat{\mathbb{E}}(f(\{\bar{t}_n - U_K - t\})) = T^t \mathbb{Q}(f),$$

ce qui achève la démonstration de la proposition.   □

COROLLAIRE 11.3. *Le triplet* $(\mathcal{M}_p(\mathbb{R} \times \mathbb{R}_+), \mathbb{Q}, (T^t))$ *est un système dynamique, au sens où*

- *pour* $t \in \mathbb{R}$, $T^t : \mathcal{M}_p(\mathbb{R} \times \mathbb{R}_+) \to \mathcal{M}_p(\mathbb{R} \times \mathbb{R}_+)$ *est une bijection,*
- *l'application* $(t, m) \to T^t(m)$ *est mesurable de* $\mathbb{R} \times \mathcal{M}_p(\mathbb{R} \times \mathbb{R}_+)$ *vers l'ensemble des mesures ponctuelles* $\mathcal{M}_p(\mathbb{R} \times \mathbb{R}_+)$, *les deux ensembles étant munis de leurs tribus boréliennes,*
- *si* $s, t \in \mathbb{R}$, $T^t \circ T^s = T^{t+s}$,
- *la probabilité* $\mathbb{Q}$ *est invariante par* (T^t), $T^t \mathbb{Q} = \mathbb{Q}$ *pour tout* $t \in \mathbb{R}$.

L'espace de référence associé à la loi $\mathbb{Q}$ sur les processus ponctuels est maintenant défini.

L'espace de probabilité du processus ponctuel stationnaire. La proposition précédente suggère d'ajouter une variable aléatoire X à l'espace $\hat{\Omega}$ telle que

$$0 \le X < t_1(\xi),$$

de façon à ce que le processus ponctuel $\{\bar{t}_n(\xi) - X\}$ ait pour loi $\mathbb{Q}$. Cela peut se faire en considérant l'extension suivante de $\hat{\Omega}$:

a) l'espace de probabilité Ω est défini comme suit,

(11.5) $$\Omega = \hat{\Omega} \times [0, t_1[= \{(\xi, x) / \xi \in \hat{\Omega} \text{ et } 0 \le x < t_1(\xi)\},$$

b) l'ensemble Ω est muni de la tribu $\mathcal{F}$, restriction à Ω de la tribu produit $\hat{\mathcal{F}} \otimes \mathcal{B}(\mathbb{R}_+)$,

c) en utilisant (11.2), il est naturel de définir la probabilité $\mathbb{P}$ sur Ω par

(11.6) $$\mathbb{E}(f) = \int_\Omega f(\xi, x) \, d\mathbb{P}(\xi, x) \overset{\text{def}}{=} \frac{1}{\hat{\mathbb{E}}(t_1)} \int_{\hat{\Omega}} d\hat{\mathbb{P}}(\xi) \int_0^{t_1(\xi)} f(\xi, x) \, dx,$$

pour une fonction f mesurable de $\Omega \to \mathbb{R}_+$.

Au couple $\omega = (\xi, x)$ on associe le processus ponctuel

$$N(\omega, du) = \{\bar{t}_n(\omega)\} \overset{\text{def}}{=} \{\bar{t}_n(\xi) - x\},$$

de façon équivalente, pour $n \in \mathbb{Z}$ et $\omega = (\xi, x) \in \Omega$,

$$\bar{t}_n(\omega) = \left(t_n(\xi) - x, \sigma \circ \hat{\theta}^n(\xi)\right).$$

Pour ce processus ponctuel, le premier point à gauche de 0 est en $\bar{t}_0(\omega) = -x$, et $(\tau(\hat{\theta}^n(\xi)))$ donne la suite des interarrivées à partir de ce point. De cette façon, le processus ponctuel N a pour loi $\mathbb{Q}$ avec la probabilité $\mathbb{P}$ sur Ω : si f est une fonctionnelle mesurable positive sur $\mathcal{M}_p(\mathbb{R} \times \mathbb{R}_+)$, alors

$$\mathbb{E}(N(\omega, f)) = \mathbb{E}\left(f(\{\bar{t}_n(\xi) - x\})\right)$$

$$= \frac{1}{\hat{\mathbb{E}}(t_1)} \int_{\hat{\Omega}} d\hat{\mathbb{P}}(\xi) \int_0^{t_1(\xi)} f\left(\{\bar{t}_n(\xi) - x\}\right) dx = \mathbb{Q}(f).$$

Ceci entraîne donc que le processus ponctuel N est stationnaire.

La translation T^t de ce processus ponctuel donne lieu à une transformation θ^t de $\omega = (\xi, x)$ dans Ω, de telle sorte que le processus ponctuel associé à $\theta^t(\omega)$ soit le translaté de t du processus ponctuel N,

$$(11.7) \qquad N(\theta^t(\omega), du) = T^t(N(\omega, du)) = \{\bar{t}_n(\xi) - x - t\} = \{\bar{t}_n(\omega) - t\}.$$

En effet si $k \in \mathbb{Z}$ est l'unique entier tel que $t_k(\omega) \leq t < t_{k+1}(\omega)$. Le processus ponctuel $T^t(N(\omega, du))$ a son origine en t; le premier point sur sa gauche est en $t_k(\omega) - t$, et le point suivant est à distance

$$t_{k+1}(\omega) - t - (t_k(\omega) - t) = t_{k+1}(\xi) - t_k(\xi) = \tau(\hat{\theta}^k(\xi)).$$

Les points de ce processus ponctuel s'obtiennent avec les interarrivées

$$\left(\tau \circ \hat{\theta}^{n+k}(\xi)\right) = \left(\tau \circ \hat{\theta}^n(\hat{\theta}^k(\xi))\right),$$

le n-ième point du processus translaté se trouve donc en $t_{n+k}(\omega) - t$. En posant

d)

$$(11.8) \qquad \theta^t(\omega) = \left(\hat{\theta}^k(\xi), x + t - t_k(\xi)\right), \quad \text{si } t_k(\xi) - x \leq t < t_{k+1}(\xi) - x,$$

alors $\theta^t(\omega) \in \Omega$ et le processus ponctuel est bien $T^t N(\omega, du)$, l'identité (11.7) est donc vérifiée. Au passage, c'est l'unique point de Ω vérifiant cette propriété (les interarrivées et le premier point à gauche de 0 déterminent le point de Ω). Il est clair que $(\omega, t) \to \theta^t(\omega)$ est une application mesurable de $\Omega \times \mathbb{R}$ dans Ω. Pour $s, t \in \mathbb{R}$, d'après (11.7),

$$N(\theta^{t+s}(\omega), dx) = T^{t+s}(N(\omega, dx)) = T^t(T^s(N(\omega, dx))),$$

d'après le corollaire 11.3, d'où

$$N(\theta^{t+s}(\omega), dx) = T^t(N(\theta^s(\omega), dx)) = N(\theta^t(\theta^s(\omega)), dx),$$

la relation (11.7) montre que (θ^t) satisfait la relation de groupe,

$$(11.9) \qquad \qquad \theta^{t+s}(\omega) = \theta^t \circ \theta^s(\omega).$$

Le processus $\{t_n(\omega)\}$ est $\mathbb{P}$-presque sûrement ponctuel puisque $\hat{\mathbb{P}}$-presque sûrement $|t_n(\xi)|$ converge vers $+\infty$ quand n tend vers l'infini. Sur l'ensemble de probabilité nulle (pour la probabilité $\mathbb{P}$) où ceci n'est pas vrai, le processus N est la mesure nulle, de cette façon N sera bien un processus ponctuel.

La proposition suivante résume les propriétés de l'espace ainsi construit.

PROPOSITION 11.4. *Si $(\Omega, P, (\theta^t))$ est défini par (11.5), (11.6) et (11.8), le processus ponctuel stationnaire*

$$N : (\Omega, P, (\theta^t)) \to (\mathcal{M}_p(\mathbb{R} \times \mathbb{R}_+), \mathbb{Q}, (T^t))$$

$$\omega = (\xi, x) \longmapsto N(\omega, du) = \{\bar{t}_n(\omega)\} = \{\bar{t}_n(\xi) - x\}$$

est un isomorphisme de systèmes dynamiques au sens où

a) *N est bijective,*

b) *l'image de $\mathbb{P}$ par N vaut $\mathbb{Q}$,*

c) *le processus ponctuel N commute avec (θ^t),*

(11.10) $$N(\theta^t(\omega), dx) = T^t N(\omega, dx), \qquad \omega \in \Omega,$$

ou encore, pour tout $n \in \mathbb{Z}$,

(11.11) $$t_n(\theta^t(\omega)) = t_{n+k}(\omega) - t,$$

où k est l'unique entier tel que $t_k(\omega) \le t < t_{k+1}(\omega)$.

L'espace de probabilité obtenu avec les définitions (11.5), (11.6) et (11.8) est une construction classique de théorie ergodique, voir le chapitre 10. C'est le système dynamique à temps continu associé au système dynamique discret $(\hat{\Omega}, \hat{P}, \hat{\theta})$ et à la fonction τ; on l'appelle *tour* de hauteur t_1. La construction d'un processus ponctuel stationnaire avec un espace de Palm fixé revient donc à construire le flot associé à la fonction τ (voir la définition et certaines propriétés des tours page 262).

4. Les relations entre $(\Omega, \mathbb{P}, (\theta^t))$ et $(\hat{\Omega}, \hat{\mathbb{P}}, \hat{\theta})$

Plongement de $\hat{\Omega}$ dans Ω. L'espace $\hat{\Omega}$ se plonge de façon naturelle par la fonction ϕ dans l'espace $(\Omega, \mathcal{F}, P)$,

$$\phi : \hat{\Omega} \to \Omega$$

$$\xi \to (\xi, 0).$$

Par la suite on identifiera $\hat{\Omega}$, $\hat{\theta}$, $\hat{\mathbb{P}}$, et les fonctions σ, t_1, à leur image par ϕ : si f est mesurable positive sur Ω, on pose

$$\int_{\hat{\Omega}} f \, d\hat{\mathbb{P}} = \int_{\hat{\Omega}} f(\xi, 0) \, d\hat{\mathbb{P}}(\xi),$$

et $\hat{\theta}(\xi, 0) = (\hat{\theta}(\xi), 0)$.

Le processus ponctuel associé à l'élément $\omega = (\xi, 0)$, n'est autre que le processus ponctuel $\{\bar{t}_n(\xi)\}$ avec un point en 0. L'ensemble $\hat{\Omega}$ est donc le sous-espace de Ω sur lequel le processus ponctuel stationnaire N charge le point 0. En utilisant les définitions de θ^t et de t_n, il est clair que pour $n \in \mathbb{Z}$,

(11.12) $$\theta^{t_n}(\omega) = (\hat{\theta}^n(\xi), 0) \in \hat{\Omega}.$$

L'application $\theta^{t_n} : \Omega \to \Omega$ est donc à valeurs dans $\hat{\Omega}$. Si $0 \le x < t_1(\xi)$, la relation (11.8) nous donne, pour $\omega = (\xi, 0) \in \hat{\Omega}$,

$$\theta^x(\omega) = (\xi, x).$$

En considérant l'espace $\hat{\Omega}$ comme un sous-ensemble de Ω, la relation (11.6) reliant $\mathbb{P}$ et $\hat{\mathbb{P}}$ peut donc se réécrire de la façon suivante.

PROPOSITION 11.5. *Si f est une fonction mesurable positive sur Ω alors*

$$(11.13) \qquad \int f \, d\mathbb{P} = \frac{1}{\hat{\mathbb{E}}(t_1)} \int_{\hat{\Omega}} \int_0^{t_1(\omega)} f(\theta^s(\omega)) \, ds \, d\hat{\mathbb{P}}.$$

La formule ci-dessous, due à Mecke[27], donne la relation inverse, i.e. la probabilité $\hat{\mathbb{P}}$ en fonction de la probabilité $\mathbb{P}$.

PROPOSITION 11.6 (Formule de Mecke). *Le processus ponctuel marqué N est stationnaire et vérifie*

$$(11.14) \qquad \mathbb{E}\left(\int_{\mathbb{R} \times \mathbb{R}_+} f(\theta^t(\omega), t, y) \, N(\omega, dt, dy) \right) = \lambda \int \int_{\mathbb{R}} f(\omega, t, \sigma(\omega)) \, dt \, d\hat{\mathbb{P}},$$

où $\lambda = 1/\hat{\mathbb{E}}(t_1)$ et f est une application mesurable positive sur $\Omega \times \mathbb{R} \times \mathbb{R}_+$.

On déduit de cette proposition le corollaire suivant.

COROLLAIRE 11.7. *Si f est une fonction mesurable $\Omega \to \mathbb{R}_+$, $t \in \mathbb{R}$, alors*

$$(11.15) \qquad \mathbb{E}\left(\int_0^t f(\theta^u(\omega)) \, N(\omega, du) \right) = \lambda \hat{\mathbb{E}}(f) t,$$

et si $g : \mathbb{R} \to \mathbb{R}_+$ est borélienne,

$$(11.16) \qquad \mathbb{E}\left(\int g(t) \, N(\omega, dt) \right) = \lambda \int g(t) \, dt;$$

en particulier pour $a \le b \in \mathbb{R}$, alors $\mathbb{E}(N[a,b]) = \lambda(b - a)$, avec

$$N[a,b] = \int_{[a,b]} N(\omega, dt)$$

désignant le nombre de points de N dans l'intervalle $[a,b]$.

Suivant la définition 2 du chapitre 1, le processus ponctuel N est d'intensité $\lambda \, dx$. La mesure de Lebesgue étant implicite pour les processus ponctuels stationnaires, on dira que N est d'*intensité λ*.

PREUVE DE LA PROPOSITION 11.6. Si $\omega = (\xi, x) \in \Omega$,

$$\int_{\mathbb{R} \times \mathbb{R}_+} f(\theta^t(\omega), t, y) \, N(\omega, dt, dy) = \sum_n f\left(\theta^{t_n}(\omega), t_n(\omega), \sigma \circ \hat{\theta}^n(\xi) \right),$$

l'identité (11.12) donne

$$\int_{\mathbb{R} \times \mathbb{R}_+} f(\theta^t(\omega), t, y) \, N(\omega, dt, dy) = \sum_n f\left((\hat{\theta}^n(\xi), 0), -x + t_n(\xi), \sigma \circ \hat{\theta}^n(\xi) \right).$$

[27] J. Mecke, *Stationäre zufällige Masse auf lokalkompakten Abelschen Gruppen*, Zeitschrift für Wahrscheinlichkeitstheorie und verw. Geb. 9 (1967), 36–58.

D'après la relation (11.6), l'espérance pour $\mathbb{P}$ de la quantité précédente vaut

$$(11.17) \qquad \mathbb{E}\left(\int_{\mathbb{R} \times \mathbb{R}_+} f(\theta^t(\omega), t, y) \, N(\omega, dt, dy) \right)$$

$$= \lambda \hat{\mathbb{E}} \left(\int_0^{t_1(\xi)} dx \int f(\theta^t(\omega), t, y) \, N(\omega, dt, dy) \right)$$

$$(11.18) \qquad = \lambda \hat{\mathbb{E}} \left(\sum_n \int_{t_n(\xi) - t_1(\xi)}^{t_n(\xi)} f((\hat{\theta}^n(\xi), 0), x, \sigma \circ \hat{\theta}^n(\xi)) \, dx \right).$$

Comme $t_n(\xi) - t_1(\xi) = t_{n-1} \circ \hat{\theta}(\xi)$, pour $n \in \mathbb{Z}$ on a

$$\hat{\mathbb{E}} \left(\int_{t_n(\xi) - t_1(\xi)}^{t_n} f((\hat{\theta}^n(\xi), 0), x, \sigma \circ \hat{\theta}^n(\xi)) \, dx \right)$$

$$= \int_{\mathbb{R}} \hat{\mathbb{E}} \left(1_{\{t_{n-1} \circ \hat{\theta}(\xi) \leq x \leq t_n\}} f((\hat{\theta}^n(\xi), 0), x, \sigma \circ \hat{\theta}^n(\xi)) \right) \, dx,$$

et ce dernier terme est, par invariance de $\hat{\theta}$ pour $\hat{\mathbb{P}}$,

$$\int_{\mathbb{R}} \hat{\mathbb{E}} \left(1_{\{t_{n-1} \circ \hat{\theta}^{-(n-1)}(\xi) \leq x \leq t_n \circ \hat{\theta}^{-(n)}(\xi)\}} f((\xi, 0), x, \sigma(\xi)) \right) \, dx.$$

La relation (11.18) devient donc

$$\mathbb{E}\left(\int_{\mathbb{R} \times \mathbb{R}_+} f(\theta^t(\omega), t, y) \, N(\omega, dt, dy) \right)$$

$$= \lambda \hat{\mathbb{E}} \left(\sum_{n \in \mathbb{Z}} \int_{t_{n-1} \circ \hat{\theta}^{-(n-1)}(\xi)}^{t_n \circ \hat{\theta}^{-n}(\xi)} f(\xi, x, \sigma(\xi)) \, dx \right).$$

En sommant les intégrales entre les parenthèses, on obtient l'identité (11.14). $\quad \square$

L'identité (11.14), la formule de Mecke est la plupart du temps utilisée pour définir la mesure de Palm du processus ponctuel stationnaire N. La procédure est inverse de celle qui a été utilisée ici. Un processus ponctuel stationnaire est donné, on montre via (11.14), l'existence de la probabilité de Palm et les principales propriétés de l'espace de Palm sont ensuite démontrées. Pour introduire le processus stationnaire d'arrivée de clients, il peut être plus naturel de partir des suites d'interarrivées et des services et d'utiliser une construction classique de théorie ergodique. De cette façon l'espace de Palm a une interprétation intuitive immédiate.

Il arrive cependant que le processus ponctuel stationnaire soit défini d'emblée, pour la superposition de processus ponctuels stationnaires par exemple, l'espace de Palm n'étant pas toujours commode à expliciter. L'appendice traite cette situation. Pour notre cadre, la définition suivante permet de résoudre cette petite difficulté.

DÉFINITION 31. Si N est un processus ponctuel sur un espace de probabilité $(\Omega, P, (\theta^t))$ tel que la relation (11.14) est vérifiée pour une probabilité $\hat{\mathbb{P}}$ sur Ω, alors cette probabilité est appelée probabilité de Palm du processus ponctuel.

Il est clair d'après la relation (11.14) que la probabilité de Palm est unique.

Conditionnement au voisinage de 0. Pour le moment, un processus ponctuel stationnaire a été construit à partir d'une suite stationnaire ergodique. Il n'est cependant pas exclu que d'autres constructions soient possibles. L'intuition voudrait toutefois que si on conditionne le processus ponctuel stationnaire à avoir un point dans un voisinage de 0, on retrouve le processus ponctuel initial $(t_n(\xi))$. Nous allons montrer cette propriété pour le processus N. Les questions d'unicité sont traitées dans l'appendice.

D'après la proposition 11.2 la distribution de N est la limite en loi (sous $\hat{\mathbb{P}}$) quand K tend vers l'infini des processus ponctuels $\{t_n(\xi) - U_K\}$. La variable U_K est uniforme sur l'intervalle $[t_{-K}(\xi), t_K(\xi)]$ et joue le rôle de l'origine de ces processus ponctuels. Pour N fixé, en conditionnant l'origine U_K à être dans un petit voisinage d'un des $t_n(\xi)$, la loi du processus ponctuel $\{\bar{t}_n(\xi) - U_K\}$ va être proche de $\hat{\mathbb{P}}$, la loi du processus ponctuel $\{\bar{t}_n(\xi)\}$ avec un point à l'origine. En supposant que cette approximation passe à la limite quand K tend vers l'infini, la loi $\mathbb{P}$ (la loi du processus ponctuel N) conditionnée à avoir un point dans un voisinage de l'origine vaut asymptotiquement $\hat{\mathbb{P}}$, la loi de $\{\bar{t}_n(\xi)\}$, quand la taille du voisinage tend vers 0. La proposition suivante établit ce résultat rigoureusement.

PROPOSITION 11.8. *Si f est une fonction mesurable bornée définie sur Ω telle que $t \to f(\theta^t(\omega))$ soit $\hat{\mathbb{P}}$-presque sûrement continue à droite en $t = 0$, alors*

$$\lim_{x \to 0^+} \mathbb{E}\left(f \mid N[-x, 0] \neq 0 \right) = \hat{\mathbb{E}}(f).$$

DÉMONSTRATION. Si $x > 0$, la relation (11.13) nous donne

$$\mathbb{E}(f 1_{\{N[-x,0] \neq 0\}}) = \lambda \hat{\mathbb{E}} \left(\int_0^{t_1} f \, 1_{\{N[-x,0] \neq 0\}}(\theta^s(\omega)) \, ds \right)$$

$$= \lambda \hat{\mathbb{E}} \left(\int_0^{t_1} f(\theta^s(\omega)) 1_{\{N[s-x,s] \neq 0\}} \, ds \right),$$

d'après l'identité (11.10). Sur $\hat{\Omega}$, pour $0 \leq s < t_1$, on a $N[s - x, s] \neq 0$ si et seulement si 0 est dans l'intervalle $[s - x, s]$,

$$\mathbb{E}(f \mid N[-x, 0] \neq 0) = \hat{\mathbb{E}} \left(\int_0^{x \wedge t_1} f(\theta^s(\omega)) \, ds \right) \Big/ \hat{\mathbb{E}}(x \wedge t_1),$$

$$\mathbb{E}(f \mid N[-x, 0] \neq 0) = \hat{\mathbb{E}} \left(\frac{1}{x} \int_0^{x \wedge t_1} f(\theta^s(\omega)) \, ds \right) \Big/ \hat{\mathbb{E}}(1 \wedge t_1/x).$$

D'après la continuité de f, $\lim_{x \to 0} 1/x \int_0^x f(\theta^s(\omega)) \, ds = f(\omega)$. Le théorème de convergence dominée de Lebesgue permet de conclure. $\qquad\square$

La proposition 1.15 sur les processus de Poisson peut donc se reformuler de la façon suivante : un processus de Poisson $\mathcal{N}$ a pour mesure de Palm la loi de $\mathcal{N} + \delta_0$.

COROLLAIRE 11.9.

a) *Si A est un borélien de Ω, alors*

$$\lim_{t \to 0^+} \mathbb{P}(\theta^{t_1} \in A \mid N[-t, 0] \neq 0) = \hat{\mathbb{P}}(A).$$

b) *Quand $t \to 0^+$, la loi conditionnelle de t_1 sachant $N[-t, 0] \neq 0$ sous $\mathbb{P}$ converge vers la loi de t_1 sous $\hat{\mathbb{P}}$.*

DÉMONSTRATION. En se rappelant que $t_1 > 0$, $\mathbb{P}$-presque sûrement, pour $t > 0$, assez petit, $t_1(\theta^t(\omega)) = t_1(\omega) - t$. Par conséquent, si g est une fonction continue bornée sur $\mathbb{R}$, la fonction $f(\omega) = g(t_1(\omega))$ satisfait les hypothèses de la proposition précédente. On en déduit que

$$\lim_{t \to 0} \mathbb{E}(f \mid N[-t, 0] \neq 0) = \hat{\mathbb{E}}(f) = \hat{\mathbb{E}}(g(t_1)),$$

ce qui montre la convergence en distribution et donc b). En développant soigneusement, et en utilisant les propriétés de (θ^t) et l'expression précédente de $t_1(\theta^t(\omega))$, pour t assez petit on obtient l'égalité

$$\theta^{t_1}(\theta^t(\omega)) = \theta^{t_1(\theta^t(\omega))}(\theta^t(\omega)) = \theta^{t_1(\theta^t(\omega)) + t}(\omega) = \theta^{t_1(\omega)}(\omega).$$

La fonction $t \to 1_{\{\theta^{t_1} \in A\}}(\theta^t(\omega))$ est donc $\mathbb{P}$-presque sûrement continue à droite. La proposition précédente peut s'appliquer, ce qui achève la démonstration du corollaire. $\square$

5. Loi jointe des arrivées des clients autour de $t = 0$

Si f désigne une fonctionnelle mesurable bornée sur $\mathbb{R}_+ \times \mathbb{R}^{\mathbb{Z}}$, la relation (11.13) donne

$$\mathbb{E}\left(f(-t_0, (\bar{t}_n - t_0))\right) = \lambda \hat{\mathbb{E}}\left(\int_0^{t_1} f\left(-t_0(\theta^u), (\bar{t}_n - t_0)(\theta^u)\right) du\right),$$

d'après l'identité (11.8), $\bar{t}_n(\theta^u) = \bar{t}_n - u$, pour $n \in \mathbb{Z}$ et $0 \leq u < t_1$, et comme $t_0 = 0$ sur $\hat{\Omega}$,

$$\mathbb{E}\left(f(-t_0, (\bar{t}_n - t_0))\right) = \lambda \hat{\mathbb{E}}\left(\int_0^{t_1} f(-u, (\bar{t}_n)) du\right).$$

On obtient donc la proposition suivante.

PROPOSITION 11.10. *Si f est une fonctionnelle mesurable bornée sur l'espace $\mathbb{R}_+ \times \mathbb{R}^{\mathbb{Z}}$,*

$$(11.19) \qquad \mathbb{E}\left(f(-t_0, (\bar{t}_n - t_0))\right) = \lambda \hat{\mathbb{E}}\left(\int_0^{t_1} f(-u, (\bar{t}_n)) du\right).$$

En particulier, la loi jointe des dates d'arrivées des points juste avant et juste après l'instant $t = 0$ est donnée par

$$(11.20) \qquad \mathbb{E}(g(t_0, t_1)) = \lambda \hat{\mathbb{E}} \left(\int_0^\tau g(-u, \tau - u) \, du \right),$$

si g est une fonction borélienne positive sur $\mathbb{R}_- \times \mathbb{R}_+$.

La relation (11.19) n'est autre que la relation (11.2) reformulée dans le cadre de l'espace Ω.

Si g est une fonction borélienne positive sur $\mathbb{R}_+$,

(11.21)

$$\mathbb{E}(g(-t_0)) = \mathbb{E}(g(t_1)) = \lambda \int \tau(dx) \int_0^x g(u) \, du = \lambda \int g(u) \hat{\mathbb{P}}(\tau \geq u) \, du,$$

Les variables $t_1, -t_0$ ont donc pour densité $\hat{\mathbb{P}}(\tau \geq t)/\hat{\mathbb{E}}(\tau)$ par rapport à la mesure de Lebesgue.

Exemples de processus ponctuels stationnaires.

Les processus de renouvellement stationnaires. Si la suite $(\tau_n) = (\tau \circ \hat{\theta}^n)$ est i.i.d., la relation (11.19) donne la loi du processus ponctuel stationnaire associé. Si f et $g_n, n \in \mathbb{Z}$ sont des fonctions boréliennes positives sur $\mathbb{R}$, et alors

$$\mathbb{E} \left(f(-t_0) \prod_{n \in \mathbb{Z}} g_n((t_{n+1} - t_n)) \right) = \lambda \hat{\mathbb{E}} \left(\int_0^{t_1} f(-u) \prod_{n \in \mathbb{Z}} g_n((t_{n+1} - t_n)) \, du \right).$$

Sous $\hat{\mathbb{P}}$, la suite $(t_{n+1} - t_n) = (\tau \circ \hat{\theta}^n)$ est i.i.d. de même loi que τ et les $t_{n+1} - t_n$, $n \neq 0$ sont indépendants de $t_1 = \tau$. On en déduit

$$\mathbb{E} \left(f(-t_0) \prod_0^{+\infty} g_n((t_{n+1} - t_n)) \right) = \lambda \hat{\mathbb{E}} \left(\int_0^\tau f(-u) g_0(\tau - u) \, du \right) \prod_{n \neq 0} \hat{\mathbb{E}}(g_i(\tau)).$$

Pour construire le processus ponctuel stationnaire, il suffit donc de prendre deux variables aléatoires (t_0, t_1), indépendantes de la suite (τ_n), et dont la loi est donnée par (11.20). Notre processus ponctuel n'est autre que la superposition de deux processus de renouvellement, l'un sur le demi-axe positif, $(t_1 + \sum_1^n \tau_i; n \geq 0)$ et l'autre sur l'axe négatif $(t_0 - \sum_n^{-1} \tau_i; n \leq 0)$.

1. Processus de Poisson. Si τ est une variable aléatoire exponentielle de paramètre λ, la loi jointe de $(-t_0, t_1)$ est donnée par

$$\mathbb{E}(g(-t_0, t_1)) = \lambda \int_0^{+\infty} \lambda e^{-\lambda x} \, dx \int_0^x g(u, x - u) \, du$$

$$= \int_{\mathbb{R}_+ \times \mathbb{R}_+} \lambda e^{-\lambda u} \lambda e^{-\lambda v} g(u, v) \, du \, dv.$$

Les variables $-t_0, t_1$ sont donc indépendantes, de distribution exponentielle de paramètre λ. La loi de t_1 (resp. $-t_0$) est donc dans ce cas la même que celle des interarrivées.

2. Processus déterministe. Si $\tau_0 \equiv D$, alors t_1 est une variable U_D uniforme sur $[0, D]$ et $t_0 = D - t_1$. Les points du processus ponctuel stationnaire sont les $U_D + nD, n \in \mathbb{Z}$.

3. Processus pour lequel la variable t_1 n'est pas intégrable. Si τ_0 a pour densité $2/x^3 1_{\{x \geq 1\}}$ sous $\hat{\mathbb{P}}$, alors la loi de τ_0 a un premier moment fini. La densité de la variable t_1 sur $\mathbb{R}_+$ vaut $1/2 \inf(1/x^2, 1)$, en particulier la variable t_1 n'a pas de premier moment.

Les exemples a) et c) mettent en évidence un paradoxe ; l'interarrivée des clients autour de 0 de la version stationnaire a, dans le cas a), une moyenne double de la moyenne initiale des interarrivées, et dans le cas c), celle-ci n'est même pas intégrable. Si τ a un moment d'ordre 2, t_1 est intégrable puisque

$$\mathbb{E}(t_1) = \frac{1}{\hat{\mathbb{E}}(\tau)} \int_0^{+\infty} u \hat{\mathbb{P}}(\tau \geq u) \, du = \frac{\hat{\mathbb{E}}(\tau^2)}{2\hat{\mathbb{E}}(\tau)}.$$

En reprenant l'optique de la section 3, il est facile d'expliquer intuitivement ce paradoxe apparent. Quand on jette au hasard l'origine U_N sur $[t_{-N}(\xi), t_N(\xi)]$, ce point a une forte probabilité de tomber dans un grand intervalle séparant deux points du processus ponctuel. Si la variance est très grande (infinie dans le cas c)), le point tombera pratiquement toujours dans ces grands intervalles (qui alternent avec des tout petits), ce qui explique que l'intervalle autour de 0 soit en général plus grand. L'origine du processus ponctuel stationnaire déforme le processus ponctuel initial.

Un processus de renouvellement alterné. On considère deux suites i.i.d. et indépendantes (a_i), (b_i). Les lois respectives des variables aléatoires a_0, b_0 sont F et G. Les $a_i, i \in \mathbb{Z}$ représentent les durées des périodes de fonctionnement d'une machine, celles-ci alternent avec des périodes de panne dont les durées sont les $b_i, i \in \mathbb{Z}$. Pour avoir une description des instants de panne et de réparation il est bien sûr possible de se ramener au cas précédent en considérant le processus ponctuel des débuts de fonctionnement. Celui-ci est un processus de renouvellement associé à la suite i.i.d. $(a_i + b_i)$. Ce processus ponctuel ne donnera cependant pas les instants de début de panne. Il est commode ici de rajouter une marque σ qui vaut 0 ou 1 pour indiquer si c'est une période de panne qui commence ou non. On définit la loi de la suite (τ_n, σ_n) sur $(\mathbb{R} \times \{0, 1\})^{\mathbb{Z}}$ par

$$\hat{\mathbb{P}}(\sigma_0 = m) = 1/2, \text{ pour } m = 0, 1,$$

et conditionnellement à $\{\sigma_0 = 1\}$,

- pour $i \in \mathbb{Z}$, $\sigma_{2i} = 1$ et $\sigma_{2i+1} = 0$,
- les suites (τ_{2i}), (τ_{2i+1}) sont i.i.d. et indépendantes, de lois respectives F, G,

de la même façon, conditionnellement à $\{\sigma_0 = 0\}$,

- pour $i \in \mathbb{Z}$, $\sigma_{2i} = 0$ et $\sigma_{2i+1} = 1$,
- les suites (τ_{2i}), (τ_{2i+1}) sont i.i.d. et indépendantes, de lois respectives G, F.

Il est facile de vérifier que la suite (τ_n, σ_n) est stationnaire. Le processus ponctuel marqué stationnaire $N = \{t_n, m_n\}$ associé à cette suite est d'intensité

$$\lambda = \frac{1}{\mathbb{E}(\tau_0)} = \frac{1}{\mathbb{E}(a_0)/2 + \mathbb{E}(b_0)/2}.$$

L'identité (11.19) nous donne aussi la loi jointe suivante : si f est borélienne positive sur $\mathbb{R}^3$,

$$\mathbb{E}\left(f(-t_0, t_1, t_2 - t_1) 1_{\{\sigma_0 = 0\}} \right) = \frac{\lambda}{2} \mathbb{E}\left(\int_0^{b_0} f(-u, b_0 - u, a_1)\, du \right)$$

$$= \frac{\lambda}{2} \iint_{\mathbb{R} \times \mathbb{R}} G(dx) F(dy) \int_0^x f(-u, x - u, y)\, du.$$

En particulier la probabilité d'être dans une période de panne à l'instant $t = 0$ vaut

$$\mathbb{P}(\sigma_0 = 0) = \frac{\lambda}{2} \int_{\mathbb{R}} x G(dx) = \frac{\mathbb{E}(b_0)}{\mathbb{E}(a_0) + \mathbb{E}(b_0)}.$$

6. Propriétés des processus ponctuels stationnaires

Le système dynamique continu qui a été construit hérite de la propriété d'ergodicité du système dynamique discret initial.

PROPOSITION 11.11. *Le flot (θ^t) est ergodique sur $(\Omega, \mathcal{F}, \mathbb{P})$.*

DÉMONSTRATION. Il suffit d'utiliser la remarque après la proposition 11.4 et la proposition 10.15 page 262. $\qquad\square$

À partir de maintenant tous les processus ponctuels stationnaires $N = \{t_n\}$ seront définis sur l'espace de probabilité $(\Omega, \mathcal{F}, \mathbb{P}, (\theta^t))$ et vérifieront

(11.22) $$N(\theta^t(\omega), dx) = T^t N(\omega, dx),$$

pour tout $t \in \mathbb{R}$ et $\omega \in \Omega$.

6.1. Théorèmes limites.

PROPOSITION 11.12 (Théorème ergodique). *Si $f : \Omega \to \mathbb{R}_+$ est une fonction mesurable, alors*

$$\lim_{t \to +\infty} \frac{1}{t} \int_0^t f(\theta^s) N(\omega, ds) = \lambda \hat{\mathbb{E}}(f), \qquad \mathbb{P} - p.s.$$

DÉMONSTRATION. Si $Z_t(\omega) = \int_0^t f(\theta^u(\omega)) N(\omega, du)$, alors

$$Z_t(\theta^s(\omega)) = \int_0^t f(\theta^{u+s}(\omega)) N(\theta^s(\omega), du),$$

en utilisant la relation (11.10), on obtient

$$Z_t(\theta^s(\omega)) = \int_s^{t+s} f(\theta^u(\omega)) N(\omega, du).$$

ainsi $Z_{t+s} = Z_s + Z_t(\theta^s)$. La proposition précédente montre que le flot (θ^t) est ergodique, le théorème ergodique 10.13 pour les flots continus donne par conséquent, $\mathbb{P}$-presque sûrement

$$\lim_{t \to +\infty} \frac{1}{t} \int_0^t f(\theta^u(\omega)) \, N(\omega, du) = \mathbb{E}\left(\int_0^1 f(\theta^u(\omega)) \, N(\omega, du) \right),$$

et la relation (11.15) termine la démonstration,

$$\mathbb{E}\left(\int_0^1 f(\theta^u(\omega)) \, N(\omega, du) \right) = \lambda \hat{\mathbb{E}}(f).$$

$\square$

Les propriétés asymptotiques et infinitésimales des processus ponctuels stationnaires sont résumées dans la proposition suivante :

PROPOSITION 11.13. $\mathbb{P}$-*presque sûrement,*

a) $\lim_{t \to +\infty} N[0,t]/t = \lambda$,

b) $\lim_{n \to +\infty} t_n/n = 1/\lambda$,

et

c) $\lim_{t \to 0} \mathbb{P}(N[0,t] = 1)/t = \lambda$,

d) $\lim_{t \to 0} \mathbb{P}(N[0,t] \geq 2)/t = 0$.

DÉMONSTRATION. Le a) est une conséquence immédiate de la proposition précédente. Pour b) en remarquant que pour $x \geq 0$,

$$\{N]0,t] < xt\} = \{t_{\lfloor xt \rfloor} > t\} = \{t_{\lfloor xt \rfloor}/(xt) > 1/x\},$$

si $\lfloor z \rfloor$ est la partie entière de z. De la partie a), on déduit que $\mathbb{P}$-presque sûrement,

$$\liminf_{n \to +\infty} t_n/n \geq 1/\lambda.$$

L'inégalité inverse avec la limite supérieure se montre de la même façon.

D'après la relation (11.20),

$$\mathbb{P}(N[0,t] \geq 1) = \mathbb{P}(t_1 \leq t) = \lambda \hat{\mathbb{E}}(\tau \wedge t),$$

le théorème de convergence dominée de Lebesgue montre donc la convergence

(11.23) $$\lim_{t \to 0} \mathbb{P}(N[0,t] \geq 1)/t = \lambda.$$

De la même façon, en utilisant la relation (11.13), on obtient

$$\mathbb{P}(N[0,t] \geq 2) = \mathbb{P}(t_2 \leq t) = \lambda \hat{\mathbb{E}}\left(\int_0^{t_1} 1_{\{t_2(\theta^s) \leq t\}} \, ds \right).$$

En remarquant que $t_2(\theta^s) = t_2 - s$ pour $0 \leq s \leq t_1$,

$$\mathbb{P}(N[0,t] \geq 2) = \lambda \hat{\mathbb{E}}\left(\int_{\mathbb{R}_+} 1_{\{t_2 - t \leq s \leq t_1\}} \, ds \right) = \lambda \hat{\mathbb{E}}\left((t_1 - (t_2 - t)^+) \vee 0 \right),$$

$$\mathbb{P}(N[0,t] \geq 2)/ = \lambda \hat{\mathbb{E}}\left((1 - (t_2 - t_1)/t)^+ \wedge t_1/t \right).$$

D'après l'hypothèse initiale sur la fonction τ, $t_2 - t_1 = \tau \circ \hat\theta > 0$, $\hat{\mathbb{P}}$-presque sûrement et donc $(1 - (t_2 - t_1)/t)^+ \wedge t_1/t$ converge $\hat{\mathbb{P}}$-presque sûrement vers 0 quand t tend vers 0. On obtient d) par le théorème de Lebesgue et c) en utilisant d) et (11.23). □

La probabilité qu'un processus ponctuel stationnaire d'intensité λ ait un point dans intervalle de longueur h est de l'ordre de λh, pour h assez petit. Notons aussi, mais c'est une conséquence directe de la définition de $\mathbb{P}$, que la probabilité que le processus N ait un point en $t \in \mathbb{R}$ vaut 0.

6.2. Transformations des processus ponctuels stationnaires.

PROPOSITION 11.14 (Effacement). *Si A est un borélien de $\mathbb{R}$ et $X : \hat\Omega \to \mathbb{R}$ est une variable aléatoire mesurable telle que $\hat{\mathbb{P}}(X \in A) > 0$ alors le processus ponctuel*

$$N^A = \sum_{n \in \mathbb{Z}} 1_{\{X \circ \theta^{t_n} \in A\}}(\omega)\, \delta_{t_n}$$

est stationnaire d'intensité $\lambda\hat{\mathbb{P}}(X \in A)$ et sa mesure de Palm est donnée par

$$\frac{1}{\hat{\mathbb{P}}(X \in A)} \int_{X \in A} f \, d\hat{\mathbb{P}}.$$

DÉMONSTRATION. Si g est une fonction mesurable bornée sur $\mathbb{R} \times \mathbb{R}_+$, et pour $t \in \mathbb{R}$,

$$\int_{\mathbb{R} \times \mathbb{R}_+} g(u, y)\, T^t N^A(\omega, du, dy) = \int_{\mathbb{R} \times \mathbb{R}_+} g(u - t, y)\, N^A(\omega, du, dy)$$

$$= \int_{\mathbb{R} \times \mathbb{R}_+} g(u - t, y) 1_{\{X \circ \theta^u(\omega) \in A\}} N(\omega, du, dy),$$

la relation de groupe (11.9) donne

$$\int_{\mathbb{R} \times \mathbb{R}_+} g(u, y)\, T^t N^A(\omega, du, dy)$$

$$= \int_{\mathbb{R} \times \mathbb{R}_+} g(u - t, y) 1_{\{X \circ \theta^{u-t}(\theta^t(\omega)) \in A\}} N(\omega, du, dy)$$

$$= \int_{\mathbb{R} \times \mathbb{R}_+} g(u, y) 1_{\{X \circ \theta^u(\theta^t(\omega)) \in A\}} T^t N(\omega, du, dy),$$

ce qui vaut, d'après la relation (11.22),

$$\int_{\mathbb{R} \times \mathbb{R}_+} g(u, y) 1_{\{X \circ \theta^u(\theta^t(\omega)) \in A\}} N(\theta^t(\omega), du, dy)$$

$$= \int_{\mathbb{R} \times \mathbb{R}_+} g(u, y)\, N^A(\theta^t(\omega), du, dy),$$

on en conclut que $T^t N^A(\omega, dx) = N^A(\theta^t(\omega), dx)$. Le processus ponctuel est bien invariant par translation, et donc stationnaire.

Pour exprimer sa probabilité de Palm, en prenant une fonction f mesurable positive sur l'espace $\Omega \times \mathbb{R} \times \mathbb{R}_+$,

$$\mathbb{E}\left(\int_{\mathbb{R} \times \mathbb{R}_+} f(\theta^t(\omega), t, y)\, N^A(\omega, dt, dy) \right)$$

$$= \mathbb{E}\left(\int_{\mathbb{R}} f(\theta^t(\omega), t, \sigma(\omega)) 1_{\{X \circ \theta^t(\omega) \in A\}}\, N(\omega, dt) \right),$$

la relation (11.14) pour N donne,

$$\mathbb{E}\left(\int_{\mathbb{R} \times \mathbb{R}_+} f(\theta^t(\omega), t, y)\, N^A(\omega, dt, dy) \right) = \lambda \int \int_{\mathbb{R}} f(\omega, t, \sigma(\omega)) 1_{\{X(\omega) \in A\}}\, dt\, d\hat{\mathbb{P}},$$

d'où l'expression de la probabilité de Palm de N^A et de son intensité.   □

PROPOSITION 11.15 (Translation). *Si $S : \hat{\Omega} \to \mathbb{R}$ est une variable aléatoire mesurable, le processus ponctuel N_S défini par*

$$N_S = \{(t_n + S \circ \theta^{t_n}, \sigma \circ \theta^{t_n})\},$$

ou encore

$$N_S(f) = \int_{\mathbb{R}} f(t + S(\theta^t(\omega)), y)\, N(\omega, dt, dy),$$

pour une fonction f mesurable positive sur $\mathbb{R} \times \mathbb{R}_+$, est un processus ponctuel stationnaire de même intensité que N et sa mesure de Palm $\hat{\mathbb{P}}_S$ est donnée par

$$\int g\, d\hat{\mathbb{P}}_S = \int g(\theta^S)\, d\hat{\mathbb{P}},$$

si $g : \Omega \to \mathbb{R}_+$ est mesurable.

DÉMONSTRATION. Tout d'abord ce processus est bien défini sur Ω : S est défini sur $\hat{\Omega}$ et l'application $\omega \to \theta^{t_n}(\omega)$ est à valeurs dans $\hat{\Omega}$.

Pour $t \in \mathbb{R}$, et g mesurable positive sur $\mathbb{R} \times \mathbb{R}_+$,

$$\int_{\mathbb{R} \times \mathbb{R}_+} g(t, y)\, T^t N_S(\omega, dt, dy) = \sum_{n \in \mathbb{Z}} g\left(t_n(\omega) + S \circ \theta^{t_n}(\omega) - t, \sigma \circ \theta^{t_n}(\omega) \right),$$

la relation (11.9) donne $S \circ \theta^{t_n}(\omega) = S \circ \theta^{t_n - t}(\theta^t(\omega))$, on a donc

$$T^t N_S(\omega, dt, dx) = \int_{\mathbb{R} \times \mathbb{R}_+} g\left(s - t + S \circ \theta^{s-t}(\theta^t(\omega)), y \right)\, N(\omega, ds, dy)$$

$$= \int_{\mathbb{R} \times \mathbb{R}_+} g\left(s + S \circ \theta^s(\theta^t(\omega)), y \right)\, T^t N(\omega, ds, dy),$$

ce qui vaut d'après (11.22),

$$\int_{\mathbb{R} \times \mathbb{R}_+} g\left(s + S \circ \theta^s(\theta^t(\omega)), y \right)\, N(\theta^t(\omega), ds, dy) = \int g(s, y)\, N_S(\theta^t(\omega), ds, dy).$$

Ainsi $T^t N_S(\omega, dt, dy) = N_S(\theta^t(\omega), ds, dy)$, le processus ponctuel est donc stationnaire.

Si f est mesurable positive sur $\Omega \times \mathbb{R} \times \mathbb{R}_+$,

$$\mathbb{E}\left(\int_{\mathbb{R} \times \mathbb{R}_+} f(\theta^t(\omega), t, y)\, N_S(\omega, dt, dy)\right)$$
$$= \mathbb{E}\left(\int_R f\left(\theta^{t + S \circ \theta^t}(\omega), t + S \circ \theta^t(\omega), \sigma \circ \theta^t(\omega)\right) N(\omega, dt)\right),$$

la relation (11.14) pour N appliquée à la fonction

$$h : (\omega, t, y) \to f(\theta^S(\omega), t + S(\omega), y),$$

donne

$$\mathbb{E}\left(\int_{\mathbb{R} \times \mathbb{R}_+} f(\theta^t(\omega), t, y)\, N_S(\omega, dt, dy)\right)$$
$$= \mathbb{E}\left(\int_R h(\theta^t(\omega), t, y)\, N(\omega, dt, dy)\right) = \lambda \int \int_{\mathbb{R}} h(\omega, t, \sigma(\omega))\, dt d\hat{\mathbb{P}}$$
$$= \lambda \int \int_{\mathbb{R}} f(\theta^S(\omega), t + S(\omega), \sigma(\omega))\, ds d\hat{\mathbb{P}} = \lambda \int \int_{\mathbb{R}} f(\theta^S(\omega), t, \sigma(\omega))\, ds d\hat{\mathbb{P}},$$

on en déduit l'expression de la mesure de Palm de N_S.   □

Si S est tel que $S \circ \theta^t$ est le temps de séjour (temps d'attente et temps de service) dans la file d'attente du client arrivé à l'instant t, alors le processus N_S n'est autre que le processus de sortie de la file d'attente. Avec l'hypothèse sur les temps de séjour, le résultat mentionné dans l'introduction est donc démontré : si le processus d'entrée est stationnaire, le processus de sortie l'est aussi.

PROPOSITION 11.16 (Superposition). *Si pour $i = 1, 2$, N_i est un processus ponctuel stationnaire d'intensité λ_i et de mesure de Palm $\hat{\mathbb{P}}_i$, alors la superposition N, définie par*

$$N(f) = N_1(f) + N_2(f),$$

pour f mesurable positive, est aussi un processus ponctuel stationnaire d'intensité $\lambda = \lambda_1 + \lambda_2$ et de mesure de Palm $\hat{\mathbb{P}} = (\lambda_1 \hat{\mathbb{P}}_1 + \lambda_2 \hat{\mathbb{P}}_2)/\lambda$.

DÉMONSTRATION. La stationnarité se montre facilement, pour $t \in \mathbb{R}$

$$T^t(N_1 + N_2)(\omega, ds, dy) = T^t N_1(\omega, ds, dy) + T^t N_2(\omega, ds, dy)$$
$$= N_1(\theta^t(\omega), ds, dy) + N_2(\theta^t(\omega), ds, dy)$$
$$= (N_1 + N_2)(\theta^t(\omega), ds, dy).$$

La probabilité de Palm et l'intensité se calculent sans difficulté.   □

L'espace de Palm $\hat{\Omega}$ s'exprime facilement dans ce cas

$$\hat{\Omega} = \{\omega / N_1(\omega, \{0\}) = 1\} \cup \{\omega / N_2(\omega, \{0\}) = 1\}.$$

6.3. Relations entre processus ponctuels stationnaires. En conservant les notations de la proposition précédente, la relation suivante, due à Neveu[28] dans le cas général, donne une relation entre les deux mesures de Palm de processus ponctuels stationnaires définis sur le même espace de probabilité.

PROPOSITION 11.17. *Si* $N_1 = \sum_{n \in \mathbb{Z}} \delta_{s_n}$, $N_2 = \sum_{n \in \mathbb{Z}} \delta_{t_n}$ *et* $f : \Omega \to \mathbb{R}_+$ *est mesurable alors*

$$(11.24) \qquad \lambda_1 \hat{\mathbb{E}}_1(f) = \lambda_2 \hat{\mathbb{E}}_2 \left(\sum_{0 \le s_n < t_1} f(\theta^{s_n}) \right).$$

DÉMONSTRATION. En notant

$$h(\omega) = \sum_{0 \le s_n < t_1} f(\theta^{s_n}(\omega)) = \int_0^{t_1} f(\theta^s(\omega)) \, N_1(\omega, ds),$$

pour $n \in \mathbb{Z}$,

$$h(\theta^{t_n}(\omega)) = \int_0^{t_1 \circ \theta^{t_n}} f(\theta^{s+t_n}(\omega)) \, N_1(\theta^{t_n(\omega)}(\omega), ds)$$

$$= \int_{t_n}^{t_n + t_1 \circ \theta^{t_n}} f(\theta^s(\omega)) \, N_1(\omega, ds),$$

comme $t_1(\theta^{t_n}) = t_{n+1} - t_n$ (le prochain point après t_n est t_{n+1} !),

$$(11.25) \qquad h(\theta^{t_n})(\omega) = \int_{t_n}^{t_{n+1}} f(\theta^s(\omega)) \, N_1(\omega, ds).$$

Le principe de la preuve de la proposition est très simple. Il suffit d'écrire une intégrale suivant N_1 comme une intégrale par rapport à N_2, ce que l'on fait de la façon suivante,

$$\int_0^1 f(\theta^s) \, N_1(\omega, ds) = \sum_{0 \le s_k < 1} f(\theta^{s_k})$$

$$= \sum_{0 \le s_k < t_1} f(\theta^{s_k}) + \sum_{0 \le t_n < 1} \left(\sum_{t_n \le s_k < t_{n+1}} f(\theta^{s_k}) \right) - \sum_{1 \le s_k < 1 + t_1(\theta^1)} f(\theta^{s_k}).$$

En utilisant (11.25), l'égalité précédente peut s'écrire comme

$$\int_0^1 f(\theta^s) \, N_1(\omega, ds) = \sum_{0 \le t_n < 1} h(\theta^{t_n}) + h(\omega) - h(\theta^1(\omega))$$

$$= \int_0^1 h(\theta^s) \, N_2(\omega, ds) + h(\omega) - h(\theta^1(\omega)).$$

Si h est intégrable alors $\mathbb{E}(h - h \circ \theta^1) = 0$ par invariance de $\mathbb{P}$ par θ^1. En prenant l'espérance de l'égalité (11.15) donne

$$\lambda_1 \hat{\mathbb{E}}_1(f) = \mathbb{E} \left(\int_0^1 f(\theta^s) \, N_1(\omega, ds) \right) = \mathbb{E} \left(\int_0^1 h(\theta^s) \, N_2(\omega, ds) \right) = \lambda_2 \hat{\mathbb{E}}_2(h),$$

[28] Jacques Neveu, *Sur les mesures de Palm de deux processus ponctuels stationnaires*, Zeitschrift für Wahrscheinlichkeitstheorie und verw. Geb. **34** (1976), 199–203.

la relation (11.24) est donc vérifiée dans ce cas.

En posant $g = f \wedge K/(1 + N_1[0, t_1])^2$, alors le h correspondant à g est intégrable puisque

$$\int_0^{t_1} \frac{1}{(1 + N_1[0, t_1])^2(\theta^s(\omega))} N_1(\omega, ds) = \int_0^{t_1} \frac{1}{(1 + N_1[s, t_1])^2(\omega)} N_1(\omega, ds)$$

$$= \sum_2^{N[0, t_1]+1} 1/k^2 < +\infty.$$

La relation (11.24) est donc vraie pour g, en faisant tendre K vers $+\infty$ et en utilisant le théorème de convergence monotone, on obtient l'égalité (11.24). □

7. Annexe

Cette section considère le point de vue inverse à celui que nous venons de voir pour étudier les processus ponctuels stationnaires. Il est montré qu'à un processus ponctuel stationnaire donné, on peut associer un espace de Palm. De plus il n'existe qu'un processus ponctuel stationnaire pour une distribution donnée sur les interarrivées.

Si $\mathbb{Q}$ est une probabilité sur $\Omega = \mathcal{M}_p(\mathbb{R} \times \mathbb{R}_+)$, invariante par les translations (T^t) et d'intensité finie, i.e.

$$\int_\Omega \omega([0, 1]) \, d\mathbb{Q}(\omega) < +\infty,$$

l'invariance par translation et la condition de finitude entraînent que $\omega[-n, n]$ est intégrable pour tout entier $n \in \mathbb{N}$, par conséquent $\omega(K)$ est intégrable pour tout compact K de $\mathbb{R}$. Autrement dit, l'application

$$N : \Omega \longrightarrow \mathcal{M}_p(\mathbb{R} \times \mathbb{R}_+)$$
$$\omega \longrightarrow \omega$$

est un processus ponctuel stationnaire. On va montrer que l'on peut associer à $\mathbb{Q}$ une mesure de Palm $\hat{\mathbb{Q}}$ au sens où nous l'avons défini précédemment.

PROPOSITION 11.18. *Il existe une unique probabilité $\hat{\mathbb{Q}}$ sur Ω invariante par T^{t_1}, telle que $\hat{\mathbb{Q}}(\{t_0 = 0\}) = 1$ et*

$$(11.26) \qquad \mathbb{E}\left(\int_{\mathbb{R} \times \mathbb{R}_+} h(T^t(\omega), t) \, N(\omega, dt, dy) \right) = \lambda \int_\Omega \int_\mathbb{R} h(\omega, t) \, dt \, d\hat{\mathbb{Q}},$$

pour h mesurable positive sur $\Omega \times \mathbb{R}$.

La fonction h ne dépend pas de la marque pour simplifier la présentation.

DÉMONSTRATION. Si f est une application mesurable bornée sur Ω, et si g est continue à support dans le compact K de $\mathbb{R}$, alors

$$\int_\Omega d\mathbb{Q} \int_{\mathbb{R} \times \mathbb{R}_+} f(T^t(\omega)) g(t) \, N(\omega, dt, dy) \leq \|f\|_\infty \|g\|_\infty \int_\Omega \omega(K) \, d\mathbb{Q}(\omega).$$

On en déduit que pour tout intervalle borné I de $\mathbb{R}$, l'application

$$g \longrightarrow \int_\Omega dQ \int_{\mathbb{R} \times \mathbb{R}_+} f(T^t(\omega)) g(t) \, N(\omega, dt, dy)$$

est linéaire, continue sur l'espace des fonctions continues sur I muni de la norme uniforme. Le théorème de Riesz, voir Rudin [45], montre alors l'existence d'une unique mesure de Radon μ_f sur $\mathbb{R}$ telle que

$$(11.27) \qquad \int_\Omega dQ \int_{\mathbb{R} \times \mathbb{R}_+} f(T^t(\omega)) g(t) \, N(\omega, dt, dy) = \int_\mathbb{R} g(t) \, \mu_f(dt),$$

pour toute fonction borélienne positive g sur $\mathbb{R}$. Si $x \in \mathbb{R}$,

$$\int_\Omega dQ \int_{\mathbb{R} \times \mathbb{R}_+} f(T^t(\omega)) g(t-x) \, N(\omega, dt, dy)$$

$$= \int_\Omega dQ \int_{\mathbb{R} \times \mathbb{R}_+} f(T^{t+x}(\omega)) g(t) \, T^x N(\omega, dt, dy)$$

$$= \int_\Omega dQ \int_{\mathbb{R} \times \mathbb{R}_+} f(T^t(T^x(\omega))) g(t) \, T^x N(\omega(dt, dy),$$

comme Q est invariant par T^x, ce dernier terme vaut

$$\int_\Omega dQ \int_{\mathbb{R} \times \mathbb{R}_+} f(T^t(\omega)) g(t) \, N(\omega, dt, dy).$$

On en déduit l'identité

$$\int_\mathbb{R} g(t-x) \, \mu_f(dt) = \int_\mathbb{R} g(t) \, \mu_f(dt),$$

pour toute fonction borélienne positive g. La mesure μ_f est invariante par translation sur $\mathbb{R}$, par conséquent μ_f est proportionnelle à la mesure de Lebesgue; il existe donc $l(f) \in \mathbb{R}$ tel que $\mu_f(dt) = l(f) \, dt$. En posant $g = 1_{\{[0,1]\}}$ dans l'égalité (11.27), il est facile de montrer que, sur l'ensemble des boréliens de Ω, l'application

$$A \longrightarrow l(1_A),$$

définit une mesure positive bornée sur Ω. En posant $\lambda = l(1_\Omega)$ et

$$\int_\Omega f \, d\hat{Q} = l(f)/\lambda,$$

la relation (11.26) est donc satisfaite pour toutes les fonctions $h = fg$, et donc pour toutes les fonctions puisque les fonctions à forme produit engendrent la tribu borélienne sur $\Omega \times \mathbb{R}$.

   L'invariance de $\hat{Q}$ par T^{t_1}. L'invariance par translation de la mesure de Lebesgue et le théorème de Fubini donnent, si h est mesurable positive sur l'ensemble $\Omega \times \mathbb{R}$,

$$\lambda \int_\Omega \int_\mathbb{R} h\left(T^{t_1}(\omega), t\right) dt \, d\hat{Q} = \lambda \int_\Omega \int_\mathbb{R} h\left(T^{t_1}(\omega), t + t_1(\omega)\right) dt \, d\hat{Q},$$

en appliquant l'identité (11.26) à l'application $(\omega, t) \to h(T^{t_1}(\omega), t + t_1(\omega))$, on obtient

$$\lambda \int_\Omega \int_{\mathbb{R}} h(T^{t_1}(\omega), t) \, dt \, d\hat{\mathbb{Q}}$$

$$= \mathbb{E}\left(\int_{\mathbb{R} \times \mathbb{R}_+} h\left(T^{t_1}(T^t(\omega)), t + t_1(T^t(\omega)) \right) N(\omega, dt, dy) \right)$$

$$= \mathbb{E}\left(\int_{\mathbb{R} \times \mathbb{R}_+} h\left(T^{t + t_1(T^t(\omega))}(\omega), t + t_1(T^t(\omega)) \right) N(\omega, dt, dy) \right),$$

il est facile de voir que si t est un point de la mesure ponctuelle ω, alors $t + t_1(T^t(\omega))$ est aussi un point (d'indice décalé) de ω. La dernière somme peut donc s'écrire

$$\mathbb{E}\left(\int_{\mathbb{R} \times \mathbb{R}_+} h(T^t(\omega), t) \, N(\omega, dt, dy) \right) = \lambda \int_\Omega \int_{\mathbb{R}} h(\omega, t) \, dt \, d\hat{\mathbb{Q}},$$

d'où

$$\int_\Omega \int_{\mathbb{R}} h(T^{t_1}(\omega), t) \, dt \, d\hat{\mathbb{Q}} = \int_\Omega \int_{\mathbb{R}} h(\omega, t) \, dt \, d\hat{\mathbb{Q}}.$$

On en déduit l'invariance de $\hat{\mathbb{Q}}$ par T^{t_1}.

En posant $h(\omega, t) = 1_{\{t_0(\omega) = 0, 0 \leq t \leq 1\}}$, l'identité (11.26) s'écrit

$$\mathbb{E}\left(\int_{\mathbb{R} \times \mathbb{R}_+} 1_{\{t_0(T^t(\omega)) = 0, 0 \leq t \leq 1\}} \, N(\omega, dt, dy) \right) = \lambda \hat{\mathbb{Q}}(t_0 = 0),$$

si t est un point de ω, nécessairement $t_0(T^t(\omega)) = 0$, par conséquent,

$$\lambda = \mathbb{E}(N([0, 1])) = \lambda \hat{\mathbb{Q}}(t_0 = 0),$$

et donc $\hat{\mathbb{Q}}(t_0 = 0) = 1$, ce qui achève la démonstration de la proposition. $\qquad \square$

Le résultat d'unicité suivant conclut cette section (voir aussi la proposition 11.8 page 280).

PROPOSITION 11.19. *Si $\hat{\mathbb{Q}}$ est une probabilité sur Ω invariante par T^{t_1} telle que $\mathbb{E}_{\hat{\mathbb{Q}}}(t_1) < +\infty$, il existe alors une unique probabilité $\mathbb{Q}$, loi d'un processus ponctuel stationnaire d'intensité finie, ayant la propriété de conditionnement : pour toute fonction mesurable bornée f définie sur Ω telle que $t \to f(\theta^t(\omega))$ est $\hat{\mathbb{Q}}$-presque sûrement continue à droite en $t = 0$, alors*

$$(11.28) \qquad \lim_{x \to 0^+} \mathbb{E}_{\mathbb{Q}}\left(f \mid \omega([-x, 0]) \neq 0 \right) = \mathbb{E}_{\hat{\mathbb{Q}}}(f),$$

où $\mathbb{E}_{\mathbb{Q}}$ désigne l'espérance pour la probabilité $\mathbb{Q}$.

DÉMONSTRATION. Étant donné la probabilité $\hat{\mathbb{Q}}$ construite dans la section 3 un processus ponctuel stationnaire d'intensité $1/\mathbb{E}_{\hat{\mathbb{Q}}}(t_1)$, ayant la propriété de conditionnement (11.28). Il reste donc à montrer l'unicité.

Si $\mathbb{Q}_1$ a la loi d'un autre processus ponctuel stationnaire d'intensité finie vérifiant le résultat limite (11.28). Alors $\mathbb{Q}_1$ a une mesure de Palm $\hat{\mathbb{Q}}_1$ vérifiant l'identité (11.26),

$$\mathbb{E}_{\mathbb{Q}_1}\left(\int_{\mathbb{R}\times\mathbb{R}_+} h(T^t(\omega),t)\, N(\omega,dt,dy)\right) = \lambda_{\mathbb{Q}_1}\int_\Omega\int_\mathbb{R} h(\omega,t)\, dt\, d\hat{\mathbb{Q}}_1.$$

Si h est une fonction mesurable positive sur $\Omega\times\mathbb{R}$, comme par définition il n'y a pas de point entre t_0 et t_1,

$$\int_{\mathbb{R}\times\mathbb{R}_+} h(T^s(\omega),-s)1_{\{t_0(\omega)\le s<t_1(\omega)\}}N(\omega,ds,dy) = h(T^{t_0}(\omega),-t_0(\omega)),$$

la relation (11.26) donne, en se rappelant que $t_0\equiv 0$, $\hat{\mathbb{Q}}_1$-presque sûrement,

$$\mathbb{E}_{\mathbb{Q}_1}\left(h(T^{t_0}(\omega),-t_0(\omega))\right) = \lambda_{\mathbb{Q}_1}\int_\Omega\int_\mathbb{R} h(\omega,-s)1_{\{0\le s<t_1(\omega)\}}\, ds\, d\hat{\mathbb{Q}}_1.$$

Si f est mesurable positive sur Ω, en posant $h(\omega,s) = f(T^s(\omega))$ dans l'identité ci-dessus, on obtient

$$\mathbb{E}_{\mathbb{Q}_1}\left(f(\omega)\right) = \lambda_{\mathbb{Q}_1}\int_\Omega\int_\mathbb{R} f(T^{-s}(\omega))1_{\{0\le s<t_1(T^{-s}(\omega))\}}\, ds\, d\hat{\mathbb{Q}}_1.$$

Il est facile de vérifier que les conditions $\{t_0\le s\}$ et $\{s<t_1(T^{-s})\}$ sont équivalentes à $\{-t_1\le -s<-t_0\}$, d'où

$$(11.29)\qquad \mathbb{E}_{\mathbb{Q}_1}\left(f(\omega)\right) = \lambda_{\mathbb{Q}_1}\int_\Omega\int_0^{t_1(\omega)} f(T^s(\omega))\, ds\, d\hat{\mathbb{Q}}_1,$$

une relation analogue à (11.13) est donc valide pour $\mathbb{Q}_1$ et $\hat{\mathbb{Q}}_1$. La démonstration de la proposition 11.8 de conditionnement pour $\mathbb{P}$ et $\hat{\mathbb{P}}$ n'utilisant que l'identité (11.13), on en déduit que pour toute fonction mesurable bornée f définie sur Ω telle que $t\to f(\theta^t(\omega))$ soit $\hat{\mathbb{Q}}$-presque sûrement continue à droite en $t=0$, alors

$$\lim_{x\to 0^+} \mathbb{E}_{\mathbb{Q}_1}\left(f\mid \omega([-x,0])\ne 0\right) = \mathbb{E}_{\hat{\mathbb{Q}}_1}(f),$$

et donc $\mathbb{E}_{\hat{\mathbb{Q}}_1}(f) = \mathbb{E}_{\hat{\mathbb{Q}}}(f)$ pour toutes ces fonctions f. Si f est une fonction mesurable sur Ω, la fonction $\omega\to f(T^{t_1}(\omega))$ a clairement cette propriété de continuité, donc

$$\mathbb{E}_{\hat{\mathbb{Q}}_1}(f) = \mathbb{E}_{\hat{\mathbb{Q}}_1}(f\circ T^{t_1}) = \mathbb{E}_{\hat{\mathbb{Q}}}(f\circ T^{t_1}) = \mathbb{E}_{\hat{\mathbb{Q}}}(f),$$

on en conclut que $\hat{\mathbb{Q}} = \hat{\mathbb{Q}}_1$ et $\lambda = 1/\mathbb{E}_{\hat{\mathbb{Q}}}(t_1) = 1/\mathbb{E}_{\hat{\mathbb{Q}}_1}(t_1) = \lambda_{\mathbb{Q}_1}$. Les relations (11.29) et (11.13) donnent par conséquent $\mathbb{Q} = \mathbb{Q}_1$, ce qui achève la démonstration de notre proposition. $\qquad\square$

La file d'attente G/G/1 FIFO

Sommaire

Dans ce chapitre, la file d'attente à un serveur avec service dans l'ordre d'arrivée des clients est étudiée. Le processus d'arrivée de clients est un processus ponctuel stationnaire marqué $N = \{(t_n, \sigma \circ \theta^{t_n})\}$ défini sur l'espace de probabilité $(\Omega, \mathcal{F}, \mathbb{P})$. Cet espace est muni d'un flot ergodique (θ^t) vérifiant

$$N(\theta^t(\omega), dt, d\sigma) = T^t N(\omega, dt, d\sigma),$$

pour $t \in \mathbb{R}$ et $\omega \in \Omega$, où T^t est la translation sur les processus ponctuels. Comme dans le chapitre précédent on suppose qu'il n'y a pas d'arrivées simultanées ($\hat{\mathbb{P}}(t_1 > 0) = 1$), ce qui n'est pas une hypothèse réellement restrictive.

Ce chapitre est consacré à l'étude du comportement asymptotique de cette file d'attente. La convergence en loi des temps d'attente des clients et le comportement asymptotique de la file d'attente à un instant arbitraire (i.e. pas forcément à une arrivée de clients) sont analysés. Un exemple de file d'attente à deux serveurs clôt ce chapitre pour montrer que la très satisfaisante description du comportement asymptotique de la file $G/G/1$ est en fait un cas très particulier. Le modèle de la file $G/G/1$ est important mais les résultats obtenus pour cette file ne s'étendent pas, en général, aux autres systèmes de files d'attente.

Le principal résultat présenté dans ce chapitre (Proposition 12.1) est dû à Loynes (voir la référence plus loin). Les processus ponctuels stationnaires ont été introduits par Franken et al. [21] dans le cadre des files d'attente. Enfin, l'utilisation du cadre de la théorie ergodique pour formuler les résultats est due à Neveu[29], c'est la présentation qui est adoptée dans ce chapitre (voir aussi le livre de Baccelli et Brémaud [3]).

[29] Jacques Neveu, *Construction de files d'attente stationnaires*, Lecture notes in Control and Information Sciences, 60, Springer Verlag, 1983, pp. 31–41.

$N(\omega, dt)$

FIG. 1. La file d'attente FIFO

1. Le temps d'attente

À l'instant t_0- (juste avant l'arrivée du client 0) la somme totale des services à effectuer vaut w. La discipline de service FIFO impose donc que le client arrivant à t_0 attend w avant de commencer à être servi. La variable aléatoire W_n définie sur $\hat{\Omega}$ désignera le temps d'attente du n-ième client arrivé après $t = 0$. Celui-ci commence son service à $t = t_n + W_n$ et quitte la file une fois celui-ci achevé, i.e. à $t = t_n + W_n + \sigma \circ \hat{\theta}^n$. Comme les clients sont servis dans l'ordre d'arrivée, si la file est non vide à cet instant, le client qui le suit dans la file (le $n+1$-ième) accède au serveur, on obtient l'identité

$$t_{n+1} + W_{n+1} = (t_n + W_n + \sigma \circ \hat{\theta}^n) \vee t_{n+1},$$

et donc l'équation de Lindley

$$(12.1) \qquad W_0 = w, \quad W_{n+1} = (W_n + \sigma \circ \hat{\theta}^n - \tau \circ \hat{\theta}^n)^+.$$

Le *temps de séjour* S_n du n-ième client est défini par $W_n + \sigma \circ \hat{\theta}^n$, en particulier la suite $(t_n + S_n)$ est celle des instants de départ de cette file d'attente.

La proposition suivante, due à Loynes [26], est le résultat clé pour étudier ce problème.

PROPOSITION 12.1. *Sous la condition* $\lambda \hat{\mathbb{E}}(\sigma) < 1$, *il existe une unique variable aléatoire* $W : \hat{\Omega} \to \mathbb{R}_+$, $\hat{\mathbb{P}}$-*presque sûrement finie, vérifiant* $\hat{\mathbb{P}}$-*p.s.*

$$(12.2) \qquad W \circ \hat{\theta} = (W + \sigma - \tau)^+,$$

de plus $\hat{\mathbb{P}}(W = 0) > 0$.

La relation (12.2) est l'équivalent dans ce cadre de l'équation (2.2) pour la file $GI/GI/1$.

DÉMONSTRATION. Si (V_n) est la suite définie par

$$V_0 = 0, \quad V_{n+1} \circ \hat{\theta} = (V_n + \sigma - \tau)^+,$$

par récurrence il est facile de vérifier que la suite (V_n) est croissante et que sa limite $W = \lim_{n \to +\infty} V_n$ vérifie

$$(12.3) \qquad W \circ \hat{\theta} = (W + \sigma - \tau)^+.$$

Le sous-ensemble de $\hat{\Omega}$, $A = \{W = +\infty\}$ est donc invariant par $\hat{\theta}$. En utilisant l'hypothèse d'ergodicité du flot $\hat{\theta}$ pour $\hat{\mathbb{P}}$, on a donc l'alternative $\hat{\mathbb{P}}(A) = 0$ ou

[26] R.M. Loynes, *The stability of queues with non independent inter-arrival and service times*, Proc. Cambridge Ph. Soc. **58** (1962), 497–520.

$\hat{\mathbb{P}}(A) = 1$. Si cette dernière égalité est vraie, $\hat{\mathbb{P}}$-presque sûrement $\lim_{n \to +\infty} V_n = +\infty$. Par définition de (V_n),

$$V_{n+1} \circ \hat{\theta} - V_n = -V_n \wedge (\tau - \sigma),$$

les variables V_n étant intégrables (démonstration par récurrence), l'invariance de $\hat{\mathbb{P}}$ par $\hat{\theta}$ et la croissance de la suite montrent que

$$\hat{\mathbb{E}}(V_n \wedge (\tau - \sigma)) = \hat{\mathbb{E}}(V_n - V_{n+1} \circ \hat{\theta}) = \hat{\mathbb{E}}(V_n - V_{n+1}) \leq 0,$$

pour $n \geq 0$, et donc en faisant tendre n vers $+\infty$,

$$\hat{\mathbb{E}}(\tau) - \hat{\mathbb{E}}(\sigma) = 1/\lambda - \hat{\mathbb{E}}(\sigma) \leq 0,$$

par le théorème de convergence monotone, ce qui contredit l'hypothèse. La variable W est donc finie $\hat{\mathbb{P}}$-presque sûrement.

Il faut montrer que toute solution U de (12.2) vérifie $\hat{\mathbb{P}}(U = 0) > 0$. En faisant l'hypothèse que $\hat{\mathbb{P}}(U = 0) = 0$, l'équation (12.2) peut encore s'écrire

$$U \circ \hat{\theta} = U + \sigma - \tau,$$

$\hat{\mathbb{P}}$-presque sûrement. En remarquant que $U \circ \hat{\theta} - U$ est intégrable, le lemme 12.2 ci-dessous donne l'égalité $\hat{\mathbb{E}}(U \circ \hat{\theta} - U) = 0$ et donc $\lambda \hat{\mathbb{E}}(\sigma) = 1$, ce qui est contradictoire avec l'hypothèse, d'où l'identité $\hat{\mathbb{P}}(U = 0) > 0$.

Il reste à montrer l'unicité. Si U est une solution de (12.2), la relation $U \geq 0 = V_0$ et la définition de la suite (V_n) donnent

$$V_1 \circ \hat{\theta} = (V_0 + \sigma - \tau)^+ \leq (U + \sigma - \tau)^+ = U \circ \hat{\theta},$$

et donc $U \geq V_1$ $\hat{\mathbb{P}}$-presque sûrement. Par récurrence, on obtient que $V_n \leq U$ $\hat{\mathbb{P}}$-p.s. pour tout $n \in \mathbb{N}$ et finalement $W \leq U$.

L'ensemble $\{W = U\}$ est invariant par $\hat{\theta}$ d'après (12.2) et contient donc le sous-ensemble non négligeable $\{U = 0\}$ (même démonstration que pour l'ensemble $\{W = 0\}$). L'ergodicité de $\hat{\theta}$ permet de conclure à l'égalité $\hat{\mathbb{P}}$-presque sûre $U = W$. □

LEMME 12.2. *Si X est une variable aléatoire positive sur $\hat{\Omega}$ telle que la variable $X \circ \hat{\theta} - X$ soit intégrable alors $\hat{\mathbb{E}}(X \circ \hat{\theta} - X) = 0$.*

DÉMONSTRATION. En effet si X est intégrable,

$$\hat{\mathbb{E}}(X \circ \hat{\theta} - X) = \hat{\mathbb{E}}(X \circ \hat{\theta}) - \hat{\mathbb{E}}(X) = 0,$$

par invariance de $\hat{\mathbb{P}}$ par $\hat{\theta}$. En particulier pour $K \geq 0$,

$$\hat{\mathbb{E}}(X \wedge K \circ \hat{\theta} - X \wedge K) = 0,$$

en utilisant l'inégalité élémentaire

$$|X \circ \hat{\theta} \wedge K - X \wedge K| \leq |X \circ \hat{\theta} - X|,$$

pour $K \geq 0$, le théorème de convergence dominée permet de conclure. □

En utilisant la définition de la suite (V_n), il est facile de vérifier par récurrence l'égalité

$$(12.4) \qquad V_n = \sup_{-n \leq k \leq 0} \sum_{k}^{-1} (\sigma - \tau) \circ \hat{\theta}^i,$$

avec la convention $\sum_0^{-1} \cdot = 0$. La proposition précédente peut donc aussi être démontrée en utilisant le théorème ergodique : les sommes partielles tendent presque sûrement vers $-\infty$, donc la borne supérieure est p.s. constante à partir d'un certain rang. La variable $W = \lim_{n \to +\infty} V_n$ peut donc se représenter comme

$$(12.5) \qquad W = \sup_{k \leq 0} \sum_{k}^{-1} (\sigma - \tau) \circ \hat{\theta}^i.$$

Le résultat de stabilité pour la file $G/G/1$ peut maintenant être établi.

PROPOSITION 12.3. *Sous l'hypothèse* $\lambda \hat{\mathbb{E}}(\sigma) < 1$, *la suite* (W_n) *converge en variation totale vers la loi de la variable* W *définie par l'équation (12.2),*

$$\lim_{n \to +\infty} \|\hat{\mathbb{P}}(W_n \in \cdot) - \hat{\mathbb{P}}(W \in \cdot)\|_{vt} = 0,$$

où $\mathbb{P}(X \in \cdot)$ *désigne la loi de la variable aléatoire* X. *De plus la suite* (W_n) *possède la propriété de couplage fort, i.e. la variable*

$$(12.6) \qquad T = \inf\{n \geq 0 / W_k = W \circ \hat{\theta}^k, \forall k \geq n\},$$

est $\hat{\mathbb{P}}$-*presque sûrement finie. Presque sûrement, la suite* (W_n) *coïncide avec la suite stationnaire* $(W \circ \hat{\theta}^n)$ *à partir d'un certain rang.*

La norme en variation totale $\|\mathbb{P} - \mathbb{Q}\|_{vt}$ entre deux probabilités $\mathbb{P}$ et $\mathbb{Q}$ sur $\mathbb{R}$ est définie par

$$\sup_{A \in \mathcal{B}(\mathbb{R})} |\mathbb{P}(A) - \mathbb{Q}(A)|,$$

voir l'annexe D pour les propriétés de cette norme.

DÉMONSTRATION. La propriété de couplage. D'après la définition de la suite (W_n) des temps d'attente,

$$W_0 = w, \quad W_{n+1} = (W_n + \sigma \circ \hat{\theta}^n - \tau \circ \hat{\theta}^n)^+,$$

si $w = W$ alors $W_1 = (W + \sigma - \tau)^+ = W \circ \hat{\theta}$, et par récurrence la suite (W_n) est donc la suite stationnaire $(W \circ \hat{\theta}^n)$. La suite avec la condition initiale $w = 0$ sera notée (W_n^0).

Si on montre que pour tout w, la suite (W_n) couple presque sûrement avec la suite (W_n^0), au sens où $W_n = W_n^0$ pour n suffisamment grand, ceci entraînera en particulier que (W_n^0) couple avec la suite stationnaire $(W \circ \hat{\theta}^n)$ et donc les autres suites coupleront avec la suite stationnaire.

Par récurrence il est clair que $W_n \geq W_n^0$ pour tout $n \geq 0$. Si $W_n > W_n^0$ pour tout $n \geq 0$, alors $W_n > 0$ pour tout $n \geq 0$, d'où

$$W_{n+1} = W_n + \sigma \circ \hat{\theta}^n - \tau \circ \hat{\theta}^n, \quad W_n = w + \sum_1^n (\sigma - \tau) \circ \hat{\theta}^n$$

et d'après le théorème ergodique, $\hat{\mathbb{P}}$-presque sûrement la quantité

$$\sum_1^n (\sigma - \tau) \circ \hat{\theta}^n \sim n\hat{\mathbb{E}}(\sigma - \tau)$$

tend vers $-\infty$ quand n tend vers l'infini. L'événement $\{W_n > W_n^0$ pour tout $n \geq 0\}$ est donc de probabilité nulle. Presque sûrement il existe un n pour lequel $W_n = W_n^0$; à partir de cet instant les deux suites sont donc identiques, d'où la propriété de couplage. On note T l'instant où les deux suites se rencontrent pour la première fois.

Si A est un borélien de $\mathbb{R}$

$$|\hat{\mathbb{P}}(W_n \in A) - \hat{\mathbb{P}}(W \in A)| = |\hat{\mathbb{P}}(W_n \in A) - \hat{\mathbb{P}}(W \circ \hat{\theta}^n \in A)|$$

$$\leq \hat{\mathbb{P}}(W_n \neq W \circ \hat{\theta}^n) = \hat{\mathbb{P}}(T > n) \searrow 0,$$

la convergence en variation totale est établie. $\qquad\qquad\qquad\qquad\square$

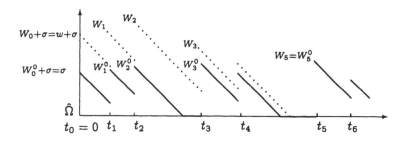

FIG. 2. Couplage du temps d'attente de la file G/G/1

En utilisant les définitions respectives des suites (V_n) page 296 et (W_n^0) page 298, il est facile de montrer la relation $V_n = W_n^0 \circ \hat{\theta}^{-n}$. Ceci donne une interprétation intuitive de la variable V_n. La variable W_n^0 est le temps d'attente du n-ième client après 0 quand la file d'attente commence avec l'arrivée d'un client à $t = 0$. Avec l'interprétation de $\hat{\theta}$ comme l'opérateur de passage d'un client au suivant, $\hat{\theta}^{-n}$ fait remonter de n clients en arrière, ainsi la variable V_n n'est autre que le temps d'attente du client arrivé à $t = 0$ quand le n-ième client arrivé avant $t = 0$ commence a être servi dès son arrivée. La variable W, limite des $V_n, n \geq 0$, est donc le temps d'attente du client 0 quand la file d'attente a commencé à $t = -\infty$, et par conséquent a atteint un état stationnaire à $t = 0$.

La représentation (12.4) de V_n donne l'identité

(12.7)
$$W_n^0 = \sup_{0 \leq k \leq n} \sum_{k}^{n-1} (\sigma - \tau) \circ \hat{\theta}^i.$$

2. Le nombre de clients

La variable W construite dans la proposition 12.1 permet de construire une version stationnaire de toutes les autres variables caractérisant la file d'attente. D'après la relation (12.2), si W est le temps d'attente du client d'indice 0, le temps d'attente de celui qui suit vaut $W \circ \hat{\theta}$. De la même façon si on s'intéresse au nombre Q de clients que trouve le client d'indice 0 à son arrivée dans la file, cette variable définie sur $\hat{\Omega}$ peut se représenter comme

$$Q = \sum_{t_n < 0} 1_{\{t_n + (W+\sigma)\circ\hat{\theta}^n \geq 0\}} = \int_{]-\infty,0[} 1_{\{s+(\sigma+W)\circ\theta^s > 0\}} N(\omega, ds),$$

c'est le nombre de clients arrivés avant $t = 0$ et qui n'ont pas encore quitté la file d'attente. La translatée de Q par $\hat{\theta}$ vaut

$$Q \circ \hat{\theta} = \sum_{t_n \circ \hat{\theta} < 0} 1_{\{t_n\circ\hat{\theta}+(W+\sigma)\circ\hat{\theta}^{n+1}>0\}} = \sum_{t_n < t_1} 1_{\{t_n+(W+\sigma)\circ\hat{\theta}^n > t_1\}},$$

qui est le nombre de clients dans la file que trouve le client qui suit le client 0.

Le *nombre de clients* en attente dans la file d'attente à l'instant t est la variable aléatoire $L(t)$ définie sur Ω par

(12.8)
$$L(t) = \sum_{t_n \leq t} 1_{\{t_n+(W+\sigma)\circ\theta^{t_n} > t\}}.$$

Le nombre de clients dans la file à l'instant t s'exprime comme

$$L(t) = \sum_{t_n \leq t} 1_{\{t_n+(W+\sigma)\circ\theta^{t_n} > t\}} = \int 1_{\{s \leq t, s+(\sigma+W)\circ\theta^s > t\}} N(\omega, ds)$$

$$= \int 1_{\{s-t \leq 0, s-t+(\sigma+W)\circ\theta^s > 0\}} N(\omega, ds)$$

$$= \int 1_{\{s \leq 0, s+(\sigma+W)\circ\theta^s > 0\}} T^t N(\omega, ds).$$

La relation (11.10), $N(\theta^t(\omega), ds) = T^t N(\omega, ds)$ montre donc que

$$L(t)(\omega) = \int 1_{\{s \leq 0, s+\sigma+W > 0\}} N(\theta^t(\omega), ds) = L(0)(\theta^t(\omega)).$$

On retrouve le même principe que précédemment, une variable de la file d'attente à l'instant t définie par (12.8) n'est autre que celle prise à l'instant 0 mais translatée, par le flot continu cette fois, de θ^t.

Sur $\hat{\Omega}$, la variable $L(0-) = \lim_{t \nearrow 0} L(t)$ n'est autre que la variable Q. De la même façon $L(W + \sigma)$ définie sur $\hat{\Omega}$ est le nombre de clients dans la file lors du départ du client 0. La proposition suivante montre que la loi de ces deux variables sont identiques et s'exprime en fonction de la loi de W.

PROPOSITION 12.4. *Si $\lambda\hat{\mathbb{E}}(\sigma) < 1$, à l'équilibre le nombre de clients au moment de l'arrivée d'un client a même loi que le nombre de clients qu'il laisse à son départ. De plus, pour $n \geq 2$,*

$$\hat{\mathbb{P}}(Q \geq n) = \hat{\mathbb{P}}(L((W+\sigma)) \geq n) = \hat{\mathbb{P}}(W \geq t_{n-1}).$$

DÉMONSTRATION. Si le client 0 trouve au moins $n \geq 1$ clients dans la file, la discipline étant FIFO, le n-ième client arrivé avant $t = 0$ est encore dans la file, par conséquent

$$\hat{\mathbb{P}}(L(0-) \geq n) = \hat{\mathbb{P}}(t_{-n} + (W+\sigma) \circ \hat{\theta}^{-n} \geq 0),$$

l'invariance de $\hat{\mathbb{P}}$ par $\hat{\theta}^n$ donne l'égalité,

$$\hat{\mathbb{P}}(L(0-) \geq n) = \hat{\mathbb{P}}(t_n \leq W + \sigma).$$

Ce dernier terme vaut précisément $\hat{\mathbb{P}}(L(W+\sigma) \geq n)$. L'idenité précédente peut être réécrite de la façon suivante

$$\hat{\mathbb{P}}(L(0-) \geq n) = \hat{\mathbb{P}}(t_n - t_1 \leq W + \sigma - t_1) = \hat{\mathbb{P}}(t_n - t_1 \leq (W + \sigma - t_1)^+),$$

la dernière égalité est conséquence de l'inégalité stricte $\mathbb{P}$-presque sûre, $t_n > t_1$, pour $n \geq 2$, puisque par hypothèse il n'y a pas d'arrivées simultanées. Des relations $W \circ \hat{\theta} = (W + \sigma - t_1)^+$ et $t_{n-1} \circ \hat{\theta} = t_n - t_1$ on déduit

$$\hat{\mathbb{P}}(L(0-) \geq n) = \hat{\mathbb{P}}(W \circ \hat{\theta} \geq t_{n-1} \circ \hat{\theta}) = \hat{\mathbb{P}}(W \geq t_{n-1}),$$

par invariance de $\hat{\mathbb{P}}$ par $\hat{\theta}$, d'où le résultat. $\qquad\square$

Le résultat suivant est une relation liant, à l'état stationnaire, le temps moyen d'attente d'un client et le nombre moyen de clients dans la file d'attente à un instant arbitraire.

PROPOSITION 12.5 (Formule de Little).

(12.9) $$\mathbb{E}(L(0)) = \lambda(\hat{\mathbb{E}}(W) + \hat{\mathbb{E}}(\sigma)).$$

DÉMONSTRATION. La relation (12.8) pour $t = 0$ peut se réécrire

$$L(0) = \int 1_{\{s \leq 0, s+(W+\sigma)\circ\theta^s > 0\}} N(\omega, ds),$$

et la formule de Mecke (11.14) donne l'égalité

$$\mathbb{E}(L(0)) = \lambda\hat{\mathbb{E}}\left(\int 1_{\{s \leq 0, s+W+\sigma > 0\}} ds\right),$$

d'où la formule annoncée. $\qquad\square$

Le chapitre 4 montre que la loi stationnaire du nombre de clients d'une file d'attente dans un réseau de files d'attente peut être explicitée sous certaines conditions. En revanche, il est en général difficile d'obtenir des résultats sur la loi des temps d'attente dans les réseaux. Cette formule est donc un moyen d'obtenir la valeur moyenne du temps d'attente dans une file d'attente d'un réseau.

3. Le temps virtuel d'attente

La *charge de la file* (appelé aussi *temps virtuel d'attente*) $t \to V(t)$ est l'application continue à droite, limitée à gauche et vérifiant l'équation différentielle

$$dV(t) = -1_{\{V(t)>0\}}\, dt, \qquad t_n < t < t_{n+1},$$

$$V(t_n) - V(t_n-) = \sigma \circ \theta^{t_n},$$

ce que l'on écrit de façon compacte,

$$(12.10) \qquad dV(t) = \lim_{s \nearrow t} L(t) - L(s) = \sigma \circ \theta^t\, N(\omega, [t, t + dt[) - 1_{\{V(t)>0\}}\, dt.$$

Les *périodes d'occupation* de la file d'attente sont les intervalles de temps sur lesquels V est strictement positive. Les intervalles de temps sur lesquels V est nulle sont les *périodes de vacances* du serveur.

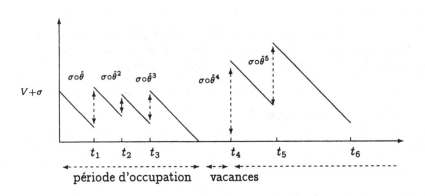

FIG. 3. Charge de la file d'attente

Les points de discontinuité de $t \to V(t)$ sont les points du processus ponctuel. Il est important de remarquer que la suite de variables (W_n) est définie sur $\hat{\Omega}$, W_n est le temps d'attente du n-ième client. De la même façon la variable $V(t)$ n'est pas attachée à un client mais donne l'état de la file d'attente à un instant donné et par conséquent est définie sur Ω. La variable $V(t)$, le temps virtuel d'attente est le temps qu'attendrait un hypothétique client qui arriverait à l'instant t.

La proposition suivante est l'analogue de la proposition 12.1 pour le temps virtuel d'attente

PROPOSITION 12.6. *Sous l'hypothèse* $\lambda \hat{\mathbb{E}}(\sigma) < 1$, *il existe une unique variable aléatoire* $V : \Omega \to \mathbb{R}_+$, $\mathbb{P}$-*presque sûrement finie, telle que la fonction* $t \to V \circ \theta^t(\omega)$ *vérifie l'équation différentielle*

$$(12.11) \qquad dV(t) = \sigma \circ \theta^t\, N(\omega, [t, t + dt[) - 1_{\{V(t)>0\}}\, dt,$$

ou encore

$$V(\theta^t(\omega)) = V(\omega) + \int_{]0,t]} \sigma \circ \theta^s \, N(\omega, ds) - \int_0^t 1_{\{V(s)>0\}} \, ds;$$

de plus $\mathbb{P}(V = 0) = 1 - \lambda \hat{\mathbb{E}}(\sigma)$.

La proposition précédente peut se formuler en disant qu'il existe une unique solution stationnaire $t \to V(\theta^t)$ à l'équation différentielle (12.11). De la même façon la proposition 12.1 exprime que l'équation différentielle (discrète!) (12.1) a une unique solution stationnaire $n \to W \circ \hat{\theta}^n$.

DÉMONSTRATION. Si W est le temps d'attente du client d'indice 0, i.e. arrivé à $t = t_0$, à cet instant la charge de la file vaut $W + \sigma$. Par conséquent, il est naturel de définir la charge V de la file à l'instant 0 par

$$(12.12) \qquad V(\omega) = \left((W + \sigma) \circ \theta^{t_0}(\omega) + t_0(\omega) \right)^+ .$$

L'application θ^{t_0} est, on l'a vu dans le chapitre précédent, à valeurs dans $\hat{\Omega}$ et donc $(W + \sigma) \circ \theta^{t_0}$ est bien définie sur Ω. Pour montrer que la variable V ainsi définie vérifie l'équation différentielle (12.11), il suffit de vérifier cette équation pour $t = 0$. En effet, en remplaçant ω par $\theta^t(\omega)$ et en remarquant que $N(\omega, [t, t+dt[) = N(\theta^t(\omega), [0, dt[)$, l'équation différentielle en $(\theta^t(\omega), 0)$ est identique à celle en (ω, t).

a) Si $t_0(\omega) < 0$, alors pour h suffisamment petit $t_0(\theta^h(\omega)) = t_0(\omega) - h$,

$$(W + \sigma) \circ \theta^{t_0}(\theta^h(\omega)) = (W + \sigma) \circ \theta^{t_0(\theta^h(\omega))}(\theta^h(\omega))$$
$$= (W + \sigma) \circ \theta^{(t_0(\theta^h(\omega))+h)}(\omega) = (W + \sigma) \circ \theta^{t_0}(\omega),$$

d'où la relation

$$V(\theta^h(\omega)) = \left((W + \sigma) \circ \theta^{t_0}(\omega) + t_0(\omega) - h \right)^+ ,$$

et par conséquent

$$V(\theta^h(\omega)) - V(\omega) = -1_{\{V(\omega)>0\}} dh.$$

b) Si $t_0(\omega) = 0$, ω est dans $\hat{\Omega}$, pour $h < 0$ suffisamment petit, on a

$$t_0(\theta^h(\omega)) = t_{-1}(\omega) - h,$$

$$(12.13) \qquad V(\theta^h(\omega)) = \left((W + \sigma) \circ \theta^{t_{-1}}(\omega) + t_{-1}(\omega) - h \right)^+ ,$$

$$(12.14) \qquad V(\omega) = (W + \sigma)(\omega).$$

Comme ω est dans $\hat{\Omega}$

$$t_1(\theta^{t_{-1}}(\omega)) = -t_{-1}(\omega), \quad \text{d'où} \quad \hat{\theta}((\theta^{t_{-1}}(\omega)) = \theta^{t_1}(\theta^{t_{-1}}(\omega)) = \omega,$$

la relation (12.2) prise en $\theta^{t_{-1}}(\omega)$ donne l'égalité

$$W(\omega) = ((W + \sigma) \circ \theta^{t_{-1}}(\omega) + t_{-1}(\omega))^+ .$$

et les égalités (12.13) et (12.14) montrent

$$(V(0) - V(0-))(\omega) = \sigma(\omega),$$

ce qui achève la démonstration de l'équation différentielle (12.11) pour la fonction V.

Unicité. Si Z est une solution stationnaire de l'équation différentielle (12.11), en définissant $H = Z \circ \theta^{t_0-}(\omega)$, l'équation (12.11) intégrée sur l'intervalle $[t_0, t_1[$ montre l'égalité

$$H \circ \hat{\theta} = (H + \sigma - t_1)^+,$$

donc nécessairement $H = W$, $\hat{\mathbb{P}}$-presque sûrement d'après le résultat d'unicité de la proposition 12.1. La fonction $t \to Z \circ \theta^t(\omega)$ vaut W en $t_0(\omega)$, donc $Z = V$ par unicité des solutions d'une équation différentielle ordinaire.

En intégrant (12.11), on obtient

$$V(\theta^t(\omega)) - V(\omega) = \int_0^t \sigma(\theta^s(\omega)) \, N(\omega, ds) - \int_0^t 1_{\{V(\theta^s(\omega)>0\}} \, ds,$$

le membre de droite est dans $L_1(\mathbb{P})$, donc d'après le lemme 12.2, l'espérance du terme de gauche est nulle, d'où

$$0 = \mathbb{E}\left(\int_0^t \sigma(\theta^s(\omega)) \, N(\omega, ds) - \int_0^t 1_{\{V(\theta^s(\omega)>0\}} \, ds \right)$$

$$= \lambda \hat{\mathbb{E}}(\sigma) t - \int_0^t \mathbb{P}(V(\theta^s(\omega) > 0) \, ds = \left(\lambda \hat{\mathbb{E}}(\sigma) - \mathbb{P}(V > 0) \right) t,$$

d'après le corollaire 11.7 et l'invariance de $\mathbb{P}$ par (θ^t). □

La définition (12.12) de V et la représentation (12.5) de W donne la relation

$$V = 0 \vee \sup_{n \leq 0} \sum_{i=n}^{-1} (\sigma - \tau) \circ \theta^{t_i}(\theta^{t_0}(\omega)) + \sigma \circ \theta^{t_0}(\omega) + t_0,$$

en utilisant $\theta^{t_i}(\theta^{t_0}(\omega)) = \theta^{t_i}(\omega)$, il vient

$$V = 0 \vee \sup_{n \leq 0} \int_{t_n}^{t-1} \sigma \circ \theta^s \, N(\omega, ds) + t_0 - t_n + \sigma \circ \theta^{t_0}(\omega) + t_0,$$

$$V = 0 \vee \sup_{n \leq 0} \int_{t_n}^{t_0} \sigma \circ \theta^s \, N((\omega), ds) + t_n = 0 \vee \sup_{n \leq 0} \int_{t_n}^0 \sigma \circ \theta^s \, N(\omega, ds) + t_n.$$

Cette expression peut se réécrire sous la forme

$$(12.15) \qquad V = \sup_{t \geq 0} \int_{-t}^0 \sigma \circ \theta^s \, N(\omega, ds) - t.$$

La proposition suivante donne une relation entre V et W, la formule de Takàcs. Celle-ci n'est en fait qu'une simple conséquence de la relation entre les probabilités $\mathbb{P}$ et $\hat{\mathbb{P}}$.

PROPOSITION 12.7 (Formule de Takàcs). *Si* $\lambda \hat{\mathbb{E}}(\sigma) < 1$, *les transformées de Laplace du temps d'attente stationnaire* W *et de la charge stationnaire* V *vérifient la relation*

$$(12.16) \qquad \mathbb{E}\left(e^{-\xi V} \right) = 1 - \lambda \hat{\mathbb{E}}(\sigma) + \lambda \hat{\mathbb{E}}\left(e^{-\xi W} \frac{1 - e^{-\xi \sigma}}{\xi} \right), \qquad \xi \geq 0.$$

DÉMONSTRATION. En utilisant la relation (11.13) qui donne $\mathbb{P}$ en fonction de $\hat{\mathbb{P}}$, il vient

$$\mathbb{E}\left(e^{-\xi V}1_{\{V>0\}}\right) = \lambda\hat{\mathbb{E}}\left(\int_0^{t_1} e^{-\xi V\circ\theta^s}1_{\{V\circ\theta^s>0\}}\,ds\right).$$

Sur $\hat{\Omega}$ et $0 \le s < t_1$, d'après l'équation différentielle vérifiée par V, $V\circ\theta^s = (V-s)^+$. Sur $\hat{\Omega}$, un client arrive à $t=0$ donc $V = V(\theta^{0-}) + \sigma$ et d'après ce qui précède $V(\theta^{0-}) = W$ $\hat{\mathbb{P}}$-p.s. sur cet événement, donc

$$V\circ\theta^s = (W+\sigma-s)^+, \qquad \hat{\mathbb{P}} - p.s. \text{ sur } \hat{\Omega},$$

$$\mathbb{E}\left(e^{-\xi V}1_{\{V>0\}}\right) = \lambda\hat{\mathbb{E}}\left(e^{-\xi(W+\sigma)}\int_0^{t_1\wedge(W+\sigma)} e^{\xi s}\,ds\right)$$

$$= \lambda\frac{1}{\xi}\left(\hat{\mathbb{E}}\left(e^{-\xi(W+\sigma-t_1)^+}\right) - \hat{\mathbb{E}}\left(e^{-\xi(W+\sigma)}\right)\right).$$

La relation (12.3) et l'invariance de $\hat{\mathbb{P}}$ par $\hat{\theta}$ montrent l'égalité

$$\mathbb{E}\left(e^{-\xi V}1_{\{V>0\}}\right) = \lambda\hat{\mathbb{E}}\left(e^{-\xi W}\frac{\left(1-e^{-\xi\sigma}\right)}{\xi}\right),$$

d'où la formule. $\qquad\square$

Les variables W et V n'ont, en général, pas la même distribution. On s'en convainc aisément avec la file déterministe $\hat{\Omega} = \{0\}$, $\tau(0) = 1$ et $\sigma(0) = \alpha < 1$, la solution de l'équation (12.2) est la variable nulle $W \equiv 0$ (les clients n'attendent jamais). Ainsi $\hat{\mathbb{P}}(W=0) = 1$ mais $\mathbb{P}(V=0) = 1-\alpha$. Lorsque le processus d'arrivée de clients est un processus de Poisson, les variables V et W ont la même distribution (voir le chapitre 7 page 171).

Si W et σ sont indépendants, ce qui est vrai pour la file GI/GI/1 (Chapitre 2), la transformée de Laplace de la loi conditionnelle de V est donnée par

$$\mathbb{E}\left(e^{-\xi V}\mid V>0\right) = \hat{\mathbb{E}}\left(e^{-\xi W}\right)\hat{\mathbb{E}}\left(\frac{1-e^{-\xi\sigma}}{\hat{\mathbb{E}}(\sigma)\xi}\right),$$

pour $\text{Re}(\xi) \ge 0$. Conditionnellement à $\{V > 0\}$, la variable V a même loi que W plus une variable résiduelle associée au service σ dont la transformée de Laplace vaut, pour $\text{Re}(\xi) \ge 0$,

$$\hat{\mathbb{E}}\left(1-e^{-\xi\sigma}\right)/\xi\hat{\mathbb{E}}(\sigma),$$

cette variable a pour densité $h(x) = \hat{\mathbb{P}}(\sigma \ge x)/\hat{\mathbb{E}}(\sigma)$ sur $\mathbb{R}_+$.

4. Les processus ponctuels stationnaires associés

Le processus des départs. D'après la proposition 11.15, si S est une variable aléatoire définie sur $\hat{\Omega}$, le translaté du processus ponctuel N par S est encore un processus ponctuel stationnaire. En prenant le temps de séjour $S = W + \sigma$ on obtient que le processus des départs de la file d'attente,

$$D = \sum_{n\in\mathbb{Z}} \delta_{t_n+W\circ\theta^{t_n}+\sigma\circ\theta^{t_n}}$$

est un processus ponctuel stationnaire de même intensité que le processus des arrivées. Cette propriété peut se voir comme une relation de conservation : un processus ponctuel stationnaire est transformé par une file d'attente en un processus ponctuel stationnaire. Cela motive l'utilisation des processus ponctuels stationnaires comme cadre naturel pour décrire les processus d'arrivée des clients. La proposition 4.4 page 84 montre que le processus de sortie stationnaire d'une file $M/M/1$ stable est un processus de Poisson. En dehors du cas particulier de cette file d'attente, il y a peu de résultats connus sur la loi du processus de sortie de la file $G/G/1$ autres que la propriété de stationnarité (voir le tour d'horizon de Daley[11] sur ce sujet).

Les périodes d'occupation stationnaires. En appliquant le résultat sur le procédé d'effacement des points d'un processus ponctuel stationnaire (Proposition 11.14), on obtient que le processus ponctuel

$$\sum_{n \in \mathbb{Z}} 1_{\{W \circ \theta^{t_n} = 0\}} \delta_{t_n} = \sum_{n \in \mathbb{Z}} \delta_{T_n}$$

est stationnaire d'intensité $\lambda \hat{\mathbb{P}}(W = 0)$ et de mesure de Palm

$$1_{\{W=0\}} \, d\hat{\mathbb{P}} \Big/ \hat{\mathbb{P}}(W = 0).$$

En particulier, $\hat{\mathbb{P}}$-presque sûrement, la file d'attente $G/G/1$ stationnaire se vide une infinité de fois. Les (T_n) sont croissants et numérotés de telle sorte que $T_0 \le 0 < T_1$. Le processus ponctuel défini ci-dessus est le processus ponctuel des arrivées de clients qui n'attendent pas.

PROPOSITION 12.8. *Si* $\nu = \inf\{k \ge 0/W \circ \hat{\theta}^{-k} = 0\}$ *est le numéro du premier client avant 0 à ne pas attendre, alors* $T_0 = t_{-\nu}$ *et*

$$W = \sum_{-\nu}^{-1}(\sigma - \tau) \circ \hat{\theta}^k = \sum_{-\nu}^{-1} \sigma \circ \hat{\theta}^k + t_{-\nu}.$$

DÉMONSTRATION. En remarquant tout d'abord que ν est le temps d'atteinte de l'ensemble de probabilité non nulle $\{W = 0\}$ par le flot ergodique $\hat{\theta}^{-1}$, on en déduit que ν est fini $\hat{\mathbb{P}}$-presque sûrement. Par définition de ν, les variables $W \circ \hat{\theta}^{-k}$, $k = -\nu + 1, \dots, 0$ sont toutes strictement positives et donc d'après la relation (12.2),

$$W \circ \hat{\theta}^{-i} = (W \circ \hat{\theta}^{-i-1} + (\sigma - \tau) \circ \hat{\theta}^{-i-1})^+ = W \circ \hat{\theta}^{-i-1} + (\sigma - \tau) \circ \hat{\theta}^{-i-1},$$

pour $i = -\nu + 1, \dots, 0$, d'où la représentation de W. $\square$

Le client arrivé à $t = t_{-\nu}$ initie la période d'occupation dans laquelle le client 0 est servi. On peut montrer de la même façon que la durée de cette période vaut $\int_{[T_0, T_1[} \sigma \circ \theta^s N(\omega, ds)$ et la durée de la période de vacances qui suit

$$T_1 - T_0 - \int_{[T_0, T_1[} \sigma \circ \theta^s \, N(\omega, ds).$$

[11] D.J. Daley, *Queueing output processes*, Advances in Applied Probability 8 (1976), 395–415.

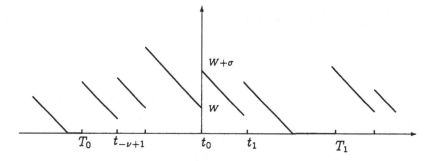

FIG. 4. Période d'occupation de la file à un serveur

Les files d'attente avec discipline conservative. On entend par discipline conservative toute discipline qui interdit au serveur de se reposer tant qu'il y a des clients dans la file, il peut cependant servir ceux-ci dans un ordre arbitraire. Cette définition entraîne que la charge totale de la file d'attente ne change pas par rapport à la discipline FIFO : elle décroît à vitesse 1 tant qu'elle est strictement positive et augmente de la valeur des services au moment de l'arrivée des clients. Les résultats précédents montrent que si $\lambda \hat{\mathbb{E}}(\sigma) < 1$, il existe une unique variable aléatoire stationnaire vérifiant l'équation de la charge de la file d'attente. En particulier une file servie par une discipline conservative aura les mêmes périodes d'occupation que celle servie par la discipline FIFO. La méthode pour construire un état stationnaire sera de reconstruire la file d'attente avec la discipline considérée sur chacune des périodes d'occupation de la file FIFO.

EXEMPLES.

1. La discipline LIFO. Un client n'est servi dans cette file d'attente que lorsqu'il n'y a plus aucun client arrivé après lui dans la file. Ainsi à son arrivée un client est immédiatement servi, puis éventuellement abandonné si un autre arrive etc... La charge de la file à un instant d'arrivée ne s'interprète plus comme le temps nécessaire pour accéder au service. Le client d'indice 0 quitte la file d'attente à l'instant t si le serveur a traité tous les services des clients arrivés entre 0 et t. Sur $\hat{\Omega}$, le temps de séjour du client 0 se définit donc naturellement par

$$S = \inf \left\{ t > 0 \left/ \int_{[0,t[} \sigma \circ \theta^s \, N(\omega, ds) < t \right. \right\},$$

S est le premier instant où toute la charge arrivée entre 0 et t (le service du client 0 inclus) a été traitée par le serveur.

2. Une discipline prioritaire avec préemption. Si $N_1 = \{(s_n, \sigma_1 \circ \theta^{s_n})\}$ et $N_2 = \{(t_n, \sigma_2 \circ \theta^{t_n})\}$ sont deux processus ponctuels stationnaires d'intensités respectives λ_1 et λ_2 et de mesures de Palm $\hat{\mathbb{P}}_1$ et $\hat{\mathbb{P}}_2$. Alors

$$N = \{(s_n, \sigma_1 \circ \theta^{s_n}, 1)\} + \{(t_n, \sigma_2 \circ \theta^{t_n}, 2)\} = \{(u_n, \sigma \circ \theta^{u_n}, m \circ \theta^{u_n})\}$$

est un processus ponctuel stationnaire d'intensité $\lambda = \lambda_1 + \lambda_2$ et de mesure de Palm $\hat{\mathbb{P}}$ définie par

$$\hat{\mathbb{P}} = \frac{\lambda_1}{\lambda_1 + \lambda_2}\hat{\mathbb{P}}_1 + \frac{\lambda_2}{\lambda_1 + \lambda_2}\hat{\mathbb{P}}_2.$$

Comme $\hat{\Omega} = \{u_0 = 0\} = \{s_0 = 0\}\bigcup\{t_0 = 0\}$ et $m : \hat{\Omega} \to \{1,2\}$ est définie par $m \equiv 1$ sur $\{s_0 = 0\}$ et $m \equiv 2$ sur $\{t_0 = 0\}$. L'application m marque le type du client. Le service σ est défini par σ_1 si m vaut 1 et σ_2 sinon.

La condition $\lambda\hat{\mathbb{E}}(\sigma) < 1$ s'écrit donc

$$(\lambda_1 + \lambda_2)\left(\frac{\lambda_1}{\lambda_1 + \lambda_2}\hat{\mathbb{E}}_1(\sigma_1) + \frac{\lambda_2}{\lambda_1 + \lambda_2}\hat{\mathbb{E}}_2(\sigma_2)\right) < 1,$$

soit

$$(12.17) \qquad \lambda_1\hat{\mathbb{E}}_1(\sigma_1) + \lambda_2\hat{\mathbb{E}}_2(\sigma_2) < 1.$$

Si les clients 1 sont prioritaires dans la file d'attente, i.e. un client de type 2 n'est servi que s'il n'y a aucun client de type 1 présent. Notons w_n^1 [resp. w_n^2], la charge totale due aux clients de type 1 [resp. 2] que trouve le n-ième client à son arrivée. À l'arrivée du client suivant, la discipline de service entraîne que ces deux quantités valent respectivement

$$(12.18) \qquad \begin{aligned} w_{n+1}^1 &= \left(w_n^1 + \sigma_n 1_{\{m_n=1\}} - (u_{n+1} - u_n)\right)^+, \\ w_{n+1}^2 &= \left(w_n^2 + \sigma_n 1_{\{m_n=2\}} - (u_{n+1} - u_n - w_n^1 - \sigma_n 1_{\{m_n=1\}})^+\right)^+. \end{aligned}$$

En particulier la somme (la charge totale donc) vaut

$$(w_{n+1}^1 + w_{n+1}^2) = \left((w_n^1 + w_n^2) + \sigma_n - (u_{n+1} - u_n)\right)^+.$$

Sous la condition (12.17) et le résultat de stabilité de la file FIFO, il existe une unique variable W sur $\hat{\Omega}$ vérifiant

$$W \circ \hat{\theta} = (W + \sigma - u_1)^+,$$

Si $t_{-\nu}$ est le temps d'arrivée du client qui initie la période d'occupation du client d'indice 0 de la file FIFO associée à W, i.e. $\nu = \inf\{k \geq 0/W\circ\hat{\theta}^{-k} = 0\}$. En posant $w_{-\nu}^1 = w_{-\nu}^2 = 0$ à $t = t_{-\nu}$ et en utilisant la récurrence 12.18, on note $W_1 = w_0^1$ et $W_2 = w_0^2$ les valeurs obtenues à l'arrivée du client 0. En utilisant la relation que vérifie W, il est facile de vérifier que W_1 et W_2 ainsi définies satisfont

$$\begin{aligned} W_1 \circ \hat{\theta} &= (W_1 + \sigma 1_{\{m=1\}} - u_1)^+, \\ W_2 \circ \hat{\theta} &= (W_2 + \sigma 1_{\{m=2\}} - (u_1 - W_1 + \sigma 1_{\{m=1\}})^+)^+. \end{aligned}$$

qui est l'équivalent pour la file prioritaire de la relation (12.1).

5. Instabilité de la file $G/G/1$

La proposition suivante donne le comportement transient de la file d'attente $G/G/1$, i.e. quand le processus d'arrivée des clients sature la capacité de service de la file d'attente.

PROPOSITION 12.9. *Si $\lambda \hat{\mathbb{E}}(\sigma) > 1$, alors $\hat{\mathbb{P}}$-presque sûrement,*

$$\lim_{n \to +\infty} \frac{W_n}{n} = \hat{\mathbb{E}}(\sigma) - \frac{1}{\lambda},$$

et $\mathbb{P}$-presque sûrement

$$\lim_{t \to +\infty} \frac{L(t)}{t} = \lambda - \frac{1}{\hat{\mathbb{E}}(\sigma)}.$$

DÉMONSTRATION. En utilisant (12.1), il vient facilement que pour $n \geq 0$,

$$W_n \geq w + \sum_{1}^{n-1} (\sigma - \tau) \circ \hat{\theta}^k,$$

d'après le théorème ergodique 10.9, on en déduit que $\hat{\mathbb{P}}$-p.s.

$$\liminf_{n \to +\infty} \frac{W_n}{n} \geq \hat{\mathbb{E}}(\sigma) - \frac{1}{\lambda}.$$

En particulier les W_n sont tous strictement positifs à partir d'un certain rang n_0, ainsi pour $n \geq n_0$,

$$W_{n+1} = W_n + \sigma \circ \hat{\theta}^n - \tau \circ \hat{\theta}^n,$$

et donc

$$W_n = W_{n_0} + \sum_{n_0}^{n-1} (\sigma - \tau) \circ \hat{\theta}^k,$$

le théorème ergodique donne la première convergence de la proposition. Le temps d'attente des clients est $\hat{\mathbb{P}}$-p.s. strictement positif à partir d'un certain rang. Autrement dit, les clients trouvent toujours la file occupée au bout d'un certain temps. En utilisant la relation (11.6) donnant $\mathbb{P}$ en fonction de $\hat{\mathbb{P}}$, on en déduit que $\mathbb{P}$-p.s. $L(t) > 0$ pour t suffisamment grand. Sans restreindre la généralité on peut supposer que $L(t) > 0$ pour tout $t > 0$, le serveur travaille toujours, ainsi

$$\{L(t) > n\} = \left\{ \sum_{0}^{N([0,t])-n} \sigma \circ \theta^{t_i} > t \right\},$$

en effet il y a au moins n clients à t si la somme des services des $N([0,t]) - n$ premiers excède t. On conclut en prenant $n = \lfloor (\lambda - 1/\hat{\mathbb{E}}(\sigma) \pm \varepsilon)t \rfloor$ et en utilisant le théorème ergodique pour $N([0,t])$ et pour $\sum_{0}^{n} \sigma \circ \theta^{t_i}$. $\qquad \square$

Dans le cas d'égalité $\lambda \hat{\mathbb{E}}(\sigma) = 1$, la file peut être stable : il suffit de prendre le cas déterministe $\tau \equiv \sigma \equiv 1$, l'équation (12.2) a une infinité de solutions, la variable W constante égale à x convient pour tout $x \geq 0$. Ce type de stabilité est toutefois pathologique, cette file d'attente n'étant jamais vide. Avec une hypothèse supplémentaire d'indépendance, cette file critique est instable (voir la proposition 2.2 page 36).

6. La file d'attente à deux serveurs $G/G/2$

Dans cette section, l'unité de service est constituée par deux serveurs et à chacun d'eux est associée une file d'attente. Le processus des arrivées est donné comme précédemment par un processus ponctuel stationnaire marqué $N(\omega, dt, d\sigma)$. La répartition des clients entre les deux files d'attente se fait de la façon suivante : à son arrivée le client, qui connaît la charge de chacune des deux files, se rend dans la file avec la plus petite charge. En cas d'égalité, la file est choisie au hasard. Si la file est vide au moment de l'arrivée du client 0, W_n^1 [resp. W_n^2] désigne la plus petite [resp. plus grande] des charges des files d'attente à l'arrivée du n-ième client. Le mécanisme de répartition des clients entre les deux files entraîne que ces deux variables vérifient les équations de récurrence

$$W_{n+1}^1 = (W_n^2 - \tau \circ \hat{\theta}^n)^+ \wedge (W_n^1 + \sigma \circ \hat{\theta}^n - \tau \circ \hat{\theta}^n)^+,$$

$$W_{n+1}^2 = (W_n^2 - \tau \circ \hat{\theta}^n)^+ \vee (W_n^1 + \sigma \circ \hat{\theta}^n - \tau \circ \hat{\theta}^n)^+,$$

avec $W_0^1 = W_0^2 = 0$. Comme dans le cas de la file $G/G/1$ FIFO, on s'intéresse dans ce qui suit à l'existence et l'unicité d'une solution stationnaire $W = (W^1, W^2)$ à l'équation précédente,

(12.19) $$W^1 \circ \hat{\theta} = (W^2 - \tau)^+ \wedge (W^1 + \sigma - \tau)^+,$$

(12.20) $$W^2 \circ \hat{\theta} = (W^2 - \tau)^+ \vee (W^1 + \sigma - \tau)^+.$$

Le résultat suivant, dû à Kiefer et Wolfowitz [21], est le correspondant (faible) de la proposition 12.1 pour la file $G/G/2$.

PROPOSITION 12.10. *Sous la condition $\lambda \hat{\mathbb{E}}(\sigma) < 2$ il existe un couple de variables (W^1, W^2) $\hat{\mathbb{P}}$-p.s. finies vérifiant les relations (12.19) et (12.20). De plus $\hat{\mathbb{P}}(W^1 = 0) > 0$ et (W^1, W^2) est minimale au sens où toute autre solution (X^1, X^2) de (12.19) et (12.20) vérifie $W^1 \leq X^1$ et $W^2 \leq X^2$ $\hat{\mathbb{P}}$-p.s.*

DÉMONSTRATION. La suite (W_n^1, W_n^2) est définie par récurrence par

(12.21) $$W_{n+1}^1 \circ \hat{\theta} = (W_n^2 - \tau)^+ \wedge (W_n^1 + \sigma - \tau)^+,$$

(12.22) $$W_{n+1}^2 \circ \hat{\theta} = (W_n^2 - \tau)^+ \vee (W_n^1 + \sigma - \tau)^+,$$

et $W_n^1 = W_n^2 = 0$. En utilisant la monotonie (coordonnée par coordonnée) de la fonction

$$f : (x, y) \to ((x + \sigma - \tau)^+ \wedge (y - \tau)^+, (x + \sigma - \tau)^+ \vee (y - \tau)^+),$$

---

[21] J. Kiefer and J. Wolfowitz, *On the theory of queues with many servers*, Transactions of the AMS **78** (1955), 1–18.

il est facile de montrer que la suite (W_n^1, W_n^2) est croissante, soit $\underline{W} = (W^1, W^2)$ sa limite. La variable $\underline{W}$ vérifie les équations (12.19) et (12.20),

$$W^1 \circ \hat{\theta} = (W^2 - \tau)^+ \wedge (W^1 + \sigma - \tau)^+,$$

$$W^2 \circ \hat{\theta} = (W^2 - \tau)^+ \vee (W^1 + \sigma - \tau)^+.$$

L'inégalité $W^1 \leq W^2$ montre que l'ensemble $A = \{W^1 = +\infty\}$ est invariant par $\hat{\theta}$, donc de probabilité 0 ou 1 par ergodicité de $\hat{\theta}$. Si $\hat{\mathbb{P}}(A) = 1$, $\hat{\mathbb{P}}$-p.s. pour $i = 1, 2$ la suite (W_n^i) tend vers l'infini quand n tend vers l'infini. En faisant la somme des équations (12.21) et (12.22), il vient,

$$(W_{n+1}^1 + W_{n+1}^2) \circ \hat{\theta} - (W_n^1 + W_n^2) = (-\tau) \vee (-W_n^2) + (\sigma - \tau) \vee (-W_n^1).$$

En prenant l'espérance et en utilisant la propriété de croissance, on obtient l'identité

$$\hat{\mathbb{E}}\left((-\tau) \vee (-W_n^2)\right) + \hat{\mathbb{E}}\left((\sigma - \tau) \vee (-W_n^1)\right)$$
$$= \hat{\mathbb{E}}\left((W_{n+1}^1 + W_{n+1}^2)\right) - \hat{\mathbb{E}}\left((W_n^1 + W_n^2)\right) \geq 0.$$

En faisant tendre n vers l'infini, le théorème de convergence monotone donne l'inégalité

$$0 \leq \hat{\mathbb{E}}(\sigma) - 2\hat{\mathbb{E}}(\tau) = \hat{\mathbb{E}}(\sigma) - \frac{2}{\lambda},$$

ce qui est contradictoire avec l'hypothèse de la proposition. La variable W^1 est donc $\hat{\mathbb{P}}$-p.s. finie. L'ensemble $\{W^2 = +\infty\}$ est par conséquent invariant par $\hat{\theta}$, s'il est de probabilité 1, la deuxième équation du système (12.21) et (12.22) donne la relation

$$0 \leq \hat{\mathbb{E}}(W_{n+1}^2 - W_n^2) = \hat{\mathbb{E}}\left((-\tau) \vee (-W_n^2) \vee (W_n^1 - W_n^2 + \sigma - \tau)\right).$$

Le terme sous l'espérance dans le membre de droite est compris entre $-\tau$ et σ. Le théorème de convergence dominée montre l'inégalité $\hat{\mathbb{E}}(-\tau) \geq 0$ qui est absurde. Le vecteur $\underline{W}$ est donc une solution $\hat{\mathbb{P}}$-p.s. finie de (12.19).

Si $\hat{\mathbb{P}}(W^1 = 0) = 0$, les $+$ peuvent être supprimés des équations (12.19), en faisant la somme de celles-ci, on obtient

$$(W^1 + W^2) \circ \hat{\theta} - (W^1 + W^2) = \sigma - 2\tau,$$

et d'après le lemme 12.2 donne l'identité $\hat{\mathbb{E}}(\sigma - 2\tau) = 0$, contradiction. La variable W_1 s'annule donc sur un ensemble de probabilité positive.

Si dans les équations (12.21) et (12.22), la condition initiale est changée en $W_0^1 = x$, $W_0^2 = y$, avec $x \geq 0 = W_0^1$ et $y \geq 0 = W_0^2$. Par récurrence, on constate facilement que la suite engendrée majore notre suite (W_n^1, W_n^2). En particulier, si $\underline{X} = (X^1, X^2)$ est une solution de (12.19), celle-ci vérifie nécessairement les inégalités $X^1 \geq W^2$ et $X^2 \geq W_2$. La solution $\underline{W}$ est donc minimale. $\qquad\square$

La proposition précédente ne peut être améliorée en ce qui concerne l'unicité des solutions aux équations (12.19) comme le montre le petit exemple suivant dû à Neveu : Si $\hat{\Omega} = \{0, 1\}$, $\hat{\theta}$ est l'automorphisme de $\hat{\Omega}$ qui intervertit 0 et 1 et $\hat{\mathbb{P}}$ la probabilité uniforme sur $\hat{\Omega}$. Les interarrivées sont déterministes égales à

1 ($\tau \equiv 1$) et les services sont définis par $\sigma(0) = 2$, $\sigma(1) = 3/2$. Il est facile de vérifier que pour tout $0 \leq \alpha \leq 1/2$ le vecteur $\underline{V}$ défini par

$$\underline{V}(0) = \begin{pmatrix} 1/2 \\ \alpha \end{pmatrix} \qquad \underline{V}(1) = \begin{pmatrix} 0 \\ 1 + \alpha \end{pmatrix}$$

est solution de (12.19).

Ce contre-exemple montre que, même sous l'hypothèse $\hat{\mathbb{E}}(\sigma) < 2$, ce système de files d'attente ne se vide pas forcément comme c'est le cas pour la file $G/G/1$. Il est facile de voir si une solution de (12.19) a ses deux coordonnées nulles avec probabilité positive alors c'est nécessairement la solution minimale construite précédemment. Un résultat complémentaire dû à Brandt [5] sur cette file d'attente termine cette section. Ce résultat montre l'existence d'une solution maximale au système (12.19).

PROPOSITION 12.11. *Sous les hypothèses de la proposition précédente, il existe une variable aléatoire* $\overline{V} = (V^1, V^2)$ *telle que pour toute solution* $X = (X^1, X^2)$ *de (12.19), on ait* $\hat{\mathbb{P}}$-*p.s.* $X^1 \leq V^1$ *et* $X^2 \leq V^2$.

DÉMONSTRATION. Pour $d \in \mathbb{N}$, de la même façon que dans la preuve précédente, la suite (W_n^1, W_n^2) est définie par

$$W_{n+1}^1 \circ \hat{\theta} = (W_n^2 - \tau)^+ \wedge (W_n^1 + \sigma - \tau)^+,$$
$$W_{n+1}^2 \circ \hat{\theta} = (W_n^2 - \tau)^+ \vee (W_n^1 + \sigma - \tau)^+,$$

avec la condition initiale $W_0^1 = W^1 + d$, $W_0^2 = W^2 + d$ et (W^1, W^2) est la solution minimale construite précédemment.

$$W_1^1 \circ \hat{\theta} = (W^2 + d - \tau)^+ \wedge (W^1 + d + \sigma - \tau)^+$$
$$\leq (W^2 - \tau)^+ \wedge (W^1 + \sigma - \tau)^+ + d = W^1 \circ \hat{\theta} + d = W_0^1 \circ \hat{\theta},$$

donc $W_1^1 \leq W_0^1$ et de la même façon $W_1^2 \leq W_0^2$. La monotonie de la fonction f définie ci-dessus montre que la suite (W_n^1, W_n^2) est décroissante, sa limite est notée $(W^1(d), W^2(d))$.

Toujours avec le même argument de monotonie il est clair que la suite

$$(W^1(d), W^2(d))$$

est croissante (c'est vrai sur les conditions initiales et cela se propage par récurrence jusqu'aux limites). Si $\overline{V} = (V^1, V^2)$ est la limite de cette suite, il faut montrer que $\overline{V}$ a ses coordonnées $\hat{\mathbb{P}}$-p.s. finies. La méthode est essentiellement la même que pour montrer la finitude de (W^1, W^2) dans la proposition ci-dessus. Montrons par exemple que V^1 est $\hat{\mathbb{P}}$-p.s. fini. L'ensemble $\{V^1 = +\infty\}$ est invariant par $\hat{\theta}$, s'il est de probabilité 1, alors

$$\lim_{d \to +\infty} V^1(d) = \lim_{d \to +\infty} V^2(d) = +\infty,$$

[5]   A. Brandt, *On stationary waiting times and limiting behaviour of queues with many servers II: The $G/G/m/\infty$ case*, Elektron. Inf. verarb. Kybern. **21** (1985), no. 3, 151–162.

$\hat{\mathbb{P}}$-p.s. En faisant la somme des équations de (12.19) pour $(V^1(d), V^2(d)))$, il vient

$$(V^1(d) + V^2(d)) \circ \hat{\theta} - (V^1(d) + V^2(d))$$
$$= (-\tau) \vee (-V^2(d)) + (\sigma - \tau) \vee (-V^1(d)).$$

Le membre de droite est compris entre $\sigma - 2\tau$ et σ, donc intégrable. Le terme de gauche est donc d'espérance nulle, d'où l'égalité

$$\hat{\mathbb{E}} \left((-\tau) \vee (-V^2(d)) + (\sigma - \tau) \vee (-V^1(d)) \right) = 0.$$

Il reste à appliquer le théorème de convergence dominée pour obtenir

$$\hat{\mathbb{E}}(\sigma - 2\tau) = 0,$$

ce qui est absurde. La variable V^1 est donc $\hat{\mathbb{P}}$-p.s. finie. La preuve de la finitude presque sûre de V^2 est analogue.

Si $X = (X^1, X^2)$ est une solution de (12.19), il existe un entier naturel d tel que

$$\hat{\mathbb{P}}(X^1 \leq d, X^2 \leq d) = \alpha > 0,$$

d'où

$$\alpha \leq \hat{\mathbb{P}}(X^1 \leq d + W^1, X^2 \leq d + W^2)$$
$$\leq \hat{\mathbb{P}}(X^1 \circ \hat{\theta} \leq W_1^1 \circ \hat{\theta}, X^2 \circ \hat{\theta} \leq W_1^2 \circ \hat{\theta}) = \hat{\mathbb{P}}(X^1 \leq W_1^1, X^2 \leq W_1^2),$$

de proche en proche, on en déduit l'inégalité

$$\alpha \leq \hat{\mathbb{P}}(X^1 \leq W_n^1, X^2 \leq W_n^2),$$

et en passant à la limite, il vient

$$\alpha \leq \mathbb{P}(X^1 \leq W_d^1, X^2 \leq W_d^2) \leq \mathbb{P}(X^1 \leq V^1, X^2 \leq V^2).$$

Maintenant il suffit de remarquer que l'ensemble $\{X^1 \leq V^1, X^2 \leq V^2\}$ est invariant par $\hat{\theta}$. Comme on vient de montrer qu'il était de probabilité strictement positive, il est de probabilité 1, $\overline{V}$ est la solution maximale des équations (12.19).

$\square$

Loi de Poisson et événements rares

Sommaire

Dans ce chapitre, les I_i, $i = 1, \ldots, n$, sont des variables aléatoires de Bernoulli de paramètres respectifs $p_i = \mathbb{P}(I_i = 1)$; leur somme est notée $W = \sum_1^n I_i$ et $\lambda = \mathbb{E}(W) = \sum_1^n p_i$ est la valeur moyenne de W. Si les I_i sont des fonctions indicatrices d'événements rares, on s'intéresse ici aux conditions pour lesquelles la loi de la variable W peut être approximée par une loi de Poisson de paramètre λ. Ce type de situation a déjà été rencontré à plusieurs reprises dans les chapitres précédents.

1. La proposition 1.4 montre que, dans le cas où les variables de Bernoulli sont indépendantes et les p_i très petits, la variable W suit approximativement une loi de Poisson de paramètre λ.

2. Si $H_{i,a}$ est le i-ième instant où le nombre de clients de la file $M/M/1$ revient en a pour la première fois depuis le dernier passage en 0 et I_i est la fonction indicatrice de l'événement

$$\left\{ H_{i,a} \leq \frac{1}{\rho^a} t \right\},$$

la proposition 5.13 montre que si $\rho < 1$, W converge en loi vers une loi de Poisson de paramètre $(\mu - \lambda)^2 t/\mu$ quand a tend vers l'infini.

3. Si $\tau_{i,a}$ est le i-ième instant d'atteinte de la valeur a par le nombre de clients de la file $M/M/\infty$ et I_i est la fonction indicatrice de l'événement

$$\left\{ \tau_{i,a} \leq \frac{(a-1)!}{\rho^a} t \right\},$$

la proposition 6.11 montre que W converge en loi vers une loi de Poisson de paramètre $\mu \exp(-\rho)t$ quand a tend vers l'infini.

Le premier cas a été démontré de façon élémentaire. Pour les deux derniers exemples, les démonstrations ont utilisé l'expression explicite des lois de temps d'atteinte de ces événements rares.

La méthode de Chen-Stein qui est présentée ici systématise l'obtention de résultats de convergence vers une loi de Poisson. Elle permet de traiter de nombreux cas où les variables (I_i) sont corrélées. Cette approche donne en plus une *inégalité* sur la distance en variation totale entre la loi de W et une loi de Poisson de paramètre $\mathbb{E}(W)$. Dans le cas classique où les variables (I_i) sont indépendantes, cette inégalité est non triviale. La première section donne les bases techniques de la méthode de Chen-Stein, la suite est consacrée à plusieurs types d'applications. Bien entendu, ce chapitre n'est qu'une introduction. De nombreux exemples ainsi que des raffinements techniques sont présentés dans le livre de Barbour *et al.* [4] sur lequel s'appuie cet exposé.

1. L'équation de Stein

La distribution de Poisson de paramètre λ sur $\mathbb{N}$ est notée $Q^\lambda = (Q_n^\lambda)$,

$$Q_n^\lambda = \frac{\lambda^n}{n!} e^{-\lambda},$$

pour $n \in \mathbb{N}$ et si f est une fonction bornée, $Q^\lambda(f)$ désigne l'espérance de f pour la probabilité Q^λ,

$$Q^\lambda(f) = \sum_0^{+\infty} f(n) \frac{\lambda^n}{n!} e^{-\lambda}.$$

LEMME A.1. *Si* $f : \mathbb{N} \to \mathbb{N}$ *est une fonction bornée, alors*

$$\sum_{n \geq 0} (\lambda f(n+1) - n f(n)) Q_n^\lambda = 0.$$

Réciproquement, si $Q = (Q_n)$ *est une probabilité sur $\mathbb{N}$ telle que*

$$\sum_{n \geq 0} (\lambda g(n+1) - n g(n)) Q_n = 0$$

pour toute fonction g bornée, nécessairement $Q = Q^\lambda$.

DÉMONSTRATION. La première assertion se vérifie sans difficulté. Si f est une fonction bornée sur $\mathbb{N}$, la fonction Δf définie par $\Delta f(n) = f(n) - f(n-1)$ pour $n \in \mathbb{N}$ est aussi bornée et par conséquent

$$\sum_{n \geq 0} (\lambda \Delta f(n+1) - n \Delta f(n)) Q_n = 0,$$

$$\sum_{n \geq 0} (\lambda f(n+1) + n f(n-1)) - (\lambda + n) f(n) Q_n = 0,$$

en notant Ω le générateur du nombre de clients d'une file $M/M/\infty$ dont le taux d'arrivée est λ et le taux de service 1 (voir la relation 6.1 du chapitre 6), l'équation précédente se réécrit sur la forme

$$\int \Omega(f)dQ = 0,$$

pour toute fonction bornée f, autrement dit Q est la mesure invariante du processus de Markov associé à Ω (voir le chapitre sur l'annexe sur les processus de Markov page 346). Par unicité de cette mesure, on en déduit $Q = Q^\lambda$.   □

Le lemme précédent montre que W est une variable aléatoire qui suit une loi de Poisson de paramètre λ si et seulement si $\mathbb{E}(\lambda g(W + 1) - Wg(W)) = 0$ pour toute fonction bornée g. L'idée à la base de la méthode de Chen-Stein est de perturber ce résultat : si la quantité $\mathbb{E}(\lambda g(W + 1) - Wg(W))$ est petite pour un nombre suffisamment large de fonctions g bornées, alors la loi de W est proche d'une loi de Poisson de paramètre λ. Ce type de méthode a été introduit par Stein[32] pour étudier de façon précise la convergence vers la loi normale dans le théorème de la limite centrale. Chen[8] a développé cette idée pour l'appliquer à la convergence de variables aléatoires vers une loi de Poisson.

La suite de cette section est consacrée à l'étude de l'opérateur qui, à une fonction g, associe la fonction $n \to \lambda g(n + 1) - ng(n)$.

DÉFINITION 32. Si f est une fonction bornée sur $\mathbb{N}$, une fonction g est solution de l'équation de Stein associée à f si

(A.1) $\lambda g(n + 1) - ng(n) = f(n) - Q^\lambda(f),$

pour tout $n \in \mathbb{N}$.

Si g_1 et g_2 sont deux solutions de l'équation (A.1), il est facile de vérifier que pour tout $n \in \mathbb{N}$,

$$g_1(n) - g_2(n) = \frac{(n-1)!}{\lambda^n}(g_1(0) - g_2(0)),$$

l'équation (A.1) a donc une unique solution si $g(0) = 0$. La proposition suivante donne deux représentations d'une telle solution.

PROPOSITION A.2. *Si f est une fonction positive bornée, il existe une unique fonction bornée g solution de l'équation de Stein associée à f telle que $g(0) = 0$. La fonction g est donnée par*

(A.2) $g(n) = \frac{(n-1)!}{\lambda^n} \sum_{i=0}^{n-1}(f(i) - Q^\lambda(f))\frac{\lambda^i}{i!}, \qquad n \geq 1.$

Cette fonction g peut aussi s'exprimer sous la forme

(A.3) $g(n) = -\int_0^{+\infty} \Big(\mathbb{E}_n f(L(s)) - \mathbb{E}_{n-1} f(L(s))\Big)\, ds, \qquad n \geq 1,$

[32] C. Stein, *A bound for the error in the normal approximation to the distribution of a sum of dependent random variables*, Sixth Berkeley Symposium Math. Stat. Probab. (Univ. California Press, ed.), 1971, pp. 583–602.

[8] L.Y. Chen, *Poisson approximation for dependent trials*, Annals of Probability 3 (1975), no. 3, 534–545.

où $(L(t))$ est le processus du nombre de clients d'une file $M/M/\infty$ de taux d'arrivée λ et de taux de service 1; $\mathbb{E}_n(\cdot)$ désigne l'espérance pour ce processus qui part de n.

On note que le processus de Markov $(L(t))$ qui intervient dans cette proposition a précisément pour mesure invariante une loi de Poisson de paramètre λ. Ce processus intervient aussi pour la raison suivante : si g est une solution de l'équation de Stein associée à f, la fonction h définie par $h(n) = g(1) + \cdots + g(n)$ vérifie $g(n) = h(n) - h(n-1)$ et par conséquent en utilisant l'équation de Stein, on obtient l'identité

$$\lambda h(n+1) + nh(n-1) - (\lambda + n)h(n) = f(n) - Q^\lambda(f),$$

pour $n \in \mathbb{N}$, ce qui peut être réécrit sous la forme

(A.4) $$\Omega(h) = f - Q^\lambda(f),$$

où Ω est le générateur du processus de Markov $(L(t))$.

DÉMONSTRATION. Il est facile de voir que la fonction g définie par l'identité (A.2) vérifie l'équation de Stein. La relation $Q^\lambda(f - Q^\lambda(f)) = 0$ montre que pour $n \in \mathbb{N}$,

$$g(n) = -\frac{(n-1)!}{\lambda^n} \sum_{i=n}^{+\infty} (f(i) - Q^\lambda(f)) \frac{\lambda^i}{i!},$$

par conséquent,

$$|g(n)| \leq \frac{(n-1)!}{\lambda^n} \sum_{n}^{+\infty} |f(i) - Q^\lambda(f)| \frac{\lambda^i}{i!}$$

$$\leq 2\|f\|_\infty \sum_{0}^{+\infty} \frac{\lambda^i}{i!} \leq 2e^\lambda \|f\|_\infty,$$

la fonction g est donc bornée.

Il reste à établir l'identité (A.3). Comme précédemment, la fonction h est définie par $h(0) = 0$ et $g(k) = h(k) - h(k-1)$ pour $k \geq 1$. Si $L(0) = n \in \mathbb{N}$, Ω étant le générateur du processus $(L(t))$ le processus

$$(M(t)) = \left(h(L(t)) - h(L(0)) - \int_0^t \Omega(h)(L(s))\, ds \right),$$

est une martingale locale (voir la proposition 6.2 page 139). Le processus des arrivées $\mathcal{N}_\lambda$ à la file d'attente est un processus de Poisson de paramètre λ, l'inégalité $L(t) \leq L(0) + \mathcal{N}_\lambda(]0, t])$ est clairement satisfaite. Comme

$$|h(L(t)) - h(L(0))| \leq \sum_{i=L(0)\wedge L(t)}^{L(0)\vee L(t)-1} |h(i+1) - h(i)| \leq \|g\|_\infty (L(t) + L(0))$$

$$\leq \|g\|_\infty (\mathcal{N}_\lambda(]0, t]) + 2n)$$

et d'après la relation (A.4)

$$\left| \int_0^t \Omega(h)(L(s)) \, ds \right| = \left| \int_0^t (f(L(s)) - Q^\lambda(f)) \, ds \right| \leq 2t \|f\|_\infty,$$

on en déduit que pour tout $T \geq 0$ la variable $\sup\{M(t)/t \leq T\}$ est intégrable. Par conséquent, la proposition B.7 page 336 montre $(M(t))$ est une martingale, d'où

$$\mathbb{E}_n \left(h(L(t)) - h(L(0)) - \int_0^t \Omega(h)(L(s)) \, ds \right) = \mathbb{E}(M(0)) = 0.$$

En utilisant la relation (A.4), il vient

$$\mathbb{E}_n (h(L(t)) - h(n) = \mathbb{E}_n \left(\int_0^t (f(L(s)) - Q^\lambda(f)) \, ds \right),$$

(A.5) $$\mathbb{E}_n (h(L(t)) - h(n) = \int_0^t (\mathbb{E}_n f(L(s)) - Q^\lambda(f)) \, ds.$$

Si $\| \cdot \|_{vt}$ désigne la norme en variation totale (définie dans l'annexe D), par définition, pour $s \geq 0$,

$$|\mathbb{E}_n f(L(s)) - Q^\lambda(f)| \leq \|f\|_\infty \|\mathbb{P}_n(L(s) \in \cdot) - Q^\lambda\|_{vt},$$

où $\mathbb{P}_n(L(s) \in \cdot)$ désigne la loi de la probabilité de la variable aléatoire $L(s)$ pour $\mathbb{P}_n$. La proposition 6.1 page 139 montre la convergence exponentiellement rapide vers 0 quand s tend vers l'infini de la quantité $\|\mathbb{P}_n(L(s) \in \cdot) - Q^\lambda\|_{vt}$. Le membre de droite de l'identité (A.5) a donc une limite quand t tend vers l'infini. Par conséquent la limite $H_n = \lim_{t \to +\infty} \mathbb{E}_n h(L(t))$ existe.

Un couplage permet de montrer que cette limite ne dépend pas du point initial n : on considère deux processus associés au générateur Ω, l'un partant avec n clients et l'autre avec $n+1$ clients. Ils ont tous deux les mêmes arrivées, les n clients initiaux les mêmes services et σ désigne le service du client supplémentaire pour la file qui part avec $n+1$ clients. Les deux processus sont donc égaux à l'instant $t = \sigma$ de départ du client initial supplémentaire, d'où

$$\mathbb{E}_{n+1} h(L(t)) - \mathbb{E}_n h(L(t)) = \mathbb{E}_n \left((h(L(t) + 1) - h(L(t)))1_{\{\sigma > t\}} \right),$$

par définition de h, il vient

$$|\mathbb{E}_{n+1} h(L(t)) - \mathbb{E}_n h(L(t))| = |\mathbb{E}_n \left(g(L(t) + 1)1_{\{\sigma > t\}} \right)|$$
$$\leq \|g\|_\infty e^{-t},$$

par conséquent $H_n = H_{n+1}$ pour tout $n \in \mathbb{N}$. En faisant tendre t vers l'infini dans l'équation (A.5), on en déduit l'égalité

$$h(n) = H_1 - \int_0^{+\infty} (\mathbb{E}_n f(L(s)) - Q^\lambda(f)) \, ds,$$

ce qui donne l'identité attendue

$$g(n) = - \int_0^{+\infty} (\mathbb{E}_n f(L(s)) - \mathbb{E}_{n-1} f(L(s))) \, ds.$$

Il est raisonnable de supposer que la quantité $H_n = \lim_{t \to +\infty} \mathbb{E}_n h(L(t))$ vaut $Q^\lambda(h)$ puisque $(L(t))$ converge en loi vers Q^λ. La fonction h n'étant pas à priori bornée, cette convergence ne peut pas être utilisée directement. $\square$

La proposition suivante est le principal résultat de cette section.

PROPOSITION A.3. *Si A est un sous-ensemble de $\mathbb{N}$, la solution g_A de l'équation de Stein associée à la fonction $f = 1_A$ telle que $g(0) = 0$ vérifie les inégalités suivantes*

(A.6)
$$\|g_A\|_\infty \le 1 \wedge \sqrt{\frac{2}{\lambda e}},$$

(A.7)
$$\|\Delta g_A\|_\infty \le \frac{1 - e^{-\lambda}}{\lambda} \le 1 \wedge \frac{1}{\lambda},$$

où $\Delta(g_A)$ est la fonction définie par $\Delta(g_A)(n) = g_A(n+1) - g_A(n)$ pour $n \in \mathbb{N}$.

DÉMONSTRATION. La preuve de l'inégalité (A.7) est dans l'appendice de ce chapitre page 331. Le couplage de la preuve précédente est utilisé pour considérer le processus du nombre de clients d'une file $M/M/\infty$ avec les points initiaux n et $n+1$. On note $X(t)$ le nombre de clients parmi les n clients initiaux qui n'ont pas fini leur service à l'instant t, σ le service du $n+1$-ième client initial et $L_0(t)$ le nombre de clients dans la file qui sont arrivés après l'instant 0. Le processus $(L_0(t))$ est celui du nombre de clients quand la file est vide initialement. Pour $t \ge 0$, la variable $L_0(t)$ suit une loi de Poisson de paramètre $\lambda_t = \lambda(1 - \exp(-t))$ (voir la section 3 page 178 par exemple). Les arrivées et les services sont les mêmes pour les deux processus. Si $f = 1_A$, la représentation (A.3) de g_A donne

$$g_A(n+1) = - \int_0^{+\infty} (\mathbb{E}_{n+1} f(L(s)) - \mathbb{E}_n f(L(s))) \, ds$$

$$= - \int_0^{+\infty} (Ef(L_0(s) + X(s) + 1_{\{\sigma > s\}}) - Ef(L_0(s) + X(s))) \, ds$$

(A.8)
$$= - \int_0^{+\infty} (Ef(L_0(s) + X(s) + 1) - Ef(L_0(s) + X(s))) e^{-s} \, ds,$$

la fonction sous l'intégrale précédente est comprise entre -1 et 1, par conséquent $\|g_A\|_\infty \le 1$.

Pour $x \in \mathbb{N}$ et $s \ge 0$, comme la loi de la variable $L_0(s)$ est Q^{λ_s},

$$\mathbb{E}(f(L_0(s) + x + 1) - f(L_0(s) + x)) = \sum_{n \ge 0} Q_n^{\lambda_s}(f(n + x + 1) - f(n + x)),$$

cette relation se réarrange pour donner l'égalité

$$\mathbb{E}(f(L_0(s) + x + 1) - f(L_0(s) + x)) = \sum_{n \geq 0} f(n + x)(Q_{n-1}^{\lambda_s} - Q_n^{\lambda_s}),$$

avec $Q_{-1}^{\lambda_s} = 0$. La fonction f ne valant que 0 ou 1, on obtient l'encadrement

$$\sum_{n \geq 0} 1_{\{Q_{n-1}^{\lambda_s} \leq Q_n^{\lambda_s}\}} \left(Q_{n-1}^{\lambda_s} - Q_n^{\lambda_s}\right)$$

$$\leq \mathbb{E}(f(L_0(s) + x + 1) - f(L_0(s) + x)) \leq$$

$$\sum_{n \geq 0} 1_{\{Q_{n-1}^{\lambda_s} \geq Q_n^{\lambda_s}\}} \left(Q_{n-1}^{\lambda_s} - Q_n^{\lambda_s}\right).$$

Par conséquent

$$|\mathbb{E}(f(L_0(s) + x + 1) - f(L_0(s) + x))| \leq \max_{n \geq 0} Q_n^{\lambda_s},$$

le lemme A.8 en annexe permet d'en déduire l'inégalité

$$|\mathbb{E}(f(L_0(s) + x + 1) - f(L_0(s) + x))| \leq \frac{1}{\sqrt{2e\lambda_s}},$$

pour tout $x \in \mathbb{N}$. L'identité (A.8) donne la majoration attendue de $\|g_A\|_\infty$,

$$\|g_A\|_\infty \leq \int_0^{+\infty} \frac{e^{-s}}{\sqrt{2e\lambda(1 - e^{-s})}} \, ds = \sqrt{\frac{2}{\lambda e}}.$$

$\square$

Le principe général de la méthode de Stein. L'équation de Stein pour la fonction indicatrice d'un sous-ensemble A de $\mathbb{N}$ est

(A.9) $\qquad 1_{\{W \in A\}} - Q^\lambda(1_A) = \lambda g_A(W + 1) - W g_A(W),.$

En prenant l'espérance puis le sup sur tous les sous-ensembles A, par définition de la norme en variation totale, il vient

(A.10) $\qquad \|\mathbb{P}(W \in \cdot) - Q^\lambda\|_{vt} \leq \sup_{A \subset \mathbb{N}} |\lambda \mathbb{E}(g_A(W + 1)) - \mathbb{E}(W g_A(W))|.$

L'estimation du membre de droite de l'inégalité ci-dessus donnera un majorant de la distance entre la loi de W et celle d'un processus de Poisson de paramètre λ. Dans cette estimation, la proposition A.3 est l'élément-clé pour obtenir une borne indépendante de l'ensemble A considéré. La méthode utilisée varie suivant les contextes. Les cas envisagés ici peuvent être décrits sommairement comme suit.

- Le cas faiblement dépendant. Les indices ont une signification temporelle, le processus considéré est mélangeant : I_i est presque indépendant de I_j si i et j sont assez éloignés. C'est bien entendu le cadre naturel des files d'attente.

– La loi des variables I_i possède certaines propriétés de symétrie (invariance de la loi par une permutation des indices par exemple). Il n'y a donc pas de notion de voisinage de faible dépendance dans ce cas. Une technique de couplage liée à la symétrie peut cependant être utilisée pour estimer le membre droit de (A.10). De nombreux modèles combinatoires rentrent dans ce schéma.

2. Le cas de dépendance faible entre les variables

2.1. Les variables indépendantes. Dans cette partie, les variables I_i, $1 \le i \le n$, sont indépendantes. Si g est une solution de l'équation de Stein associée à la fonction bornée f, d'après la définition (A.1)

$$\mathbb{E}(f(W)) - Q^\lambda(f) = \lambda \mathbb{E}g(W+1) - \mathbb{E}(Wg(W)),$$

l'hypothèse d'indépendance des I_i montre l'égalité

$$\mathbb{E}(f(W)) - Q^\lambda(f) = \lambda \mathbb{E}\left(g(W+1) - \sum_1^n p_i g(W_i + 1)\right),$$

où $W_i = \sum_{j \ne i} I_j$; or par définition $\lambda = \sum_{i=1}^n p_i$, donc on obtient l'identité

$$\mathbb{E}(f(W)) - Q^\lambda(f) = \sum_1^n p_i \left(\mathbb{E}(g(W+1) - g(W_i+1))\right).$$

En remarquant que la différence $g(W+1) - g(W_i+1)$ est nulle si $I_i = 0$, l'équation précédente peut se réécrire sous la forme suivante,

$$\mathbb{E}(f(W)) - Q^\lambda(f) = \sum_1^n p_i^2(\mathbb{E}(g(W_i+2) - g(W_i+1))),$$

par conséquent

$$|\mathbb{E}(f(W)) - Q^\lambda(f)| \le \sup_n |g(n+1) - g(n)| \sum_1^n p_i^2 = \|\Delta g\|_\infty \sum_1^n p_i^2.$$

En prenant le sup de cette inégalité sur toutes les fonctions indicatrices f, la majoration (A.7) de $\|\Delta g\|_\infty$ par 1 donne la proposition suivante due à Le Cam, elle renforce considérablement la proposition 1.4 page 10.

PROPOSITION A.4. *Si les I_i sont n variables de Bernoulli indépendantes, en posant $p_i = \mathbb{P}(I_i = 1)$ et $\lambda = \sum_i p_i$, la loi de la somme W de ces variables aléatoires vérifie l'inégalité*

$$(A.11) \qquad \|\mathbb{P}(W \in \cdot\,) - Q^\lambda\|_{vt} \le \sum_1^n p_i^2 \le \max_{1 \le i \le n} p_i,$$

où Q^λ est une loi de Poisson de paramètre λ.

2.2. Les variables mélangeantes. On revient au cas de variables de Bernoulli générales. À chaque indice i est associé V_i un sous-ensemble de $\{1, \ldots, n\}$ ne contenant pas i, et V_i^c le complémentaire de $V_i \cup \{i\}$. Les sommes Z_i et Y_i sont définies de la façon suivante $Z_i = \sum_{j \in V_i} I_j$ et $Y_i = \sum_{j \in V_i^c} I_j$. En particulier pour tout $i \leq n$, $W = Y_i + Z_i + I_i$; dans ce qui suit l'ensemble V_i^c est l'ensemble des indices j pour lesquels I_j est presque indépendante[3] de I_i, i.e. $\mathbb{E}(I_i I_j) \approx p_i p_j$ pour $j \in V_i^c$. La notion de mélange pour les processus de Markov est introduite dans la section 4.

Si g est la solution de l'équation de Stein associée à la fonction f bornée, l'équation (A.9) s'écrit, en utilisant les définitions de λ et W, comme

$$\mathbb{E}(f(W)) - Q^\lambda(f) = \lambda \mathbb{E}(g(W+1)) - \sum_{i=1}^n \mathbb{E}(I_i g(W)),$$

cette égalité peut être décomposée de la façon suivante,

$$\mathbb{E}(f(W)) - Q^\lambda(f) = \sum_1^n p_i \mathbb{E}(g(W+1) - g(W_i+1))$$

$$+ \sum_1^n p_i \mathbb{E}(g(W_i+1)) - \mathbb{E}(I_i g(W)),$$

ce qui donne l'inégalité

$$(A.12) \quad |\mathbb{E}(f(W)) - Q^\lambda(f)| \leq \sum_1^n p_i^2 \|\Delta g\|_\infty$$

$$+ \left| \sum_1^n p_i \mathbb{E}\left(g(Y_i + Z_i + 1) - I_i g(Y_i + Z_i + 1)\right) \right|.$$

Pour $i \in \{1, \ldots, n\}$, l'identité

$$g(Y_i + Z_i + 1) = g(Y_i + 1) + \sum_{j=1}^{Z_i} \left(g(Y_i + j + 1) - g(Y_i + j)\right),$$

la majoration

$$\left| \sum_{j=1}^{Z_i} \left(g(Y_i + j + 1) - g(Y_i + j)\right) \right| \leq \|\Delta g\|_\infty Z_i,$$

[3]   R. Arratia, L. Goldstein, and L. Gordon, *Two moments suffice for poisson approximations: the Chen-Stein method*, Annals of Probability **17** (1989), no. 1, 9–25.

et l'inégalité (A.12) montrent la relation

$$(A.13) \quad |\mathbb{E}(f(W)) - Q^\lambda(f)| \leq \|\Delta g\|_\infty \left(\sum_1^n p_i^2 + p_i \mathbb{E}(Z_i) + \mathbb{E}(I_i Z_i) \right)$$

$$+ \left| \sum_1^n p_i \mathbb{E}(g(Y_i + 1)) - \mathbb{E}(I_i g(Y_i + 1)) \right|.$$

Le dernier terme du membre de droite se majore de la façon suivante,

$$\left| \sum_{i=1}^n (p_i \mathbb{E}(g(Y_i + 1)) - \mathbb{E}(I_i g(Y_i + 1))) \right| = \left| \sum_{i=1}^n \mathbb{E}(g(Y_i + 1)(p_i - I_i)) \right|$$

$$\leq \sum_{i=1}^n \mathbb{E}\left(\left| g(Y_i + 1) \right| \left| \mathbb{E}(p_i - I_i \mid I_j, j \in V_i^c) \right| \right).$$

En notant $\eta_i = |\mathbb{E}(I_i \mid I_j, j \in V_i^c) - p_i|$, le paramètre mesurant la faible dépendance de I_i et des I_j pour $j \in V_i^c$, l'inégalité (A.13) devient

$$|\mathbb{E}(f(W))) - Q^\lambda(f)| \leq \|\Delta g\|_\infty \left(\sum_1^n p_i^2 + p_i \mathbb{E}(Z_i) + \mathbb{E}(I_i Z_i) \right) + \|g\|_\infty \sum_1^n \eta_i,$$

et finalement en prenant la borne supérieure sur toutes les fonctions f indicatrices, les inégalités (A.6) et (A.7) donnent la généralisation suivante de la proposition A.4.

PROPOSITION A.5. *Si les I_i sont n variables de Bernoulli, $p_i = \mathbb{P}(I_i = 1)$ et $\lambda = p_1 + \cdots + p_n$, la loi de la somme W de ces variables aléatoires vérifie l'inégalité*

$$(A.14) \quad \|\mathbb{P}(W \in \cdot) - Q^\lambda\|_{vt}$$

$$\leq \left(1 \wedge \frac{1}{\lambda} \right) \left(\sum_1^n p_i^2 + p_i \mathbb{E}(Z_i) + \mathbb{E}(I_i Z_i) \right) + \frac{1}{\sqrt{\lambda}} \sum_1^n \eta_i.$$

où Q^λ est une loi de Poisson de paramètre λ et pour $i \leq n$,

- *V_i est un sous-ensemble de $\{1, \ldots, n\} - \{i\}$ et V_i^c le complémentaire de $V_i \cup \{i\}$;*
- *$Z_i = \sum_{j \in V_i} I_j$;*
- *$\eta_i = |\mathbb{E}(I_i \mid I_j, j \in V_i^c) - p_i|$.*

Dans le cas indépendant $Z_i = 0$ et $\eta_i = 0$ pour tout $i \leq n$, l'inégalité (A.11) est une conséquence de (A.14).

La plus longue section montante d'une marche aléatoire simple. Une marche aléatoire de biais p présente une succession de montées et de descentes, R_n désigne la longueur de la plus longue montée entre les instants 0 et n. On s'intéresse au comportement asymptotique de R_n quand n tend vers l'infini. Ce problème se rencontre naturellement dans l'étude des modèles probabilistes d'une séquence génomique : la similarité de deux séquences (A_i) et (B_i) i.i.d.

de taille finie à valeurs dans un alphabet fini est définie à partir de la notion de score ; c'est le nombre maximal de coordonnées consécutives pour lesquelles les suites A et B coïncident. Ce modèle est bien entendu simplifié, l'hypothèse d'indépendance n'étant pas vérifiée en général.

Si les X_i sont n variables de Bernoulli indépendantes de paramètre p, R_n est le nombre maximum de 1 consécutifs pour cette suite finie. Pour $t \leq n$ et $i \leq n$, on pose

$$I_i = 1_{\{X_i=0, X_{i+1}=1, \dots, X_{i+t}=1\}}$$

si $1 < i \leq n - t$,

$$I_1 = 1_{\{X_1=1, \dots, X_t=1\}},$$

et $I_i = 0$ si $i > n - t$. La variable W associée est le nombre de segments de 1 consécutifs de longueur supérieure ou égale à t, en particulier

$$\{R_n < t\} = \{W = 0\}.$$

Comme

$$p_1 = \mathbb{P}(I_1 = 1) = p^t \text{ et } p_i = \mathbb{P}(I_i = 1) = (1-p)p^t \text{ si } 1 < i \leq n - t,$$

la moyenne λ vaut donc

$$\lambda = \mathbb{E}(W) = (n - t - 1)p^t(1 - p) + p^t \leq np^t.$$

Les variables I_i et I_{i+1} ne sont pas indépendantes mais I_i et I_{i+t+1} le sont en vertu de l'indépendance des (X_i). Le voisinage de dépendance est naturellement défini par

$$V_i = \{j / 0 < |i - j| \leq t\}.$$

En reprenant les notations de la proposition précédente, il est facile d'obtenir les relations suivantes

$$\mathbb{E}(Z_i) = \sum_{j=1}^{t} (\mathbb{E}(I_{i+j})1_{\{i+j \leq n\}} + 1_{\{1 \leq j \leq i \wedge t\}}\mathbb{E}(I_{i-j})) \leq 2tp^t,$$

$\mathbb{E}(I_i I_j) = 0$ pour $j \in V_i$ donc $\mathbb{E}(I_i Z_i) = 0$ et $\eta_i = 0$.

L'inégalité (A.14) montre la relation

$$|\mathbb{P}(R_n < t) - e^{-\lambda}| = |\mathbb{P}(W = 0) - e^{-\lambda}|$$

$$\leq \|\mathbb{P}(W \in \cdot) - Q^\lambda\|_{vt} \leq \frac{1}{\lambda}(1 + 2t)np^{2t}.$$

Si, pour $\alpha > 0$,

$$t = \left\lfloor \frac{\alpha(\log n + \log(1 - p))}{\log(1/p)} \right\rfloor,$$

pour ce t, on a l'équivalence

$$\lambda \sim (n(1 - p))^{1-\alpha},$$

pour n grand. L'inégalité précédente donne

$$\lim_{n \to +\infty} \left| \mathbb{P}(R_n < t) - e^{-\lambda} \right| = 0,$$

par conséquent la limite

$$\lim_{n \to +\infty} \mathbb{P}\left(\frac{R_n \log(1/p)}{\log n + \log(1-p)} < \alpha \right)$$

vaut 1 ou 0 suivant que $\alpha > 1$ ou $\alpha < 1$. La variable

$$\frac{R_n \log(1/p)}{\log n + \log(1-p)}$$

converge en loi vers 1. La variable R_n est de l'ordre de $\log n / \log(1/p)$ quand n tend vers l'infini.

Graphe aléatoire. Le graphe considéré est l'hypercube $\{0,1\}^N$ de dimension N. Deux sommets de ce graphe sont reliés s'ils ont exactement une coordonnée qui diffère. Chacune des $(N-1)2^{N-1}$ arêtes est orientée au hasard, si i et j sont les sommets d'une arête, la variable X_{ij} vaut 1 si l'arête (i,j) est orientée vers i et 0 sinon. Les variables $(X_{i,j})$ sont par hypothèse indépendantes.

On s'intéresse au nombre de sommets qui ont k flèches rentrantes. Pour étudier cette quantité, il est naturel de prendre les variables de Bernoulli suivantes : I_i vaut 1 si le sommet i a k flèches rentrantes et 0 sinon. Si i et j sont deux sommets du graphe qui différent de plus d'une composante, les variables I_i et I_j sont clairement indépendantes. Pour la famille de voisinages (V_i) définie par $V_i = \{j/|i-j| = 1\}$ ($|x|$ désigne la somme des valeurs absolues des coordonnées de x), il est facile de vérifier les égalités suivantes

$$p_i = \frac{C_N^k}{2^N}, \qquad \lambda = \mathbb{E}(W) = C_N^k,$$

$$\mathbb{E}(Z_i) = N\frac{C_N^k}{2^N}, \qquad \eta_i = 0,$$

et, si i et j sont des sommets voisins $\mathbb{E}(I_i I_j) = 0$ si $k=0$ ou N et

$$\mathbb{E}(I_i I_j) = \frac{C_{N-1}^k}{2^{N-1}} \times \frac{C_{N-1}^{k-1}}{2^{N-1}}$$

pour $1 \leq k \leq N-1$ et

$$\mathbb{E}(I_i Z_i) = \begin{cases} N\dfrac{C_{N-1}^k}{2^{N-1}}\dfrac{C_{N-1}^{k-1}}{2^{N-1}} & 1 \leq k \leq N-1 \\[2mm] 0 & k = 0, N. \end{cases}$$

L'inégalité (A.14) montre la relation

$$\|\mathbb{P}(W \in \cdot) - Q^{C_n^k}\|_{vt} \leq \frac{(C_N^k)^2 + N(C_N^k)^2 + 4NC_{N-1}^k C_{N-1}^{k-1}}{2^N C_N^k} \leq \frac{(1+5N)C_N^k}{2^N}.$$

Si $\mathcal{N}_1$ est un processus de Poisson de paramètre 1, le théorème de la limite centrale pour les processus de Poisson donne

$$\lim_{x \to +\infty} \mathbb{P}\left(\frac{\mathcal{N}_1([0,x]) - x}{\sqrt{x}} \in \cdot\ \right) = G(0,1)(\cdot),$$

où $G(0,1)$ est une loi normale centrée réduite. Si (k_N) est une suite d'entiers vérifiant

$$\lim_{N \to +\infty} C_N^{k_N} = +\infty \text{ et } \lim_{N \to +\infty} \frac{NC_N^{k_N}}{2^N} = 0,$$

en remarquant que $Q^{C_n^k}$ est la loi de $\mathcal{N}_1([0, C_N^k])$, l'inégalité précédente donne le résultat suivant

$$\lim_{N \to +\infty} \mathbb{P}\left(\frac{W - C_N^{k_N}}{\sqrt{C_N^{k_N}}} \in \cdot\ \right) = \lim_{N \to +\infty} \mathbb{P}\left(\frac{\mathcal{N}_1([0, C_N^{k_N}]) - C_N^{k_N}}{\sqrt{C_N^{k_N}}} \in \cdot\ \right)$$

$$= \mathbb{P}(G(0,1) \in \cdot\ ).$$

La méthode de Stein permet dans ce cas de montrer que la variable W satisfait un théorème de la limite centrale. La suite $(k_N) = (N/3)$ vérifie les conditions requises pour un tel résultat.

3. Méthodes de couplage

Les variables I_i considérées dans cette section ont des propriétés de symétrie qui excluent une quelconque propriété de mélange et donc une utilisation efficace de la proposition A.5. Le résultat suivant donne une autre facette de la méthode de Chen-Stein.

PROPOSITION A.6. *Si, pour chaque indice i, il existe deux variables U_i et V_i définies sur le même espace de probabilité telles que U_i a même loi que W et $V_i + 1$ a même loi que la variable W sachant l'événement $\{I_i = 1\}$, l'inégalité suivante est satisfaite*

$$(A.15) \qquad \|\mathcal{L}(W) - \mathbb{P}_\lambda\|_{vt} \le \left(1 \wedge \frac{1}{\lambda}\right) \sum_1^n p_i \mathbb{E}(|U_i - V_i|).$$

DÉMONSTRATION. Si g est une fonction bornée et $i \le n$, clairement

$$\mathbb{E}(I_i g(W)) = \mathbb{E}\left(g(W) 1_{\{I_i = 1\}}\right) = p_i \mathbb{E}(g(W) \mid I_i = 1),$$

et donc, si g est la solution de l'équation de Stein (A.1) associée à une fonction indicatrice f,

$$\mathbb{E}(f(W)) - \mathbb{P}_\lambda(f) = \lambda \mathbb{E}(g(W+1)) - \mathbb{E}(Wg(W))$$

$$= \sum_1^n p_i \left(\mathbb{E}(g(W+1)) - \mathbb{E}(g(W) \mid I_i = 1)\right);$$

l'hypothèse sur les lois des variables U_i et V_i donne la relation

$$\mathbb{E}(f(W)) - \mathbb{P}_\lambda(f) = \sum_1^n p_i \left(\mathbb{E}(g(U_i + 1)) - \mathbb{E}(g(V_i + 1)) \right)$$

$$= \sum_{i=1}^n p_i \mathbb{E} \left(\sum_{k=1}^{|U_i - V_i|} g(U_i \wedge V_i + k + 1)) - g(U_i \wedge V_i + k) \right),$$

d'où l'inégalité

$$|\mathbb{E}(f(W)) - \mathbb{P}_\lambda(f)| \le \|\Delta g\|_\infty \sum_1^n p_i \mathbb{E}(|U_i - V_i|).$$

Comme précédemment le résultat s'obtient en prenant le sup sur toutes les fonctions indicatrices f et en utilisant l'inégalité (A.7).   □

Exemple. le nombre de points fixes d'une permutation aléatoire
La variable π est une permutation aléatoire de l'ensemble $\{1, \dots, n\}$ choisie uniformément parmi toutes les permutations. On s'intéresse au nombre de points fixes de π. Si $I_i = 1_{\{\pi(i) = i\}}$, la variable W associée est le nombre de points fixes de cette permutation, $p_i = 1/n$ et $\lambda = 1$.
Le couplage suivant est utilisé : $\tilde{\pi}_i$ est la permutation définie sur l'ensemble $\{1, \dots, n\} - \{i\}$ défini par

$$\begin{cases} \tilde{\pi}_i(l) = k, & \text{si } \pi(i) = k \text{ et } \pi(l) = i, \\ \tilde{\pi}_i(j) = \pi(j), & \text{si } j \ne l. \end{cases}$$

On pose $U_i = W$ et $V_i = \sum_{j \ne i} 1_{\{\tilde{\pi}_i(j) = j\}}$ est le nombre de points fixes de la permutation $\tilde{\pi}_i$. La variable V_i a même loi que le nombre de points fixes d'une permutation aléatoire d'un ensemble de $n - 1$ éléments. Conditionnellement à l'événement $\{I_i = 1\}$, la variable $W - 1$ est le nombre de points fixes d'une permutation aléatoire de $n-1$ éléments. La loi de $V_i + 1$ est donc la loi conditionnelle de W sachant $\{I_i = 1\}$. Comme

$$\mathbb{E}(|U_i - V_i|) = \mathbb{P}(\pi(i) = i) + \sum_{k \ne i} \mathbb{P}(\pi(k) = i, \pi(i) = k) = \frac{2}{n},$$

l'inégalité (A.15) donne la majoration

$$\|\mathbb{P}(W \in \cdot) - Q^1\| \le \|\Delta g\|_\infty \sum_1^n p_i \mathbb{E}(|U_i - V_i|) \le \frac{2}{n}.$$

La loi du nombre de points fixes d'une permutation aléatoire converge vers une loi de Poisson de paramètre 1 quand n tend vers l'infini.

Couplage monotone. Si les variables (U_i) et (V_i) vérifient les hypothèses de la proposition précédente et si l'inégalité $V_i \leq U_i$ soit vraie pour tout indice i, l'inégalité (A.15) se réécrit

$$(A.16) \qquad \|\mathcal{L}(W) - \mathbb{P}_\lambda\|_{vt} \leq \left(1 \wedge \frac{1}{\lambda}\right) \sum_1^n p_i \mathbb{E}(U_i - V_i).$$

Des relations $\mathbb{E}(U_i) = \mathbb{E}(W)$ et $\mathbb{E}(V_i) + 1 = \mathbb{E}(W \mid I_i = 1)$ valables pour tout indice i, on déduit les identités suivantes

$$\sum_1^n p_i \mathbb{E}(U_i) = \mathbb{E}(W) \sum_1^n p_i = (\mathbb{E}(W))^2,$$

$$\sum_1^n p_i \mathbb{E}(V_i) = \sum_1^n \mathbb{P}(I_i = 1)\mathbb{E}(I_i(W - 1) \mid I_i = 1)$$

$$= \sum_1^n \mathbb{E}(I_i(W - 1)) = \mathbb{E}(W^2) - \mathbb{E}(W).$$

En utilisant ces identités dans l'inégalité (A.16), il vient

$$\|\mathbb{P}(W \in \cdot) - Q^\lambda\| \leq \left(1 \wedge \frac{1}{\lambda}\right)(\mathbb{E}(W) - \mathrm{var}(W)),$$

comme $\lambda = \mathbb{E}(W)$, on en déduit la proposition suivante

PROPOSITION A.7. *Si pour chaque indice i, il existe deux variables U_i et V_i définies sur le même espace de probabilité telles que $V_i \leq U_i$, U_i a même loi que W et $V_i + 1$ a pour loi celle de la variable W sachant $\{I_i = 1\}$, l'inégalité suivante est satisfaite*

$$(A.17) \qquad \|\mathbb{P}(W \in \cdot) - Q^\lambda\|_{vt} \leq 1 - \frac{\mathrm{var}(W)}{\lambda}.$$

Si un couplage monotone existe, alors la convergence de W vers une variable de Poisson revient simplement à montrer que le rapport variance sur moyenne est proche de 1 (ce rapport est bien entendu égal à 1 pour une loi de Poisson).

Exemple. Lancer de boules dans des urnes
Si I_i est la fonction indicatrice de l'événement $\{Z_p \neq i, \forall p \in \{1, \ldots, m\}\}$, la variable W correspondante est le nombre d'urnes vides. Pour chaque indice i on considère le couplage suivant : les boules tombées dans la i-ième urne sont remises au hasard dans les autres urnes. L'opération revient donc à mettre les boules uniformément dans les $n - 1$ autres urnes ou ce qui revient au même, à conditionner par l'événement $\{I_i = 1\}$ qu'aucune boule ne tombe dans la i-ième urne. Pour $j \neq i$, on pose $I_j^i = 1$ si l'urne j est vide après cette opération et 0 sinon ; en particulier $I_j^i \leq I_j$. En posant $U_i = W$ et $V_i = \sum_{j \neq i} I_j^i$, la variable $V_i + 1$ a même loi que W sachant $\{I_i = 1\}$. La différence $U_i - V_i$ s'exprime de la façon suivante,

$$U_i - V_i = I_i + \sum_{j \neq i} I_j(1 - I_j^i),$$

elle est par conséquent positive ; ce couplage est donc monotone.

La variable $\lambda = \mathbb{E}(W)$ vaut $n(1 - 1/n)^m$ et

$$\operatorname{var}(W) = \lambda + n(n-1)(1 - 2/n)^m - n^2(1 - 1/n)^{2m},$$

l'inégalité (A.17) donne la relation

$$\left\| \mathbb{P}(W \in \cdot) - Q^{n(1-1/n)^m} \right\|_{vt} \leq \frac{-n(n-1)(1 - 2/n)^m + n^2(1 - 1/n)^{2m}}{n(1-1/n)^m}.$$

Si $m = \lfloor n \log n + nx \rfloor$, alors quand n tend vers l'infini, $\lambda = n(1 - 1/n)^m$ est équivalent à $\exp(-x)$ et le terme de droite de l'inégalité précédente tend vers 0. Le nombre d'urnes vides converge vers une loi de Poisson de paramètre $\exp(-x)$.

Si T_n désigne le nombre minimal de boules qu'il faut lancer pour que les n urnes soient occupées, on a l'identité $\{T_n \leq m\} = \{W = 0\}$. Comme

$$\left| \mathbb{P}(W = 0) - e^{-n(1-1/n)^m} \right| \leq \left\| \mathbb{P}(W \in \cdot) - Q^{n(1-1/n)^m} \right\|_{vt}$$

le terme de gauche tend donc aussi vers 0 quand n tend vers l'infini et on en déduit que, pour $x \in \mathbb{R}_+$,

$$\lim_{n \to +\infty} \mathbb{P}(T_n \leq \lfloor n \log n + nx \rfloor) = e^{-\exp(-x)}.$$

La variable $T_n/n - \log n$ converge donc en distribution vers une loi double exponentielle sur $\mathbb{R}$. Il faut de l'ordre de $n \log n$ boules pour remplir au moins une fois chaque urne. Ce problème est aussi connu sous le nom de collectionneur de coupon : à chaque étape, un collectionneur tire un coupon au hasard parmi n, il s'agit d'évaluer le temps nécessaire pour que la collection des coupons soit complète.

4. Appendice

Majoration de la loi de Poisson.

LEMME A.8. *Pour tout x positif, la suite $(x^n \exp(-x)/n!)$ est croissante avant $n_0 = \lfloor x \rfloor$ et décroissante ensuite, de plus*

$$\sup_{n \in \mathbb{N}} \left(\frac{x^n}{n!} e^{-x} \right) \leq \frac{1}{\sqrt{2ex}}.$$

DÉMONSTRATION. La première partie du lemme se vérifie aisément. Pour obtenir l'inégalité, l'argument de Barbour *et al.* [4] est repris. Si $n \geq 1$, $h(n)$ est défini par

$$h(n) = \sup_{x>0} \sqrt{x} Q_n^x = \sup_{x>0} \frac{x^{n+1/2}}{n!} e^{-x} = \frac{(n + \frac{1}{2})^{n+1/2}}{n!} e^{-(n+1/2)}.$$

Ainsi

$$\log \frac{h(n)}{h(n-1)} = (n + 1/2) \log(n + 1/2) - (n - 1/2) \log(n - 1/2) - 1 - \log n$$

$$= n \left((1 + 1/2n) \log(1 + 1/2n) - (1 - 1/2n) \log(1 - 1/2n) - 2/2n \right);$$

cette dernière quantité est négative puisque la fonction

$$x \to (1+x)\log(1+x) - (1-x)\log(1-x) - 2x$$

est décroissante sur l'intervalle $[0,1[$. La suite $(h(n))$ est donc décroissante et par conséquent $h(n) \le h(0) = 1/\sqrt{2e}$ pour tout $n \in \mathbb{N}$. Le lemme est démontré. $\square$

La figure 1 montre que la borne du maximum dans le lemme est précise numériquement. Noter que, si x est entier, cette borne supérieure vaut

$$\frac{x^x}{x!}e^{-x} \sim \frac{1}{\sqrt{2\pi x}} < \frac{1}{\sqrt{2ex}},$$

quand x est grand, d'après la formule de Stirling.

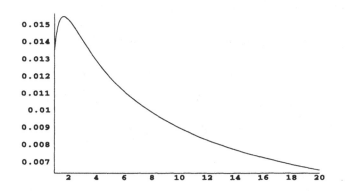

FIG. 1. La fonction $x \to 1/\sqrt{2ex} - \sup_n\{x^n \exp(-x)/n!\}$

Preuve de l'inégalité (A.7).

DÉMONSTRATION. La représentation (A.2) de g_A est utilisée,

$$g_A(n) = \frac{(n-1)!}{\lambda^n}\left(\sum_{i=0}^{n-1}f(i)\frac{\lambda^i}{i!} - \left(\sum_{i=0}^{+\infty}f(i)\frac{\lambda^i}{i!}e^{-\lambda}\right)\sum_{i=0}^{n-1}\frac{\lambda^i}{i!}\right)$$

$$= \frac{(n-1)!}{\lambda^n}e^{-\lambda}\left(\left(\sum_{i=0}^{n-1}f(i)\frac{\lambda^i}{i!}\right)\sum_{i=0}^{+\infty}\frac{\lambda^i}{i!} - \left(\sum_{i=0}^{+\infty}f(i)\frac{\lambda^i}{i!}\right)\sum_{i=0}^{n-1}\frac{\lambda^i}{i!}\right)$$

$$= \frac{(n-1)!}{\lambda^n}e^{-\lambda}\left(\left(\sum_{i=0}^{n-1}f(i)\frac{\lambda^i}{i!}\right)\sum_{i=n}^{+\infty}\frac{\lambda^i}{i!} - \left(\sum_{i=n}^{+\infty}f(i)\frac{\lambda^i}{i!}\right)\sum_{i=0}^{n-1}\frac{\lambda^i}{i!}\right).$$

Si $A = \{m\}$ pour $m \in \mathbb{N}$, la fonction $g_{\{m\}}$ notée g_m s'exprime donc comme

$$g_m(n) = \frac{(n-1)!}{\lambda^n}e^{-\lambda}\left(\frac{\lambda^m}{m!}\left(\sum_{i=n}^{+\infty}\frac{\lambda^i}{i!}\right)1_{\{m\le n-1\}} - 1_{\{m\ge n\}}\frac{\lambda^m}{m!}\left(\sum_{i=0}^{n-1}\frac{\lambda^i}{i!}\right)\right).$$

Pour $n \leq m$,

$$g_m(n) = -\frac{\lambda^m}{m!}e^{-\lambda}\sum_{i=1}^{n}\frac{1}{\lambda^i}(n-1)(n-2)\ldots(n-i+1),$$

donc la suite $n \to g_m(n)$ est décroissante entre 0 en m; de la même façon pour $n > m$,

$$g_m(n) = \frac{\lambda^m}{m!}e^{-\lambda}\sum_{i=0}^{\infty}\frac{\lambda^i}{(i+n)(i+n-1)\ldots n},$$

et la suite $n \to g_m(n)$ est clairement décroissante à partir de $n = m + 1$. Par conséquent on en déduit que pour tout $n \neq m$

$$g_m(n+1) - g_m(n) \leq 0$$

de plus la quantité

$$g_m(m+1) - g_m(m) = \left(\frac{1}{\lambda}\sum_{i=m+1}^{+\infty}\frac{\lambda^i}{i!}e^{-\lambda} + \frac{1}{m}\sum_{i=0}^{m-1}\frac{\lambda^i}{i!}e^{-\lambda}\right)$$

$$= \frac{e^{-\lambda}}{\lambda}\left(\sum_{i=m+1}^{+\infty}\frac{\lambda^i}{i!} + \frac{1}{m}\sum_{i=1}^{m}\frac{\lambda^i}{(i-1)!}\right)$$

est positive et majorée par $(1 - \exp(-\lambda))/\lambda$, d'où la majoration

$$\sup_{n\in\mathbb{N}}(g_m(n+1) - g_m(n)) \leq \frac{1-e^{-\lambda}}{\lambda}.$$

En revenant à un sous-ensemble A quelconque de $\mathbb{N}$, il est clair que $g_A = \sum_{m\in A} g_m$, et pour tout $n \in \mathbb{N}$,

$$g_A(n+1) - g_A(n) = \sum_{m\in A} g_m(n+1) - g_m(n) \leq g_m(m+1) - g_m(m),$$

d'après les propriétés de monotonie des fonctions $n \to g_m(n)$ vues précédemment, d'où l'inégalité

$$g_A(n+1) - g_A(n) \leq \sup_{m\in A}(g_m(m+1) - g_m(m)) \leq \frac{1-e^{-\lambda}}{\lambda}.$$

comme $g_A = -g_{A^c}$, cette relation est aussi vraie pour $|g_A(n+1) - g_A(n)|$, d'où le résultat. $\qquad\square$

Rappels sur les martingales

Sommaire

Ce chapitre donne un bref aperçu des définitions et résultats concernant les martingales. Pour plus de détails on peut consulter les ouvrages de Williams [55] pour un exposé introductif, de Neveu [35] et Rogers et Williams [43, 44].

1. Martingales à temps discret

Dans tout ce qui suit, le triplet $(\Omega, \mathcal{F}, \mathbb{P})$ est l'espace de probabilité de base. Une *filtration* $(\mathcal{F}_n)$ est une suite croissante de sous-tribus de $\mathcal{F}$.

DÉFINITION 33. Une famille $(Z_\alpha; \alpha \in I)$ de variables aléatoires réelles est uniformément intégrable si, pour tout $\varepsilon > 0$, il existe $B > 0$ tel que

$$\mathbb{E}\left(|Z_\alpha| 1_{\{|Z_\alpha| \geq B\}}\right) \leq \varepsilon,$$

pour tout $\alpha \in I$.

Cette propriété est clairement vraie s'il existe $p > 1$ tel que

$$\sup_{\alpha \in I} \mathbb{E}(|Z_\alpha|^p) < +\infty.$$

Un *temps d'arrêt* T est une variable aléatoire sur Ω à valeurs dans $\mathbb{N} \cup \{+\infty\}$ telle que pour tout $n \in \mathbb{N}$, l'événement $\{T \leq n\}$ appartient à la tribu $\mathcal{F}_n$. L'indice n a une interprétation temporelle, la tribu $\mathcal{F}_n$ est celle des événements connus à l'instant n, i.e. ceux qui se sont déroulés avant l'instant n.

DÉFINITION 34. Si (M_n) est une suite de variables intégrables sur Ω à valeurs dans $\mathbb{R}$ telle que pour tout $n \in \mathbb{N}$, M_n est $\mathcal{F}_n$-mesurable,

– la suite est une $(\mathcal{F}_n)$-*surmartingale* si, pour tout $n \in \mathbb{N}$, $\mathbb{P}$-p.s.,

$$\mathbb{E}(M_{n+1} \mid \mathcal{F}_n) \leq M_n;$$

– la suite est une $(\mathcal{F}_n)$-*sous-martingale* si, pour tout $n \in \mathbb{N}$, $\mathbb{P}$-p.s.,

$$\mathbb{E}(M_{n+1} \mid \mathcal{F}_n) \geq M_n;$$

– la suite est une $(\mathcal{F}_n)$-*martingale* si $\mathbb{P}$-p.s.,

$$\mathbb{E}(M_{n+1} \mid \mathcal{F}_n) = M_n,$$

pour tout $n \in \mathbb{N}$.

PROPOSITION B.1. *Si* (M_n) *est une martingale et* ϕ *une fonction convexe sur les réels, si* $\phi(M_n)$ *est intégrable pour tout* $n \in \mathbb{N}$, $(\phi(M_n))$ *est une sous-martingale.*

DÉMONSTRATION. Il suffit d'appliquer l'inégalité de Jensen pour l'espérance conditionnelle, $\mathbb{P}$-presque sûrement,

$$\phi(M_n) = \phi(\mathbb{E}(M_{n+1} \mid \mathcal{F}_n)) \leq \mathbb{E}(\phi(M_{n+1}) \mid \mathcal{F}_n).$$

$\square$

Une martingale (M_n) vérifie bien entendu $\mathbb{E}(M_n) = \mathbb{E}(M_0)$ pour tout $n \in \mathbb{N}$, la proposition suivante montre que cette propriété se généralise à la martingale arrêtée à un temps d'arrêt.

PROPOSITION B.2 (Martingales arrêtées). *Si* (M_n) *est une martingale et* T *un temps d'arrêt alors* $(M_{T \wedge n})$ *est une martingale, en particulier*

$$\mathbb{E}(M_{T \wedge n}) = \mathbb{E}(M_0)$$

pour tout $n \in \mathbb{N}$.

THÉORÈME B.3. *Une surmartingale positive* (M_n) *converge* $\mathbb{P}$-*presque sûrement vers une limite finie.*

THÉORÈME B.4 (Inégalité de Doob). *Si* (M_n) *est une sous-martingale positive, pour* $a > 0$,

$$\mathbb{P}\left(\sup_{0 \leq p \leq n} M_p \geq a \right) \leq \frac{\mathbb{E}(M_n)}{a},$$

pour tout $n \in \mathbb{N}$.

COROLLAIRE B.5. *Si* (M_n) *est une martingale, pour* $a > 0$,

$$\mathbb{P}\left(\sup_{0 \leq p \leq n} |M_p| \geq a \right) \leq \frac{\mathbb{E}(|M_n|)}{a},$$

et si $M_n \in L_2(\mathbb{P})$ *pour tout* $N \in \mathbb{N}$,

$$\mathbb{P}\left(\sup_{0 \leq p \leq n} |M_p| \geq a \right) \leq \frac{\mathbb{E}(M_n^2)}{a^2}.$$

DÉMONSTRATION. Les fonctions $x \to |x|$ et $x \to x^2$ sont convexes sur $\mathbb{R}$. Il suffit d'utiliser la proposition B.1 et l'inégalité de Doob. $\square$

La proposition suivante donne un moyen de construire des martingales à partir d'une martingale donnée. C'est une version discrète de l'intégrale stochastique.

PROPOSITION B.6. *Si (M_n) est une $(\mathcal{F}_n)$-martingale et (N_n) une suite de variables aléatoires bornées telle que N_n soit $\mathcal{F}_n$-mesurable pour tout $n \in \mathbb{N}$, la suite*

$$(B.1) \qquad (I_n) = \left(\sum_{i=1}^{n} N_{i-1}(M_i - M_{i-1}) \right)$$

est une $(\mathcal{F}_n)$-martingale.

DÉMONSTRATION. Pour $n \in \mathbb{N}$ la variable I_n est intégrable puisque la suite (N_n) est bornée et les variables $(M_i, 0 \le i \le n)$ sont intégrables. Les propriétés de mesurabilité de (M_n) et (N_n) donnent les égalités

$$\mathbb{E}(I_{n+1}/\mathcal{F}_n) = \sum_{i=1}^{n+1} \mathbb{E}(N_{i-1}(M_i - M_{i-1})/\mathcal{F}_n)$$

$$= \sum_{i=1}^{n} N_{i-1}(M_i - M_{i-1}) + N_n \mathbb{E}((M_{n+1} - M_n)/\mathcal{F}_n) = I_n,$$

d'après la propriété de martingale de (M_n). La suite (I_n) est une martingale. $\square$

2. Martingales à temps continu

Toutes les définitions et les résultats de la première section se transposent au cas où la variable temporelle $n \in \mathbb{N}$ est remplacée par $t \in \mathbb{R}_+$. Les processus considérés sont $\mathbb{P}$-presque sûrement tous continus à droite avec une limite à gauche en tout point.

DÉFINITION 35. Un processus $(X(t))$ est adapté si

– l'application $(\omega, t) \to X(t)$ est mesurable pour la tribu produit ;

– pour $t \ge 0$, l'application $\omega \to X(\omega, t)$ est $\mathcal{F}_t$-mesurable.

Une variable aléatoire T à valeurs réelles est un temps d'arrêt si, pour tout $t \ge 0$, l'événement $\{T \le t\}$ est $\mathcal{F}_t$-mesurable.

Une des notions supplémentaires par rapport au temps discret est celle de martingale locale.

DÉFINITION 36. Un processus $(M(t))$ est une martingale locale si

– $M(0)$ est $\mathcal{F}_0$-mesurable ;

– il existe une suite croissante (T_n) de temps d'arrêt tendant vers l'infini telle que, pour tout $n \in \mathbb{N}$, le processus

$$(M(T_n \wedge t) - M(0))$$

est une martingale.

La proposition suivante donne un critère pour qu'une martingale locale soit une vraie martingale.

PROPOSITION B.7. *Si* $(M(t))$ *est une martingale locale à valeurs dans* $\mathbb{R}$ *et si pour tout* $t \in \mathbb{R}_+$,

(B.2)
$$\mathbb{E}\left(\sup_{0 \le s \le t} |M(s)|\right) < +\infty,$$

le processus $(M(t))$ *est une martingale.*

DÉMONSTRATION. Il existe une suite de temps d'arrêt (T_n) tendant vers l'infini telle que pour $n \ge 1$, $(M(T_n \wedge t) - M(0))$ est une martingale, en particulier

$$\mathbb{E}(M(T_n \wedge t) - M(0) \mid \mathcal{F}_s) = M(T_n \wedge s) - M(0),$$

pour $s \le t \in \mathbb{R}_+$ et $n \in \mathbb{N}$. La variable $M(0)$ est intégrable d'après la relation (B.2), d'où

$$\mathbb{E}(M(T_n \wedge t) \mid \mathcal{F}_s) = M(T_n \wedge s)$$

comme

$$M(T_n \wedge t) \le \sup_{0 \le u \le t} M(u)$$

pour tout $n \in \mathbb{N}$, la condition (B.2) et le théorème de convergence dominée montrent donc l'égalité $\mathbb{P}$-presque sûre

$$\mathbb{E}(M(t) \mid \mathcal{F}_s) = M(s),$$

d'où la propriété de martingale de $(M(t))$. □

DÉFINITION 37. Un processus adapté $(X(t))$ est *prévisible* s'il est adapté par rapport à la filtration engendrée par les processus adaptés continus à gauche.

Un processus adapté continu à gauche est par conséquent prévisible. Si $(X(t))$ est càdlàg et adapté à la filtration $(\mathcal{F}_t)$ le processus $(X(t-))$ est prévisible.

PROPOSITION B.8. *Si* $(M(t))$ *est une martingale locale pour laquelle il existe une suite croissante de temps d'arrêt convergeant presque sûrement vers l'infini telle que* $(M(T_n \wedge t))$ *soit une martingale de carré intégrable, il existe un unique processus croissant prévisible tel que*

$$\left(M(t)^2 - A(t)\right)$$

soit une martingale locale, le processus $(A(t))$ *est le processus croissant de la martingale locale* $(M(t))$.

3. L'intégrale stochastique par rapport à un processus de Poisson

On rappelle les définitions et propriétés de l'intégrale par rapport au processus de Poisson. Les livres de Brémaud [7] et Davis [13] présentent ces questions dans un cadre général. Pour $\lambda \ge 0$,

$$\mathcal{N}_\lambda = \sum_{n \in \mathbb{N}} \delta_{t_n}$$

est un processus de Poisson d'intensité λ sur $\mathbb{R}_+$. Si $t \geq 0$, la tribu $\mathcal{F}_t$ est celle engendrée par les variables aléatoires $\mathcal{N}_\lambda(]0, s])$ pour $s \leq t$..

La proposition 1.20 page 24 montre que le processus

$$(\mathcal{N}_\lambda(]0, t]) - \lambda t)$$

est une martingale. Si X est un processus adapté càdlàg, *l'intégrale stochastique* de X par rapport à cette martingale se définit simplement

$$Z(t) = \int_0^t X(s) \, (\mathcal{N}_\lambda(\omega, ds) - \lambda \, ds) = \int_{]0,t]} X(s) \, (\mathcal{N}_\lambda(\omega, ds) - \lambda \, ds)$$

$$= \sum_{n \in \mathbb{N}; 0 < t_n \leq t} X(t_n) - \lambda \int_0^t X(s) \, ds.$$

On utilisera aussi la notation différentielle

$$dZ(t) = X(t) \, (\mathcal{N}_\lambda(dt) - \lambda \, dt)$$

pour représenter $(Z(t))$.

PROPOSITION B.9. *Si* $(X(t))$ *est un processus adapté càdlàg borné, le processus*

$$\left(\int_{]0,t]} X(s-) \, (\mathcal{N}_\lambda(\omega, ds) - \lambda \, ds) \right)$$

est une martingale dont le processus croissant est donné par

$$\left(\lambda \int_0^t X^2(s) \, ds \right).$$

Pour la preuve voir Rogers et Williams [43], Théorème 8.1 page 15 par exemple.

L'intégration de $X(s-)$ plutôt que de $X(s)$ par rapport à la différentielle de la martingale $\mathcal{N}_\lambda(]0, t]) - \lambda t$ préserve la propriété de martingale. C'est l'analogue continu de la proposition B.6 page 335, le terme N_{i-1} est le $X(s-)$ du processus (N_n) dans l'égalité (B.1).

De plus ce terme avec la limite à gauche intervient naturellement dans les expressions différentielles des processus de sauts. Si $(X(t))$ est une fonction càdlàg, constante par sur un nombre fini d'intervalles, alors pour $t \geq 0$,

$$X(t) = X(0) + \sum_{0 \leq s \leq t} \Delta X(s) = X(0) + \int_0^t dX(s),$$

où la somme a lieu sur les discontinuités de X et $\Delta X(s) = X(s) - X(s-)$. La relation précédente revient à dire que la quantité $X(t) - X(0)$ est la somme des sauts de X entre 0 et t. De la même façon, si $(Y(t))$ est aussi càdlàg, constante par intervalle, le produit $(X(t)Y(t))$ a un saut en s si

- s est un instant de saut de X et Y est continu en s, et dans ce cas le saut vaut $Y(s)\Delta X(s) = Y(s-)\Delta X(s)$ (et le cas symétrique en inversant les fonctions X et Y).

– s est un instant de saut de X et Y le saut de XY en s vaut

$$X(s)\Delta Y(s) + Y(s)\Delta X(s) + \Delta X(s)\Delta Y(s).$$

On en déduit la formule d'intégration par partie

$$X(t)Y(t) = X(0)Y(0) + \sum_{0 \le s \le t} Y(s-)\Delta X(s) + \sum_{0 \le s \le t} X(s-)\Delta Y(s)$$
$$+ \sum_{0 \le s \le t} \Delta X(s)\Delta Y(s),$$

ou encore

$$(\text{B.3}) \quad X(t)Y(t) = X(0)Y(0) + \int_0^t Y(s-)\,dX(s) + \int_0^t X(s-)\,dY(s)$$
$$+ \sum_{0 \le s \le t} \Delta X(s)\Delta Y(s).$$

PROPOSITION B.10. *Si f et g sont des fonctions bornées sur $\mathbb{N}$, et $\mathcal{N}_\lambda$, $\mathcal{N}_\mu$ sont deux processus de Poisson sur $\mathbb{R}$ de paramètres respectifs λ, $\mu \ge 0$, le processus*

$$\left(\int_0^t f(L(s-))\,(\mathcal{N}_\lambda(ds) - \lambda\,ds) \int_0^t g(L(s-))\,(\mathcal{N}_\mu(ds) - \mu\,ds) \right),$$

est une martingale.

DÉMONSTRATION. Le processus est noté $(Z(t)) = (A_1(t)A_2(t))$, où $A_1(t)$ et $A_2(t)$ sont les deux intégrales ci-dessus de 0 à t. Les deux processus de Poisson $\mathcal{N}_\lambda$ et $\mathcal{N}_\mu$ étant indépendants, la probabilité qu'ils aient un point en commun entre 0 et t est nulle. les processus $(A_1(t))$ et $(A_2(t))$ n'ont donc presque sûrement pas de discontinuité en commun entre 0 et t. Par conséquent, avec probabilité 1, la relation (B.3) donne l'identité

$$Z(t) = Z(0) + \int_0^t A_2(s-)f(L(s-))\,(\mathcal{N}_\lambda(ds) - \lambda ds)$$
$$+ \int_0^t A_1(s-)g(L(s-))\,(\mathcal{N}_\mu(ds) - \mu\,ds).$$

En utilisant la proposition B.9, il est facile d'en déduire que le processus $(Z(t))$ est une martingale. □

4. Équations différentielles stochastiques avec sauts

Les équations différentielles stochastiques avec sauts interviennent dans plusieurs chapitres (les files d'attente $M/M/1$, $M/M/\infty$ et les méthodes de renormalisation). La proposition ci-dessous est élémentaire, elle montre que l'existence et l'unicité des solutions pour la plupart des équations considérées.

PROPOSITION B.11. *Si I est un ensemble au plus dénombrable et, pour $i \in I$,*

– *C_i est un sous-ensemble de $\mathbb{R}^d$;*

- V_i est un processus de Poisson marqué sur $\mathbb{R}_+ \times \mathbb{Z}^d$ d'intensité $\lambda_i \, dt \otimes$ $\nu_i(dm)$ avec λ_i positif et ν_i une probabilité sur $\mathbb{Z}^d$. Les processus ponctuels V_i, $i \in I$ sont indépendants ;
- $\lambda = \sum_{i \in I} \lambda_i < +\infty$.

L'équation différentielle stochastique

$$(B.4) \qquad dX(t) = \sum_{i \in I} \int_{\mathbb{Z}^d} 1_{\{X(t-) \in C_i\}} m \, V_i(dt, dm),$$

à une unique solution vérifiant $X(0) = x \in \mathbb{Z}^d$.

L'intégrale dans l'équation (B.4) se fait sur la variable m. Pour "t" fixé la mesure $V_i(dt, dm)$ est soit la mesure nulle soit une masse de Dirac (voir la Proposition 1.11).

DÉMONSTRATION. On note $\mathcal{N}$ le processus ponctuel sur $\mathbb{R}_+$ défini par

$$\mathcal{N}(dt) = \sum_{i \in I} V_i(dt, \mathbb{Z}^d) = \sum_{n \geq 1} \delta_{t_n},$$

la suite (t_n) est choisie croissante. La superposition de processus de Poisson indépendants est un processus de Poisson (Lemme 1.7 page 14), d'intensité finie puisque λ est fini. Par récurrence on montre que l'équation (B.4) a une unique solution sur $[0, t_n]$ pour tout $N \geq 1$. On suppose qu'il y a une unique solution sur l'intervalle $[0, t_n]$, nécessairement pour $t \in [t_n, t_{n+1}[$, $X(t) = X(t_n)$. Au point t_n on a

$$X(t_{n+1}) = X(t_n) + \sum_{i \in I} 1_{\{X(t_n) \in C_i\}} \int_{\mathbb{Z}^d} m \, V_i(t_n, dm),$$

(se rappeler que la mesure $V_i(t_n, dm)$ est portée par au plus un seul point, cf. la proposition 1.11 page 16). On en déduit que l'équation différentielle (B.4) a une unique solution sur $[0, t_{n+1}]$. La proposition est démontrée. □

Exemples.

La file $M/M/1$. Si $L(0) = x \in \mathbb{N}$ et $\mathcal{N}_\lambda$ et $\mathcal{N}_\mu$ sont des processus de Poisson indépendants sur $\mathbb{R}_+$ de paramètres respectifs λ et μ, le nombre de clients ($L(t)$ se représente comme l'unique solution de l'équation

$$dL(t) = \mathcal{N}_\lambda(dt) - 1_{\{L(t-) > 0\}} \mathcal{N}_\mu(dt).$$

La file $M/M/\infty$. Si $(\mathcal{N}_\mu^i)$ est une suite i.i.d. de processus de Poisson sur $\mathbb{R}_+$ de paramètre μ, le nombre de clients de cette file d'attente se représente comme la solution de l'équation différentielle

$$dL(t) = \mathcal{N}_\lambda(dt) - \sum_{i=1}^{+\infty} 1_{\{i \leq L(t-)\}} \mathcal{N}_\mu^i(dt).$$

Noter qu'ici la troisième condition sur la somme des intensités de la proposition B.11 n'est pas satisfaite. Cette (petite) difficulté se résout aisément en remarquant que $L(t) \leq \mathcal{N}_\lambda([0, t])$, il n'y a donc presque sûrement qu'un nombre fini de discontinuités sur l'intervalle $[0, t]$ (au plus $2\mathcal{N}_\lambda([0, t])$). La démonstration précédente s'applique donc aussi dans ce cas.

Les processus markoviens de sauts

Sommaire

Ce chapitre est un exposé très élémentaire des questions relatives aux processus de sauts. Le lecteur intéressé peut consulter le livre de Norris [38] pour un exposé introductif et ceux de Rogers et Williams [43, 44] (les chapitres III et IV) qui traitent de façon détaillée les délicates questions relatives à ces processus. Dans toute la suite $(\mathcal{F}_t)$ est une filtration sur un espace de probabilité fixé.

Définition 38. Un processus adapté $(X(t))$ sur S est de Markov si pour tout s, $t \geq 0$ et $x \in S$, $\mathbb{P}_x$-presque sûrement

$$\mathbb{E}_x(f(X_{t+s})/\mathcal{F}_t) = \mathbb{E}_{X(t)}(f(X_s)),$$

pour toute fonction mesurable bornée f sur S, ou encore

$$\mathbb{P}_x(X_{t+s} \in \cdot / \mathcal{F}_t) = \mathbb{P}_{X(t)}(X_s \in \cdot).$$

Voir la définition d'un processus adapté page 336.

Un processus de sauts est un processus de Markov à valeurs dans un espace d'états dénombrable S, continu à droite avec une limite à gauche en tout point.

De façon équivalente un processus de sauts est une mesure de probabilité sur l'espace $D_S([0, +\infty[)$ des fonctions continues à droite avec une limite à gauche en tout point (càdlàg), à valeurs dans S. L'espace $D_S([0, +\infty[)$ est muni de la topologie de Skorokhod (voir l'annexe D pour la définition de cette topologie).

Les processus considérés sont supposés être irréductibles et homogènes dans le temps. On fait aussi l'hypothèse que les processus sont "normaux", au sens où, presque sûrement, les instants de sauts ne s'accumulent pas sur un intervalle de temps fini.

Exemple d'un processus avec une infinité de sauts en temps fini. Partant de $i \in \mathbb{N}$ le processus saute en $i+1$ au bout d'un temps exponentiel E_i de paramètre i^2. S'il part de 1, il arrive en n à l'instant $T_n = E_1 + \cdots E_{n-1}$ où les (E_i) sont des variables indépendantes. Il est facile de voir que $T_\infty = \lim_n T_n$ est $\mathbb{P}$-presque sûrement finie, en effet si $\xi \geq 0$,

$$\mathbb{E}\left(e^{-\xi T_n}\right) = \prod_{i=1}^{n-1} \frac{i^2}{i^2 + \xi} = \exp\left(\sum_{i=1}^{n-1} \log(1 - \xi/(i^2 + \xi))\right)$$

par conséquent le produit infini

$$\mathbb{E}\left(e^{-\xi T_\infty}\right) = \prod_{i=1}^{n-1} \frac{i^2}{i^2 + \xi}$$

a un sens, et en faisant tendre ξ vers 0 dans l'équation précédente, on en déduit que $\mathbb{P}(T_\infty < +\infty) = 1$. Il y a une infinité de sauts sur l'intervalle $[0, T_\infty[$ et à $t = T_\infty$ le processus est à l'infini.

Les processus de sauts rencontrés dans les réseaux de files d'attente sont normaux de ce point de vue.

Les réseaux de Jackson et les réseaux avec perte. Pour qu'il y ait un nombre infini de sauts pendant un temps de temps fini dans le cadre de ces réseaux, il faut nécessairement qu'il y ait un nombre infini d'arrivées de clients dans les réseaux pendant cet intervalle de temps. Cet événement est donc de probabilité nulle.

La proposition suivante se montre de la même façon que la propriété de Markov forte d'un processus de Poisson sur $\mathbb{R}$, voir le livre de Norris [38].

PROPOSITION C.1. *Un processus markovien de sauts a la propriété de Markov forte.*

1. Le générateur infinitésimal

Le générateur infinitésimal d'un processus de Markov $(X(t))$ est la matrice $Q = (q_{ij}; i, j \in S)$ définie par

$$q_{ij} = \lim_{s \to 0} \frac{1}{s} \mathbb{P}(X(s) = j \mid X(0) = i),$$

pour $i \neq j$ et

$$q_{ii} = -\sum_{j \neq i} q_{ij}.$$

La matrice Q est aussi appelée matrice de sauts. Pour i, $j \in S$, la quantité q_{ij} est la dérivée en 0 de l'application $t \to \mathbb{P}(X(t) = j \mid X(0) = i)$. La matrice Q est bien sûr un opérateur sur les fonctions f définies sur S et on note

$$Q(f)(i) = \sum_{j \in S} q_{ij} f(j) = \sum_{j \neq i} q_{ij}(f(j) - f(i)),$$

quand cette somme a un sens. Si f est la fonction constante égale à 1, clairement $Q(f)$ est identiquement nulle.

Si f est une fonction bornée sur S, la propriété de Markov donne la relation

$$\mathbb{E}_x\left(f(X(t+s))\right) - \mathbb{E}_x\left(f(X(t))\right) = \mathbb{E}_x\left(\mathbb{E}_{X(t)}\left(f(X(s))\right) - f(X(0))\right)$$

$$= \sum_{i,j\in S, i\neq j} (f(j) - f(i))\mathbb{P}(X(s) = j \mid X(0) = i)\mathbb{P}_x(X(t) = i),$$

en divisant par s et en supposant que le passage à la limite quand s tend vers 0 est valide, on obtient l'identité

$$\frac{d}{dt}\mathbb{E}_x\left(f(X(t))\right) = \sum_{i,j\in S, i\neq j} q_{ij}(f(j) - f(i))\mathbb{P}_x(X(t) = i),$$

(C.1) $$\frac{d}{dt}\mathbb{E}_x\left(f(X(t))\right) = \mathbb{E}_x\left(Q(f)(X(t))\right),$$

ou encore, sous forme intégrale,

(C.2) $$\mathbb{E}_x\left(f(X(t))\right) - \mathbb{E}_x\left(f(X(0))\right) = \int_0^t \mathbb{E}_x\left(Q(f)(X(s))\right)\, ds.$$

Le résultat d'unicité suivant a lieu pour les processus de sauts qui n'explosent pas en temps fini. Il est utilisé dans le chapitre sur la réversibilité.

PROPOSITION C.2. *Pour* $x \in S$, *il existe un unique processus de Markov continu à droite, de générateur* Q, *tel que* $\mathbb{P}(X(0) = x) = 1$.

L'unicité se réfère bien sûr à celle de la loi de probabilité $\mathbb{P}_x$ sur l'espace $D_S([0, +\infty[)$.

EXEMPLES

Le processus de Poisson. Pour $\lambda > 0$, si $\mathcal{N}_\lambda$ est un processus de Poisson de paramètre λ, le processus $(X(t) = (X(0) + \mathcal{N}_\lambda(]0, t])$ est markovien et sa matrice de sauts est donnée par $q_{i,i+1} = \lambda$, $q_{ii} = -\lambda$ et $q_{ij} = 0$ pour les autres couples (i, j). L'égalité $q_{i,i+1} = \lambda$ vient de la relation

$$\mathbb{P}(X(s) = i + 1 \mid X(0) = i) = \mathbb{P}(\mathcal{N}_\lambda(]0, s]) = 1) = \lambda s e^{-\lambda s}.$$

La file $M/M/1$. Si $L(t)$ est le nombre de clients à l'instant t, $(L(t))$ est un processus de Markov dont la matrice de transition Q est donnée par

$$q_{i,i+1} = \lambda,$$
$$q_{i,i-1} = \mu, \qquad i > 0,$$
$$q_{i,j} = 0, \qquad |i - j| > 1.$$

À titre d'exemple, on montre l'égalité $q_{i,i-1} = \mu$ pour $i > 0$. La notation $\mathcal{N}_x$ désigne un processus de Poisson de paramètre x. Si $X(0) = i$, pour s petit, l'événement $\{X(s) = i - 1\}$ a lieu si, pour un $k \in \mathbb{N}$, il y a $k + 1$ services effectués (en particulier $\mathcal{N}_\mu(]0, s]) \geq k + 1$) et k arrivées dans l'intervalle $]0, s]$.

Il est facile de voir que, si $k > 0$, cet événement est en $o(s)$, par conséquent

$$\mathbb{P}(X(s) = i - 1 \mid X(0) = i) = \mathbb{P}(\mathcal{N}_\lambda(]0, s]) = 0, \mathcal{N}_\mu(]0, s]) = 1) + o(s)$$
$$= \mathbb{P}(\mathcal{N}_\lambda(]0, s]) = 0)\mathbb{P}(\mathcal{N}_\mu(]0, s]) = 1) + o(s)$$
$$= e^{-\lambda s}\mu s e^{-\mu s} + o(s),$$

d'où la relation $q_{i,i-1} = \mu$.

La file $M/M/\infty$. La matrice de transition du nombre de clients est définie par

$$q_{i,i+1} = \lambda,$$
$$q_{i,i-1} = i\mu, \qquad i \in \mathbb{N},$$
$$q_{i,j} = 0, \qquad |i - j| > 1.$$

Quand la file compte i clients, chacun d'eux est servi. Le temps de sortie du premier d'entre eux sera donc le minimum de i variables exponentielles indépendantes de paramètre μ, i.e. une variable exponentielle de paramètre $i\mu$, d'où la relation $q_{i,i-1} = i\mu$.

Les files d'attente en tandem $M/M/1 \rightarrow ./M/1$. Le nombre de clients dans chacune des files $(L_1(t), L_2(t))$ est un processus de Markov, pour $(i, j) \neq (k, l)$,

$$q_{(i,j),(k,l)} = \begin{cases} \lambda, & k = i + 1, & l = j, \\ \mu_1, & k = i - 1, \ i \geq 1, & l = j + 1, \\ \mu_2, & k = i, & l = j - 1, \ j \geq 1, \\ 0, & \text{sinon.} \end{cases}$$

Une propriété de conditionnement.

PROPOSITION C.3. *Si $(X(t))$ est un processus markovien de sauts transient sur S, de matrice de sauts $Q = (q_{ij})$ tel que*

$$q_i = \sum_{j \neq i} q_{ij} < +\infty,$$

pour tout $j \in S$, et si H est un sous-ensemble de l'espace d'états, T_H le temps d'atteinte de H par $(X(t))$, le processus $(X(t))$ conditionné à ne jamais atteindre H est un processus de Markov dont la matrice de sauts $\tilde{Q} = (\tilde{q}_{ij})$ est donnée par

$$\tilde{q}_{ij} = q_{ij} \frac{P_j(T_H = +\infty)}{P_i(T_H = +\infty)},$$

pour $i \neq j \in S$.

DÉMONSTRATION. L'événement $\{T_H = +\infty\}$ est non négligeable en raison de la transience du processus, le conditionnement est donc bien défini. Si $\tilde{\mathbb{P}}$ désigne la probabilité $\mathbb{P}(\cdot \mid T_H = +\infty)$ et $\tilde{\mathbb{E}}(\cdot)$ l'espérance pour cette probabilité, il faut montrer que si $h : S \rightarrow \mathbb{R}_+$ est une fonction bornée, $s, t \in \mathbb{R}_+$, $x \geq 1$

$$\tilde{\mathbb{E}}_x \left(h(X(s + t)) \mid \mathcal{F}_s \right) = \tilde{\mathbb{E}}_{X(s)} \left(h(X(t)) \right)$$

ou encore pour toute variable Y $\mathcal{F}_s$-mesurable,

$$\text{(C.3)} \qquad \widetilde{\mathbb{E}}_x\left(Yh(X(s+t))\right) = \widetilde{\mathbb{E}}_x\left(Y\widetilde{\mathbb{E}}_{X(s)}\left(h(X(t))\right)\right).$$

En décomposant l'événement $\{T_H = +\infty\}$, on obtient l'égalité

$$\mathbb{E}_x\left(h(X(s+t))Y\mathbf{1}_{\{T_H=+\infty\}}\right)$$
$$= \mathbb{E}_x\left(h(X(s+t))\mathbf{1}_{\{X(u)\notin H,\,\forall u\geq s\}}\,Y\mathbf{1}_{\{X(u)\notin H,\,\forall u\leq s\}}\right),$$

la fonction $Y\mathbf{1}_{\{X(u)\notin H,\,\forall u\leq s\}}$ étant $\mathcal{F}_s$-mesurable, d'après la propriété de Markov de $(X(t))$,

$$\mathbb{E}_x\left(h(X(s+t))Y\mathbf{1}_{\{T_H=+\infty\}}\right)$$
$$= \mathbb{E}_x\left(\mathbb{E}_{L_s}\left(h(X(t))\mathbf{1}_{\{X(u)\notin H,\,\forall u\geq 0\}}\right)Y\mathbf{1}_{\{X(u)\notin H,\,\forall u\leq s\}}\right)$$
$$= \mathbb{E}_x\left(\mathbb{E}_{L_s}\left(h(X(t))\mid T_H = +\infty\right)Y\mathbf{1}_{\{X(u)\notin H,\,\forall u\leq s\}}\mathbb{P}_{L_s}(T_H = +\infty)\right).$$

La variable $\mathbb{E}_{L_s}\left(h(X(t))\mid T_H = +\infty\right)Y\mathbf{1}_{\{X(u)\notin H,\,\forall u\leq s\}}$ étant $\mathcal{F}_s$-mesurable, la propriété de Markov de $(X(t))$ donne la relation

$$\mathbb{E}_x\left(h(X(s+t))Y\mathbf{1}_{\{T_H=+\infty\}}\right)$$
$$= \mathbb{E}_x\left(\mathbb{E}_{L_s}\left(h(X(t))\,\Big|\,T_H = +\infty\right)Y\mathbf{1}_{\{X(u)\notin H,\,\forall u\leq s\}}\mathbf{1}_{\{X(u)\notin H,\,\forall u\geq s\}}\right)$$
$$= \mathbb{E}_x\left(\mathbb{E}_{L_s}\left(h(X(t))\mid T_H = +\infty\right)Y\mathbf{1}_{\{T_H=+\infty\}}\right).$$

Finalement,

$$\mathbb{E}_x\left(h(X(s+t))Y\,\Big|\,T_H = +\infty\right)$$
$$= \mathbb{E}_x\left(\mathbb{E}_{L_s}\left(h(X(t))\mid T_H = +\infty\right)Y\,\Big|\,T_H = +\infty\right),$$

pour la probabilité $\mathbb{P}_x$ sachant $\{T_H = +\infty\}$ l'espérance conditionnelle de $h(L_{t+s})$ sachant $\mathcal{F}_s$ vaut

$$\mathbb{E}_{L_s}\left(h(X(t))\mid T_H = +\infty\right).$$

On en déduit que $(X(t))$ sachant $\{T_H = +\infty\}$ est un processus de Markov.

Il reste à calculer le générateur. Si $i,\,j \in S-H$, la propriété de Markov donne l'égalité suivante pour $t > 0$,

$$\text{(C.4)} \qquad \mathbb{P}_i(X(t) = j,\, T_H = +\infty) = \mathbb{P}_i(X(t) = j,\, T_H > t)\mathbb{P}_j(T_H = +\infty),$$

clairement

$$\text{(C.5)} \quad \mathbb{P}_i(X(t) = j) - \mathbb{P}_i(X(t) = j,\, T_H > t)) \leq \mathbb{P}_i(X \text{ a deux sauts sur } [0,t]).$$

Ce dernier terme est en $o(t)$ puisque

$$\mathbb{P}_i(X \text{ a deux sauts sur } [0,t]) = \int_0^t q_i e^{-q_i(t-s)} \sum_{j\neq i} p_{ij}(1 - e^{-q_i s}) \, ds$$

$$= e^{-q_i t} \int_0^t q_i e^{q_i s} \sum_{j\neq i} p_{ij}(1 - e^{-q_i s}) \, ds,$$

où (p_{ij}) est la matrice de transition de la chaîne incluse. La fonction sous l'intégrale est continue en s, en divisant chacun des termes de l'égalité par t et en faisant tendre t vers 0, on en déduit l'estimation en $o(t)$.

L'égalité (C.4), la majoration (C.5) et la définition de q_{ij} montrent donc la relation

$$\tilde{q}_{ij} = \lim_{t\to 0} \frac{1}{t}\mathbb{P}_i(X(t) = j \mid T_H = +\infty) = q_{ij}\frac{\mathbb{P}_j(T_H = +\infty)}{\mathbb{P}_i(T_H = +\infty)}.$$

La proposition est démontrée. $\qquad\square$

2. L'équation de mesure invariante

Si π est une probabilité invariante du processus de Markov $(X(t))$ sur $\mathcal{S}$, par définition $\mathbb{E}_\pi(f(X(t))) = \pi(f)$ pour tout $t \geq 0$ et toute fonction f bornée sur $\mathcal{S}$, par conséquent

$$\frac{d}{dt}\mathbb{E}_\pi(f(X(t))) = 0.$$

En intégrant l'équation (C.1) par rapport à la probabilité π, on obtient que si f est une "bonne" fonction,

$$\pi(Q(f)) = 0,$$

ou encore

$$\sum_{i,j\in\mathcal{S}, i\neq j} \pi(i)q_{ij}(f(j) - f(i)) = 0.$$

Si f est la fonction indicatrice du singleton $\{i\}$ cette égalité devient

$$(\text{C.6}) \qquad \pi(i)\left(\sum_{j\in\mathcal{S}, j\neq i} q_{ij}\right) = \sum_{j\in\mathcal{S}, j\neq i} \pi(j)q_{ji}.$$

Ce système constitue les équations d'équilibre du processus de Markov : $\pi Q = 0$.

EXEMPLE : LES PROCESSUS DE VIE ET DE MORT Au chapitre 4, page ?? il a été vu que la mesure invariante $(\pi(i))$ d'un processus de vie et de mort sur $\mathbb{N}$ satisfait nécessairement la relation $\pi(i+1)\mu_{i+1} = \pi(i)\lambda_i$, avec $\lambda_i = q_{ii+1}$ et $\mu_i = q_{ii-1}$ pour $i > 0$. En particulier

$$\pi(i) = \pi(0)\prod_0^{i-1} \frac{\lambda_k}{\mu_{k+1}},$$

si la somme

$$\sum_{i=1}^{+\infty} \prod_{0}^{i-1} \frac{\lambda_k}{\mu_{k+1}}$$

est finie, la mesure invariante est finie. Cette condition de finitude ne suffit pas à assurer l'ergodicité du processus de Markov. Si $\lambda_n = n^n$ et $\mu_n = 2(n-1)^{n-1}$, la suite géométrique $(1/2^{n+1})$ satisfait l'équation de mesure invariante. Il est cependant facile de montrer que ce processus de Markov n'est pas ergodique puisque $\lim_n \lambda_n/\mu_n = +\infty$ (en utilisant le théorème 8.10 page 193 appliqué à la chaîne de Markov incluse et la fonction $f(x) = x$). Ce processus est donc transient et a une mesure invariante finie. Ce paradoxe apparent s'explique par le fait que le processus explose en temps fini (écrire l'équation de récurrence que satisfait la moyenne du premier temps d'atteinte de n). L'équation de mesure invariante n'a donc pas de sens dans ce cadre.

3. La chaîne incluse

Si (X_n) désigne la suite des états successifs visités par $(X(t))$, alors (X_n) est une chaîne de Markov dont les transitions (p_{ij}) sont données par

$$p_{ij} = -\frac{q_{i,j}}{q_{ii}} = \frac{q_{i,j}}{\sum_{k \neq i} q_{ik}},$$

pour $i \neq j$. Le processus reste dans l'état i une durée de distribution exponentielle de paramètre $-q_{ii} = \sum_{j \neq i} q_{ij}$ et saute en j avec probabilité p_{ij}. La chaîne incluse décrit la composante spatiale du processus de sauts et la suite $(-q_{ii})$ la composante temporelle. La définition de la chaîne incluse donne facilement la proposition suivante.

PROPOSITION C.4. *Si le processus $(X(t))$ a une mesure invariante $(\pi(i))$, la suite $(\widehat{\pi}(i)) = (-q_{ii}\pi_i)$ est une mesure invariante pour la chaîne incluse (X_n).*

Si (X_n) est une chaîne de Markov sur S sans boucle, i.e. telle que $\mathbb{P}_x(X_1 = x) = 0$ pour tout $x \in S$, il est facile de construire un processus de sauts dont la chaîne incluse est (X_n). Si $\mathcal{N}_1$ est un processus de Poisson de paramètre 1 indépendant de (X_n), le processus $(X(t)) = (X_{\mathcal{N}_1(]0,t])})$ est un processus de Markov càdlàg dont la chaîne incluse est (X_n). La matrice de sauts $Q = (q_{ij})$ est définie par $q_{ij} = \mathbb{P}(X_1 = j \mid X_0 = i)$ pour $j \neq i$. Bien que les deux processus (X_n) et $(X(t))$ soient équivalents dans ce cas, il est souvent plus commode de travailler avec la version continue de la chaîne de Markov (technique de poissonnisation d'une chaîne de Markov).

4. Les martingales associées

La proposition suivante donne un moyen de construire des martingales locales à partir d'un processus markovien de sauts. Pour les preuves des résultats de cette section, voir par exemple la section IV-20 de Rogers et Williams [44] pages 30–37.

PROPOSITION C.5. *Si g est une fonction sur* $\mathbb{R}_+ \times S$ *telle que l'application*

$$t \to \frac{\partial g(t, x)}{\partial t}$$

est continue pour tout $x \in S$, *le processus*

$$\left(g(t, X(t)) - g(0, X(0)) - \int_0^t \left(\frac{\partial g}{\partial t} + Q(g(s, \cdot)) \right) (s, X(s)) \, ds \right)$$

est une martingale locale.

En particulier si f est une fonction sur S, en posant $g(t, x) = f(x)$, la proposition précédente montre que le processus

$$\left(f(X(t)) - f(X(0)) - \int_0^t Q(f)(X(s)) \, ds \right)$$

est une martingale locale. Si en plus ce processus est une martingale (voir la proposition B.7 page 336), on en déduit l'identité (C.2)

$$\mathbb{E}_x \left(f(X(t)) \right) - \mathbb{E}_x \left(f(X(0)) \right) = \int_0^t \mathbb{E}_x \left(Q(f)(X(s)) \right) \, ds$$

pour tout $t \geq 0$.

DÉFINITION 39. Une fonction g sur $\mathbb{R}_+ \times S$ telle que

$$\frac{\partial g(t, x)}{\partial t} + Q(g(t, \cdot))(t, x) = 0$$

pour tout $x \in S$ et $t \geq 0$ est une fonction harmonique en espace-temps pour le générateur Q.

COROLLAIRE C.6. *Si g est une fonction harmonique en espace-temps pour le générateur Q telle que l'application*

$$t \to \frac{\partial g(t, x)}{\partial t}$$

soit continue pour tout $x \in S$, *le processus* $(g(t, X(t)))$ *est une martingale locale.*

La proposition suivante montre que ces propriétés de martingales caractérisent la loi du processus de Markov.

PROPOSITION C.7 (Problème de martingale). *Si le processus markovien de sauts* $(X(t))$ *est continu à droite avec des limites à gauche en tout point tel que le processus*

$$\left(f(X(t)) - f(X(0)) - \int_0^t Q(f)(X(s)) \, ds \right)$$

soit une martingale locale pour toute fonction f sur S, alors la loi de $(X(t))$ *est celle de l'unique processus de Markov càdlàg de générateur Q et de point initial x.*

Convergence en distribution

Sommaire

Dans ce chapitre on rappelle les définitions et les résultats relatifs à la convergence en distribution qui sont utilisés dans ce livre. Pour les questions de convergence de processus on pourra consulter le livre de Billingsley [5] (1968!); voir aussi pour les critères en terme de martingales Ethier et Kurtz [17] et Jacod et Shiryaev [26].

1. La norme en variation totale sur les probabilités

On suppose ici que S est un espace dénombrable.

DÉFINITION 40. *La norme en variation totale d'une suite $(\mu(x); x \in S)$ est donnée par*

$$(\text{D.1}) \qquad \|\mu\|_{vt} = \frac{1}{2}\|\mu\|_1 = \frac{1}{2}\sum_{x \in S} |\mu(x)|,$$

La norme en variation totale peut s'exprimer de façon plus probabiliste.

PROPOSITION D.1. *Si $\mathbb{P}$ et $\mathbb{Q}$ sont des probabilités sur S alors*

$$\|\mathbb{P} - \mathbb{Q}\|_{vt} = \sup_{A \subset S} |\mathbb{P}(A) - \mathbb{Q}(A)| = \frac{1}{2} \sup_{f, \|f\|_\infty \leq 1} \left| \int f \, d\mathbb{P} - \int f \, d\mathbb{Q} \right|$$

où $\|f\|_\infty$ est la norme infinie $\sup\{|f(x)|/x \in S\}$.

DÉMONSTRATION. En effet, si $\mathbb{P} = (p(x))$ et $\mathbb{Q} = (q(x))$, en notant

$$S_+ = \{x \in S/p(x) \geq q(x)\},$$

pour $A \subset S$,

$$\mathbb{P}(A) - \mathbb{Q}(A) = (\mathbb{P} - \mathbb{Q})(A \cap S_+) + (\mathbb{P} - \mathbb{Q})(A \cap S_+^c)$$
$$\leq \mathbb{P}(S^+) - \mathbb{Q}(S^+) = -(\mathbb{P}(S_+^c) - \mathbb{Q}(S_+^c)).$$

On en déduit la relation

$$\sup_{A \subset S} |\mathbb{P}(A) - \mathbb{Q}(A)| = \mathbb{P}(S^+) - \mathbb{Q}(S^+),$$

d'où

$$\sup_{A \subset S} |\mathbb{P}(A) - \mathbb{Q}(A)| = \sum_{x \in S^+} p(x) - q(x) = - \sum_{x \notin S^+} p(x) - q(x)$$

$$= \frac{1}{2} \sum_{x \in S} |p(x) - q(x)| = \|\mathbb{P} - \mathbb{Q}\|_{vt},$$

la dernière égalité de la proposition étant une conséquence immédiate de la définition de la norme en variation totale.   □

La norme en variation totale présente l'avantage de majorer $|\mathbb{P}(A) - \mathbb{Q}(A)|$ pour tous les événements A et c'est la norme qui sera principalement considérée ici. Si $\mathbb{P}$ et $\mathbb{Q}$ sont deux probabilités étrangères, i.e. il existe un sous ensemble A de S tel que $\mathbb{P}(A) = 1 = \mathbb{Q}(A^c)$, il est facile de vérifier que la distance $\|\mathbb{P} - \mathbb{Q}\|_{vt}$ vaut 1, la valeur maximale de la distance entre deux probabilités pour cette norme. Si X et Y sont deux variables aléatoires à valeurs dans S, la quantité

$$\|\mathbb{P}(X \in \cdot) - \mathbb{P}(Y \in \cdot)\|_{vt}$$

désigne la distance en variation totale des lois de X et Y.

Si l'espace d'états n'est plus discret, la proposition précédente montre que la définition de la norme en variation totale peut s'étendre sans difficulté, avec la réserve toutefois que les événements A pris pour obtenir la borne supérieure soient mesurables.

Pour mesurer l'écart avec une probabilité π sur S telle que $\pi(x) > 0$ pour tout $x \in S$, d'autres distances peuvent être retenues.

La "distance" en séparation

$$d_s(\mathbb{P}, \pi) = \max_{x \in S} \left| \frac{p(x)}{\pi(x)} - 1 \right|,$$

noter l'absence de symétrie entre $\mathbb{P}$ et π. Cette "distance" est plus contraignante que la norme en variation totale,

$$2\|\mathbb{P} - \pi\|_{vt} = \sum_{x \in S} |p(x) - \pi(x)| = \sum_{x \in S} \left| \frac{p(x)}{\pi(x)} - 1 \right| \pi(x) \leq d_s(\mathbb{P}, \pi).$$

Si $S = \{1, \ldots, N\}$ et U_k la probabilité uniforme sur $\{1, \ldots, k\}$ pour $k \leq N$, alors $\|U_{N-1} - U_N\|_{vt} = 1/2N$ et $d_s(U_{N-1}, U_N) = 1$. Les probabilités U_{N-1}, U_N sont proches pour la norme en variation totale mais pas pour la distance en séparation.

La distance dans $L_2(\pi)$,

$$d_2(\mathbb{P}, \pi) = \sqrt{\sum_{x \in S} \left| \frac{p(x)}{\pi(x)} - 1 \right|^2 \pi(x)},$$

celle-ci présente l'avantage de se situer dans un cadre hilbertien, donc plus agréable mathématiquement. Ces distances se comparent de la façon suivante

$$\|\mathbb{P} - \pi\|_L \leq 2\|\mathbb{P} - \pi\|_{vt} \leq d_2(\mathbb{P}, \pi) \leq d_s(\mathbb{P}, \pi),$$

les deux dernières inégalités viennent de l'inégalité de Cauchy-Schwartz.

2. Convergence de processus

Dans cette section, S est un espace métrique complet séparable. Les résultats concernent essentiellement $S = \mathbb{R}^d$, $S = C([0, T], \mathbb{R}^d)$ ou $S = D([0, T], \mathbb{R}^d)$ avec $0 < T \leq +\infty$. Si $x = (x_i) \in \mathbb{R}^d$, on pose $\|x\| = |x_1| + \cdots + |x_d|$.

Les topologies sur les espaces de fonctions.
2.0.1. *L'espace des fonctions continues.* L'espace $S = C([0, T], \mathbb{R}^d)$ est celui des fonctions réelles continues sur $[0, T]$. Si $T < +\infty$, il est muni de la norme infinie

$$\|f\|_{\infty, T} = \sup_{s \in [0, T]} \|f(s)\|,$$

si f est continue sur l'intervalle $[0, T]$. Si $T = +\infty$, la topologie de la convergence uniforme sur les compacts est définie par la distance d_∞ définie de la façon suivante : si $f, g \in C([0, +\infty[, \mathbb{R}^d)$

$$d_\infty(f, g) = \int_0^{+\infty} \frac{\|f - g\|_{\infty, T}}{1 + \|f - g\|_{\infty, T}} e^{-T} \, dT.$$

De cette façon $C([0, T], \mathbb{R}^d)$ est un espace métrique complet séparable.
2.0.2. *L'espace des fonctions càdlàg.* On note $\Delta([0, T])$ l'ensemble des fonctions continues strictement croissantes de $[0, T]$ dans $[0, T]$ valant 0 en 0 et T en T. Si α est un élément de cet ensemble on pose

$$H(\alpha) = \sup_{s, t \in [0, T]; s \neq t} \left| \log \frac{\alpha(s) - \alpha(t)}{s - t} \right|.$$

PROPOSITION D.2. *Si $\alpha \in \Delta([0, T])$ est telle que $H(\alpha)$ soit fini, elle est absolument continue par rapport à la mesure de Lebesgue, i.e. il existe une fonction mesurable α' telle que pour $t \in [0, T]$,*

$$\alpha(t) = \int_0^t \alpha'(u) \, du,$$

de plus

$$\|\alpha' - 1\|_\infty \leq H(\alpha) \exp(H(\alpha))$$

où α' est une version de la dérivée de Radon-Nikodym de α par rapport à la mesure de Lebesgue.

DÉMONSTRATION. Le lecteur se reportera à Rudin [45] pour les résultats généraux de théorie de la mesure utilisés dans cette preuve. Si $H(\alpha)$ est fini,

$$e^{-H(\alpha)}(t - s) \leq \alpha(t) - \alpha(s) \leq e^{H(\alpha)}(t - s)$$

pour tout $0 \le s \le t \le T$ et si f est une fonction mesurable sur $[0, T]$, constante par intervalle, il est clair que

$$e^{-H(\alpha)} \int_0^T |f(u)| \, du \le \int_0^T |f(u)| \, d\alpha(u) \le e^{H(\alpha)} \int_0^T |f(u)| \, du.$$

En approximant on en déduit que la relation précédente est vraie pour toutes les fonctions mesurables positives bornées. La mesure $d\alpha$ est donc absolument continue par rapport à la mesure de Lebesgue d'après le théorème de Radon-Nikodym. La première partie de la proposition est démontrée. L'inégalité précédente donne l'encadrement

$$\left(e^{-H(\alpha)} - 1\right) \int_0^T f(u) \, du \le \int_0^T f(u)(\alpha'(u) - 1) \, du \le \left(e^{H(\alpha)} - 1\right) \int_0^T f(u) \, du,$$

pour toute fonction mesurable positive bornée f, on en déduit l'inégalité

$$|\alpha'(u) - 1| \le \left(e^{H(\alpha)} - 1\right) \vee \left(1 - e^{-H(\alpha)}\right) \le e^{H(\alpha)} H(\alpha)$$

Lebesgue-presque partout pour $u \in [0, T]$. La proposition est démontrée.   □

Le lemme suivant donne une propriété élémentaire des fonctions càdlàg.

LEMME D.3. *Si f est une fonction càdlàg sur $[0, T]$, pour tout $\varepsilon > 0$, il existe une suite croissante $(t_i; \ i = 0, \ldots, n)$ vérifiant $t_0 = 0$, $t_n = T$ et*

$$\sup_{t_i^\varepsilon \le s \le t < t_{i+1}^\varepsilon} |f(t) - f(s)| \le \varepsilon,$$

DÉMONSTRATION (BILLINGSLEY [5]). On note T_0 le supremum des $t \le T$ tel que le lemme soit vrai sur l'intervalle $[0, t]$. La continuité à droite en 0 montre clairement que $T_0 > 0$. De plus comme f a une limite à gauche en T_0, le lemme est aussi vrai sur l'intervalle $[0, T_0]$ et la continuité à droite en T_0 interdit l'inégalité $T_0 < T$. Le lemme est démontré.   □

L'espace $D([0, T], \mathbb{R}^d)$ est l'ensemble des fonctions continues à droite avec des limites à gauche. Si $T < +\infty$, il est muni de la topologie due à Skorokhod induite par la distance d_T définie de la façon suivante : si $f, g \in D([0, T], \mathbb{R}^d)$

$$d_T(f, g) = \inf_{\alpha \in \Delta([0, T])} \left(H(\alpha) + \sup_{t \in [0, T]} \|f(t) - g(\alpha(t))\|\right).$$

Remarquer qu'en prenant la fonction $\alpha(x) = x$ dans la borne inférieure, on obtient la norme uniforme $\|f - g\|_{\infty, T}$, par conséquent

$$d_T(f, g) \le \|f - g\|_{\infty, T}.$$

Si $T = +\infty$, l'espace est muni de la distance d_∞ telle que si $f, g \in D([0, \infty[, \mathbb{R}^d)$

$$d_\infty(f, g) = \int_0^{+\infty} \frac{d_T(f, g)}{1 + d_T(f, g)} e^{-T} \, dT.$$

Avec cette distance, l'espace $D([0, +\infty[, \mathbb{R}^d)$ est complet et séparable.

Pour $T > 0$ et $f, g \in D([0, T], \mathbb{R}^d)$, clairement $\|f(0) - g(0)\| \le d_T(f, g)$, l'application $f \to f(0)$ est donc continue sur l'ensemble $D([0, T], \mathbb{R}^d)$ muni de la topologie de Skorokhod.

Les probabilités sur $C([0,T], \mathbb{R}^d)$ et $D([0,T], \mathbb{R}^d)$. Les espaces fonctionnels $C([0,T], \mathbb{R}^d)$ et $D([0,T], \mathbb{R}^d)$ sont munis des topologies qui viennent d'être définies. Les probabilités sur ces espaces sont relatives aux tribus boréliennes associées. Comme au chapitre D, la loi de la probabilité de la variable aléatoire Y est désignée par la notation $\mathbb{P}(Y \in \cdot)$.

PROPOSITION D.4. *Si $S = C([0,T], \mathbb{R}^d)$ ou $S = D([0,T], \mathbb{R}^d)$, une probabilité sur S est entièrement déterminée par la loi des marginales de dimension finie, i.e. si $\mathbb{P}$ et $\mathbb{Q}$ sont deux probabilités sur S telles que pour tout $p \in \mathbb{N}$ et $t_1, \dots, t_p \in [0,T]$,*

$$\mathbb{P}((X(t_1), \dots, X(t_p)) \in \cdot) = \mathbb{Q}((X(t_1), \dots, X(t_p)) \in \cdot),$$

alors $\mathbb{P} = \mathbb{Q}$.

Relative compacité et convergence des suites de processus. Sur un espace métrique S général, la convergence des probabilités sur S est défini de la façon suivante.

DÉFINITION 41. Si S est un espace métrique une suite de probabilités $(\mathbb{P}_n)$ sur S converge étroitement vers une probabilité $\mathbb{P}$ si

$$\lim_{n \to +\infty} \int \phi \, d\mathbb{P}_n = \int \phi \, d\mathbb{P},$$

pour toute fonction continue bornée ϕ sur S.

Par abus de langage et pour fixer le contexte, on dira d'une suite convergente $(\mathbb{P}_n)$ de probabilités sur $D([0,T], \mathbb{R}^d)$ qu'elle converge pour la topologie de Skorokhod.

PROPOSITION D.5. *Si (X_n) est une suite de processus càdlàg sur $[0,T]$ telle que, pour tout $\eta > 0$,*

$$\lim_{n \to +\infty} \mathbb{P}\left(\sup_{0 \le s \le T} |X_n(s) - x(s)| \ge \eta\right) = 0,$$

où $(x(t))$ est une fonction càdlàg déterministe sur $[0,T]$, alors (X_n) converge étroitement vers $(x(t))$ pour la topologie de Skorokhod ou encore la suite des lois de (X_n) converge étroitement vers la mesure de Dirac en $(x(t))$.

DÉMONSTRATION. Si ϕ est une application continue bornée sur $D([0,T], \mathbb{R}^d)$ et $\varepsilon > 0$, la fonction étant continue au point $x = (x(t))$, il existe $\eta > 0$ tel que si $d_T(x,y) < \eta$ alors $|\phi(x) - \phi(y)| \le \varepsilon$. Comme $d_{\infty,T}(x,y) \le \|x - y\|_{\infty,T}$, on a la relation $|\phi(x) - \phi(y)| \le \varepsilon$ si $\|x - y\|_{\infty,T} < \eta$. La majoration

$$|\phi(x) - \mathbb{E}(\phi(X_n))| \le 2\|\phi\|_\infty \mathbb{P}\left(\sup_{0 \le s \le T} |X_n(s) - x(s)| \ge \eta\right)$$

$$+ \mathbb{E}\left(|\phi(x) - \phi(X_n)| 1_{\{\sup_{0 \le s \le T} |X_n(s) - x(s)| \le \eta\}}\right)$$

$$\le 2\|\phi\|_\infty \mathbb{P}\left(\sup_{0 \le s \le T} |X_n(s) - x(s)| \ge \eta\right) + \varepsilon.$$

entraîne la convergence de la suite $(\mathbb{E}(\phi(X_n)))$ vers $\phi(x)$. La proposition est établie.   □

DÉFINITION 42. Une suite $(\mathbb{P}_n)$ de probabilités sur S est dite *tendue* si pour tout $\varepsilon > 0$, il existe un compact K de S tel que pour tout $n \in \mathbb{N}$,

$$\mathbb{P}_n(K) \geq 1 - \varepsilon.$$

Une probabilité sur S est un élément du dual des fonctions continues bornées sur S; autrement dit une suite $(\mathbb{P}_n)$ converge étroitement vers une probabilité $\mathbb{P}$ si elle converge au sens de la topologie faible. Il est bien connu que la topologie induite sur les probabilités sur un espace S métrique séparable est métrisable (Théorème de Banach-Alaoglu, voir Rudin [46]).

THÉORÈME D.6 (Théorème de Prohorov). *Une suite de probabilités $(\mathbb{P}_n)$ sur S est relativement compacte si et seulement elle est tendue.*

Le théorème suivant permet de décomposer la démonstration de la convergence des lois d'une suite de processus en deux étapes.

PROPOSITION D.7. *Si $S = C([0,T],\mathbb{R})$ ou $S = D([0,T],\mathbb{R})$, une suite de probabilités $(\mathbb{P}_n)$ sur S converge vers la probabilité $\mathbb{P}$ dès que*

– *la suite $(\mathbb{P}_n)$ est tendue ;*

– *les lois marginales de dimension finie de $\mathbb{P}_n$ convergent en distribution vers celles de $\mathbb{P}$, i.e. pour tout $p \in \mathbb{N}$ et $t_1, \ldots, t_p \in [0,T]$*

$$\lim_{n \to +\infty} \mathbb{P}_n(X(t_1) \in \cdot, \ldots, X(t_p) \in \cdot) = \mathbb{P}(X(t_1) \in \cdot, \ldots, X(t_p) \in \cdot)$$

La convergence étroite d'une suite de probabilités n'est pas toujours facile à utiliser en pratique. Il est toujours plus commode d'avoir une convergence presque sûre d'une suite de variables aléatoires. Le théorème suivant permet de ramener la convergence en loi à une convergence presque sûre sur un espace de probabilité adéquat.

THÉORÈME D.8 (Théorème de représentation de Skorokhod). *Si une suite de probabilités $(\mathbb{P}_n)$ sur $D([0,T],\mathbb{R}^d)$ converge vers la probabilité $\mathbb{P}$, il existe un espace de probabilité $(\Omega, \mathcal{F}, \mathbb{Q})$ sur lequel sont définis des processus càdlàg $(Y_n(t))$, $n \geq 1$ et $(Y(t))$ tels que, pour $n \geq 1$, la loi de $(Y_n(t))$ soit $\mathbb{P}_n$, $\mathbb{P}$ la loi de $(Y(t))$ et $\mathbb{Q}$-presque sûrement $(Y_n(t))$ converge, pour la topologie de Skorokhod, vers $(Y(t))$ quand n tend vers l'infini.*

Le théorème suivant donne un critère pour que chaque valeur d'adhérence d'une suite de probabilités sur $D([0,T],\mathbb{R})$ soit une probabilité sur $C([0,T],\mathbb{R})$, i.e. que le processus limite associé soit continu. Ce type de critère s'utilise naturellement pour montrer la convergence d'une suite de processus de sauts vers le mouvement brownien.

THÉORÈME D.9. *Si $S = C([0,T],\mathbb{R})$ ou $S = D([0,T],\mathbb{R})$, une suite $(\mathbb{P}_n)$ de probabilités sur S telle que pour tout $\varepsilon > 0$,*

– *il existe a vérifiant $\mathbb{P}_n(|X(0)| > a) \leq \varepsilon$ pour tout $n \in \mathbb{N}$;*

– *pour tout $\eta > 0$, il existe $\delta > 0$ tel que*

$$\mathbb{P}_n(w_X(\delta) \geq \eta) \leq \varepsilon,$$

pour n assez grand, où $w_X(\delta) = \sup(|X(t) - X(s)|; s, t \leq T, |t - s| \leq \delta)$;

est tendue et toute valeur d'adhérence $\mathbb{P}$ est une probabilité sur les fonctions continues sur $[0, T]$, i.e. $\mathbb{P}(C([0, T], \mathbb{R})) = 1$.

On termine ce chapitre sur un théorème (Théorème 1.4, page 339 de Ethier et Kurtz [17]) qui donne un critère de convergence d'une suite de martingales vers le mouvement brownien changé de temps.

THÉORÈME D.10. *Si les suites de processus $(Y_N(t))$ et $(A_N(t))$ et la fonction croissante $t \to \gamma(t)$ sont telles que, pour $N \in \mathbb{N}$,*

1. *$Y_N(0) = 0$ et $\gamma(0) = 0$,*

2. *$(Y_N(t))$ est une martingale locale relativement à sa filtration naturelle.*

3. *l'application $t \to A_N(t)$ est croissante,*

4. *le processus $(Y_N(t)^2 - A_N(t))$ est une martingale locale relativement à la filtration naturelle de $(Y_N(t))$,*

   pour $T > 0$

5. $\displaystyle \lim_{N \to +\infty} \mathbb{E}\left(\sup_{t \leq T} |A_N(t) - A_N(t-)| \right) = 0,$

6. $\displaystyle \lim_{N \to +\infty} \mathbb{E}\left(\sup_{t \leq T} |Y_N(t) - Y_N(t-)|^2 \right) = 0,$

7. *pour tout $t \geq 0$, $A_N(t)$ converge en probabilité vers $\gamma(t)$,*

alors $(Y_N(t))$ converge en distribution vers le processus $(B(\gamma(t))$ où $(B(t))$ est le mouvement brownien standard.

Bibliographie

1. David Aldous, *Probability approximations via the Poisson clumping heuristic*, Springer-Verlag, New York, 1989.

2. Søren Asmussen, *Applied probability and queues*, John Wiley & Sons Ltd., Chichester, 1987.

3. François Baccelli and Pierre Brémaud, *Elements of queueing theory*, Springer-Verlag, Berlin, 1994, Palm-martingale calculus and stochastic recurrences.

4. A. D. Barbour, Lars Holst, and Svante Janson, *Poisson approximation*, The Clarendon Press Oxford University Press, New York, 1992, Oxford Science Publications.

5. Patrick Billingsley, *Convergence of probability measures*, Wiley series in probability and mathematical statistics, John Wiley & Sons Ltd, New York, 1968.

6. _____, *Ergodic theory and information*, Robert E. Krieger Publishing Co., Huntington, N.Y., 1978, Reprint of the 1965 original.

7. Pierre Brémaud, *Point processes and queues*, Springer-Verlag, New York, 1981, Martingale dynamics, Springer Series in Statistics.

8. J. A. Bucklew, *Large deviation techniques in decision, simulation and estimation*, Wiley series in probability and mathematical statistics, John Wiley & Sons Ltd, 1990.

9. T. S. Chihara, *An introduction to orthogonal polynomials*, Gordon and Breach Science Publishers, New York, 1978, Mathematics and its Applications, Vol. 13.

10. J. W. Cohen, *The single server queue*, 2nd ed., North-Holland, Amsterdam, 1982.

11. I. P. Cornfeld, S. V. Fomin, and Ya. G. Sinaĭ, *Ergodic theory*, Springer-Verlag, New York, 1982, Translated from the Russian by A. B. Sosinskiĭ.

12. David Roxbee Cox and Valerie Isham, *Point processes*, Chapman & Hall, London, 1980, Monographs on Applied Probability and Statistics.

13. M. H. A. Davis, *Markov models and optimization*, Chapman & Hall, London, 1993.

14. Amir Dembo and Ofer Zeitouni, *Large deviations techniques and applications*, Jones and Bartlett, 1993.

15. Paul Dupuis and Richard S. Ellis, *A weak convergence approach to the theory of large deviations*, Wiley Series in Probability and Statistics : Probability and Statistics, John Wiley & Sons Inc., New York, 1997, A Wiley-Interscience Publication.

16. Richard Durrett, *Probability : theory and examples*, second ed., Duxbury Press, Belmont, CA, 1996.

17. Stewart N. Ethier and Thomas G. Kurtz, *Markov processes*, John Wiley & Sons Inc., New York, 1986, Characterization and convergence.

18. G. Fayolle, V. A. Malyshev, and M. V. Men'shikov, *Topics in the constructive theory of countable Markov chains*, Cambridge University Press, Cambridge, 1995.

19. W. Feller, *An introduction to probability theory and its applications*, 3rd ed., vol. I, John Wiley & Sons Ltd, New York, 1968.

20. _____, *An introduction to probability theory and its applications*, 2nd ed., vol. II, John Wiley & Sons Ltd, New York, 1971.

21. P. Franken, D. Konig, U. Arndt, and V. Schmidt, *Queues and point processes*, John Wiley & Sons Ltd, Chichester, 1981.

22. M. I. Freidlin and A. D. Wentzell, *Random perturbations of dynamical systems*, second ed., Springer-Verlag, New York, 1998, Translated from the 1979 Russian original by Joseph Szücs.

23. F. D. Gakhov, *Boundary value problems*, Dover Publications Inc., New York, 1990, Translated from the Russian, Reprint of the 1966 translation.

24. R. Z. Has'minskiĭ, *Stochastic stability of differential equations*, Sijthoff & Noordhoff, Alphen aan den Rijn, 1980, Translated from the Russian by D. Louvish.

25. Morris W. Hirsch and Stephen Smale, *Differential equations, dynamical systems, and linear algebra*, Academic Press [A subsidiary of Harcourt Brace Jovanovich, Publishers], New York-London, 1974, Pure and Applied Mathematics, Vol. 60.

26. Jean Jacod and Albert N. Shiryaev, *Limit theorems for stochastic processes*, Grundlehren der Mathematischen Wissenschaften [Fundamental Principles of Mathematical Sciences], vol. 288, Springer-Verlag, Berlin, 1987.

27. J. Keilson, *Markov chains models-rarity and exponentiality*, Applied Mathematical sciences, vol. 28, Springer Verlag, New York, 1979.

28. Frank P. Kelly, *Reversibility and stochastic networks*, John Wiley & Sons Ltd., Chichester, 1979, Wiley Series in Probability and Mathematical Statistics.

29. J. F. C. Kingman, *Poisson processes*, Oxford studies in probability, 1993.

30. L. Kleinrock, *Queueing systems*, John Wiley & Sons Ltd, New York, 1976.

31. M. R. Leadbetter, Georg Lindgren, and Holger Rootzén, *Extremes and related properties of random sequences and processes*, Springer-Verlag, New York, 1983.

32. Torgny Lindvall, *Lectures on the coupling method*, Wiley Series in Probability and Mathematical Statistics : Probability and Mathematical Statistics, John Wiley & Sons Inc., New York, 1992, A Wiley-Interscience Publication.

33. S. Meyn and R. Tweedie, *Markov chains and stochastic stability*, Communications and control engineering series, Springer, 1993.

34. Jacques Neveu, *Bases mathématiques du calcul des probabilités*, Masson et Cie, Éditeurs, Paris, 1970, Préface de R. Fortet. Deuxième édition, revue et corrigée.

35. _____, *Martingales à temps discret*, Masson et Cie, éditeurs, Paris, 1972.

36. _____, *Processus ponctuels*, École d'Été de Probabilités de Saint-Flour (P.-L. Hennequin, ed.), Lecture Notes in Math., vol. 598, Springer-Verlag, Berlin, 1977, pp. 249–445.

37. G. F. Newell, *The $M/M/\infty$ service system with ranked servers in heavy traffic*, Lecture Notes in Economics and Mathematical Systems, vol. 231, Springer-Verlag, Berlin, 1984, With a preface by Frans Ferschl.

38. J. R. Norris, *Markov chains*, Cambridge University Press, Cambridge, 1998, Reprint of 1997 original.

39. Esa Nummelin, *General irreducible Markov chains and nonnegative operators*, Cambridge University Press, Cambridge, 1984.

40. William Parry, *Topics in ergodic theory*, Cambridge Tracts in Mathematics, vol. 75, Cambridge University Press, Cambridge, 1981.

41. Robert R. Phelps, *Lectures on Choquet's theorem*, D. Van Nostrand Co., Inc., Princeton, N.J.-Toronto, Ont.-London, 1966.

42. Daniel Revuz and Marc Yor, *Continuous martingales and Brownian motion*, second ed., Springer-Verlag, Berlin, 1994.

43. L. C. G. Rogers and David Williams, *Diffusions, Markov processes, and martingales. Vol. 2 : Itô calculus*, John Wiley & Sons Inc., New York, 1987.

44. _____, *Diffusions, Markov processes, and martingales. Vol. 1 : Foundations*, second ed., John Wiley & Sons Ltd., Chichester, 1994.

45. Walter Rudin, *Real and complex analysis*, third ed., McGraw-Hill Book Co., New York, 1987.

46. _____, *Functional analysis*, second ed., International Series in Pure and Applied Mathematics, McGraw-Hill Inc., New York, 1991.

47. Richard F. Serfozo, *Point processes*, Stochastic models, North-Holland, Amsterdam, 1990, pp. 1–93.

48. A. Shwartz and A. Weiss, *Large deviations for performance analysis*, Stochastic Modeling Series, Chapman & Hall, London, 1995.

49. Ya. G. Sinaï, *Introduction to ergodic theory*, Princeton University Press, Princeton, N.J., 1976, Translated by V. Scheffer, Mathematical Notes, 18.

50. Charles Stein, *Approximate computation of expectations*, Institute of Mathematical Statistics, Hayward, Calif., 1986.

51. L. Takàcs, *Introduction to the theory of queues*, Oxford University Press, New York, 1962.

52. Jean Walrand, *Queueing networks*, Prentice-Hall, 1988.

53. E. T. Whittaker and G. N. Watson, *A course of modern analysis*, Cambridge Mathematical Library, Cambridge University Press, Cambridge, 1996, Reprint of the fourth (1927) edition.

54. Peter Whittle, *Systems in stochastic equilibrium*, John Wiley & Sons Ltd., Chichester, 1986.

55. David Williams, *Probability with martingales*, Cambridge University Press, Cambridge, 1991.

Table des figures

Index

Déjà parus dans la même collection

Déjà parus dans la même collection

---

22. G. Gagneux, M. Madaune-Tort
    Analyse mathématique de modèles non linéaires
    de l'ingénierie pétrolière. 1996

23. M. Duflo
    Algorithmes stochastiques. 1996

24. P. Destuynder, M. Salaun
    Mathematical Analysis of Thin Plate Models. 1996

25. P. Rougee
    Mécanique des grandes transformations. 1997

26. L. Hörmander
    Lectures on Nonlinear Hyperbolic Differential Equations. 1997

27. J. F. Bonnans, J. C. Gilbert, C. Lemaréchal, C. Sagastizábal
    Optimisation numérique. 1997

28. C. Cocozza-Thivent
    Processus stochastiques et fiabilité des systèmes. 1997

29. B. Lapeyre, É. Pardoux, R. Sentis,
    Méthodes de Monte-Carlo pour les équations
    de transport et de diffusion. 1998

30. P. Sagaut
    Introduction à la simulation des grandes échelles
    pour les écoulements de fluide incompressible. 1998

31. E. Rio
    Théorie asymptotique des processus aléatoires faiblement dépendants. 1999

32. J. Moreau, P.-A. Doudin, P. Cazes (Eds.)
    L'analyse des correspondances et les techniques connexes. 1999

33. B. Chalmond
    Eléments de modélisation pour l'analyse d'images. 1999

34. J. Istas
    Introduction aux modélisations mathématiques
    pour les sciences du vivant. 2000

Production: Druckhaus Beltz, Hemsbach